Altium Designer 18 从入门到精通

三维书屋工作室

毛琼 李瑞 胡仁喜 等编著

机 械 工 业 出 版 社

本书以 Protel 的最新版本 Altium Designer 18 为平台，介绍了电路设计的方法和技巧，主要包括 Altium Designer 18 概述、设计电路原理图、层次原理图的设计、原理图的后续处理、印制电路板设计、电路板的后期处理、信号完整性分析、创建元件库及元件封装、电路仿真系统等知识。本书的内容由浅入深，从易到难，各章节既相对独立又前后关联。在介绍的过程中，编者还根据自己多年的经验及教学心得，适时给出了总结和相关提示，以帮助读者快速掌握相关知识。全书内容翔实，图文并茂，思路清晰。

随书配赠的电子资料包中包含了全书所有实例的源文件和操作过程录屏讲解动画，总时长达 300 分钟。为了开阔读者的视野，方便读者学习，还免费赠送了时长达 200 分钟的 Protel 和 Altium Designer18 设计实例操作过程录屏讲解动画教程以及相应的实例源文件。

本书可以作为初学者的入门教材，也可以作为电路设计及相关行业工程技术人员和院校相关专业师生的学习参考书。

图书在版编目（CIP）数据

Altium Designer 18 从入门到精通/毛琼等编著. —2 版. —北京：机械工业出版社，2019.1
ISBN 978-7-111-61812-6

Ⅰ.①A… Ⅱ.①毛… Ⅲ.①印刷电路—计算机辅助设计—应用软件
Ⅳ.①TN410.2

中国版本图书馆 CIP 数据核字(2019)第 009281 号

机械工业出版社（北京市百万庄大街 22 号　邮政编码 100037）
策划编辑：曲彩云　　责任编辑：曲彩云　　王　珑
封面设计：卢思梦　　责任印制：孙　炜
北京中兴印刷有限公司印刷
2019 年 3 月第 2 版第 1 次印刷
184mm×260mm · 32 印张 · 791 千字
0001—3000 册
标准书号：ISBN 978-7-111-61812-6
定价：99.00 元

前　言

20 世纪 80 年代中期以来，计算机应用已进入各个领域并发挥着越来越大的作用。在这种背景下，美国 ACCEL Technologies Inc 公司推出了第一个应用于电子线路设计的软件包——TANGO，这个软件包开创了电子设计自动化（EDA）的先河。该软件包虽然现在看来比较简陋，但在当时给电子线路设计带来了设计方法和方式的革命。人们开始用计算机来设计电子线路。但是，随着电子工业的飞速发展，TANGO 逐渐显示出了其不适应时代发展需要的弱点。为了适应科学技术的发展，Protel Technology 公司以其强大的研发能力推出了"Protel for DOS"，从此 Protel 这个名字在业内日益响亮。

Protel 系列是进入到我国最早的电子设计自动化软件，其一直以易学易用而深受广大电子设计者的喜爱。Altium Designer 18 作为新一代的板卡级设计软件，其独特的 DXP 技术集成平台为设计系统提供了所有工具和编辑器的兼容环境。

Altium Designer 18 是一套完整的板卡级设计系统，真正实现了在单个应用程序中的集成。Altium Designer 18 PCB 线路图设计系统完全利用了 Windows 平台的优势，具有更好的稳定性、增强的图形功能和全新的用户界面，这使得设计者可以选择最适当的设计途径并以最优化的方式工作。

本书以 Altium Designer 18 为平台，介绍了电路设计的方法和技巧。全书共 13 章，内容包括 Altium Designer 18 概述、设计电路原理图、层次原理图的设计、原理图的后续处理、印制电路板设计、电路板的后期处理、信号完整性分析、创建元件库及元件封装、电路仿真系统等知识。本书的内容由浅入深，从易到难，各章节既相对独立又前后关联。在介绍的过程中，编者还根据自己多年的经验及教学心得，适时给出了总结和相关提示，以帮助读者快速地掌握所学知识。全书内容讲解翔实，图文并茂，思路清晰。

本书可以作为初学者的入门教材，也可以作为相关行业工程技术人员及各院校相关专业师生的参考书。

为了配合学校师生利用本书进行教学，随书配赠的电子资料包中包含了总时长达 300 分钟的全书实例操作过程 AVI 文件和实例源文件，以及专为老师教学准备的 PowerPoint 多媒体电子教案。为了开阔读者的视野，方便读者学习，电子资料包中还免费赠送了时长达 200 分钟的 Protel 和 Altium Designer18 设计实例操作过程录屏讲解动画教程以及相应的实例源文件。读者可以登录百度网盘地址 https://pan.baidu.com/s/1A6r17hnKQPdopciNG_b3Zg（密码：x2a3），备用百度网盘地址 https://pan.baidu.com/s/1eMJSo1lB80xlVRrs9aMJgw（密码：m4hs）进行下载。

本书由陆军工程大学石家庄校区的毛琼和航天工程大学的李瑞及三维书屋文化传播有限公司的胡仁喜博士主要编写。其中，毛琼编写了第 1~7 章，李瑞编写了第 8~12 章，胡仁喜编写了第 13 章。另外，王敏、刘昌丽、张俊生、王玮、孟培、王艳池、阳平华、闫聪聪、王培合、路纯红、王义发、王玉秋、杨雪静、卢园、王渊峰、王兵学、孙立明、甘勤涛、李兵、徐声杰、李亚莉、康士廷、周冰、董伟、李鹏参加了部分章节的编写工作。

由于时间仓促，加上编者水平有限，书中不足之处在所难免，望广大读者登录网站 www.sjzswsw.com 或发送邮件到 win760520@126.com 予以指正，编者将不胜感激。读者还可以加入 QQ 群 477013282 参与学习讨论。

编　者

目　录

第 1 章

Altium Designer 18 概述

Altium Designer 18 是为电子设计师和电子工程师提供的一体化应用工具.Altium Designer 18 囊括了所有在完整的电子产品开发中必需的技术和功能。Altium Designer 18 将板级和 FPGA 级系统设计、嵌入式软件开发、PCB 板图设计和制造加工等设计工具集成到一个单一的设计环境中。

◎ Altium Designer 18 的特点

◎ Altium Designer 18 的安装、激活与升级

◎ 启动 Altium Designer 18

◎ 初识 Altium Designer 18

1.1 Altium Designer 18 的特点

Altium Designer 提供了一款统一的应用方案,其综合了电子产品一体化开发所需的所有技术和功能。Altium Designer 在单一设计环境中集成了板级和 FPGA(现场可编程门阵列)系统设计、基于 FPGA 和分立处理器的嵌入式软件开发以及 PCB(印制电路板)版图设计、编辑和制造。并集成了现代设计数据管理功能,使得 Altium Designer 成为了电子产品开发的完整解决方案—— 一个既满足当前,也满足未来开发需求的解决方案。

最新发布的 Altium Designer 18 显著地提高了用户体验和效率,其利用时尚界面使设计流程流线化,同时实现了前所未有的性能优化。使用 64 位体系结构和多线程的结合实现了在 PCB 设计中更大的稳定性、更快的速度和更强的功能。

Altium Designer 没有采用过去以季节性主题(如 Winter09、Summer09)来命名的方案,而是采用了新型的平实的编号形式来为新的发布版本进行命名(如 Altium Designer 10)。最新发布的 Altium Designer 18 继续保持了不断插入新的功能和技术的过程,使得用户可以更方便轻松地创建下一代电子产品设计。Altium 的统一设计架构以将硬件、软件和可编程硬件等集成到一个单一的应用程序中而闻名,它可让用户在一个项目内,甚或是整个团队里自由地探索和开发新的设计创意和设计思想,团队中的每个人都拥有对于整个设计过程的统一的设计视图。

01 互连的多板装配

多板之间的连接关系管理和增强的 3D 引擎使您可以实时呈现设计模型和多板装配情况,显示更快速,更直观,更逼真。

02 时尚的用户界面体验

全新、紧凑的用户界面提供了一个全新且直观的环境,并进行了优化,可以实现前所未有的设计工作流可视化。

03 强大的 PCB 设计

64 位体系结构和多线程任务优化使用户能够比以前更快地设计和发布大型复杂的电路板。

04 快速、高质量的布线

视觉约束和用户指导的互动结合使用户能够跨板层进行复杂的拓扑结构布线,以计算机的速度布线,以人的智慧保证质量。

05 实时的 BOM 管理

链接到 BOM 的最新供应商元件信息使用户能够根据自己的时间表做出有根据的设计决策

06 简化的 PCB 文档处理流程

在一个单一、紧密的设计环境中记录所有装配和制造视图,并通过链接的源数据进行一键更新。

1.2 Altium Designer 18 的安装、激活与升级

Altium Designer 18 软件是标准的基于 Windows 的应用程序，它的安装过程十分简单，只需运行光盘中的"AltiumInstaller.exe"应用程序，然后按照提示步骤进行操作就可以了。

📖 1.2.1 Altium Designer 18 的安装、激活及申请 License

Altium Designer 18 的安装步骤如下：

01 将安装光盘装入光驱后，打开该光盘，从中找到并双击 AltiumInstaller.exe 文件，弹出 Altium Designer 18 的安装界面，如图 1-1 所示。

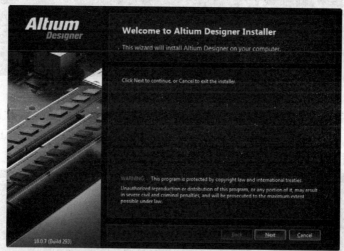

图 1-1 安装界面

02 单击"Next"（下一步）按钮，弹出 Altium Designer 18 的安装协议对话框。无需选择语言，选择 "I accept the agreement" （同意安装）按钮，如图 1-2 所示。

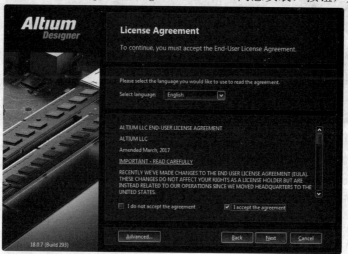

图 1-2 安装协议对话框

03 单击"Next"按钮，进入下一个画面，出现安装类型信息的对话框，有五种类型，如果只做 PCB 设计，则只选第一个。系统默认全选。设置完毕后如图 1-3 所示。

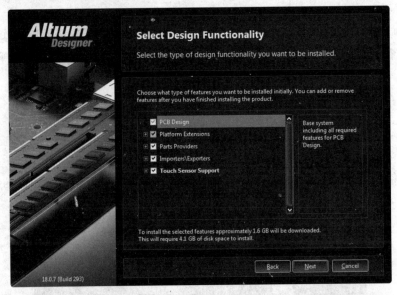

图 1-3 选择安装类型

04 填写完成后，单击"Next"按钮，进入下一个对话框。在该对话框中，用户需要选择 Altium Designer 18 的安装路径。系统默认的安装路径为 C:\Program Files\Altium\AD18，用户可以通过单击"Default"按钮来自定义其安装路径，如图 1-4 所示。

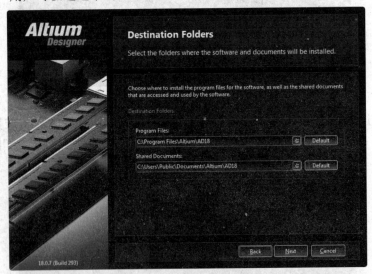

图 1-4 安装路径对话框

05 确定好安装路径后，单击"Next"按钮，弹出确定安装对话框，如图 1-5 所示。继续单击"Next"按钮，此时对话框内会显示安装进度，如图 1-6 所示。由于系统需要复制大量文件，所以需要等待几分钟。

06 安装结束后会出现一个"Finish"（完成）对话框，如图 1-7 所示。单击"Finish"按钮即可完成 Altium Designer 18 的安装工作。

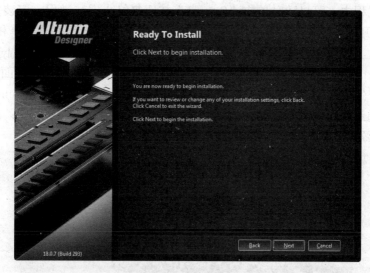

图 1-5 确定安装

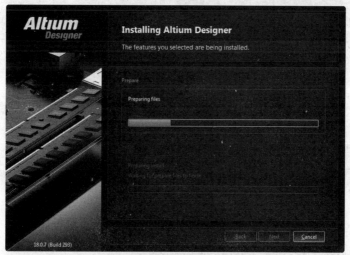

图 1-6 安装进度对话框

图 1-7 "Finish"对话框

在安装过程中,可以随时单击"Cancel"按钮来终止安装过程。安装完成以后,在 Windows 的"开始"→"所有程序"子菜单中创建一个 Altium 级联子菜单和快捷键。

07 第二种激活的方式是通过 Email 的方式激活,在"Home"→"My Account"界面中选择"Activate license via email"选项,进入如图 1-8 所示的界面,输入用户号和激活码,产生本机的信息文件;然后单击"Generate e-mail attachment",保存这个文件;然后通过电子邮件把该信息发送到激活信箱,就会收到 License;最后把收到的 License 文件添加到软件中,软件就可以正常使用了。

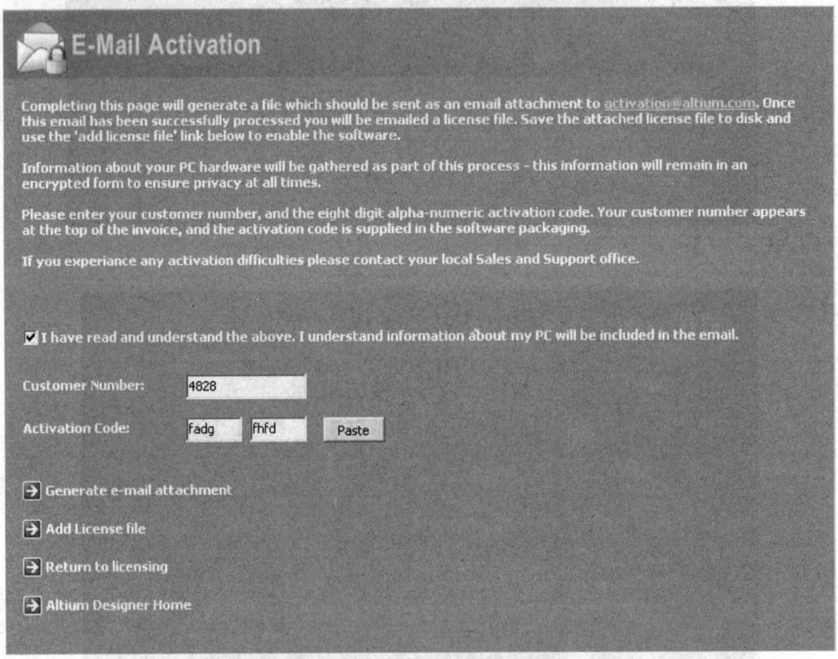

图 1-8　输入客户号和激活码

1.2.2　Altium Designer 的升级与精简

Altium Designer 不断推出新的升级包,包括器件库的扩充包和软件功能的升级包,到本书截稿之日,Altium 公司刚刚更新为 Altium Designer 18。为了用上更好的设定工具,建议用户及时更新与升级。

01 直接在线更新。本文以从 Altium Designer 14 升级到 Altium Designer 18 为例。双击"Altium Designer 14"图标,打开 Altium Designer 14 软件,进入软件系统界面,选择界面右侧的"sign in"(注册)命令,如图 1-9 所示,系统自动弹出"Account Sign in"对话框,如图 1-10 所示,输入用户名和密码(在 AD6.8 以及之前的版本升级可以直接进行,AD6.9 之后的版本升级需要输入用户名和密码)。此时,只要用户的机器连在网上,系统就能自动到 Altium 公司的服务器上下载最新版本。下载完毕后双击执行安装即可。

下载的升级包放在 C:\Documents and Settings\All Users\Application Data\AD14\Updates 目录下。

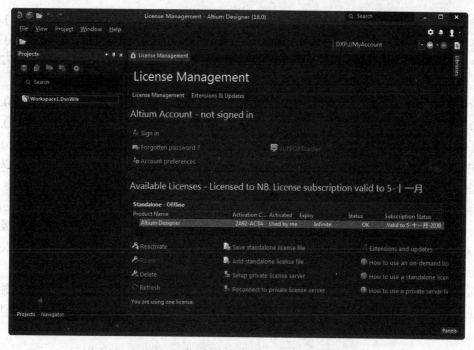

图1-9 Check For Updates 命令

图1-10 "Account Sign in" 对话框

02 从硬盘升级。把升级包复制到硬盘上,其中器件库的扩充包直接单击就可以安装,而软件功能的升级包则必须按照顺序从前到后、版本从低到高的顺序安装。可以在浏览器中直接输入以下网址,将升级包下载到本地计算机。本书假设用户安装的是 Altium Designer 系列的最低版本 6.0,下面的升级包和器件库包含了可以一直升级到最新版 Altium Designer 18 所需要的文件。

1)http://altium.com.edgesuite.net/webupdate/AltiumDesigner10Update(5208to5229).exe。

2)http://altium.com.edgesuite.net/webupdate/AltiumDesigner10Update(5229to5495).exe。

3)http://altium.com.edgesuite.net/webupdate/AltiumDesigne10LibrarUpdate(5208to5495).exe。

4)http://altium.com.edgesuite.net/webupdate/AltiumDesigner10LibraryUpdate (5495to 6641).exe。

5）http://altium.com.edgesuitc.nct/webupdate/AltiumDesigner10Update(5495to6641).exe。

6）http://altium.com.edgesuite.net/webupdate/AltiumDesigner10Update(6641to7263).exe。

7）http://altium.com.edgesuite.net/webupdate/AltiumDesigner10LibraryUpdate(6641to 7263).Exe。

8）http://altium.com.edgesuite.net/webupdate/AltiumDesigner10Update(7263to7356).exe。

9）http://altium.com.edgesuite.net/webupdate/AltiumDesigner10Update(7356to7903).exe。

10）http://altium.com.edgesuite.net/webupdate/AltiumDesigner10Update(7903to9346).exe。

根据目前计算机上已安装的版本，只需要把后续的升级版本下载下来升级就可以了，从下向上，版本从低到高，逐个单击"Updates "进行升级即可。

03 精简系统。安装或升级以后，找到 Altium Designer18 软件的安装目录，将 System/Uninstall 目录下的所有文件删除，这样会删除一些中间安装文件，从而极大地减少对硬盘空间的占用。或者再重新进入 Web Updates 界面，单击每一个"Remove uninstall info"图标，也可以达到同样的目的。

04 中文转换。安装完成后界面可能是英文的，如果想调出中文界面，则选择"DXP-->Preferences-- >System-->General-->Localization"，选中"Use localized resources"，保存设置后重新启动程序即可。

05 元器件库文件。安装完成后，如果觉得库少，可将光盘中"Libraries"文件夹下的 Libraries 压缩包解压到安装目录 D:\AD\Library 下。设计样例、模板文件可同样解压到安装目录下。

1.3 电路板总体设计流程

为了让读者对电路设计过程有一个整体的认识和理解，下面介绍 PCB 电路板设计的总体设计流程。

通常情况下，从接到设计要求书到最终制作出 PCB 电路板，主要通过以下步骤来实现。

01 案例分析。这个步骤严格来说并不是 PCB 电路板设计的内容，但对后面的 PCB 电路板设计又是必不可少的。案例分析的主要任务是决定如何设计原理图电路，同时也涉及 PCB 电路板如何规划。

02 电路仿真。在设计电路原理图之前，有时候会对某一部分电路设计并不十分确定，因此需要通过电路仿真来验证。电路仿真还可以用于确定电路中某些重要元器件的参数。

03 绘制原理图元器件。Altium Designer 18 虽然提供了丰富的原理图元器件库，但不可能包括所有元器件，必要时需动手设计原理图元器件，建立自己的元器件库。

04 绘制电路原理图。找到所有需要的原理图元器件后，就可以开始绘制原理图了。可根据电路复杂程度决定是否需要使用层次原理图。完成原理图绘制后，还需用 ERC（电气规则检查）工具查错，找到出错原因并修改原理图电路，然后再重新查错，直到没有原则性错误为止。

05 绘制元器件封装。与原理图元器件库一样， Altium Designer 18 也不可能提供所有元器件的封装。需要时可自行设计并建立新的元器件封装库。

06 设计 PCB 电路板。确认原理图没有错误之后，便可以开始 PCB 板的绘制了。首先绘出 PCB 板的轮廓，确定工艺要求（使用几层板等），然后将原理图传输到 PCB 板中，在网络报表（简单介绍来历功能）、设计规则和原理图的引导下布局和布线，最后利用 DRC（设计规则检查）工具查错。此过程是电路设计时的另一个关键环节，它将决定该产品的实用性能，需要考虑的因素很多，而且不同的电路有不同的要求。

07 文档整理。对原理图、PCB 图及元器件清单等文件予以保存，以便以后维护及修改。

1.4 启动 Altium Designer 18

启动 Altium Designer 18 非常简单。Altium Designer 18 安装完毕系统会将 Altium Designer 18 应用程序的快捷方式图标在开始菜单中自动生成。

执行菜单命令"开始"-"Altium Designer"，将会启动 Altium Designer 18 主程序窗口，如图 1-11 所示。

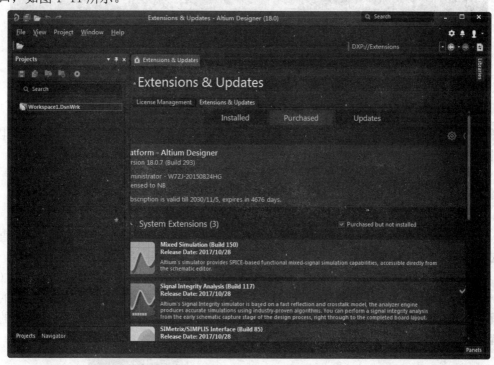

图 1-11 Altium Designer 18 主程序窗口

1.5 初始 Altium Designer 18

进入 Altium Designer 18 的主程序窗口后，我们立即就能领略到 Altium Designer 18 界面的漂亮、精致、形象和美观，如图 1-12 所示。不同的操作系统在安装完该软件后，首次看到的主程序窗口可能会有所不同，不过都大同小异。通过本章的介绍，可使用户掌握最基本的软件操作技能。

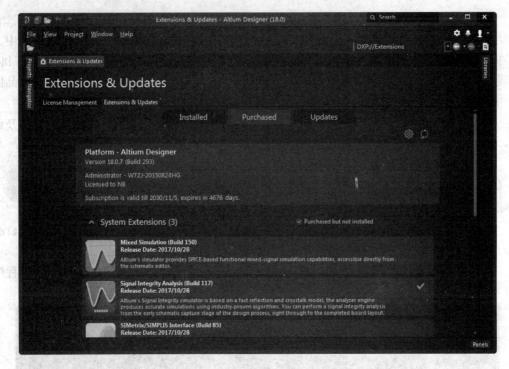

图 1-12　面板靠边隐藏方式

Altium Designer 18 的工作面板和窗口与 Protel 软件以前的版本有较大的不同，对其管理有一些特别的操作方法，而且熟练地掌握工作面板和窗口管理能够极大地提高电路设计的效率。

1.5.1　工作面板管理

01 标签栏。工作面板在设计工程中十分有用，通过它可以方便地操作文件和查看信息，还可以提高编辑的效率。屏幕右下角的面板标签如图 1-13 所示。

单击面板中的标签可以选择每个标签中相应的工作面板窗口，如单击"Panels"（面板）标签，会出现如图 1-14 所示的面板选项。可以从弹出的选项中选择自己所需要的工作面板，也可以通过选择"View"（视图）–"Panels"（面板）中的可选项，显示相应的工作面板。

图 1-13　面板标签　　　　　　　　　　　　　图 1-14　面板选项

02 工作面板的窗口。在 Altium Designer 18 中使用了大量的工作窗口面板。可以通过工作窗口面板方便地实现打开文件、访问库文件、浏览每个设计文件和编辑对象等各种功能。工作窗口面板可以分为两类：一类是在任何编辑环境中都有的面板，如"Libraries"（库文件）面板和"Projects"（工程）面板；另一类是在特定的编辑环境下才会出现的面板，如 PCB 编辑环境中的 "Navigator"（）导航器面板。

面板的显示方式有以下三种：

❶自动隐藏方式。如图 1-12 所示，面板处于自动隐藏方式。要显示某一工作窗口面板，单击相应的标签，工作窗口面板则会自动弹出，当光标移开该面板一定时间或者在工作区单击，面板会自动隐藏。

❷锁定显示方式。如图 1-15 所示，左侧的"Projects"（工程）面板处于锁定显示状态。

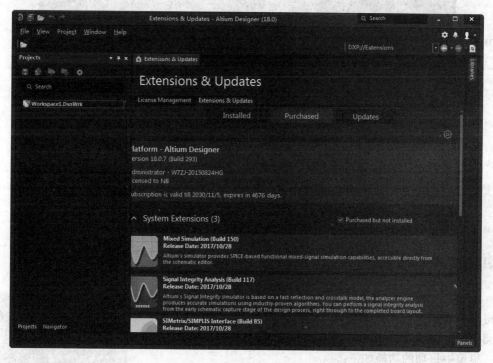

图 1-15　锁定显示方式

❸浮动显示方式。如图 1-16 所示，其中的"Projects"面板处于浮动显示状态。

03 三种面板显示之间的转换。

❶在工作窗口面板的上边框单击鼠标右键，将弹出面板命令标签。选中"Allow Dock"-"Vertically"选项，如图 1-17 所示。将鼠标放在面板的上边框，单击并拖动鼠标至窗口左边或右边合适位置，松开鼠标，即可使所移动的面板自动隐藏或锁定。

❷要使所移动的面板为自动隐藏方式或锁定显示方式，选取🖈图标（锁定状态）和🖿图标（自动隐藏状态），然后单击，即可进行相互转换。

❸要使工作窗口面板由自动隐藏方式或者锁定显示方式转变到浮动显示方式，只需要用鼠标将工作窗口面板向外拖动到希望的位置即可。

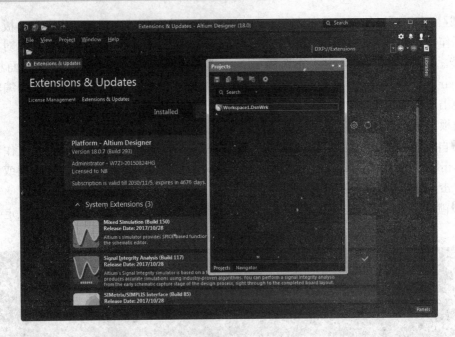

图 1-16　浮动显示方式

图 1-17　命令标签

1.5.2　窗口的管理

在 Altium Designer 18 中同时打开多个窗口时，可以设置将这些窗口按照不同的方式显示。对窗口的管理可以通过 Windows 菜单进行，"窗口"菜单如图 1-18 所示。

菜单中每项的功能如下：

❶平铺窗口。执行"Windows"（窗口）-"平铺"命令，即可将当前所有打开的窗口平铺显示，如图 1-19 所示。

❷水平平铺窗口。执行"Windows"（窗口）-"水平平铺"命令，即可将当前所有打开的窗口水平平铺显示，如图 1-20 所示。

❸垂直平铺窗口。执行"Windows"（窗口）-"垂直平铺"命令，即可将当前所有打开的窗口垂直平铺显示，如图 1-21 所示。

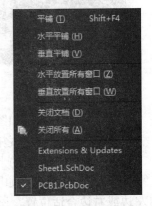

图 1-18　"窗口"菜单

❹关闭所有窗口。选择菜单命令"Windows"（窗口）-"关闭所有"，可以关闭当前所有打开的窗口。也可以选择菜单命令"Windows"（窗口）-"关闭文档"，关闭所有当前打开的文件。

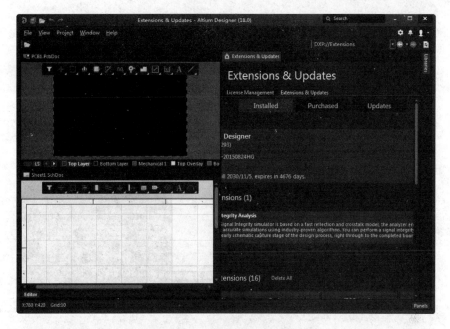

图 1-19　平铺窗口

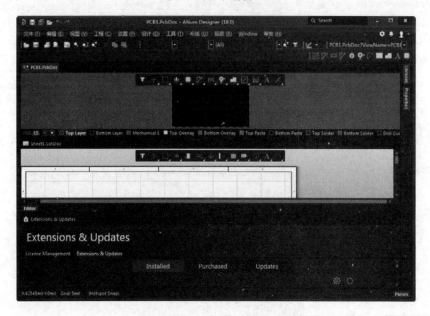

图 1-20　窗口水平平铺显示

❺窗口切换。要切换窗口，可以单击窗口的标签，也可以在"Windows"（窗口）菜单中选中各个窗口的文件名来切换。此外，也可以右击工作窗口的标签栏，在弹出的快捷菜单中对窗口进行管理。

❻合并所有窗口。右击一个窗口的标签，在弹出的快捷菜单中选择"全部合并"命令，可以合并所有窗口，即只显示一个窗口。

❼在新的窗口打开文件。右击一个窗口的标签，在弹出的快捷菜单中选择"在新窗口打开"命令，即可另外启动一个窗口，打开该窗口的文件。

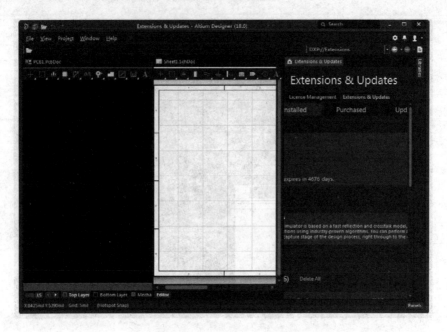

图 1-21 窗口垂直平铺显示

第 ② 章

设计电路原理图

在第 1 章中，我们对 Altium Designer 18 系统做了一个总体且较为详细的介绍，目的是让读者对 Altium Designer 18 的应用环境以及各项管理功能有个初步的了解。Altium Designer 18 强大的集成开发环境使得电路设计中绝大多数的工作可以迎刃而解，从构建设计原理图到复杂的 FPGA 设计。从电路仿真到多层 PCB 板的设计，Altium Designer 18 都提供了具体的一体化应用环境，使从前需要多个开发环境的电路设计变得简单。

在图纸上放置好所需要的各种元件并且对它们的属性进行了相应的编辑之后，根据电路设计的具体要求，我们就可以着手将各个元件连接起来，以建立电路的实际连通性。这里所说的连接指的是具有电气意义的连接，即电气连接。

电器连接有两种实现方式：一种是直接使用导线将各个元件连接起来，称为"物理连接"；另一种是"逻辑连接"，即不需要实际的相连操作，而是通过设置网络标签使得元器件之间具有电气连接关系。

学 习 要 点

- 电路设计的概念
- 原理图工作环境设置
- 元件的电气连接

2.1 电路设计的概念

电路设计概念是指实现一个电子产品从设计构思、电学设计到物理结构设计的全过程。在 Altium Designer 18 中，设计电路板最基本的完整过程有以下几个步骤。

01 电路原理图的设计。电路原理图的设计主要是利用 Altium Designer 18 中的原理图设计系统来绘制一张电路原理图。在这一步中，可以充分利用其所提供的各种原理图绘图工具、丰富的在线库、强大的全局编辑能力以及便利的电气规则检查来达到设计目的。

02 电路信号的仿真。电路信号仿真是电路原理图设计的扩展，它为用户提供了一个完整的从设计到验证的仿真设计环境。它与 Altium Designer 18 中的原理图设计服务器协同工作，以提供一个完整的前端设计方案。

03 产生网络表及其他报表。网络表是电路板自动布线的灵魂，也是原理图设计与印制电路板设计的主要接口。网络表可以从电路原理图中获得，也可以从印制电路板中提取。其他报表则存放了原理图的各种信息。

04 印制电路板的设计。印制电路板设计是电路设计的最终目标。利用 Altium Designer 18 的强大功能可实现电路板的版面设计，完成高难度的布线以及输出报表等工作。

05 信号的完整性分析。Altium Designer 18 包含一个高级信号完整性仿真器，能分析 PCB 板和检查设计参数，测试过冲、下冲、阻抗和信号斜率，以便及时修改设计参数。

概括地说，整个电路板的设计过程是先编辑电路原理图，接着用电路信号仿真进行验证调整，然后进行布板，再人工布线或根据网络表进行自动布线。前面提到的这些内容都是设计中最基本的步骤。除此之外，用户还可以用 Altium Designer 18 的其他服务器，如创建、编辑元件库和零件封装库等。

2.2 原理图图纸设置

原理图设计是电路设计的第一步，是制板、仿真等后续步骤的基础。因此，一幅原理图正确与否，直接关系到整个设计是否能够成功。另外，为了方便自己和他人读图，原理图的美观、清晰和规范也是十分重要的。

Altium Designer 18 的原理图设计大致可分为 9 个步骤，如图 2-1 所示。

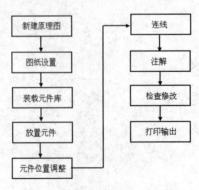

图 2-1　原理图设计的步骤

在原理图的绘制过程中，可以根据所要设计的电路图的复杂程度，先对图纸进行设置。虽然在进入电路原理图的编辑环境时，Altium Designer 18 系统会自动给出相关的图纸默认参数，但是在大多数情况下，这些默认参数不一定适合用户的需求，尤其是图纸尺寸。用户可以根据设计对象的复杂程度来对图纸的尺寸及其他相关参数进行重新定义。

在界面右下角单击按钮 Panels ，弹出快捷菜单，选择"Properties"（属性）命令，打开"Properties"（属性）面板，并自动固定在右侧边界上，如图 2-2 所示。

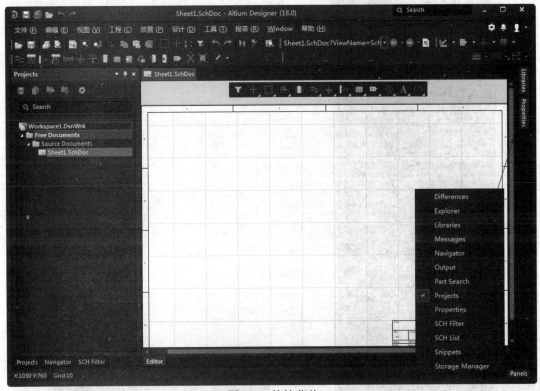

图 2-2　快捷菜单

"Properties"（属性）面板包含与当前工作区中所选择的条目相关的信息和控件。如果在当前工作空间中没有选择任何对象，从 PCB 文档访问时，面板显示电路板选项。从原理图访问时，显示文档选项。从库文档访问时，显示库选项。从多板文档访问时，显示多板选项。　面板还显示当前活动的 BOM 文档（*.BomDoc）。还可以迅速、即时更改通用的文档选项。在工作区中放置对象（弧形、文本字符串、线等）时，面板也会出现。　在放置之前，也可以使用"Properties"（属性）面板配置对象。通过"Selection Filter"，可以控制在工作空间中可以选择的和不能选择的内容。

01 "Search"（搜索）功能。：

允许在面板中搜索所需的条目。

单击按钮 ，使"Properties"（属性）面板中包含来自同一项目的任何打开文档的所有类型的对象，如图 2-3 所示。

单击按钮 ，使"Properties"（属性）面板中仅包含当前文档中所有类型的对象。

在该选项板中，有"General"（通用）和"Parameters"（参数）这两个选项卡。

02 设置过滤对象。单击"Document Options"（文档选项）选项组中 的下拉按钮，弹出如图 2-4 所示的对象选择过滤器。

图 2-3　"Properties"（属性）面板　　　　　图 2-4　对象选择过滤器

单击 "All objects"，表示在原理图中选择对象时，选中所有类别的对象。其中包括 "Components" "Wires" "Buses" "Sheet Symbols" "Sheet Entries" "Net Labels" "Parameters" "Ports" "Power Ports" "Te xts" "Drawing objects" "Other"，可单独选择其中的选项，也可全部选中。

在 "Selection Filter"（选择过滤器）选项组中显示同样的选项。

03 设置图纸方向单位。图纸单位可通过 "Units"（单位）选项组设置，可以设置为米制，也可以设置为英制。

单击菜单栏中的 "视图" → "切换单位" 选项，可自动在两种单位制间切换。

04 设置图纸尺寸。在 "Page Options"（图页选项）选项组中，"Formatting and Size"（格式与尺寸）选项为图纸尺寸的设置区域。Altium Designer 18 给出了三种图纸尺寸的设置方式。

第一种是 "Template"（模板），单击 "Template"（模板）下拉按钮，如图 2-5 所示。

在下拉列表框中可以选择已定义好的图纸标准尺寸，包括模型图纸尺寸（A0_portrait～A4_portrait）、米制图纸尺寸（A0～A4）、英制图纸尺寸（A～E）、CAD 标准尺寸（A～E）、OrCAD 标准尺寸（OrCAD_a～OrCAD_e）及其他格式（Letter、Legal、Tabloid 等）的尺寸。

当一个模板设置为默认模板后，每次创建一个新文件时，系统会自动套用该模板。适用于固定使用某个模板的情况。若不需要模板文件，则"Template"（模板）文本框中显示空白。

在"Template"（模板文件）选项组的下拉菜单中选择 A、A0 等模板，单击 ⬆ 按钮，弹出如图 2-6 所示的对话框，提示是否更新模板文件。

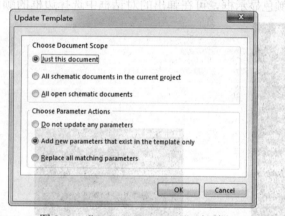

图 2-5 "Template"选项　　　　　图 2-6 "Update Template"对话框

第二种是"Standard"（标准风格），单击"Sheet Size"（图纸尺寸）右侧的按钮 ▼，在下拉列表框中可以选择已定义好的图纸标准尺寸，包括米制图纸尺寸（A0～A4）、英制图纸尺寸（A～E）、CAD 标准尺寸（A～E）、OrCAD 标准尺寸（OrCAD A～OrCAD E）及其他格式（Letter、Legal、Tabloid 等）的尺寸，如图 2-7 所示。

第三种是"Custom"（自定义风格），包括"Width"（定制宽度）、"Height"（定制高度）两个选项。

在设计过程中，除了对图纸的尺寸进行设置外，往往还需要对图纸的其他选项进行设置，如图纸的方向、标题栏样式和图纸的颜色等。这些设置可以在"Page Options"（图页选项）选项组中完成。

05 设置图纸方向。图纸方向可在"Orientation"（定位）下拉列表框中设置。可以设置为水平方向（Landscape），即横向；也可以设置为垂直方向（Portrait），即纵向。一般在绘制和显示时设为横向，在打印输出时可根据需要设为横向或纵向。

06 设置图纸标题栏。图纸标题栏是对设计图纸的附加说明。可以在该标题栏中对图纸进行简单的描述，也可以作为以后图纸标准化时的信息。Altium Designer 18 提供了两种预先定义好的标题栏格式，即"Standard"（标准格式）和"ANSI"（美国国家标准格式）。勾选"标题块"复选框，即可进行格式设计，此时相应的图纸编号功能被激活，可以对图纸进行编号。

07 设置图纸参考说明区域。在"Margin and Zones"（边界和区域）选项组中，通过"Show Zones"（显示区域）复选框可以设置是否显示参考说明区域。勾选该复选框表示显示参考说明区域，否则不显示参考说明区域。一般情况下应该选择显示参考说明区域。

08 设置图纸边界区域。在"Margin and Zones"（边界和区域）选项组中，可显示图纸边界尺寸，如图2-8所示。在"Vertical"（垂直）、"Horizontal"（水平）两个方向上设置边框与边界的间距，在"Origin"（原点）下拉列表中选择原点位置是"Upper Left"（左上）还是"Bottom Right"（右下），在"Margin Width"（边界宽度）文本框中设置输入边界的宽度值。

09 设置图纸边框。在"Units"（单位）选项组中，通过"Sheet Border"（显示边界）复选框可以设置是否显示边框。勾选该复选框表示显示边框，否则不显示边框。

10 设置边框颜色。在"Units"（单位）选项组中，选择"Sheet Border"（显示边界）颜色显示框，可在弹出的对话框中选择边框的颜色，如图2-9所示。

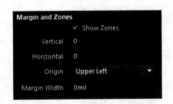
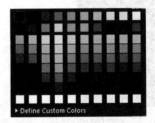

图 2-7　下拉列表　　　　图 2-8　显示边界与区域　　　　图 2-9　选择边框的颜色

11 设置图纸颜色。在"Units"（单位）选项组中，选择"Sheet Color"（图纸的颜色）显示框，可在弹出的对话框中选择图纸的颜色。

12 设置图纸网格点。进入原理图编辑环境后，编辑窗口的背景是网格型的，这种网格就是可视网格，它是可以改变的。网格为元件的放置和线路的连接带来了极大的方便，使用户可以轻松地排列元件，整齐地走线。Altium Designer 18 提供了"Snap Grid"（捕获）和"Visible Grid"（可见的）两种网格，对网格的设置如图2-10所示。

➤ "Snap Grid"（捕获）复选框：用于控制是否启用捕获网格。所谓捕获网格，就是光标每次移动的距离。勾选该复选框后，光标移动时，以右侧文本框的设置值为基本单位。系统默认值为 10 个像素点，用户可根据设计的要求输入新的数值来改变光标每次移动的最小间隔距离。

➤ "Visible Grid"（可见的）复选框：用于控制是否启用可视网格，即在图纸上是否可以看到的网格。勾选该复选框后，可以对图纸上网格间的距离进行设置。系统默认值为100个像素点。若不勾选该复选框，则表示在图纸上将不显示网格。

➤ "Snap to Electrical Object"（捕获电气对象）复选框：如果勾选了该复选框，则在绘制连线时，系统会以光标所在位置为中心，以"Snap Distance"（栅格范围）文本框中的设置值为半径，向四周搜索电气对象。如果在搜索半径内有电气对象，则光标将自动移到该对象上并在该对象上显示一个圆亮点。搜索半径的数值可以自行设定。如果不勾选该复选框，则取消系统自动寻找电气对象的功能。

图 2-10 网格设置

单击菜单栏中的"视图"→"栅格"选项，其子菜单中有用于切换 3 种网格启用状态的命令，如图 2-11 所示。单击其中的"设置捕捉栅格"选项，系统将弹出如图 2-12 所示的"Choose a snap grid size"（选择捕获网格尺寸）对话框。在该对话框中可以输入捕获网格的参数值。

图 2-11 "栅格"子菜单

图 2-12 "Choose a snap grid size"（选择捕获网格尺寸）对话框

13 设置图纸所用字体。在"Units"（单位）选项组中，单击"Document Font"（文档字体）下的按钮 Times New Roman, 10，系统将弹出如图 2-13 所示的"字体"对话框。在该对话框中对字体进行设置，将会改变整个原理图中的所有文字，包括原理图中的元件引脚文字和原理图的注释文字等。通常字体采用默认设置即可。

14 设置图纸参数信息。图纸的参数信息记录了电路原理图的参数信息和更新记录。这项功能可以使用户更系统、更有效地对自己设计的图纸进行管理。建议用户对此项进行设置。当设计项目中包含很多的图纸时，图纸参数信息就显得非常有用了。

在"Properties"（属性）面板中，打开"Parameter"（参数）选项卡，即可对图纸参数信息进行设置，如图 2-14 所示。

图 2-13 "字体"对话框

图 2-14 "Parameter"（参数）选项卡

在要填写或修改的参数上双击或选中要修改的参数后，可在文本框中修改各个设定值。单击"Add"（添加）按钮，系统添加相应的参数属性。用户可以在该面板中选择"ModifiedDate"（修改日期）参数，在"Value"（值）选项组中填入修改日期，完成该参数的设置，如图 2-15 所示。

图 2-15 日期设置

2.3 原理图工作环境设置

在原理图的绘制过程中，其效率和正确性往往与环境参数的设置有着密切的关系。参数设置得合理与否，直接影响到设计过程中软件的功能是否能得到充分的发挥。

在 Altium Designer 18 电路设计软件中，原理图编辑器工作环境的设置是通过原理图的 "Preference"（参数选择）对话框来完成的。

单击菜单栏中的 "工具" → "原理图优先项" 选项，或在编辑窗口中右击，在弹出的右键快捷菜单中单击 "原理图优先项" 选项，或按快捷键<T>+<P>，或单击界面右上角 "Setup system preferences" 按钮 ⚙，系统将弹出 "Preference"（参数选择）对话框。

在 "Preference"（参数选择）对话框中的 "Schematic"（原理图）选型下主要有 8 个标签页，即 "General"（常规设置）、"Graphical Editing"（图形编辑）、"Compiler"（编译器）、"AutoFocus"（自动获得焦点）、"Library AutoZoom"（库扩充方式）、"Grids"（网格）、"Break Wire"（断开连线）和 "Default Units"（默认单位）。下面对其中两个标签页的具体设置进行说明。

2.3.1 设置原理图的常规环境参数

电路原理图的常规环境参数设置通过 "General"（常规设置）标签页来实现，如图 2-16 所示。

01 "Units"（单位）选项组。图纸单位可通过 "Units"（单位）选项组设置，可以设置为米制，也可以设置为英制。一般在绘制和显示时设为 "Mils"。

02 "Options"（选项）选项组。

➢ "Break Wires At Autojunctions"（自动添加结点）复选框：勾选该复选框后，并在两条交叉线处自动添加节点后，节点两侧的导线将被分割成两段。

➢ "Optimize Wires & Buses"（最优连线路径）复选框：勾选该复选框后，在进行导线和总线的连接时，系统将自动选择最优路径，并且可以避免各种电气连线和非电气连线的相互重叠。此时，下面的 "元件割线" 复选框也呈现可选状态。若不勾选该复选框，则用户可以自己选择连线路径。

➢ "Components Cut Wires"（元件割线）复选框：勾选该复选框后，会启动元件分割导线的功能，即当放置一个元件时，若元件的两个引脚同时落在一根导线上，则该导线将被分割成两段，两个端点分别自动与元件的两个引脚相连。

图 2-16   "General"（常规设置）标签页

➤ "Enable In-Place Editing"（启用即时编辑）复选框：勾选该复选框后，在选中原理图中的文本对象时，如元件的序号、标注等，双击后可以直接进行编辑、修改，而不必打开相应的对话框。

➤ "Convert Cross-Junctions"（将绘图交叉点转换为连接点）复选框：勾选该复选框后，用户在绘制导线时，在相交的导线处自动连接并产生节点，同时终止本次操作。若没有勾选该复选框，则用户可以任意覆盖已经存在的连线，并可以继续进行绘制导线的操作。

➤ "Display Cross-Overs"（显示交叉点）复选框：勾选该复选框后，非电气连线的交叉点会以半圆弧显示，表示交叉跨越状态。

➤ "Pin Direction"（引脚说明）复选框：勾选该复选框后，单击元件某一引脚时，会自动显示该引脚的编号及输入输出特性等。

➤ "Sheet Entry Direction"（原理图入口说明）复选框：勾选该复选框后，在顶层原理图的图纸符号中会根据子图中设置的端口属性显示输出端口、输入端口或其他性质的端口。图纸符号中相互连接的端口部分不随此项设置的改变而改变。

➤ "Port Direction"（端口说明）复选框：勾选该复选框后，端口的样式会根据用户设置的端口属性显示输出端口、输入端口或其他性质的端口。

➢ "Unconnected Left To Right"（左右两侧原理图不连接）复选框：勾选该复选框后，由子图生成顶层原理图时，左右可以不进行物理连接。

➢ "Render Text with GDI+"（使用 GDI+渲染文本）复选框：勾选该复选框后，可使用 GDI 字体渲染功能，精细到字体的粗细、大小等功能。

➢ "Drag Orthogonal"（直角拖曳）复选框：勾选该复选框后，在原理图上拖动元件时，与元件相连接的导线只能保持直角。若不勾选该复选框，则与元件相连接的导线可以呈现任意的角度。

➢ "Drag Step"（拖动间隔）下拉列表：在原理图上拖动元件时，拖动速度包括四种，即 "Medium" "Large" "Small" 和 "Smallest"。

03 "Include With Clipboard"（包含剪贴板）选项组。

➢ "No-ERC Markers"（忽略 ERC 检查符号）复选框：勾选该复选框后，在复制、剪切到剪贴板或打印时，均包含图纸的忽略 ERC 检查符号。

➢ "Parameter Sets"（参数设置）复选框：勾选该复选框后，使用剪贴板进行复制操作或打印时，包含元件的参数信息。

➢ "Notes（说明）"复选框：勾选该复选框后，使用剪贴板进行复制操作或打印时，包含注释说明信息。

04 "Alpha Numeric Suffix"（字母和数字后缀）选项组。该选项组用于设置某些元件中包含多个相同子部件的标识后缀，每个子部件都具有独立的物理功能。在放置这种复合元件时，其内部的多个子部件通常采用"元件标识：后缀"的形式来加以区别。

➢ "Alpha"（字母）单选钮：点选该单选钮，子部件的后缀以字母表示，如 U：A，U：B 等。

➢ "Numeric, separated by a dot " . " "（数字间用点间隔）单选钮：点选该单选钮，子部件的后缀以数字表示，如 U.1，U.2 等。

➢ "Numeric, separated by a colon " ; " "（数字间用冒号分割）单选钮：点选该单选钮，子部件的后缀以数字表示，如 U：1，U：2 等。

05 "Pin Margin"（引脚边距）选项组。

➢ "Name（名称）"文本框：用于设置元件的引脚名称与元件符号边缘之间的距离，系统默认值为 50mil。

➢ "Number（编号）"文本框：用于设置元件的引脚编号与元件符号边缘之间的距离。系统默认值为 80mil。

06 "Auto-Increment During Placement"（分段放置）选项组。该选项组用于设置元件标识序号及引脚号的自动增量数。

➢ "Primary"（首要的）文本框：用于设定在原理图上连续放置同一种元件时，元件标识序号的自动增量数，系统默认值为 1。

➢ "Secondary"（次要的）文本框：用于设定创建原理图符号时，引脚号的自动增量数。系统默认值为 1。

➢ "Remove Leading Zeroes"（去掉前导零）：勾选该复选框，元件标识序号及引脚号去掉前导零。

07 "Port Cross References"（端口对照）选项组。

➢ "Sheet Style"（图纸风格）文本框：用于设置图纸中端口类型，包括"Name"（名称）、"Number"（数字）。

➢ "Location Style"（位置风格）文本框：用于设置图纸中端口放置位置依据，系统设置包括"Zone"（区域）和"Location X, Y"（坐标）。

08 "Default Blank Sheet Template or Size"（默认空白原理图尺寸）选项组。

该选项组用于设置默认的模板文件。可以在"Template"（模板）下拉列表中选择模板文件，选择后，模板文件名称将出现在"Template（模板）"文本框中。每次创建一个新文件时，系统将自动套用该模板。如果不需要模板文件，则"模板"列表框中显示 "No Default Template"（没有默认的模板文件）。

在"Sheet Size"（图纸尺寸）下拉列表中选择样板文件，模板文件名称将出现在"Sheet Size"（图纸尺寸）文本框中，在文本框下显示具体的尺寸大小。

📖 2.3.2　设置图形编辑环境参数

图形编辑环境的参数设置可通过"Graphical Editing"（图形编辑）标签页来实现，如图 2-17 所示。该标签页主要用来设置与绘图有关的一些参数。

01 "Options"（选项）选项组。

➢ "Clipboard Reference"（剪贴板参考点）复选框：勾选该复选框后，在复制或剪切选中的对象时，系统将提示确定一个参考点。建议用户勾选该复选框。

➢ "Add Template to Clipboard"（添加模板到剪贴板）复选框：勾选该复选框后，用户在执行复制或剪切操作时，系统将会把当前文档所使用的模板一起添加到剪贴板中，所复制的原理图包含整个图纸。建议用户不勾选该复选框。

➢ "Center of Object"（对象中心）复选框：勾选该复选框后，在移动元件时，光标将自动跳到元件的参考点上（元件具有参考点时）或对象的中心处（对象不具有参考点时）。若不勾选该复选框，则移动对象时光标将自动滑动到元件的电气节点上。

➢ "Object's Electrical Hot Spot"（对象的电气热点）复选框：勾选该复选框后，当用户移动或拖动某一对象时，光标自动滑动到离对象最近的电气节点（如元件的引脚末端）处。建议用户勾选该复选框。如果想实现勾选"对象的中心"复选框后的功能，则应取消对"对象电气热点"复选框的勾选，否则移动元件时，光标仍然会自动滑动到元件的电气节点处。

➢ "Auto Zoom"（自动放缩）复选框：勾选该复选框后，在插入元件时，电路原理图可以自动地实现缩放，调整出最佳的视图比例。建议用户勾选该复选框。

➢ "Single '\' Negation"（使用单一'\'符号表示低电平有效标识）复选框：一般在电路设计中，我们习惯在引脚的说明文字顶部加一条横线表示该引脚低电平有效，在网络标签上也采用此种标识方法。Altium Designer 18 允许用户使用"\"为文字顶部加一条横线。例如，"RESET"低有效，可以采用"\R\E\S\E\T"的方式为该字符串顶部加一条横线。勾选该复选框后，只要在网络标签名称的第一个字符前加一个"\"，则该网络标签名将全部被加上横线。

图 2-17 "Graphical Editing"（图形编辑）标签页

➤ "Confirm Selection Memory Clear"（清除选定存储时需要确认）复选框：勾选该复选框后，在清除选定的存储器时，将出现一个确认对话框。通过这项功能的设定可以防止由于疏忽而清除选定的存储器。建议用户勾选该复选框。

➤ "Mark Manual Parameters"（标记需要手动操作的参数）复选框：用于设置是否显示参数自动定位被取消的标记点。勾选该复选框后，如果对象的某个参数已取消了自动定位属性，那么在该参数的旁边会出现一个点状标记，提示用户该参数不能自动定位，需手动定位，即应该与该参数所属的对象一起移动或旋转。

➤ "Always Drag"（始终跟随拖曳）复选框：勾选该复选框后，移动某一选中的图元时，与其相连的导线也随之被拖动，以保持连接关系。若不勾选该复选框，则移动图元时，与其相连的导线不会被拖动。

➤ "Shift Click To Select"（按<Shift>键并单击选择）复选框：勾选该复选框后，只有在按下<Shift>键时，单击才能选中图元。此时，右侧的"Primitives"（原始的）按钮被激活。单击"元素"按钮，弹出如图 2-18 所示的"Must Hold Shift To Select"（必须按住<Shift>键选择）对话框，可以设置哪些图元只有在按下<Shift>键时，单击才能选择。使用这项功能会使原理图的编辑很不方便，建议用户不必勾选该复选框，直接单击选择图元即可。

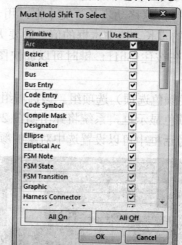

图 2-18 "Must Hold Shift To Select"（必须按住〈Shift〉键选择）对话框

➤ "Click Clears Selection"（单击清除选择）复选框：勾选该复选框后，通过单击原理图编辑窗口中的任意位置，就可以解除对某一对象的选中状态，不需要再使用菜单命令或者"原理图标准"工具栏中的按钮 ⚃（取消对当前所有文件的选中）。建议用户勾选该复选框。

➤ "Place Sheet Entries automatically"（自动放置原理图入口）复选框：勾选该复选框后，系统会自动放置图纸入口。

➤ "Protect Locked Objects"（保护锁定对象）复选框：勾选该复选框后，系统会对锁定的图元进行保护。若不勾选该复选框，则锁定对象不会被保护。

➤ "Reset Parts Designators On Paste"（重置粘贴的元件标号）复选框：勾选该复选框后，将复制粘贴后的元件标号进行重置。

➤ "Sheet Entries and Ports use Harness Color"（图纸入口和端口使用线束颜色）复选框：勾选该复选框后，将原理图中的图纸入口与电路按端口颜色设置为线束颜色

➤ "Net Color Override"（覆盖网络颜色）复选框：勾选该复选框后，将激活网络颜色功能。可单击按钮 ✐ ·，设置网络对象的颜色

02 "Auto Pan Options"（自动摇镜选项）选项组。该选项组主要用于设置系统的自动摇镜功能，即当光标在原理图上移动时，系统会自动移动原理图，以保证光标指向的位置进入可视区域。

➤ "Style"（模式）下拉列表框：用于设置系统自动摇镜的模式。有 3 个选项可以供用户选择，即 "Auto Pan Off"（关闭自动摇镜）、"Auto Pan Fixed Jump"（按照固定步长自动移动原理图）、"Auto Pan Recenter"（移动原理图时以光标最近位置作为显示中心）。系统默认为 "Auto Pan Fixed Jump"（按照固定步长自动移动原理图）。

➤ "Speed"（速度）滑块：通过拖动滑块，可以设定原理图移动的速度。滑块越向右，速度越快。

➤ "Step Size"（移动步长）文本框：用于设置原理图每次移动时的步长。系统默

认值为 30，即每次移动 30 个像素点。数值越大，图纸移动越快。

> "Shift Step Size"（快速移动步长）文本框：用于设置在按住<Shift>键的情况下原理图自动移动的步长。该文本框的值一般要大于"Step Size"（移动步长）文本框中的值，这样在按住<Shift>键时可以加快图纸的移动速度。系统默认值为 100。

03 "Color Options"（颜色选项）选项组。该选项组用于设置所选中对象的颜色。选择"Selections"（选择）颜色显示框，系统将弹出如图 2-19 所示的"Choose Color"（选择颜色）对话框，在该对话框中可以设置选中对象的颜色。

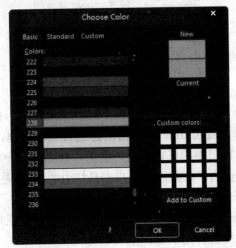

图 2-19　"Choose Color"（选择颜色）对话框

04 "Cursor"（光标）选项组。该选项组主要用于设置光标的类型。在"Cursor Type"（光标类型）下拉列表框中，包含"Large Cursor 90"（长十字形光标）、"Small Cursor 90"（短十字形光标）、"Small Cursor 45"（短 45°交叉光标）、"Tiny Cursor 45"（小 45°交叉光标）4 种光标类型。系统默认为"Small Cursor 90"（短十字形光标）类型。

其他参数的设置读者可以参照帮助文档，这里不再赘述。

2.4　元件的电气连接

元器件之间电气连接的主要方式是通过导线来连接。导线是电路原理图中最重要也是用得最多的图元，它具有电气连接的意义，不同于一般的绘图工具（绘图工具没有电气连接的意义）。

2.4.1　用导线连接元件

导线是电气连接中最基本的组成单位，放置导线的操作步骤如下：

01 单击菜单栏中的"放置"→"线"选项，或单击"布线"工具栏中的放置线按钮■，或单击常用工具栏中的放置线按钮■，或按快捷键<P>+<W>，此时光标变成十字形状并附加一个交叉符号。

02 将光标移动到想要完成电气连接的元件的引脚上，单击放置导线的起点。由于启用了自动捕捉电气节点（electrical snap）的功能，因此电气连接很容易完成。出现红色的符号表示电气连接成功。移动光标，多次单击可以确定多个固定点，最后放置导线的终点，完成两个元件之间的电气连接。此时光标仍处于放置导线的状态，重复上述操作可以继续放置其他的导线。

03 导线的拐弯模式。如果要连接的两个引脚不在同一水平线或同一垂直线上，则在放置导线的过程中需要单击确定导线的拐弯位置，并且可以通过按<Shift>+<Space>键来切换导线的拐弯模式。有直角、45°角和任意角度3种拐弯模式，如图2-20所示。导线放置完毕，右击或按<Esc>键即可退出该操作。

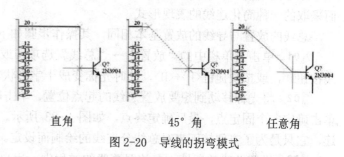

| 直角 | 45°角 | 任意角 |

图2-20 导线的拐弯模式

04 设置导线的属性。任何一个建立起来的电气连接都被称为一个网络（Net），每个网络都有自己唯一的名称。系统为每一个网络设置默认的名称，用户也可以自行设置。原理图完成并编译结束后，在导航栏中即可看到各种网络的名称。在放置导线的过程中，用户可以对导线的属性进行设置。双击导线或在光标处于放置导线的状态时按<Tab>键，弹出如图2-21所示的"Properties"（属性）面板，在该面板中可以对导线的颜色、线宽参数进行设置。

图2-21 "Properties"（属性）面板

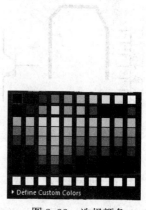

图2-22 选择颜色

➢ 颜色设置：单击该颜色显示框█，系统将弹出如图2-22所示的颜色下拉对话框。在该对话框中可以选择并设置需要的导线颜色。系统默认为深蓝色。

➢ "Width"（线宽）：在该下拉列表框中，有"Smallest"（最小）、"Small"（小）、"Medium"（中等）和"Large"（大）4个选项可供用户选择。系统默认为"Small"（小）。在实际工作中应该参照与其相连的元件引脚线的宽度进行选择。

2.4.2 总线的绘制

总线是一组具有相同性质的并行信号线的组合，如数据总线、地址总线和控制总线等的组合。在大规模的原理图设计，尤其是数字电路的设计中，如果只用导线来完成各元件之间的电气连接，那么整个原理图的连线就会显得杂乱而繁琐。而总线的运用则可以大大简化原理图的连线操作，使原理图更加整洁、美观。

原理图编辑环境下的总线没有任何实质的电气连接意义，仅仅是为了绘图和读图方便而采取的一种简化连线的表现形式。

总线的放置与导线的放置基本相同，其操作步骤如下：

01 单击菜单栏中的"放置"→"总线"选项，或单击"布线"工具栏中的放置总线按钮■，或按快捷键<P>+<B>，此时光标变成十字形状。

02 将光标移动到想要放置总线的起点位置，单击确定总线的起点。然后拖动光标，单击确定多个固定点，最后确定终点，如图 2-23 所示。总线的放置不必与元件的引脚相连，它只是为了方便接下来对总线分支线的绘制而设定。

03 设置总线的属性。在放置总线的过程中，用户可以对总线的属性进行设置。双击总线或在光标处于放置总线的状态时按<Tab>键，弹出如图 2-24 所示的"Properties"（属性）面板。在该面板中可以对总线的属性进行设置。

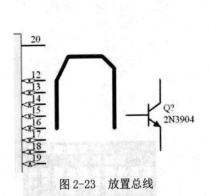

图 2-23 放置总线

图 2-24 "Properties"（属性）面板

2.4.3 绘制总线分支线

总线分支线是单一导线与总线的连接线。使用总线分支线把总线和具有电气特性的导线连接起来，可以使电路原理图更加美观、清晰且具有专业水准。与总线一样，总线分支线也不具有任何电气连接的意义，而且它的存在并不是必需的，即便不通过总线分支线，直接把导线与总线连接也是正确的。

总线入口是单一导线与总线的连接线。使用总线入口把总线和具有电气特性的导线连接起来，可以使电路原理图更加美观、清晰且具有专业水准。与总线一样，总线入口也不具有任何电气连接的意义，而且它的存在也不是必需的，即使不通过总线入口，直接把导线与总线连接也是正确的。

放置总线入口的操作步骤如下：

01 单击菜单栏中的"放置"→"总线入口"选项，或单击"布线"工具栏中的放置总线入口按钮，或按快捷键<P>+<U>，此时光标变成十字形状。

02 在导线与总线之间单击，即可放置一段总线入口分支线。同时在该命令状态下，按<Space>键可以调整总线入口分支线的方向，如图 2-25 所示。

03 设置总线入口的属性。在放置总线入口分支线的过程中，用户可以对总线入口分支线的属性进行设置。双击总线入口或在光标处于放置总线入口的状态时按<Tab>键，弹出如图 2-26 所示的"Properties"（属性）面板。在该面板中可以对总线分支线的属性进行设置。

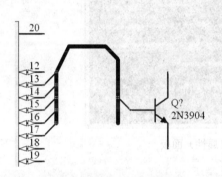

图 2-25　调整总线入口分支线的方向　　　图 2-26　"Properties"（属性）面板

其中各选项的说明如下：

➤ "Start(X/Y)"：用于设置总线入口顶端的坐标位置。
➤ "End(X/Y)"：用于设置总线入口底端的坐标位置。
➤ "Sixe(X/Y)"：用于设置总线入口竖直、水平方向的尺寸，即坐标位置。
➤ "Color（颜色）"：用于设置总线入口颜色。
➤ "Width（宽度）"：用于设置总线入口线宽度。

2.4.4　放置电源符号

电源符号和接地符号是电路原理图中必不可少的组成部分。放置电源符号和接地符号的操作步骤如下：

01 单击菜单栏中的"放置"→"电源端口"选项，或单击"布线"工具栏中的 GND 端口或 VCC 电源端口按钮，或按快捷键<P>+<O>，此时光标变成十字形状，并带有一个电源符号或接地符号。

02 移动光标到需要放置电源符号或接地符号的地方，单击即可完成放置。此时光标仍处于放置电源符号或接地符号的状态，重复操作即可放置其他的电源符号或接地符号。

03 设置电源符号和接地符号的属性。在放置电源符号和接地符号的过程中，用户可以对电源符号和接地符号的属性进行设置。双击电源符号和接地符号或在光标处于放置电源符号和接地符号的状态时按<Tab>键，弹出如图 2-27 所示的"Properties"（属性）面板，在该面板中可以对电源符号或接地符号的颜色、风格、位置、旋转角度及所在网络等属性进行设置。

图 2-27 "Properties"（属性）面板

其中各选项的说明如下：

➢ "Rotation"（旋转）：用于设置端口放置的角度，有 0 Degrees、90 Degrees、180 Degrees、270 Degrees 4 种选择。

➢ "Name"（电源名称）：用于设置电源与接地端口的名称。

➢ "Style"（风格）：用于设置端口的电气类型。包括 11 种类型，如图 2-28 所示。

图 2-28 端口的电气类型

➢ "Font"（字体）：用于设置端口名称的字体类型、字体大小、字体颜色，同时设置字体添加加粗、斜体、下划线和横线等效果。

2.4.5 放置网络标签

在原理图的绘制过程中，元件之间的电气连接除了使用导线外，还可以通过设置网络标签的方法来实现。

01 下面以放置电源网络标签为例，介绍网络标签放置的操作步骤：

❶单击菜单栏中的"放置"→"网络标签"选项，或单击"布线"工具栏中的放置网络标签按钮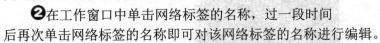，或按快捷键<P>+<N>，此时光标变成十字形状，并带有一个初始标号"Net Label1"。

❷移动光标到需要放置网络标签的导线上，当出现红色交叉标志时，单击即可完成放置。此时光标仍处于放置网络标签的状态，重复操作即可放置其他的网络标签。右击或者按<Esc>键即可退出操作。

❸设置网络标签的属性。在放置网络标签的过程中，用户可以对其属性进行设置。双击网络标签或者在光标处于放置网络标签的状态时按<Tab>键，弹出如图 2-29 所示的"Properties"（属性）面板。在该面板中可以对网络标签的颜色、位置、旋转角度、名称及字体等属性进行设置。

02 用户也可以在工作窗口中直接改变"网络"的名称，其操作步骤如下：

❶单击菜单栏中的"工具"→"设置原理图参数"命令，弹出"Preference"（参数选择）对话框，选择"Schematic"（原理图）→"General"（常规设置）标签。勾选"Enable In-Place Editing"（启用即时编辑）复选框（系统默认即为勾选状态），如图 2-16 所示。

图 2-29 "Properties"（属性）面板

❷在工作窗口中单击网络标签的名称，过一段时间后再次单击网络标签的名称即可对该网络标签的名称进行编辑。

图 2-29 所示面板中各选项的说明如下：

➢ "Rotation"（旋转）：用于设置端口放置的角度，有"0 Degrees""90 Degrees""180 Degrees""270 Degrees"4 种选择。

➢ "Net Name"（网络名称）：用于设置电源与接地端口的名称。

➢ "Font"（字体）：用于设置端口名称的字体类型、字体大小、字体颜色，同时设置字体添加加粗、斜体、下划线、横线等效果。

➢ "Justification"（齐行）：用于设置端口外观排列，包括 8 种方位选择。

📖2.4.6 放置输入/输出端口

通过前面的学习我们知道，在设计原理图时，两点之间的电气连接可以直接使用导线连接，也可以通过设置相同的网络标签来完成。还有一种方法，就是使用电路的输入/输出端口。相同名称的输入/输出端口在电气关系上是连接在一起的。一般情况下，在一张图纸中是不使用端口连接的，但在层次电路原理图的绘制过程中经常用到这种电气连接方式。放置输入/输出端口的操作步骤如下：

01 单击菜单栏中的"放置"→"端口"选项，或单击"布线"工具栏中的放置端口按钮 **D1**，或单击快捷工具栏中的放置端口按钮 **D1**，或按快捷键<P>+<R>，此时光标变成十字形状，并带有一个输入/输出端口符号。

02 移动光标到需要放置输入/输出端口的元件引脚末端或导线上，当出现红色交叉标志时，单击确定端口一端的位置。然后拖动光标使端口的大小合适，再次单击确定端口另一端的位置，即可完成输入/输出端口的一次放置。此时光标仍处于放置输入/输出端口的状态，重复操作即可放置其他的输入输出端口。

03 设置输入/输出端口的属性。在放置输入/输出端口的过程中，用户可以对输入/输出端口的属性进行设置。双击输入、输出端口或者在光标处于放置状态时按<Tab>键，弹出如图 2-30 所示的"Properties"（属性）面板。在该面板中可以对输入/输出端口的属性进行设置。

图 2-30 "Properties"（属性）面板

该面板中各选项的说明如下：

➤ "Name"（名称）：用于设置端口名称。这是端口最重要的属性之一，具有相同名称的端口在电气上是连通的。

➤ "I/O Type"（输入/输出端口的类型）：用于设置端口的电气特性，对后面的电气规则检查提供一定的依据。有"Unspecified"（未指明或不确定）、"Output"（输出）、"Input"（输入）和"Bidirectional"（双向型）4 种类型。

➤ "Harness Type"（线束类型）：设置线束的类型。

➤ "Font"（字体）：用于设置端口名称的字体类型、字体大小、字体颜色，同时设置字体添加加粗、斜体、下划线、横线等效果。

➤ "Border"（边界）：用于设置端口边界的线宽、颜色。

➤ "Fill"（填充颜色）：用于设置端口内填充颜色。

📖 2.4.7 放置离图连接器

在原理图编辑环境下，离图连接器的作用其实跟网络标签是一样的，不同的是，网络标签用在同一张原理图中，而离图连接器用在同一工程文件下的不同的原理图中。放置离图连接器的操作步骤如下。

01 选择菜单栏中的"放置"→"离图连接器"命令，此时光标变成十字形状，并带有一个离图连接器符号，如图 2-31 所示。

02 移动光标到需要放置离图连接器的元件引脚末端或导线上，当出现红色交叉标志时，单击确定离图连接器的位置，即可完成离图连接器的一次放置。此时光标仍处于放置离图连接器的状态，重复操作即可放置其他的离图连接器。

03 设置离图连接器属性。在放置离图连接器的过程中，用户可以对离图连接器的属性进行设置。双击离图连接器或者在光标处于放置状态时按<Tab>键，弹出如图 2-32 所示的"Properties"（属性）面板。

图 2-31　离图连接器符号　　　　　图 2-32　"Properties"（属性）面板

该面板中各选项意义如下：

➢ "Rotation"（旋转）：用于设置离图连接器放置的角度，有"0 Degrees""90 Degrees""180 Degrees""270 Degrees" 4 种选择。

➢ "Net Name"（网络名称）：用于设置离图连接器的名称。这是离页连接符最重要的属性之一，具有相同名称的网络在电气上是连通的。

➢ "颜色"：用于设置离图连接器的颜色。

➢ "Style"（类型）：用于设置外观风格，包括"Left"（左）、"Right"（右）这两种选择。

2.4.8　放置通用 No ERC 标号

在电路设计过程中，系统进行电气规则检查（ERC）时，有时会产生一些不希望产生的错误报告。例如，由于电路设计的需要，一些元件的个别输入引脚有可能被悬空，但在系统默认的情况下，所有的输入引脚都必须进行连接，这样在 ERC 检查时，系统会认为悬空的输入引脚使用错误，并在引脚处放置一个错误标记。

为了避免用户为检查这种"错误"而浪费时间，可以使用忽略 ERC 测试符号，让系统忽略对此处的 ERC 测试，不再产生错误报告。放置忽略 ERC 测试点的操作步骤如下：

01 单击菜单栏中的"放置"→"指示"→"通用 No ERC 标号"选项，或单击"布线"工具栏中的"放置通用 No ERC 标号"按钮███，或按快捷键<P>+<V>+<N>，此时光标变成十字形状，并带有一个红色的交叉符号。

02 移动光标到需要放置通用 No ERC 标号的位置处，单击即可完成放置。此时光标仍处于放置通用 No ERC 标号的状态，重复操作即可放置其他的通用 No ERC 标号。右击或按<Esc>键即可退出操作。

03 设置通用 No ERC 标号的属性。在放置通用 No ERC 标号的过程中，用户可以对通用 No ERC 标号的属性进行设置。双击通用 No ERC 标号或在光标处于放置通用 No ERC 标号的状态时按<Tab>键，弹出如图 2-33 所示的"Properties"（属性）面板。在该面板中可以对通用 No ERC 标号的颜色及位置属性进行设置。

图 2-33 "Properties"（属性）面板

2.4.9 放置 PCB 布线指示

用户绘制原理图的时候，可以在电路的某些位置放置 PCB 布线指示，以便预先规划和指定该处的 PCB 布线规则，包括铜箔的宽度、布线的策略、布线优先级及布线板层等。这样，在由原理图创建 PCB 印制板的过程中，系统就会自动引入这些特殊的设计规则。放置 PCB 布线指示的步骤如下：

01 单击菜单栏中的"放置"→"指示"→"参数设置"选项，或按快捷键<P>+<V>+<M>，此时光标变成十字形状，并带有一个 PCB 布线指示符号。

02 移动光标到需要放置 PCB 布线指示的位置处，单击即可完成放置，如图 2-34 所示。此时光标仍处于放置 PCB 布线指示的状态，重复操作即可放置其他的 PCB 布线指示符号。右击或者按<Esc>键即可退出操作。

03 设置 PCB 布线指示的属性。在放置 PCB 布线指示符号的过程中，用户可以对 PCB 布线指示符号的属性进行设置。双击 PCB 布线指示符号或在光标处于放置 PCB 布线指示符号的状态时按<Tab>键，弹出如图 2-35 所示的"Properties"（属性）面板。在该面板中可以对 PCB 布线指示符号的名称、位置、旋转角度及布线规则等属性进行设置。

➢ "(X/Y)"（位置 X 轴、Y 轴）文本框：用于设定 PCB 布线指示符号在原理图上的 X 轴和 Y 轴坐标。

➢ "Rotation"（旋转）文本框：用于设定 PCB 布线指示符号在原理图上的放置方向。有"0 Degrees"（0°）、"90 Degrees"（90°）、"180 Degrees"（180°）

和"270 Degrees"（270°）4个选项。

图2-34 放置 PCB 布线指示   图2-35 "Properties"（属性）面板

> "Label"（标签）文本框：用于输入 PCB 布线指示符号的名称。

> "Style"（类型）：文本框：用于设定 PCB 布线指示符号在原理图上的类型，包括"Large（大的）""Tiny（极小的）"。

> "Rules"（规则）、"Classes"（级别）：该窗口中列出了该 PCB 布线指示的相关参数，包括名称、数值及类型。若需要添加参数，单击"Add"（添加）按钮，系统将弹出如图2-36所示的"Choose Design Rule Type"（选择设计规则类型）对话框，在该对话框中列出了 PCB 布线时用到的所有类型的规则供用户选择。例如，选中了"Width Constraint"（导线宽度约束规则）选项，单击"OK"（确定）按钮后，则弹出相应的设置导线宽度对话框，如图2-37所示。该对话框分为两部分，上面是图形显示部分，下面是列表显示部分，均可用于设置导线的宽度。

属性设置完毕后，单击"OK"（确定）按钮即可关闭该对话框。

若需要编辑参数，选中添加的线宽参数值，单击按钮▨，系统弹出如图2-37所示的设置导线宽度对话框。

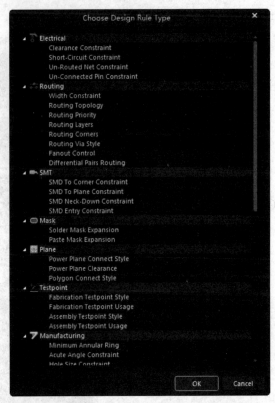

图 2-36　"Choose Design Rule Type（选择设计规则类型）"对话框

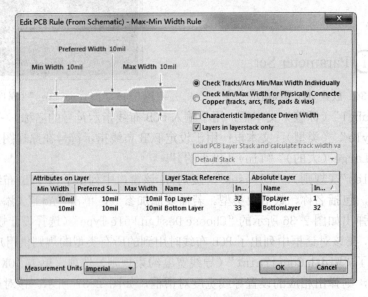

图 2-37　设置导线宽度

2.5　线束

　　线束载有多个信号，并可含有总线和电线。这些线束经过分组，统称为单一实体。这种多信号连接即称为"Signal Harness"。

Altium Designer 18 引进了一种叫做"Signal Harnesses"的新方法来建立元件之间的连接和降低电路图的复杂性。该方法通过汇集所有信号的逻辑组对电线和总线连接性进行了扩展，大大简化了电气配线路径和电路图设计的构架，并提高了可读性。

通过 Signal Harnesses，也就是线束连接器，可创建和操作子电路之间更高抽象级别，用更简单的图展现更复杂的设计。

线束连接器产品应用于汽车、家电、仪器仪表、办公设备、商用机器、电子产品引线，电子控制板应用于数码产品、家用电器、汽车工业。随着汽车功能的增加，电子控制技术的普遍应用，电气件越来越多，电线也会越来越多。

2.5.1 线束连接器

线束连接器是端子的一种。连接器又称插接器，由插头和插座组成。连接器是汽车电路中线束的中继站。线束与线束、线束与电器部件之间的连接一般采用连接器，汽车线束连接器是连接汽车各个电器与电子设备的重要部件，为了防止连接器在汽车行驶中脱开，所有的连接器均采用了闭锁装置。其操作步骤如下：

01 单击菜单栏中的"放置"→"线束"→"线束连接器"选项，或单击"布线"工具栏中的放置线束连接器按钮 ，或按快捷键<P>+<H>+<C>，此时光标变成十字形状，并带有一个线束连接器符号。

02 将光标移动到想要放置线束连接器的起点位置，单击确定线束连接器的起点。然后拖动光标，单击确定终点，如图 2-38 所示。此时系统仍处于绘制线束连接器状态，用同样的方法绘制另一个线束连接器。绘制完成后，单击鼠标右键退出绘制状态。

03 设置线束连接器的属性。双击线束连接器或在光标处于放置线束连接器的状态时按<Tab>键，弹出如图 2-39 所示的"Properties"（属性）面板，在该面板中可以对线束连接器的属性进行设置。

❶ "Location"（位置）选项组：

➢ （X/Y）：用于表示线束连接器左上角顶点的位置坐标，用户可以输入设置。

➢ "Rotation"（旋转）：用于表示线束连接器在原理图上的放置方向，有"0 Degrees"（0°）、"90 Degrees"（90°）、"180 Degrees"（180°）和"270 Degrees"（270°）4 个选项。

❷ "Properties"（属性）选项组：

➢ "Harness Type"（线束类型）：用于设置线束连接器中线束的类型。

➢ "Bus Text Style"（总线文本类型）：用于设置线束连接器中文本显示类型。单击后面的下三角按钮，有两个选项供选择："Full "（全程）、"Prefix "（前缀）。

➢ "Width"（宽度）、"Height "（高度）：用于设置线束连接器的长度和宽度。

➢ "Primary Position "（主要位置）：用于设置线束连接器的宽度。

➢ "Border "（边框）：用于设置边框线宽、颜色。单击后面的颜色块，可以在弹出的对话框中设置颜色。

➢ "Full "（填充色）：用于设置线束连接器内部的填充颜色。单击后面的颜色块，可以在弹出的对话框中设置颜色。

图 2-38 放置线束连接器 　　　　　　　　　图 2-39 "Properties"（属性）面板

❸ "Entries"（线束入口）选项组：在该选项组中可以为连接器添加、删除和编辑与其余元件连接的入口，如图 2-40 所示。

单击 "Add"（添加）按钮，在该面板中自动添加线束入口，如图 2-41 所示。

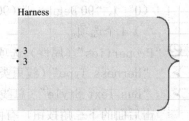

图 2-40 "Entries"（线束入口）选项组 　　　　图 2-41 添加线束入口

❹单击菜单栏中的 "放置" → "线束" → "预定义的线束连接器" 选项，弹出如图 3-42 所示的 "Place Predefined Harness Connector"（放置预订的线束连接器）对话框。

在该对话框中可精确定义线束连接器的名称、端口、线束入口等。

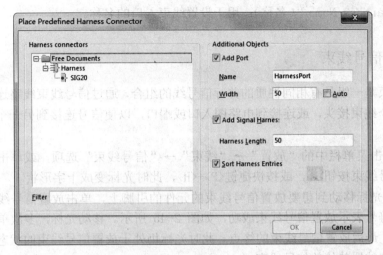

图 3-42　"Place Predefined Harness Connector"（放置预订的线束连接器）对话框

2.5.2　线束入口

线束通过线束入口的名称来识别每个网路或总线。Altium Designer 正是使用这些名称而非线束入口顺序来建立整个设计中的连接。除非命名的是线束连接器，网路命名一般不使用线束入口的名称。

放置线束入口的操作步骤如下：

01　单击菜单栏中的"放置"→"线束"→"线束入口"选项，或单击"布线"工具栏中的放置线束入口按钮，或按快捷键<P>+<H>+<E>，此时光标变成十字形状，出现一个线束入口随鼠标移动而移动。

02　移动鼠标到线束连接器内部，单击鼠标左键选择要放置的位置，只能在线束连接器左侧的边框上移动，如图 2-43 所示。

03　设置线束入口的属性。在放置线束入口的过程中，用户可以对线束入口的属性进行设置。双击线束入口或在光标处于放置线束入口的状态时按<Tab>键，弹出如图 2-44 所示的"Properties"（属性）面板。在该面板中可以对线束入口的属性进行设置。

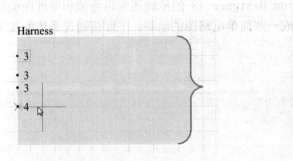

图 2-43　调整总线入口分支线的方向　　　　图 2-44　"Properties"（属性）面板

➢　"Text Font Setting"（文本字体设置）：用于设置线束入口的字体类型、字体大小、字体颜色，同时设置字体添加加粗、斜体、下划线、横线等效果。

➢ "Harness Name"（名称）：用于设置线束入口的名称。

2.5.3 信号线束

信号线束是一组具有相同性质的并行信号线的组合，通过信号线束线路连接到同一电路图上另一个线束接头，或连接到电路图入口或端口，以使信号连接到另一个原理图。操作步骤如下：

01 单击菜单栏中的"放置"→"线束"→"信号线束"选项，或单击快捷工具栏中的放置信号线束按钮█，或按快捷键<P>+<H>，此时光标变成十字形状。

02 将光标移动到想要放置信号线束的元件的引脚上，单击放置信号线束的起点。出现红色的符号表示放置信号线束成功，如图 2-45 所示。移动光标，多次单击可以确定多个固定点，最后放置信号线束的终点。此时光标仍处于放置信号线束的状态，重复上述操作可以继续放置其他的信号线束。

03 设置信号线束的属性。在放置信号线束的过程中，用户可以对信号线束的属性进行设置。双击信号线束或在光标处于放置信号线束的状态时按<Tab>键，弹出如图 2-46所示的"Properties"（属性）面板，在该面板中可以对信号线束的属性进行设置。

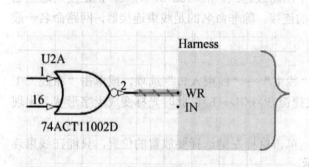

图 2-45 放置信号线束　　　　图 2-46 "Properties"（属性）面板

2.6 操作实例

通过前面的学习，相信读者对 Altium Designer 18 的原理图编辑环境和原理图编辑器的使用已经有了一定的了解，能够完成一些简单电路图的绘制。下面将通过具体的实例介绍完整的绘制电路原理图的步骤。

2.6.1 绘制看门狗电路

01 准备工作。

❶启动 Altium Designer 18。

❷执行菜单命令"File"（文件）→"新的"→"项目"→"Project"（项目），弹出"New Project"（新建项目）对话框。在该对话框中显示出了项目文件类型，如图 2-47所示。默认选择"PCB Project"选项及"Default"（默认）选项，在"Name"（名称）文

本框中输入文件名称，在"Location"（路径）文本框中选择文件路径。完成设置后，单击按钮 OK ，关闭该对话框，打开"Project"（工程）面板。在该面板中出现了新建的工程文件，系统提供的默认名为"看门狗电路.PrjPcb"，如图 2-48 所示。

❸执行菜单命令"File"（文件）→"新的"→"原理图"，在工程文件中新建一个默认名为"Sheet1.SchDoc"的电路原理图文件。然后执行菜单命令"文件"→"另存为"，在弹出的保存文件对话框中输入"看门狗电路.SchDoc"文件名，并保存在指定位置，如图 2-49 所示。

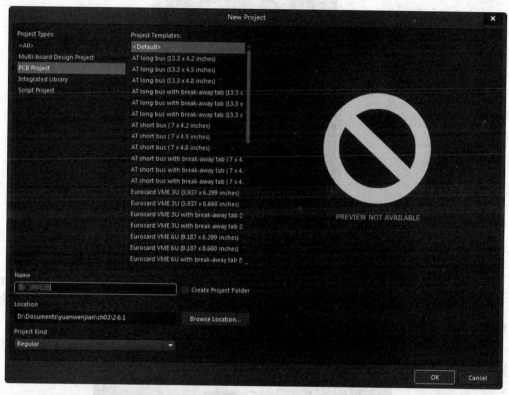

图 2-47 "New Project"（新建项目）对话框

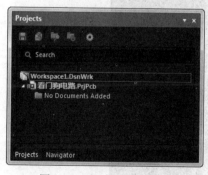

图 2-48 新建工程文件

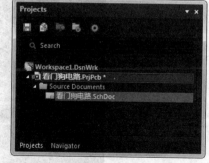

图 2-49 创建原理图文件

❹设置图纸参数。打开"Properties"（属性）面板，如图 2-50 所示。在此面板中对图纸参数进行设置。这里我们将图纸的尺寸设置为 A4，放置方向设置为"Landscape"，图纸标题栏设为"Standard"，其他采用默认设置，完成图纸属性设置。

❺查找元器件并加载其所在的库。这里我们不知道设计中所用到的 CD4060 芯片和

IRF540S 所在的库位置，因此首先要查找这两个元器件。

图 2-50　"Properties"（属性）面板

　　打开"Libraries"（库）面板，单击 按钮 Search... ，在弹出的查找元器件对话框中的输入 CD4060，如图 2-51 所示。

　　单击 按钮 Search 后，系统开始查找此元器件。查找到的元器件将显示在"Libraries（库）"面板中。用鼠标右键单击查找到元器件"CD4060BCM"，选择执行"添加或删除库"命令，加载元器件"CD4060BCM"所在的库"FSC Logic Counter.IntLib"。

　　用同样的方法可以查找元器件"IRF540S"，并加载其所在的库"IR Discreate MOSFET-Power.IntLib"。

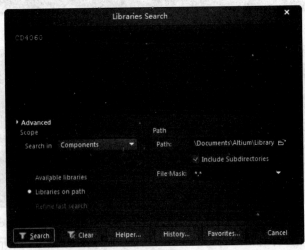

图 2-51　查找元器件 CD4060

　　提示：
　　在"Libraries"（库）选项板中用鼠标右键单击查找到元器件 CD4060BCM，选择执

行"安装当前库"命令,可直接将该元件所在库加载到系统中。

02 在电路原理图上放置元器件并完成电路图。在绘制电路原理图的过程中,放置元器件的基本依据是根据信号的流向放置,或从左到右,或从右到左。首先放置电路中关键的元器件,之后放置电阻、电容等外围元器件。本例中我们按照从左到右放置元器件。

❶放置 Optoisolator1。打开"Libraries"(库) 面板,在当前元器件库名称栏中选择"MiscellaneousDevices.IntLib",在元器件列表中选择"Optoisolator1",如图 2-52 所示。

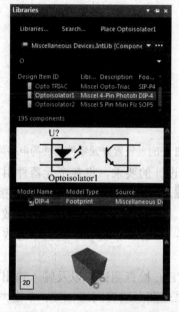

图 2-52　选择元器件

双击元器件列表中"Optoisolator1",或者单击 按钮,将此元器件放置到原理图的合适位置。

❷采用同样的方法放置"CD4060""IRF540S"和"IRFR9014"。放置了关键元器件的电路原理图如图 2-53 所示。

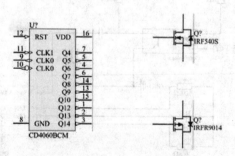

图 2-53　关键元器件放置

❸放置电阻、电容。打开"Libraries"(库)面板,在当前元器件库名称栏中选择"Miscellaneous Devices.IntLib",在元器件列表中分别选择电阻和电容进行放置。

❹编辑元器件属性。在图纸上放置完元器件后,用户要对每个元器件的属性进行编辑,包括元器件标识符、序号、型号等。设置好元器件属性的电路原理图如图 2-54 所示。

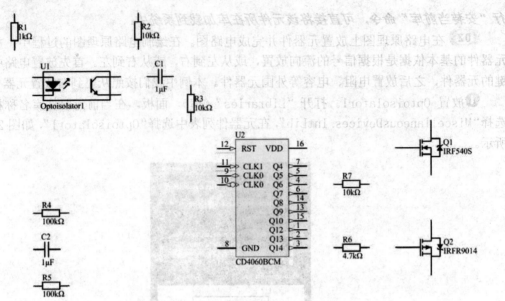

图 2-54 设置好元器件属性的电路原理图

❺连接导线。根据电路设计的要求，将各个元器件用导线连接起来。单击"布线"工具栏中的"放置线"按钮▅，完成元器件之间的电气连接。

❻放置电源和接地符号。单击"布线"工具栏中的放置"VCC 电源端口"按钮▆，在原理图的合适位置放置电源；单击"布线"工具栏中的放置"GND 端口"按钮▆，放置接地符号。

❼放置网络标签、忽略 ERC 检查测试点以及输入输出端口。单击"布线"工具栏中的放置网络标签按钮▆，在原理图上放置网络标签；单击"布线"工具栏中的放置通用 ERC检查测试点按钮▆，在原理图上放置通用 ERC 检查测试点；单击"布线"工具栏中的放置输入输出端口按钮▆，在原理图上放置输入输出端口。

❽绘制完成的看门狗电路原理图如图 2-55 所示。

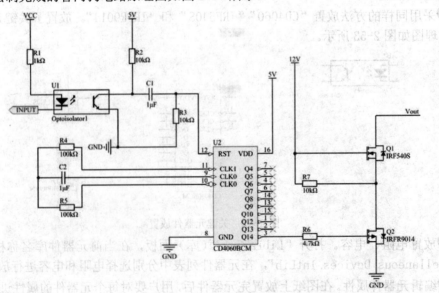

图 2-55 绘制完成的看门狗电路原理图

2.6.2 绘制串行显示驱动器 PS7219 及单片机的 SPI 接口电路

在单片机的应用系统中，为了便于人们观察和监视单片机的运行情况，常常需要用显示器显示运行的中间结果及状态等。因此显示器往往是单片机系统必不可少的外部设备之一。PS7219 是一种新型的串行接口的 8 位数字静态显示芯片，它是由武汉力源公司新推出的 24 脚双列直插式芯片，采用流行的同步串行外设接口（SPI），可与任何一种单片机方便接口连接，并可同时驱动 8 位 LED。下面就以显示驱动器 PS7219 及单片机的 SPI 接口电路为例，继续介绍电路原理图的绘制。

01 准备工作。

❶ 启动 Altium Designer 18。

❷ 执行菜单命令 "File"（文件）→ "新的" → "项目" → "PCB 工程"，在 "Project"（工程）面板中出现新建的工程文件，系统提供的默认名为 "PCB Project1.PrjPCB"，如图 2-56 所示。然后执行菜单命令 "File"（文件）→ "保存工程为"，在弹出的保存文件对话框中输入 "PS7219 及单片机的 SPI 接口电路.PrjPcb" 文件名，如图 2-57 所示。

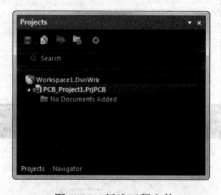

图 2-56　新建工程文件

图 2-57　保存工程文件

❸ 执行菜单命令 "File"（文件）→ "新的" → "原理图"，在工程文件中新建一个默认名为 "Sheet1.SchDoc" 的电路原理图文件。然后执行菜单命令 "文件" → "另存为"，在弹出的保存文件对话框中输入 "PS7219 及单片机的 SPI 接口电路.SchDoc" 文件名，并保存在指定位置，如图 2-58 所示。

❹ 对于后面的图纸参数设置、查找元器件、加载元器件库等步骤，请参考前面的介绍。

02 在电路原理图上放置元器件并完成电路图。这部分内容只给出提示步骤，具体操作请读者自己进行。

❶电路原理图上放置关键元器件，放置后的原理图如图 2-59 所示。

❷放置电阻、电容等元器件，并编辑元器件属性的原理图如图 2-60 所示。

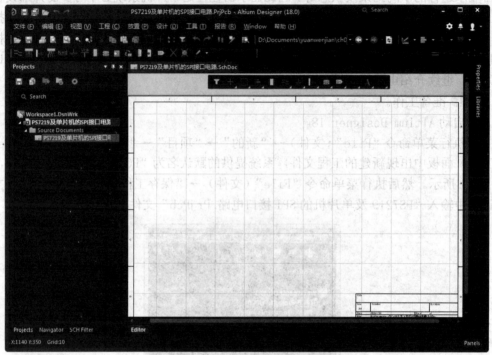

图 2-58　新建原理图文件

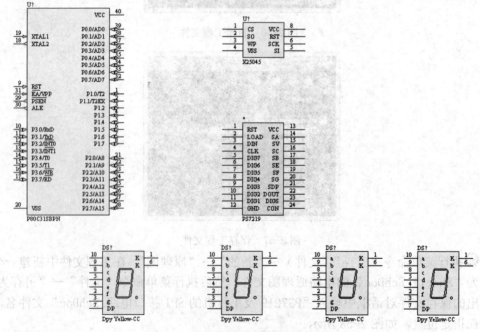

图 2-59　放置关键元器件的原理图

❸放置电源和接地符号、连接导线以及放置网络标识、忽略 ERC 检查测试点和输入输

出端口。绘制完成的电路图如图 2-61 所示。

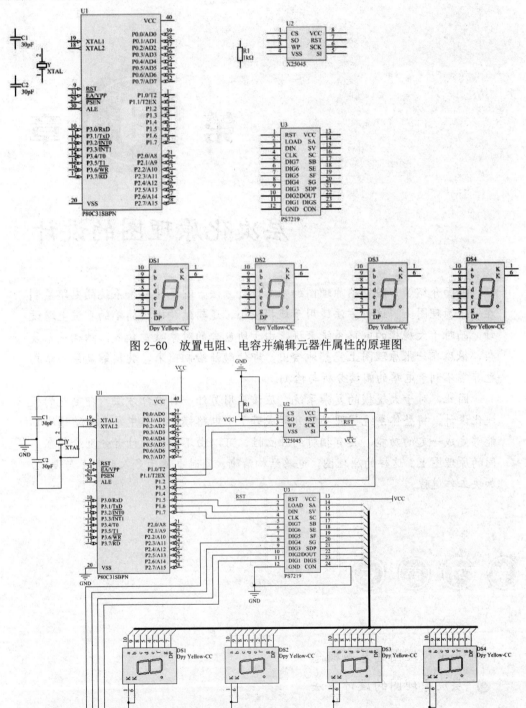

图 2-60　放置电阻、电容并编辑元器件属性的原理图

图 2-61　绘制完成的电路图

第 **3** 章

层次化原理图的设计

前面介绍了一般电路原理图的基本设计方法，它是将整个系统的电路绘制在一张原理图上。这种方法适用于规模较小、逻辑结构比较简单的系统电路设计，而对于大规模的电路系统来说，由于所包含的对象数量众多，结构关系复杂，很难在一张原理图上完整地绘出，即使勉强绘制出来，其错综复杂的结构也非常不利于电路的阅读分析与检测。

因此，对于大规模的复杂系统，应该采用另外一种设计方法，即电路的模块化设计。将整体系统按照功能分解成若干个电路模块，其中每个电路模块都能够完成一定的功能，具有相对的独立性，可以由不同的设计者分别绘制在不同的原理图上。这样的原理图，电路结构清晰，同时也便于多人共同参与设计，加快工作进程。

学 习 要 点

- ◎ 层次原理图的基本概念
- ◎ 层次原理图的设计方法
- ◎ 层次原理图之间的切换

3.1 层次原理图的基本概念

层次结构电路原理图的设计理念是将实际的总体电路进行模块划分，划分的原则是每一个电路模块都应具有明确的功能特征和相对独立的结构，而且还要有简单、统一的接口，便于模块间的连接。

针对每一个具体的电路模块，都可以分别绘制成相应的电路原理图（一般称为子原理图），而各个电路模块之间的连接关系则采用一个顶层原理图来表示。顶层原理图主要由若干个原理图符号（即图纸符号）组成，用来表示各个电路模块之间的系统连接关系，描述整体电路的功能结构。这样，可以把整个系统电路分解成顶层原理图和若干个子原理图，以分别进行设计。

Altium Designer 18 提供的层次原理图设计功能非常强大，能够实现多层的层次化设计。用户可以将整个电路系统划分为若干个子系统，每一个子系统又可以划分为若干个功能模块，而每一个功能模块还可以再细分为若干个基本的小模块，这样依次细分下去，就可以把整个系统划分为多个层次，从而使电路设计化繁为简。

3.2 层次原理图的基本结构和组成

图 3-1 所示为一个二级层次原理图的基本结构，它由顶层原理图和子原理图共同组成，是一种模块化结构。

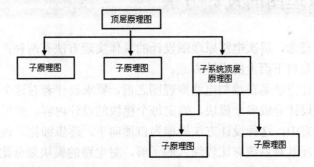

图 3-1　二级层次原理图的基本结构

其中，子原理图就是用来描述某一电路模块具体功能的普通电路原理图（主要由各种具体的元器件、导线等构成），只不过增加了一些输入输出端口（作为与上层进行电气连接的通道口）。

顶层电路图（即母图）的主要构成元素却不再是具体的元器件，而是代表子原理图的图纸符号，如图 3-2 所示。它是一个电路设计实例采用层次结构设计时的顶层原理图。

该顶层原理图主要由 4 个图纸符号组成，每一个图纸符号都代表一个相应的子原理图文件，共有 4 个子原理图。在图纸符号的内部给出了一个或多个表示连接关系的电路端口，对于这些端口，在子原理图中都有相同名称的输入输出端口与之相对应，以便建立起不同层次间的信号通道。

图纸符号之间也是借助于电路端口，可以使用导线或总线完成连接，而且同一个项目的所有电路原理图（包括顶层原理图和子原理图）中，相同名称的输入输出端口和电路端口之间在电气意义上都是相互连接的。

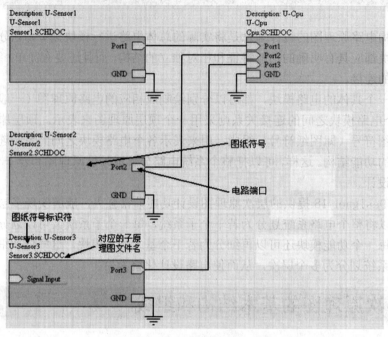

图 3-2　顶层原理图的基本组成

3.3　层次原理图的设计方法

基于上述设计理念，层次电路原理图设计的具体实现方法有两种：一种是自上而下的设计方式，另一种是自下而上的设计方式。

自上而下的设计方法是在绘制电路原理图之前，要求设计者对这个设计有一个整体的把握，把整个电路设计分成多个模块，确定每个模块的设计内容，然后对每一模块进行详细的设计。在 C 语言中，这种设计方法被称为自顶向下，逐步细化。该设计方法要求设计者在绘制原理图之前就对系统有比较深入的了解，对电路的模块划分比较清楚。

自下而上的设计方法是设计者先绘制子原理图，根据子原理图生成原理图符号，进而生成上层原理图，最后完成整个设计。这种方法比较适用于对整个设计不是非常熟悉的用户，这也是一种适合初学者选择的设计方法。

3.3.1　自上而下的层次原理图设计

自上而下的层次电路原理图设计就是先绘制出顶层原理图，然后将顶层原理图中的各个页面符对应的子原理图分别绘制出来。采用这种方法设计时，首先要根据电路的功能把整个电路划分为若干个功能模块，然后把它们正确地连接起来。

下面以系统提供的"Examples/ Circuit Simulation/ Amplified Modulator"为例，介绍自上而下的层次原理图设计的具体步骤：

01 绘制顶层原理图。

❶执行菜单命令"File"（文件）→"新的"→"项目"→"PCB 工程"，建立一个新 PCB 项目文件，另存为"Amplified Modulator.PRJPCB"。

❷执行菜单命令"File"（文件）→"新的"→"原理图"，在新项目文件中新建一个原理图文件，将原理图文件另存为"Amplified Modulator.SchDoc"。设置原理图图纸参数。

❸执行菜单命令"放置"→"页面符"，或者单击"布线"工具栏中的"放置页面符"按钮▤，放置页面符。此时光标变成十字形，并带有一个页面符符号。

❹移动光标到指定位置，单击确定页面符的一个顶点，然后拖动鼠标，在合适位置再次单击，确定页面符的另一个顶点，如图 3-3 所示。此时系统仍处于绘制页面符状态，用同样的方法绘制另一个页面符。绘制完成后，单击鼠标右键退出绘制状态。

❺双击绘制完成的页面符，弹出"Properties"（属性）面板，如图 3-4 所示。在该面板中设置页面符属性。

图 3-3　放置页面符　　　　　图 3-4　"Properties"（属性）面板

1）"Properties"（属性)选项组：

➤ "Designator"（标志）：用于设置页面符的名称。这里我们输入"Modulator"（调制器）。

➤ "File Name"（文件名）：用于显示该页面符所代表的下层原理图的文件名。

➤ "Bus Text Style"（总线文本类型）：用于设置线束连接器中文本显示类型。单击后面的下三角按钮，有两个选项供选择："Full"（全程）、"Prefix"（前缀）。

➤ "Line Style"（线宽）：用于设置页面符边框的宽度，有 4 个选项供选择："Smallest""Small""Medium"（中等的）和"Large"。

➤ "Fill Color"（填充颜色）：若选中该复选框，则页面符内部被填充。否则，页面符是透明的。

2）"Source"（资源）选项组：

➢ "File Name"（文件名）：用于设置该页面符所代表的下层原理图的文件名，输入"Modulator.SchDoc"（调制器电路）。

3）"Sheet Entries"（图纸入口）选项组：

在该选项组中可以为页面符添加、删除和编辑与其余元件连接的图纸入口。在该选项组下进行添加图纸入口，与工具栏中的"添加图纸入口"按钮作用相同。

单击"Add"（添加）按钮，在该面板中自动添加图纸入口，如图 3-5 所示。

图 3-5 "Sheet Entries"（图纸入口）选项组

➢ Times New Roman, 10：用于设置页面符文字的字体类型、字体大小、字体颜色，同时设置字体添加加粗、斜体、下划线、横线等效果，如图 3-6 所示。

➢ Other（其余）：用于设置页面符中图纸入口的电气类型、边框的颜色和填充颜色。单击后面的颜色块，可以在弹出的对话框中设置颜色，如图 3-7 所示。

图 3-6 文字设置　　　　　　　　　　图 3-7 图纸入口参数

4）"Parameters"（参数）选项卡：

单击"Parameters"（参数）标签，弹出"Parameters"（参数）选项卡，如图 3-8 所示。在该选项卡中可以为页面符的图纸符号添加、删除和编辑标注文字。单击"Add"（添加）按钮添加参数，显示如图 3-9 所示。

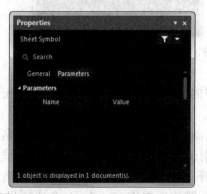

图 3-8 "Parameters"（参数）选项卡　　　图 3-9 设置参数属性

在该面板中可以设置标注文字的"名称""值""位置""颜色""字体""定位"以及"类型"等。

单击按钮 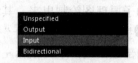，显示"Value"值，单击按钮 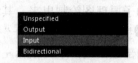，显示"Name"。

设置好属性的页面符如图 3-10 所示。

❻执行菜单命令"放置"→"添加图纸入口"，或者单击"布线"工具栏中的按钮 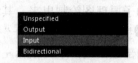，放置页面符的图纸入口。此时光标变成十字形，在页面符的内部单击鼠标左键后，光标上出现一个图纸入口符号。移动光标到指定位置，单击鼠标左键放置一个入口，此时系统仍处于放置图纸入口状态，单击鼠标左键继续放置需要的图纸入口。全部图纸入口放置完成后，单击鼠标右键退出放置状态。

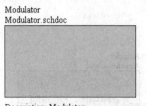
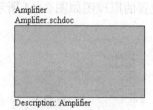

图 3-10　设置好属性的页面符

❼双击放置的图纸入口，系统弹出"Properties"（属性）面板，如图 3-11 所示。在该面板中可以设置图纸入口的属性。

➤ "Name"（名称）：用于设置图纸入口名称。这是图纸入口最重要的属性之一，具有相同名称的图纸入口在电气上是连通的。

➤ "I/O Type"（输入/输出端口的类型）：用于设置图纸入口的电气特性，为后面的电气规则检查提供一定的依据。有"Unspecified"（未指明或不确定）、"Output"（输出）、"Input"（输入）和"Bidirectional"（双向型）4 种类型，如图 3-12所示。

图 3-11　"Properties"（属性）面板

图 3-12　输入/输出端口的类型

➤ "Harness Type"（线束类型）：设置线束的类型。

➤ "Font"（字体）：用于设置端口名称的字体类型、字体大小、字体颜色，同时设置字体添加加粗、斜体、下划线、横线等效果。

➤ "Border Color"（边界）：用于设置端口边界的颜色。

➤ "Fill Color"（填充颜色）：用于设置端口内填充颜色。

> ➤ "Kind"（类型）：用于设置图纸入口的箭头类型。单击后面的下三角按钮，可选
> 择 4 个选项，如图 3-13 所示。

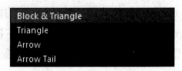

图 3-13　箭头类型

完成属性设置的原理图如图 3-14 所示。

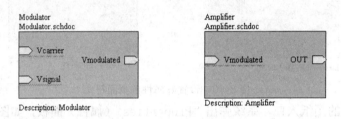

图 3-14　完成属性设置的原理图

❽使用导线将各个页面符的图纸入口连接起来，并绘制图中其他部分原理图。绘制完成的顶层原理图如图 3-15 所示。

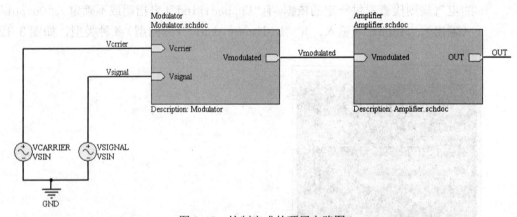

图 3-15　绘制完成的顶层电路图

02 绘制子原理图。完成了顶层原理图的绘制以后，要把顶层原理图中的每个方块对应的子原理图绘制出来，其中每一个子原理图中还可以包括页面符。

❶执行菜单命令"设计"→"从页面符创建图纸"，光标变成十字形。移动光标到页面符内部空白处，单击鼠标左键。

❷系统会自动生成一个与该页面符同名的子原理图文件，并在原理图中生成了 3 个与页面符对应的输入输出端口，如图 3-16 所示。

❸绘制子原理图，绘制方法与第 2 章中绘制一般原理图的方法相同。绘制完成的子原理图如图 3-17 所示。

❹采用同样的方法绘制另一张子原理图，结果如图 3-18 所示。

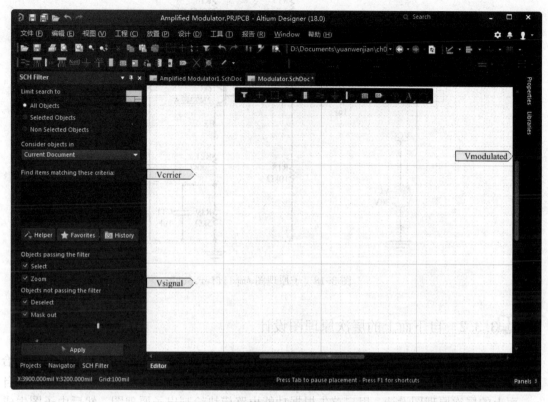

图 3-16　自动生成的子原理图

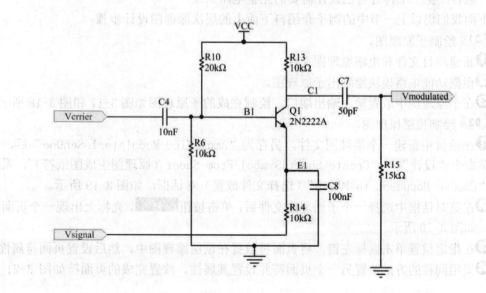

图 3-17　子原理图 Modulator.SchDoc

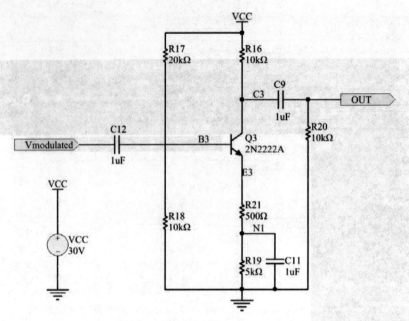

图 3-18　子原理图 Amplifier.SchDoc

3.3.2　自下而上的层次原理图设计

在设计层次原理图的时候，经常会碰到这样的情况，对于不同功能模块的不同组合，会形成功能不同的电路系统，此时我们就可以采用另一种层次原理图的设计方法，即自下而上的层次原理图设计。用户首先根据功能电路模块绘制出子原理图，然后由子图生成页面符，组合产生一个符合自己设计需要的完整电路系统。

下面我们仍以上一节中的例子介绍自下而上的层次原理图设计步骤：

01 绘制子原理图。

❶新建项目文件和电路原理图文件。

❷根据功能电路模块绘制出子原理图。

❸在子原理图中放置输入输出端口。绘制完成的子原理图如图 3-17 和图 3-18 所示。

02 绘制顶层原理图。

❶在项目中新建一个原理图文件，另存为"Amplified Modulator1.SchDoc"后，执行菜单命令"设计"→"Create Sheet Symbol From Sheet（原理图生成图纸符）"，系统弹出"Choose Document to Place"（选择文件放置）对话框，如图 3-19 所示。

❷在该对话框中选择一个子原理图文件后，单击按钮 ▇ OK ，光标上出现一个页面符虚影，如图 3-20 所示。

❸在指定位置单击鼠标左键，将页面符放置在顶层原理图中，然后设置页面符属性。

❹采用同样的方法放置另一个页面符并设置其属性。放置完成的页面符如图 3-21 所示。

❺用导线将页面符连接起来，并绘制其余的电路图。绘制完成的顶层电路图如图 3-22 所示。

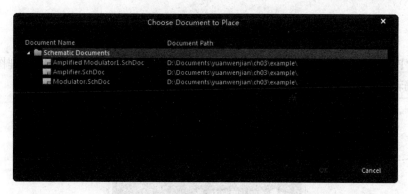

图 3-19　"Choose Document to Place"（选择文件放置）对话框

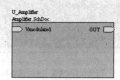

图 3-20　光标上出现页面符

图 3-21　放置完成的页面符

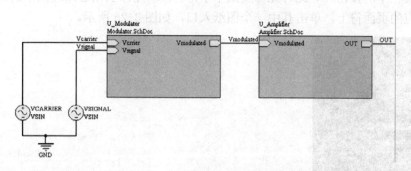

图 3-22　绘制完成的顶层电路图

3.4　层次原理图之间的切换

　　绘制完成的层次电路原理图中一般都包含有顶层原理图和多张子原理图，用户在编辑时，常常需要在这些图中来回切换查看，以便了解完整的电路结构。在 Altium Designer 18 中，提供了层次原理图切换的专用命令，以帮助用户在复杂的层次原理图之间方便地进行切换，实现多张原理图的同步查看和编辑。切换的方法有用"Projects（工程）"面板切换和用命令方式切换。

📖 3.4.1 用 Projects 工作面板切换

打开"Projects"（工程）面板，如图 3-23 所示。单击面板中相应的原理图文件名，在原理图编辑区内就会显示对应的原理图。

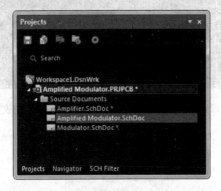

图 3-23 "Projects"（工程）面板

📖 3.4.2 用命令方式切换

01 由顶层原理图切换到子原理图。

❶打开项目文件，执行菜单命令"工程"→"Compile PCB Project Amplified Modulator. PRJPCB"，编译整个电路系统。

❷打开顶层原理图，执行菜单命令"工具"→"上/下层次"，如图 3-24 所示，或者单击主工具栏中的按钮，此时光标变成十字形。移动光标至顶层原理图中的欲切换的子原理图对应的页面符上，单击其中一个图纸入口，如图 3-25 所示。

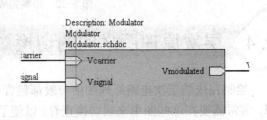

图 3-24 "上/下层次"菜单命令   图 3-25 图纸入口

利用项目管理器，用户直接单击项目窗口的层次结构中所要编辑的文件名即可。

❸单击文件名后，系统自动打开子原理图，并将其切换到原理图编辑区内。此时，子

原理图中与前面单击的图纸入口同名的端口处于高亮状态，如图 3-26 所示。

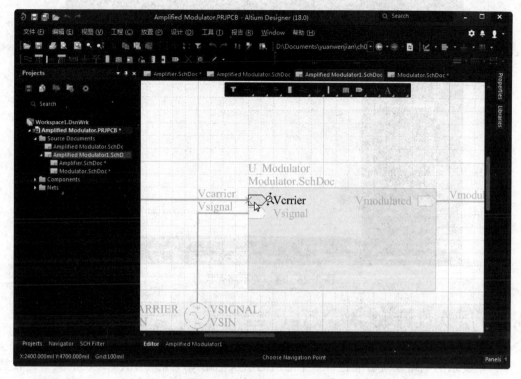

图 3-26　端口处于高亮状态

02 由子原理图切换到顶层原理图。

❶打开一个子原理图，执行菜单命令"工具"→"上/下层次"，或者单击主工具栏中的按钮 🔳，此时光标变成十字形。

❷移动光标到子原理图的一个输入输出端口，如图 3-27 所示。

❸单击该端口，系统将自动打开并切换到顶层原理图，此时，顶层原理图中与前面单击的输入输出端口同名的端口处于高亮状态，如图 3-28 所示。

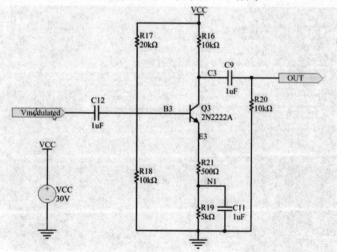

图 3-27　移动光标到子原理图的一个输入输出端口

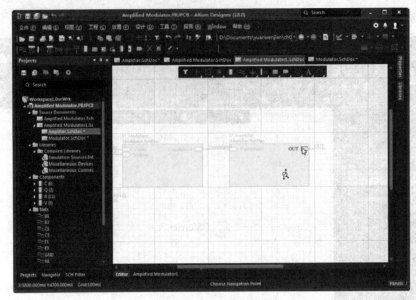

图 3-28　端口处于高亮状态

3.5　层次设计表

一个复杂的电路系统可能包含多个层次的层次电路图，因此层次原理图的关系比较复杂，用户将不容易看懂这些电路图。为了解决这个问题，Altium Designer 18 提供了一种层次设计报表，通过这种报表，用户可以清楚地了解原理图的层次结构关系。

生成层次设计报表的步骤如下：

01 打开层次原理图项目文件，执行菜单命令"工程"→"Compile PCB Project Amplified Modulator.PRJPCB"，编译整个电路系统。

02 执行菜单命令"报告"→"Report Project Hierarchy"，系统将生成层次设计报表，如图 3-29 所示。

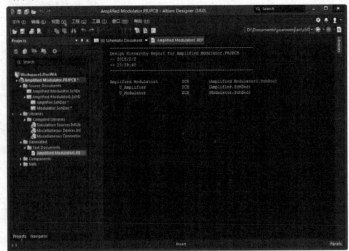

图 3-29　层次设计报表

3.6 操作实例

📖 3.6.1 声控变频器电路层次原理图设计

在层次原理图中，表达子图之间关系的原理图被称为母图。首先按照不同的功能将原理图划分成一些子模块，然后在母图中采用一些特殊的符号和概念来表示各张原理图之间的关系。本例主要讲述用自顶向下的层次原理图设计方法来完成层次原理图中母图和子图的设计。

01 建立工作环境。

❶在 Altium Designer 18 主界面中，执行菜单栏中的"File"（文件）→"新的"→"项目"→"Project"（工程）菜单命令，弹出"New Project"（新建工程）对话框，选择默认"PCB Project"选项及"Default"（默认）选项，新建工程文件"声控变频器.PrjPcb"。

❷执行"File"（文件）→"新的"→"原理图"菜单命令，然后右键选择"另存为"菜单命令，将新建的原理图文件保存为"声控变频器.SchDoc"，如图 3-30 所示。

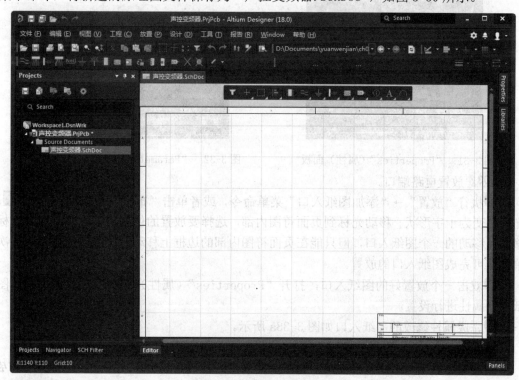

图 3-30 新建原理图文件

02 放置页面符。

❶在本例层次原理图的母图中有两个页面符，分别代表两个下层子图。因此在进行母图设计时首先应该在原理图图纸上放置两个页面符。执行"放置"→"页面符"菜单命令，或者单击"布线"工具栏中的"放置页面符"按钮📓，光标将变为十字形状，并带有一个页面符图标志。在图纸上单击确定页面符的左上角顶点，然后拖动鼠标绘制出一个适当大小的方块，再次单击鼠标左键确定页面符的右下角顶点，这样就确定了一个页面符。

❷放置完一个页面符后，系统仍然处于放置页面符的命令状态，采用同样的方法在原理图中放置另外一个页面符。单击鼠标右键退出绘制页面符的命令状态。

❸双击绘制好的页面符，打开"Properties"（属性）面板，在该面板中可以设置页面符的参数，如图 3-31 所示。

❹单击"Parameters"（参数）标签切换到"Parameters"（参数）选项卡，在该选项卡中单击"Add"（添加）按钮可以为页面符添加一些参数，如添加一个对该页面符的描述，如图 3-32 所示。

图 3-31 "Properties"（属性）面板 　　图 3-32 "Parameters"（参数）选项卡

03 放置电路端口。

❶执行"放置"→"添加图纸入口"菜单命令，或者单击"布线"工具栏中的按钮，光标将变为十字形状。移动光标到页面符图内部，选择要放置的位置单击，会出现随光标移动而移动的一个图纸入口，但只能在页面符图内部的边框上移动；在适当的位置再一次单击即可完成图纸入口的放置。

❷双击一个放置好的图纸入口，打开"Properties"（属性）面板，在该面板中对图纸入口属性进行设置。

❸完成属性修改的图纸入口如图 3-33a 所示。

提示：

在设置电路端口的 I/O 类型时，注意一定要使其符合电路的实际情况，例如本例中电源页面符中的 VCC 端口是向外供电的，所以它的 I/O 类型一定是 Output。另外，要使电路端口的箭头方向和它的 I/O 类型相匹配。

04 连线。将具有电气连接的页面符的各个电路端口用导线或者总线连接起来。完成连接后，整个层次原理图的母图便设计完成了，结果如图 3-33b 所示。

05 设计子原理图。执行"设计"→"从页面符创建图纸"菜单命令，这时光标将变为十字形状。移动光标到方块图"Power"上，单击鼠标左键，系统自动生成一个新的原理图文件，名称为"Power Sheet.SchDoc"，与相应的方块图所代表的子原理图文件名一致。

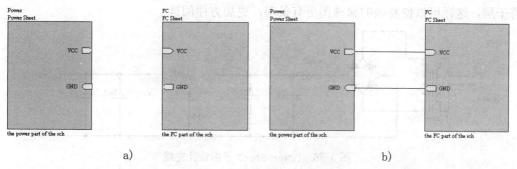

图 3-33　设置电路端口属性

06 加载元件库。选择"Libraries"（元件库）面板，单击按钮 Libraries... ，打开"Available Libraries"（可利用的库）对话框，然后在其中加载需要的元件库。本例中需要加载的元件库如图 3-34 所示。

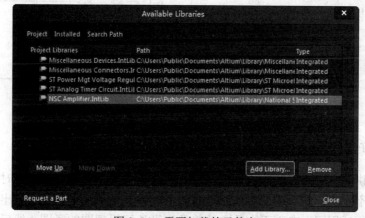

图 3-34　需要加载的元件库

07 放置元件。

❶打开"Libraries"（元件库）面板，在其中浏览刚刚加载的元件库"ST Power Mgt Voltage Regulator.IntLib"，找到所需的 L7809CP 芯片，然后将其放置在图纸上。

❷在其他的元件库中找出需要的另外一些元件，然后将它们都放置到原理图中，再对这些元件进行布局，布局的结果如图 3-35 所示。

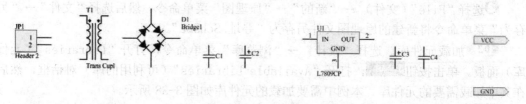

图 3-35　元件放置完成

08 元件布线。

❶将输出的电源端接到输入输出端口 VCC 上，将接地端连接到输出端口 GND 上。至此，Power Sheet 子图便设计完成了，结果如图 3-36 所示。

❷按照上面的步骤完成另一个原理图子图的绘制。设计完成的 FC Sheet 子图如图 3-37 所示。

两个子图都设计完成后，整个层次原理图的设计便结束了。层次原理图的分层可以有若干层，这样可以使复杂的原理图更有条理，更加方便阅读。

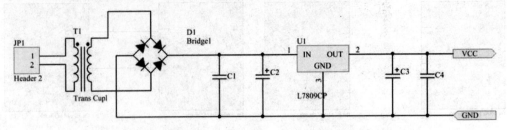

图 3-36　Power Sheet 子图设计完成

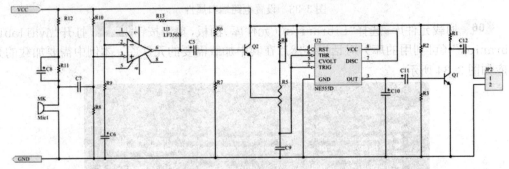

图 3-37　FC Sheet 子图设计完成

3.6.2　存储器接口电路层次原理图设计

本例主要讲述自下而上的层次原理图设计。在电路的设计过程中，有时候会出现一种情况，即事先不能确定端口的情况，这时候就不能将整个工程的母图绘制出来，因此自上而下的方法就不适用了。自下而上的方法就是先设计好原理图的子图，然后由子图生成母图的方法。

01 建立工作环境。

❶在 Altium Designer 18 主界面中，执行菜单栏中的"File"（文件）→"新的"→"项目"→"PCB 工程"命令，然后单击右键选择"保存工程为"菜单命令，将工程文件另存为"存储器接口.PrjPCB"。

❷选择"File"（文件）→"新的"→"原理图"菜单命令，然后选择"文件"→"另存为"菜单命令将新建的原理图文件另存为"寻址.SchDoc"。

02 加载元件库。选择"设计"→"浏览库"菜单命令，打开"Libraries"（元件库）面板。单击按钮 Libraries...，打开"Available Libraries"（可利用的库）对话框，然后在其中加载需要的元件库。本例中需要加载的元件库如图 3-38 所示。

03 放置元件。选择"Libraries"（元件库）面板，在其中浏览刚刚加载的元件库"TI Logic Decoder Demux.IntLib"，找到所需的译码器 SN74LS138D，然后将其放置在图纸上。在其他的元件库中找出需要的另外一些元件，然后将它们都放置到原理图中，再对这些元件进行布局，布局的结果如图 3-39 所示。

04 元件布线。

❶绘制导线，连接各元器件，结果如图 3-40 所示。

❷放置网络标签。执行"放置"→"网络标签"菜单命令，或单击"布线"工具栏中

的按钮 Net，在需要放置网络标签的引脚上添加正确的网络标签，并添加接地和电源符号，将输出的电源端接到输入输出端口 VCC 上，将接地端连接到输出端口 GND 上，至此，寻址子图便设计完成了，结果如图 3-41 所示。

图 3-38　需要加载的元件库

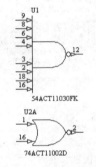

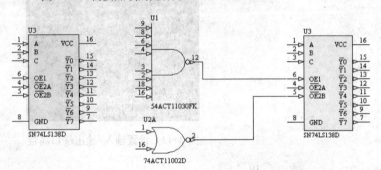

图 3-39　元件放置完成　　　　　　　　　　　　图 3-40　放置导线

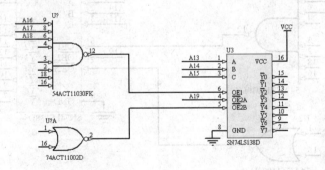

图 3-41　放置网络标签

提示：
由于该电路为接口电路，有一部分引脚会连接到系统的地址和数据总线。因此，在本图中的网络标签并不是成对出现的。

05 放置输入/输出端口。

❶输入/输出端口是子原理图和其他子原理图的接口。执行"放置"→"端口"菜单命令，或者单击"布线"工具栏中的按钮 D1，系统进入到放置输入/输出端口的命令状态。移动光标到目标位置，单击确定输入/输出端口的一个顶点，然后拖动鼠标到合适位置，再次单击确定输入/输出端口的另一个顶点，这样就完成了一个输入/输出端口。

❷双击放置完的输入/输出端口，打开"Properties"（属性）面板，如图 3-42 所示。在该面板中可以设置输入/输出端口的名称、I/O 类型等参数。

❸使用同样的方法，放置电路中所有的输入/输出端口，如图 3-43 所示。这样就完成了"寻址"原理图子图的设计。

图 3-42　设置输入/输出端口属性

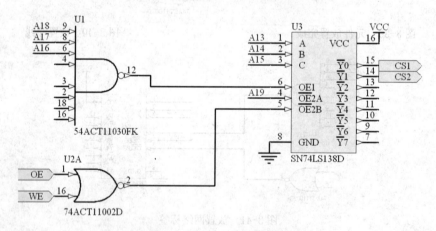

图 3-43　寻址原理图子图

06 绘制子原理图。绘制"存储"原理图子图和绘制"寻址"原理图子图的方法相同。绘制的"存储"原理图子图如图 3-44 所示。

07 设计存储器接口电路母图。

❶执行"File"（文件）→"新的"→"原理图"菜单命令，然后执行"文件"→"另存为"菜单命令，将新建的原理图文件另存为"存储器接口.SchDoc"。

❷执行"设计"→"Create Sheet Symbol From Sheet"（原理图生成图纸符）菜单命令，打开"Choose Document to Place"（选择文件位置）对话框，如图 3-45 所示。

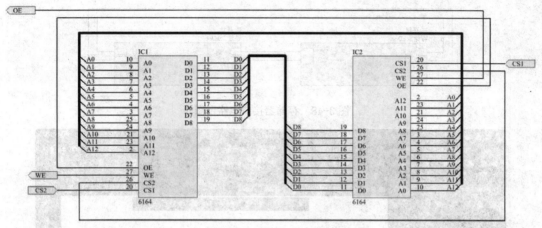

图 3-44　"存储"原理图子图

❸在"Choose Document to Place"对话框中列出了所有的原理图子图。选择"存储.SchDoc"原理图子图，单击按钮 OK ，光标上将会出现一个页面符，移动光标到原理图中适当的位置，单击就可以将该页面符放置在图纸上，结果如图 3-46 所示。

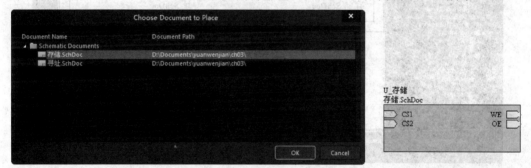

图 3-45　"Choose Document to Place"（选择文件位置）对话框　　图 3-46　放置好的页面符

提示：

在自上而下的层次原理图设计方法中，在进行母图向子图转换时，不需要新建一个空白文件，系统会自动生成一个空白的原理图文件。但是在自下而上的层次原理图设计方法中，一定要先新建一个原理图空白文件，才能进行由子图向母图的转换。

❹使用同样的方法将"寻址.SchDoc"原理图生成的母图页面符放置到图纸中，结果如图 3-47 所示。

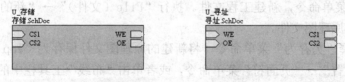

图 3-47　生成的母图页面符

❺用导线将具有电气关系的端口连接起来，就完成了存储器接口电路母图的设计，结果如图 3-48 所示。

08 执行"工程"→"Compile PCB Project 存储器接口.PrjPcb"（编译存储器接口电路板项目.PrjPcb）菜单命令，将原理图进行编译，在"Projects"（工程）面板中就可以看到层次原理图中母图和子图的关系，显示的层次关系如图 3-49 所示。

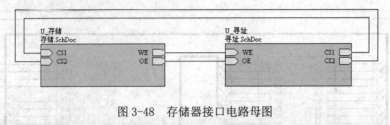

图 3-48　存储器接口电路母图

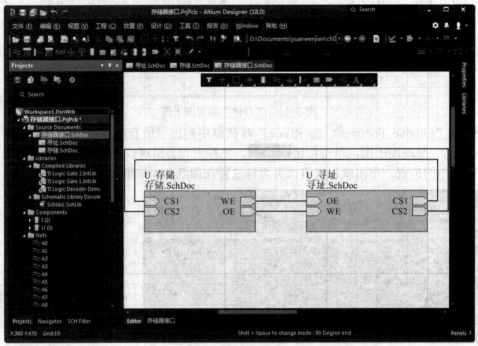

图 3-49　显示层次关系

📖 3.6.3　4 Port UART 电路层次原理图设计

01 自上而下层次原理图设计的主要步骤如下：

❶建立工作环境。

1) 在 Altium Designer 18 主界面中，执行"File"（文件）→"新的"→"项目"→"PCB 工程"菜单命令，新建工程文件。执行"File（文件）"→"新的"→"原理图"菜单命令，新建原理图文件。

2) 右键选择"另存为"菜单命令，将新建的原理图文件保存为"Top.SchDoc"。

❷执行"放置"→"页面符"菜单命令，或者单击"布线"工具栏中的"放置页面符"按钮■，光标将变为十字形状，并带有一个页面符标志。

❸移动光标到需要放置页面符图的地方，单击鼠标左键确定页面符的一个顶点；移动光标到合适的位置，再一次单击确定其对角顶点，即可完成页面符的放置。

此时，光标仍处于放置页面符图的状态，重复操作即可放置其他的页面符。

单击鼠标右键或者按下<Esc>键便可退出操作。

❹设置页面符属性。此时放置的图纸符号并没有具体的意义，需要进一步进行设置，

包括其标识符、所表示的子原理图文件，以及一些相关的参数等。

1）执行"放置"→"放置图纸入口"菜单命令，或者单击"布线"工具栏中的按钮 ，光标将变为十字形状。

2）移动光标到页面符内部，选择要放置的位置，单击鼠标左键，会出现一个随鼠标移动而移动的电路端口，但只能在页面符图内部的边框上移动；在适当的位置再一次单击鼠标即可完成电路端口的放置。

3）此时光标仍处于放置电路端口的状态，重复上述的操作即可放置其他的电路端口。单击鼠标右键或者按下< Esc>键便可退出操作。

❺设置电路端口的属性

1）双击需要设置属性的电路端口（或在绘制状态下按< Tab>键），系统将弹出相应的电路端口属性编辑对话框，对电路端口的属性加以设置。

2）使用导线或总线把每一个页面符图上的相应电路端口连接起来，并放置好接地符号，便完成了顶层原理图的绘制，结果如图 3-50 所示。

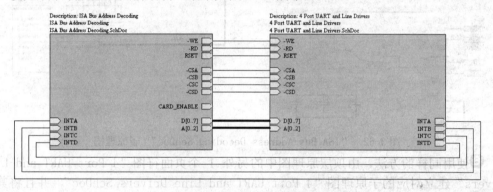

图 3-50 完成绘制的顶层原理图

3）根据顶层原理图中的页面符图，把与之相对应的子原理图分别绘制出来，这一过程就是使用页面符图来建立子原理图的过程。

❻执行"设计"→"从页面符创建图纸"菜单命令，这时光标将变为十字形状。移动光标到图 3-50 左侧页面符图内部单击，系统自动生成一个新的原理图文件，名称为"ISA Bus Address Decoding.SchDoc"，与相应的页面符图所代表的子原理图文件名一致，如图 3-51 所示。可以看到，在该原理图中已经自动放置好了与 14 个电路端口方向一致的输入输出端口。

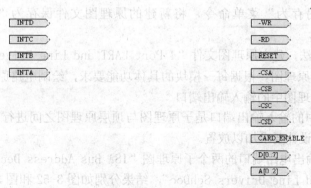

图 3-51 由页面符图产生的子原理图

❼使用普通电路原理图的绘制方法，放置各种所需的元器件并进行电气连接，完成
"ISA Bus Address Decoding.SchDoc"子原理图的绘制，结果如图3-52所示。

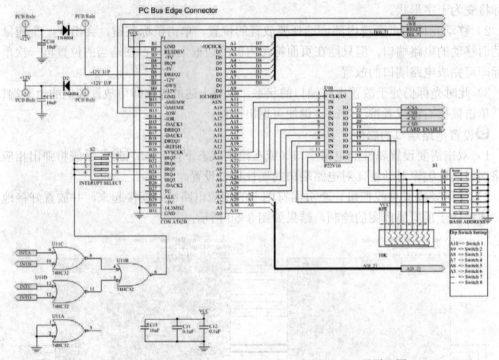

图3-52　"ISA Bus Address Decoding.SchDoc" 子原理图

❽使用同样的方法，由顶层原理图中的另外 1 个页面符图"4 Port UART and Line Drivers"建立对应的子原理图"4 Port UART and Line Drivers.SchDoc"，并且将其绘制出来。

这样就完成了采用自上而下的层次电路图设计方法对整个系统电路原理图的绘制。

02 自下而上层次原理图设计的主要步骤如下：

❶新建项目文件。

1) 在 Altium Designer 18 主界面中，执行"Files"（文件）→"新的"→"Project"（工程）菜单命令，新建工程文件。执行"Files"（文件）→"新的"→"原理图"菜单命令，新建原理图文件。

2) 右键选择"保存工程为"菜单命令，将新建的工程文件保存为"My job.PrjPCB"。然后右键选择"另存为"菜单命令，将新建的原理图文件保存为"ISA Bus Address Decoding.SchDoc"。

使用同样的方法，建立原理图文件"4 Port UART and Line Drivers.SchDoc"。

❷绘制各个子原理图。根据每一模块的具体功能要求，绘制电路原理图。

❸放置各子原理图中的输入输出端口

1) 子原理图中的输入输出端口是子原理图与顶层原理图之间进行电气连接的重要通道，应该根据具体设计要求加以放置。

2) 放置输入输出电路端口的两个子原理图"ISA Bus Address Decoding.SchDoc"和"4 Port UART and Line Drivers.SchDoc"，结果分别如图3-52和图3-53所示。

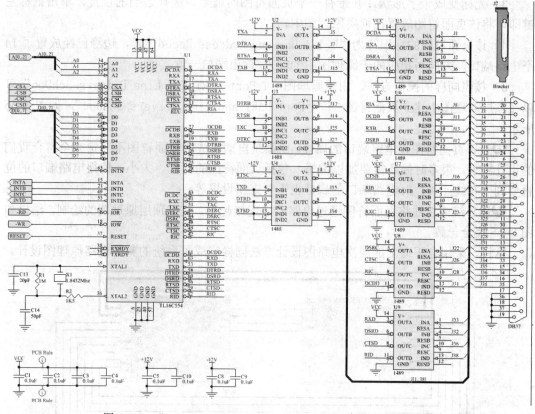

图 3-53　"4 Port UART and Line Drivers. SchDoc" 子原理图

❹在项目"My job. PrjPCB"中新建一个原理图文件"Top1. SchDoc"，以便进行顶层原理图的绘制。

❺生成页面符。

1）打开原理图文件"Top1. SchDoc"，执行"设计"→"Create Sheet Symbol From Sheet"（原理图生成图纸符）菜单命令，打开"Choose Document to Place"（选择文件位置）对话框，如图 3-54 所示。

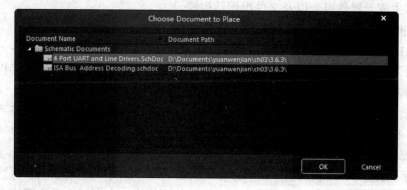

图 3-54　"Choose Document to Place"（选择文件放置）对话框

2）在该对话框中，系统列出了同一项目中除当前原理图外的所有原理图文件，用户可以选择其中的任何一个原理图来建立页面符图。例如，这里选中"ISA Bus Address Decoding. SchDoc"。

3）光标变成十字形状，并带有一个页面符图的虚影。选择适当的位置，单击鼠标左键即可将该页面符图放置在顶层原理图中。

4）该页面符图的标识符为"U_ISA Bus and Address Decoding"，边缘已经放置了 14 个电路端口，方向与相应的子原理图中的输入/输出端口一致。

5）按照同样的操作方法，由子原理图"4 Port UART and Line Drivers.SchDoc"可以在顶层原理图中建立页面符图"U_4 Port UART and Line Drivers.SchDoc"，如图 3-55 所示。

❻设置页面符图和电路端口的属性。由系统自动生成的页面符图不一定完全符合我们的设计要求，很多时候还需要加以编辑，包括页面符图的形状、大小，使得电路端口的位置要利于布线连接，对电路端口的属性也需要重新设置等。

❼用导线或总线将页面符图通过电路端口连接起来，完成顶层原理图的绘制，结果和图 3-55 完全一致。

这样，采用自下而上的层次电路图设计方法同样完成了系统的整体电路原理图设计。

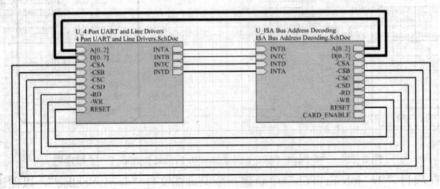

图 3-55　顶层原理图页面符图

3.6.4　游戏机电路原理图设计

本例将利用层次原理图设计方法设计电子游戏机电路，涉及的知识点包括层次原理图设计方法和生成元器件报表以及文件组织结构等。

01 建立工作环境。

❶在 Altium Designer 18 主界面中，执行"File"（文件）→"新的"→"项目"→"PCB 工程"菜单命令，然后右键选择"保存工程为"菜单命令，将新建的工程文件保存为"电子游戏机电路.PrjPCB"。

❷执行"File"（文件）→新的"→"原理图"菜单命令，然后右键选择"另存为"菜单命令，将新建的原理图文件保存为"电子游戏机电路.SchDoc"。

02 放置页面符。

❶执行"放置"→"页面符"菜单命令，或者单击"布线"工具栏中的"放置页面符"按钮，光标将变为十字形状，并带有一个页面符图标志。在图纸上单击确定页面符的左上角顶点，然后拖动鼠标绘制出一个适当大小的方块，再次单击确定页面符的右下角顶点，这样就确定了一个页面符。

❷放置了一个页面符后，系统仍然处于放置页面符的命令状态，使用同样的方法在原

理图中放置另外一个页面符。单击鼠标右键退出绘制页面符的命令状态。

❸双击绘制好的页面符，打开"Properties"（属性）面板。在该面板中可以设置页面符的参数，如图 3-56 所示。

图 3-56　设置页面符参数

03 放置图纸入口。

❶执行"放置"→"添加图纸入口"菜单命令，或者单击"布线"工具栏中的按钮 ，光标将变为十字形状。移光标到页面符图内部，选择要放置的位置，单击鼠标左键，会出现一个随光标移动而移动的图纸入口，但只能在页面符图内部的边框上移动。在适当的位置再一次单击，即可完成图纸入口的放置。

❷双击一个放置好的图纸入口，打开"Properties"（属性）面板，在该面板中对图纸入口的属性进行设置。

❸放置图纸入口后的原理图母图如图 3-57 所示。

04 连线。将具有电气连接的页面符的各个图纸入口用导线或者总线连接起来。完成连接后，整个层次原理图的母图便设计完成了，结果如图 3-58 所示。

05 中央处理器电路模块设计。

❶执行"设计"→"从页面符创建图纸"菜单命令，这时光标变为十字形状。移动光标到页面符图"CPU"上，单击鼠标左键，系统则自动生成一个新的原理图文件，名称为"CPU.SchDoc"，与相应的页面符图所代表的子原理图文件名一致。

❷在生成的"CPU.SchDoc"原理图中进行子图设计。该电路模块中用到的元件有 6257P、

6116、SN74LS139A 和一些阻容元件（库文件在资源包中提供）。

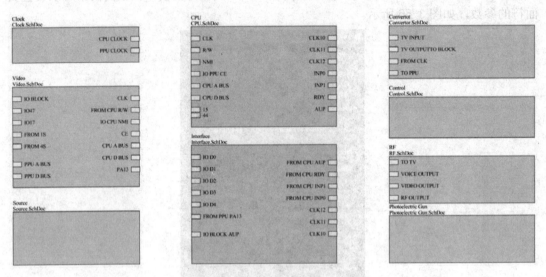

图 3-57　放置图纸入口后的原理图母图

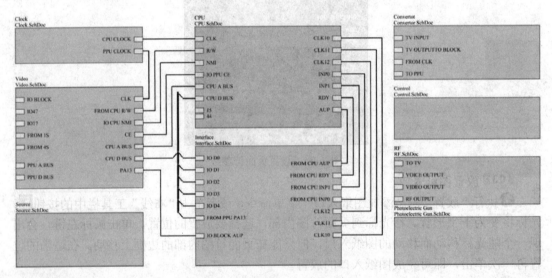

图 3-58　完成连线的层次原理图母图

❸放置元件到原理图中，对元件的各项属性进行设置，并对元件进行布局。然后进行布线操作，结果如图 3-59 所示。

06 其他电路模块设计。使用同样的方法绘制图像处理电路、接口电路、射频调制电路、电源电路、制式转换电路、时钟电路、控制盒电路和光电枪电路，如图 3-60～图 3-67 所示。

07 执行"工程"→"Compile PCB Project 电子游戏机电路.PrjPcb"（编译电子游戏机电路项目.PrjPcb）菜单命令，将原理图进行编译，在"Projects"（工程）面板中就可以看到层次原理图中母图和子图的关系，如图 3-68 所示。

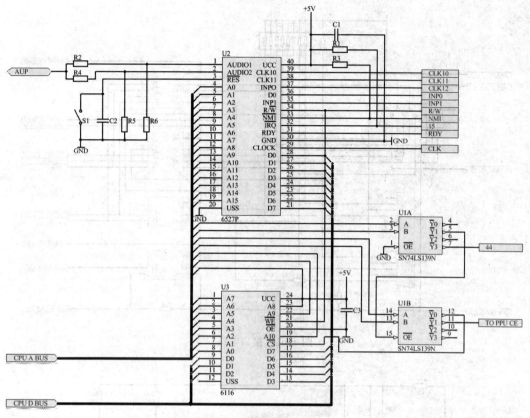

图 3-59　布线后的 CPU 模块

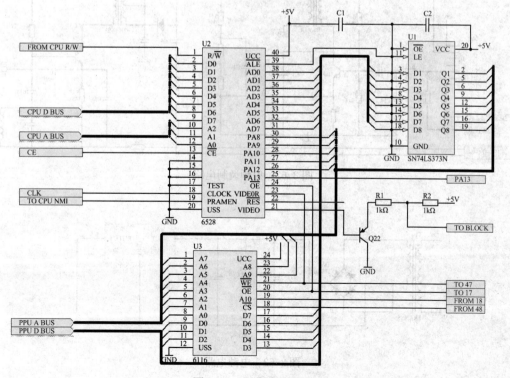

图 3-60　图像处理电路

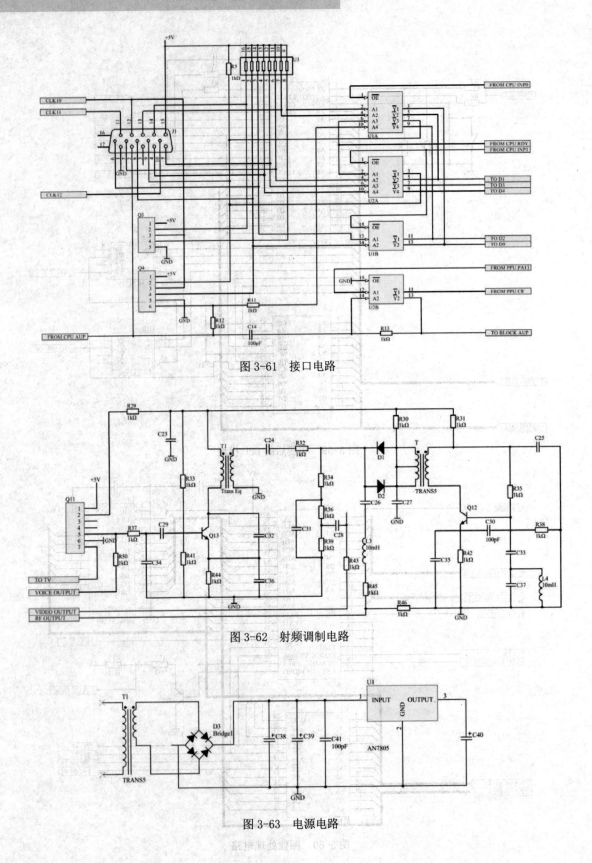

图 3-61　接口电路

图 3-62　射频调制电路

图 3-63　电源电路

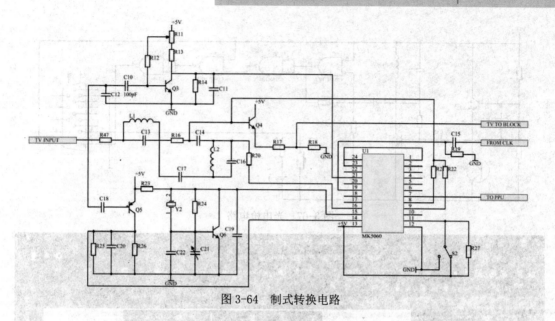

图 3-64　制式转换电路

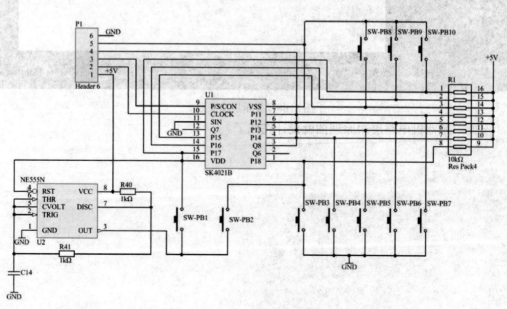

图 3-65　时钟电路

图 3-66　控制盒电路

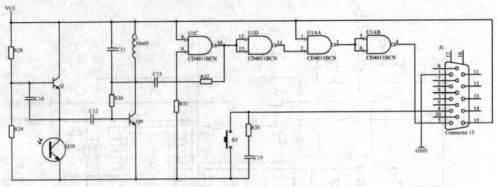

图 3-67 光电枪电路

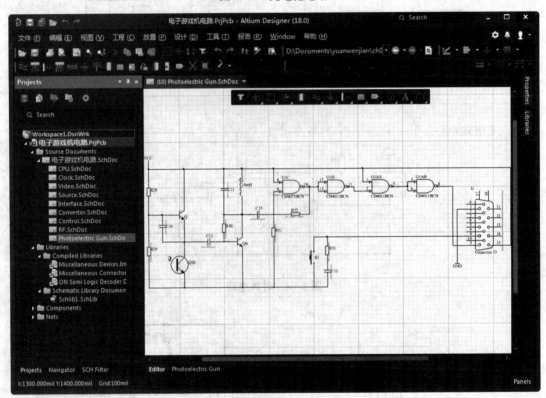

图 3-68 显示层次关系

至此，游戏机电路层次原理图就设计完成了。

第 **4** 章

原理图的后续处理

介绍了原理图绘制的方法和技巧后，接下来介绍原理图的后续处理。本章的主要内容包括：打印报表输出、原理图的电气规则检查以及原理图的查错和编译。

学 习 要 点

- 打印与报表输出
- 在原理图中添加 PCB 设计规则
- 原理图的电气检测及编译

4.1 打印与报表输出

原理图设计完成后，经常需要输出一些数据或图纸。本节将介绍 Altium Designer 18 原理图的打印与报表输出。

Altium Designer 18 具有丰富的报表功能，可以方便地生成各种不同类型的报表。当电路原理图设计完成并且经过编译检测之后，应该充分利用系统所提供的这种功能来创建各种原理图的报表文件。借助于这些报表，用户能够从不同的角度更好地去掌握整个项目的有关设计信息，以便为下一步的设计工作做好充足的准备。

4.1.1 打印输出

为方便原理图的浏览和交流，经常需要将原理图打印到图纸上。Altium Designer 18 提供了直接将原理图打印输出的功能。

在打印之前首先要进行页面设置。单击菜单栏中的"文件"→"页面设置"选项，弹出"Schematic Print Properties"（原理图打印属性）对话框，如图 4-1 所示。单击"Printer Setup"（打印机设置）按钮，弹出打印机设置对话框，对打印机进行设置，如图 4-2 所示。设置、预览完成后，单击"Print"（打印）按钮，打印原理图。

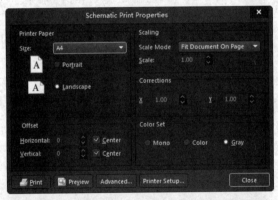

图 4-1 "Schematic Print Properties"（原理图打印属性）对话框

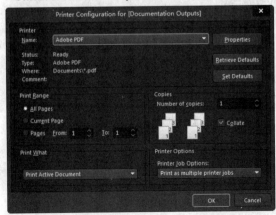

图 4-2 设置打印机

此外，单击菜单栏中的"文件"→"打印"选项，或单击"原理图标准"工具栏中的打印按钮，也可以实现打印原理图的功能。

4.1.2　网络报表

在由原理图生成的各种报表中，网络表是最为重要的。所谓网络，指的是彼此连接在一起的一组元件引脚。一个电路实际上就是由若干网络组成的。而网络表就是对电路或者电路原理图的一个完整描述，描述的内容包括两个方面：一是电路原理图中所有元件的信息（包括元件标识、元件引脚和 PCB 封装形式等）；二是网络的连接信息（包括网络名称、网络节点等）。这些都是进行 PCB 布线、设计 PCB 印制电路板不可缺少的依据。

具体来说，网络表包括两种：一种是基于单个原理图文件的网络表，另一种是基于整个工程的网络表。

4.1.3　生成原理图文件的网络表

下面以第 3 章实例"Amplified Modulator"中的一个原理图文件"Amplified Modulator1.SchDoc"为例，介绍基于原理图文件网络表的创建方法。

01 网络表选项设置

打开配赠的电子资料包中"yuanwenjian\ch04\4.1\example"项目文件"Amplified Modulator.PrjPCB"，并打开其中的任一电路原理图文件。单击菜单栏中的"工程"→"工程选项"选项，弹出项目管理选项对话框。单击"Options"（选项）选项卡，如图 4-3 所示。其中各选项的功能如下：

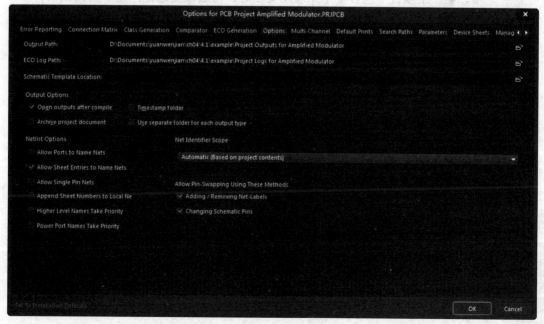

图 4-3　"Options"（选项）选项卡

❶ "Output Path"（输出路径）文本框：用于设置各种报表（包括网络表）的输出

路径，系统会根据当前项目所在的文件夹自动创建默认路径。例如，在图 4-3 中，系统创建的默认路径为 "E:\yuanwenjian\ch04\4.1\example\Project Outputs for Amplified Modulator"。单击右侧的打开图标 ，可以对默认路径进行更改，同时将文件保存在 "E:\yuanwenjian\ch04\4.1"。

❷ "ECO Log Path"（ECO 日志路径） 文本框：用于设置 ECO Log 文件的输出路径，系统会根据当前项目所在的文件夹自动创建默认路径。单击右侧的打开图标 ，可以对默认路径进行更改。

❸ "Output Options"（输出选项）选项组：用于设置网络表的输出选项，一般保持默认设置即可。

❹ "Netlist Options"（网络表选项） 选项组：用于设置创建网络表的条件。

➢ "Allow Ports to Name Nets"（允许自动命名端口网络）复选框：用于设置是否允许用系统产生的网络名代替与电路输入/输出端口相关联的网络名。如果所设计的项目只是普通的原理图文件，不包含层次关系，可勾选该复选框。

➢ "Allow Sheet Entries to Name Nets"（允许自动命名原理图入口网络）复选框：用于设置是否允许用系统生成的网络名代替与图纸入口相关联的网络名。系统默认勾选。

➢ "Allow Sheet Entries to Name Nets"（允许单独的管脚网络）复选框：用于设置生成网络表时是否允许系统自动将图纸号添加到各个网络名称中。当一个项目中包含多个原理图文档时，勾选该复选框便于查找错误。

➢ "Append Sheet Numbers to Local Nets"（将原理图编号附加到本地网络）复选框：用于设置生成网络表时是否允许系统自动将图纸号添加到各个网络名称中。当一个项目中包含多个原理图文档时，勾选该复选框，便于查找错误。

➢ "Higher Level Names Take Priority"（高层次命名优先）复选框：用于设置生成网络表时的排序优先权。勾选该复选框，系统将以名称对应结构层次的高低决定优先权。

➢ "Power Port Names Take Priority"（电源端口命名优先）复选框：用于设置生成网络表时的排序优先权。勾选该复选框，系统将对电源端口的命名给予更高的优先权。在本例中，使用系统默认的设置即可。

02 创建项目网络表

单击菜单栏中的 "设计" → "工程的网络表" → "Protel"（生成项目网络表） 选项，系统自动生成当前工程的网络表文件 "Amplified Modulator1.NET"，并存放在当前项目下的 "Generated\Netlist Files" 文件夹中。双击打开该项目网络表文件 "Amplified Modulator1.NET"，结果如图 4-4 所示。

该网络表是一个简单的 ASCII 码文本文件，由多行文本组成。内容分成了两大部分，一部分是元件的信息，另一部分是网络信息。

元件信息由若干小段组成，每一个元件的信息为一小段，用圆括号分隔，由元件标识、元件封装形式、元件型号、管脚、数值等组成，如图 4-5 所示。空行则是由系统自动生成的。

网络信息同样由若干小段组成，每一个网络的信息为一小段，用方括号分隔，由网络名称和网络中所有具有电气连接关系的元件序号及引脚组成，如图 4-6 所示。

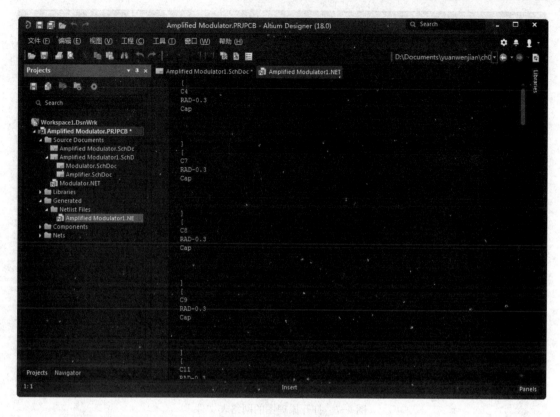

图4-4　项目网络表文件

网络信息同样由若干小段组成，每一个网络的信息为一小段，用方括号分隔，由网络名称和网络中所有具有电气连接关系的元件序号及引脚组成，如图4-6所示。

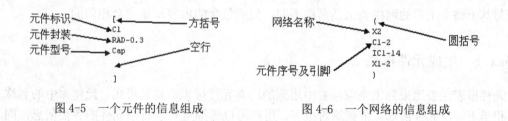

图4-5　一个元件的信息组成　　　　　图4-6　一个网络的信息组成

4.1.4　基于单个原理图文件的网络表

下面以3.4节项目"Amplified Modulator.PrjPCB"中的一个原理图文件"Amplified Modulator1.SchDoc"为例，介绍基于单个原理图文件网络表的创建过程。

打开项目"Amplified Modulator.PrjPCB"中的原理图文件"Amplified Modulator1.SchDoc"。单击菜单栏中的"设计"→"文件的网络表"→"Protel"（生成原理图网络表）选项，系统自动生成当前原理图的网络表文件"Amplified Modulator1.NET"，并存放在当前项目下的"Generated\Netlist Files"文件夹中。双击打开该原理图的网络表文件"Amplified Modulator1.NET"，结果如图4-7所示。

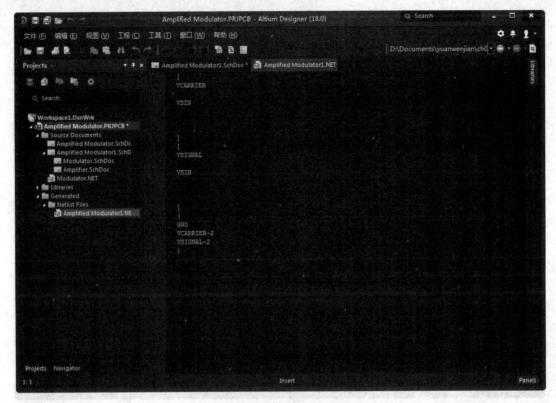

图 4-7　打开原理图的网络表文件

其他原理图文件生成网络表的方式与上述原理图的网络表是一样的，在此不再重复。

由于该项目不只有一个原理图文件，因此基于原理图文件的网络表 "Amplified Modulator1.NET" 与基于整个工程的网络表 "Amplified Modulator1.NET" 是不同的，所包含的内容也是不完全相同的。如果该项目只有一个原理图文件，则基于原理图文件的网络表与基于整个工程的网络表虽然名称不同，但所包含的内容却是完全相同的。

4.1.5　生成元件报表

元件报表主要用来列出当前项目中用到的所有元件标识、封装形式、元件库中的名称等，相当于一份元件清单。依据这份报表，用户可以详细查看项目中元件的各类信息，同时在制作印制电路板时也可以作为元件采购的参考。

下面仍以项目 "Amplified Modulator.PrjPCB" 为例，介绍元件报表的创建过程及功能特点。

01 元件报表的选项设置。打开项目 "Amplified Modulator.PrjPCB" 中的原理图文件 "Modulator.SchDoc"，单击菜单栏中的 "报告" → "Bill of Materials"（元件清单）选项，系统弹出相应的元件报表对话框，如图 4-8 所示。在该对话框中，可以对要创建的元件报表的选项进行设置。在对话框左侧有两个列表框，它们的功能如下：

➢ "Grouped Columns"（聚合的纵队） 列表框：用于设置元件的归类标准。如果将 "全部纵队" 列表框中的某一属性信息拖到该列表框中，则系统将以该属性信息为标准，对元件进行归类，显示在元件报表中。

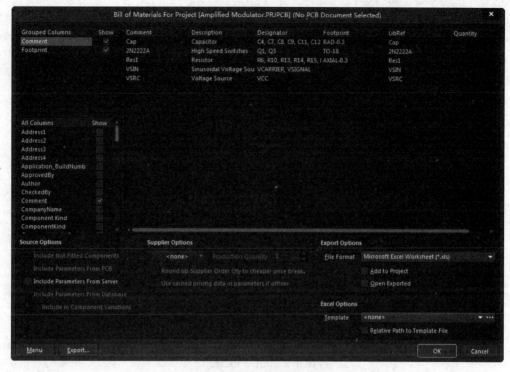

图 4-8 元件报表对话框

➢ "All Columns"（全部纵队） 列表框：用于列出系统提供的所有元件属性信息，如 "Description"（元件描述信息）、"Component Kind"（元件种类）等。对于需要查看的有用信息，勾选右侧与之对应的复选框，即可在元件报表中显示出来。在图 4-8 中，使用了系统的默认设置，即只勾选了 "Comment"（注释）、"Description"（描述）、"Designator"（指示符）、"Footprint"（封装）、"LibRef"（库编号）和 "Quantity"（数量）6 个复选框。

例如，勾选 "All Columns"（全部纵队） 列表框中的 "Description"（描述）复选框，将该选项拖到 "Grouped Columns"（聚合的纵队）列表框中。此时，所有描述信息相同的元件被归为一类，显示在右侧的元件列表中，如图 4-9 所示。

另外，右侧元件列表的各栏都有一个下拉按钮，单击该按钮，同样可以设置元件列表的显示内容。

例如，单击元件列表中 "Description"（描述）栏的下拉按钮 🔽，会弹出如图 4-10 所示的下拉列表框。

在该下拉列表框中，可以选择 "All"（显示全部元件）选项，也可以选择 "Custom"（定制方式显示）选项，还可以只显示具有某一具体描述信息的元件。例如，如果选择了 "Capacitor（电容器）"选项，则相应的元件列表如图 4-11 所示。

在列表框的下方，还有若干选项和按钮，其功能如下：

➢ "File Format"（文件格式）下拉列表框：用于为元件报表设置文件输出的格式。单击右侧的下拉按钮 🔽，可以选择不同的文件输出格式，如 CVS 格式、Excel 格式、PDF 格式、HTML 格式、文本格式、XML 格式等。

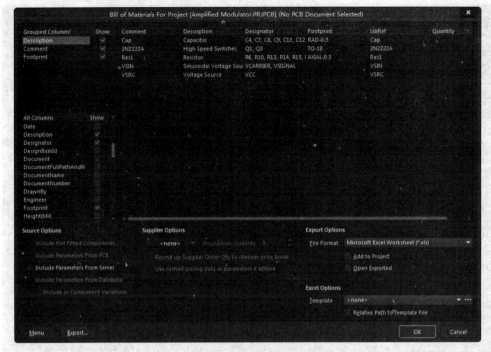

图 4-9　元件归类显示

图 4-10　"Description" 下拉列表框

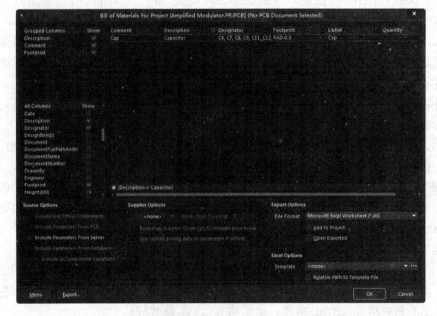

图 4-11　只显示描述信息为 "Capacitor" 的元件

➢ "Add to Project"（添加到项目）复选框：若勾选该复选框，则系统在创建了元件报表之后会将报表直接添加到项目里面。

➢ "Open Exported"（打开输出报表）复选框：若勾选该复选框，则系统在创建了元件报表以后会自动以相应的格式打开。

➢ "Template"（模板） 下拉列表框：用于为元件报表设置显示模板。单击右侧的下拉按钮 ▼，可以使用曾经用过的模板文件，也可以单击按钮 ⋯ 重新选择。选择时，如果模板文件与元件报表在同一目录下，则可以勾选下面的"相对路径到模板文件"复选框，使用相对路径搜索，否则应该使用绝对路径搜索。

➢ "Menu"（菜单）按钮：单击该按钮，弹出如图 4-12 所示的"Menu（菜单）"菜单。该菜单中的各项命令比较简单，在此不一一介绍，用户可以自己练习操作。

➢ "Export"（输出）按钮：单击该按钮，可以将元件报表保存到指定的文件夹中。

➢ "Force Columns to View"（强制多列显示） 复选框：若勾选该复选框，则系统将根据当前元件报表窗口的大小重新调整各栏的宽度，使所有项目都可以显示出来。

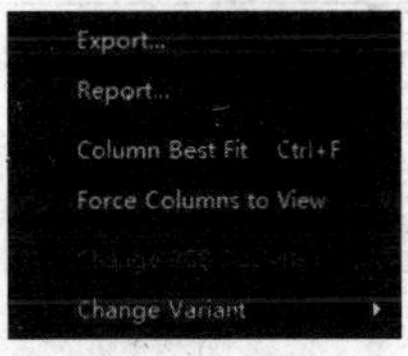

设置好元件报表的相应选项后，就可以进行元件报表的创建、显示及输出了。元件报表可以以多种格式输出，但一般选择 Excel 格式。

图 4-12 "Menu"（菜单）菜单

02 元件报表的创建。

❶单击"Menu"（菜单）按钮，在"菜单"菜单中单击"Report⋯"（报表）选项，系统将弹出"Report Preview"（报表预览） 对话框，如图 4-13 所示。

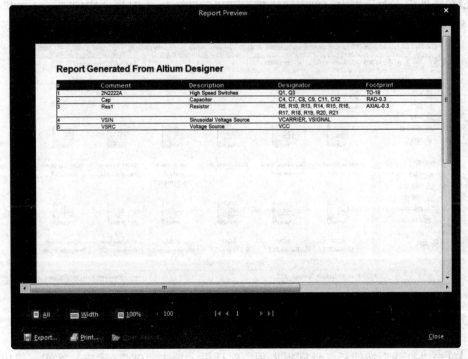

图 4-13 "Report Preview"（报表预览） 对话框

❷单击"Export"（输出）按钮，可以将该报表进行保存，默认文件名为"Amplified Modulator.xls"，是一个 Excel 文件。单击"Open Report"（打开报表）按钮，可以将该报表打开，如图 4-14 所示，单击"Print"（打印）按钮，可以将该报表打印输出。

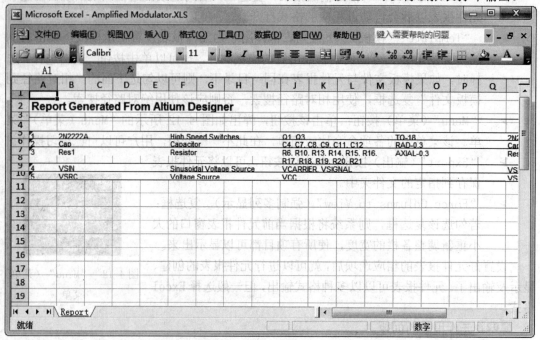

图 4-14　"Amplified Modulator.xls"报表

❸在元件报表对话框中，单击按钮![...]，在"C:\Program Files\AD18\Template"目录下选择系统自带的元件报表模板文件"BOM Default Template.XLT"，如图 4-15 所示。

图 4-15　选择元件报表模板

❹单击"打开"按钮后，返回报表预览对话框。单击"OK"（确定）按钮，退出该对话框。

创建完成的文件保存在配赠的电子资料包中"yuanwenjian\ch04\4.1"文件中。

4.2 查找与替换操作

📖4.2.1 查找文本

该命令用于在电路图中查找指定的文本，通过此命令可以迅速找到包含某一文字标识的图元。下面介绍该命令的使用方法。

单击菜单栏中的"编辑"→"查找文本"选项，或者用快捷键〈Ctrl〉+〈F〉，系统将弹出如图4-16所示的"Find Text"（查找文本）对话框。

图4-16　"Find Text"（查找文本）对话框

"Find Text"对话框中各选项的功能如下：

➢ "Text to Find"（文本查找）文本框：用于输入需要查找的文本。

➢ "Scope"（范围）选项组：包含"Sheet Scope"（原理图文档范围）、"Selection"（选择）和"Identifiers"（标识符）3个下拉列表框。"Sheet Scope"下拉列表框用于设置所要查找的电路图范围，包含"Current Document"（当前文档）、"Project Document"（项目文档）、"Open Document"（已打开的文档）和"Document On Pat"h（选定路径中的文档）4个选项。"Selection"下拉列表框用于设置需要查找的文本对象的范围，包含"All Objects"（所有对象）、"Selected Objects"（选择的对象）和"Deselected Objects"（未选择的对象）3个选项。其中"All Objects"表示对所有的文本对象进行查找，"Selected Objects"表示对选中的文本对象进行查找，"Deselected Objects"表示对没有选中的文本对象进行查找。"Identifiers"下拉列表框用于设置查找的电路图标识符范围，包含"All Identifiers"（所有ID）、"Net Identifiers Only"（仅网络ID）和"Designators Only"（仅标号）3个选项。

➢ "Options"（选项）选项组：用于匹配查找对象所具有的特殊属性，包含"Case sensitive"（敏感案例）、"Whole Words Only"（仅完全字）和"Jump to Results"（跳至结果）3个复选框。勾选"Case sensitive"复选框表示查找时要注意大小写的区别；勾选"Whole Words Only"复选框表示只查找具有整个单词匹配的文本，要查找的网络标识包含的内容有网络标签、电源端口、I/O 端口、方块电路 I/O 口；勾选"Jump to Results"复选框表示查找后跳到结果处。

用户按照自己的实际情况设置完对话框的内容后，单击"OK"（确定）按钮开始查找。

4.2.2 文本替换

该命令用于将电路图中指定文本用新的文本替换掉，该操作在需要将多处相同文本修改成另一文本时非常有用。首先单击菜单栏中的"编辑"→"替换文本"选项，或按快捷键\<Ctrl\>+\<H\>，系统将弹出如图 4-17 所示的"Find and Replace Text"（查找和替换文本）对话框。

可以看出，图 4-16 和图 4-17 所示的两个对话框非常相似。对于相同的部分，这里不再赘述，读者可以参看"Find Text"（查找文本）命令，下面只对前面未提到的一些选项进行解释。

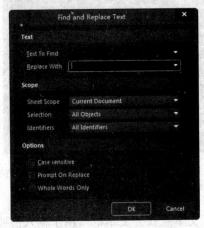

图 4-17 "Find and Replace Text"（查找和替换文本）对话框

➢ "Replace With"（替代）文本框：用于输入替换原文本的新文本。
➢ "Prompt On Replace"（提示替换）复选框：用于设置是否显示确认替换提示对话框。如果勾选该复选框，则表示在进行替换之前显示确认替换提示对话框，反之不显示。

4.2.3 查找下一处

该命令用于查找"Find Next"（查找下一处）对话框中指定的文本，也可以用快捷键\<F3\>来执行该命令。

4.2.4 查找相似对象

在原理图编辑器中提供了查找相似对象的功能。具体的操作步骤如下：

01 单击菜单栏中的"编辑"→"查找相似对象"选项，光标将变成十字形状并出现在工作窗口中。

02 移动光标到某个对象上，单击，系统将弹出如图 4-18 所示的"Find Similar Objects（查找相似对象"对话框，在该对话框中列出了该对象的一系列属性。通过对各项属性进行匹配程度的设置，可决定搜索的结果。这里以搜索和晶体管类似的元件为例，此时该对话框给出了如下的对象属性：

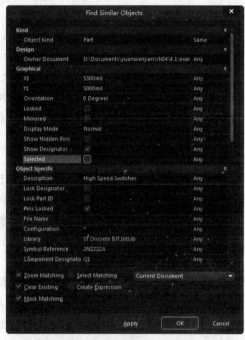

图 4-18 "Find Similar Objects"（查找相似对象）对话框

➢ "Kind"（种类）选项组：显示对象类型。

➢ "Design"（设计）选项组：显示对象所在的文档。

➢ "Graphical"（图形）选项组：显示对象图形属性。

● X1：X1 坐标值。

● Y1：Y1 坐标值。

● "Orientation"（方向）：放置方向。

● "Locked"（锁定）：确定是否锁定。

● "Mirrored"（镜像）：确定是否镜像显示。

● "Display Model"（显示模式）：确定是否显示模型。

● "Show Hidden Pins"（显示隐藏引脚）：确定是否显示隐藏引脚。

● "Show Designator"（显示标号）：确定是否显示标号。

➢ "Object Specific"（对象特性）选项组：显示对象特性。

● "Description"（描述）：对象的基本描述。

● "Lock Designator"（锁定标号）：确定是否锁定标号。

● "Lock Part ID"（锁定元件 ID）：确定是否锁定元件 ID。

● "Pins Locked"（引脚锁定）：锁定的引脚。

- "File Name"（文件名称）：文件名称。
- "Configuration"（配置）：文件配置。
- "Library"（元件库）：库文件。
- "Symbol Reference"（符号参考）：符号参考说明。
- "Component Designator"（组成标号）：对象所在的元件标号。
- "Current Part"（当前元件）：对象当前包含的元件。
- "Comment"（元件注释）：关于元件的说明。
- "Current Footprint"（当前封装）：当前元件封装。
- "Component Type"（元件类型）：元件的类型。
- "Database Table Name"（数据库表的名称）：数据库中表的名称。
- "Use Library Name"（所用元件库的名称）：所用元件库名称。
- "Use Database Table Name"（所用数据库表的名称）：当前对象所用的数据库表的名称。
- "Design Item ID"（设计 ID）：元件设计 ID。

在选中元件的每一栏属性后都另有一栏，在该栏上单击将弹出下拉列表框，在下拉列表框中可以选择搜索时对象和被选择的对象在该项属性上的匹配程度，包含以下 3 个选项：

➢ "Same"（相同）：被查找对象的该项属性必须与当前对象相同。

➢ "Different"（不同）：被查找对象的该项属性必须与当前对象不同。

➢ "Any"（忽略）：查找时忽略该项属性。

例如，这里对晶体管搜索类似对象，搜索的目的是找到所有和晶体管有相同取值和相同封装的元件，在设置匹配程度时在"Part Comment"（元件注释）和"Current Footprint"（当前封装）属性上设置为"Same"（相同），其余保持默认设置即可。

03 单击"Apply"（应用） 按钮，在工作窗口中将屏蔽所有不符合搜索条件的对象，并跳转到最近的一个符合要求的对象上。此时可以逐个查看这些相似的对象。

4.3 工具的使用

在原理图编辑器中，单击菜单栏中的"工具"选项，打开的"工具"菜单如图 4-19 所示。下面详细介绍其中几个命令的含义和用法。

本节以 Altium Designer 18 自带的项目文件为例来说明"工具"菜单的使用，项目文件的路径为"Altium Designer\Examples\Reference Designs\Infra-Red Data AQ\pcb"。为了方便用户使用，将其保存在附带光盘文件夹"yuanwenjian\ch_04\example"中。

4.3.1 自动分配元件标号

"注解"命令用于自动分配元件标号。使用它不但可以

图 4-19 "工具"菜单

减少手动分配元件标号的工作量，而且可以避免因手动分配而产生的错误。单击菜单栏中的"工具"→"标注"→"原理图标注"选项，弹出如图 4-20 所示的"Annotate"（标注）对话框。在该对话框中，可以设置原理图编号的一些参数和样式，使得在原理图自动命名时符合用户的要求。该对话框在前面和后面的章节中均有介绍，这里不再赘述。

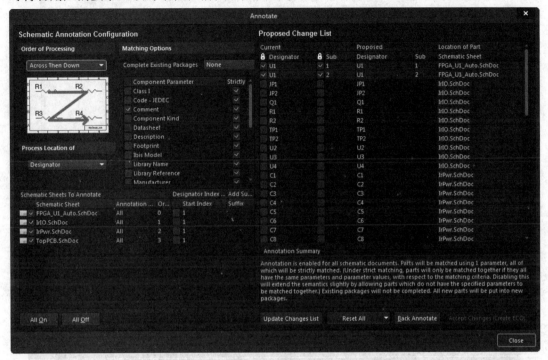

图 4-20　"Annotate"（标注）对话框

📖4.3.2　回溯更新原理图元件标号

"Back Annotate Schematics"（回溯更新原理图元件标注）命令用于从印制电路回溯更新原理图元件标号。在设计印制电路时，有时可能需要对元件重新编号，为了保持原理图和 PCB 板图之间的一致性，可以使用该命令基于 PCB 板图来更新原理图中的元件标号。

单击菜单栏中的"工具"→"标注"→"反向标注原理图"选项，系统将弹出如图 4-21所示的对话框，要求选择 WAS-IS 文件，用于从 PCB 文件更新原理图文件的元件标号。WAS-IS文件是在 PCB 文档中执行"反向标注原理图"命令后生成的文件。当选择 WAS-IS 文件后，系统将弹出一个消息框，报告所有将被重新命名的元件。当然，这时原理图中的元件名称并没有真正被更新。单击"OK"按钮，弹出"Annotate"对话框，如图 4-20 所示，在该对话框中可以预览系统推荐的重命名，然后再决定是否执行更新命令，创建新的 ECO 文件。

4.4　元件编号管理

对于元件较多的原理图，当设计完成后，往往会发现元件的编号变得很混乱或者有些元件还没有编号。用户可以逐个地手动更改这些编号，但是这样比较烦琐，而且容易出现错误。Altium Designer 18 提供了元件编号管理的功能。

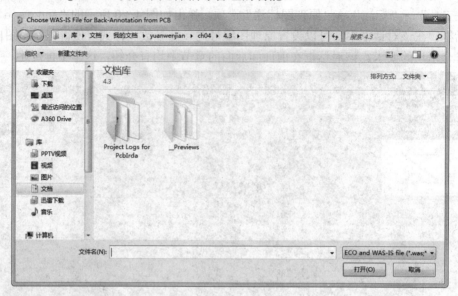

图 4-21　选择文件对话框

01　"注释"对话框。单击菜单栏中的"工具"→"标注"→"原理图标注"选项，系统将弹出"Annotate"对话框。在该对话框中可以对元件进行重新编号，如图 4-22 所示。

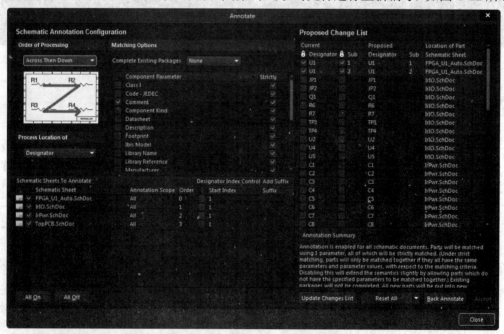

图 4-22　对元件进行重新编号

"Annotate"对话框分为两部分：左侧是"Schematic Annotation Configuration"（原理图元件编号设置），右侧是"Proposed Change List"（推荐更改列表）。

❶在左侧的"Schematic Sheets To Annotate"（需要对元件编号的原理图文件）栏

中列出了当前工程中的所有原理图文件，通过文件名前面的复选框，可以选择对哪些原理图进行重新编号。

在对话框左上角的"Order of Processing"（编号顺序）下拉列表框中列出了4种编号顺序，即"Up Then Across"（先向上后左右）、"Down Then Across"（先向下后左右）、"Across Then Up"（先左右后向上）和"Across Then Down"（先左右后向下）。

在"Matching Options"（匹配选项）选项组中列出了元件的参数名称。通过勾选参数名前面的复选框，用户可以选择是否根据这些参数进行编号。

❷在右侧的"Current"（当前）栏中列出了当前的元件编号，在"Proposed（推荐）"栏中列出了新的编号。

02 重新编号的方法。对原理图中的元件进行重新编号的操作步骤如下：

❶选择要进行编号的原理图。

❷选择编号的顺序和参照的参数，在"Annotate"对话框中，单击"Reset All"（全部重新编号）按钮，对编号进行重置。系统将弹出"Information"（信息）对话框，提示用户编号发生了哪些变化。单击"OK"（确定）按钮，重置后，所有的元件编号将被消除。

❸单击"Update Change List"（更新变化列表）按钮，重新编号，系统将弹出如图4-23所示的"Information"对话框，提示用户相对前一次状态和相对初始状态发生的改变。

图4-23　"Information"（信息）对话框

❹在"Engineering Change Order"（执行更改顺序）中可以查看重新编号后的变化。如果对这种编号满意，则单击"Accept Changes(Create ECO)"（接受更改）按钮，在弹出的"Engineering Change Order"对话框中更新修改，如图4-24所示。

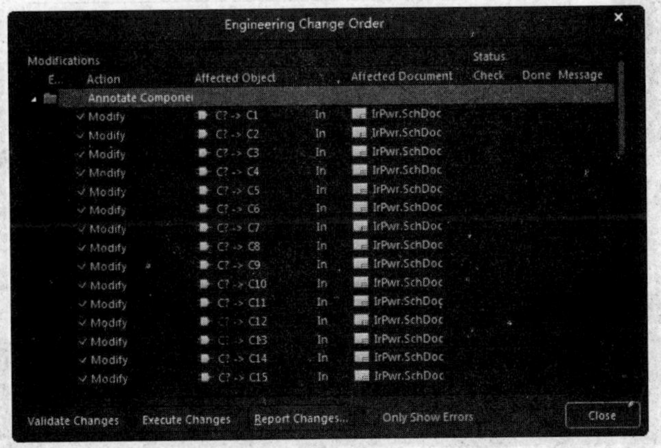

图4-24　"Engineering Change Order"（执行更改顺序）对话框

❺在"Engineering Change Order"对话框中，单击"Validate Changes"（确定更改）按钮，可以验证修改的可行性，如图4-25所示。

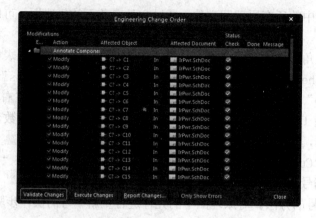

图 4-25　验证修改的可行性

❻单击"Report Changes"（修改报表） 按钮，系统将弹出如图 4-26 所示的"Report Preview"（报表预览） 对话框，在其中可以将修改后的报表输出。单击"Export（输出）"按钮，可以将该报表进行保存，默认文件名为"PcbIrda.PrjPCB And PcbIrda.xls"，是一个 Excel 文件；单击"Open Report"（打开报表） 按钮，可以将该报表打开，如图 4-27所示；单击"Print"（打印） 按钮，可以将该报表打印输出。

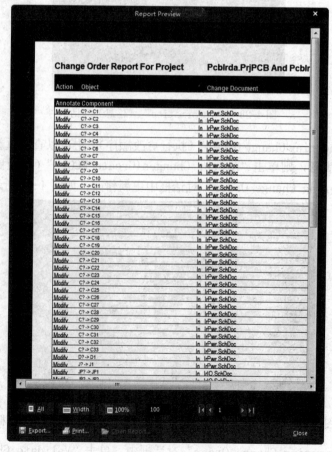

图 4-26　"Report Preview"（报告预览）对话框

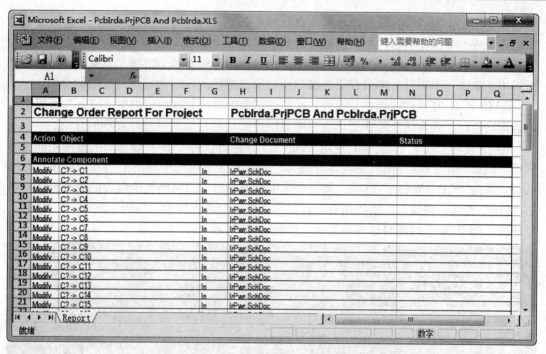

图4-27 "Open Report"（打开报表）

❼单击"Engineering Change Order"对话框中的"Execute Changes"（执行更改）按钮即可执行修改，对元件进行重新编号，如图4-28所示。

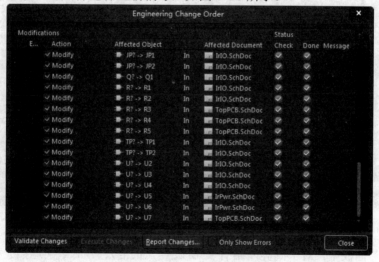

图4-28 "Engineering Change Order"（执行更改顺序）对话框

4.5 元件的过滤

在进行原理图或PCB设计时，用户经常希望能够查看并且编辑某些对象，但是在复杂的电路中，尤其是在进行PCB设计时，要将某个对象从中区分出来是十分困难的。为此，Altium Designer 18提供了一个十分人性化的过滤功能。经过过滤后，被选定的对象将清晰地显示在工作窗口中，而其他未被选定的对象则呈现为半透明状。同时，未被选定的对象也将变成不可操作状态，用户只能对选定的对象进行操作。

01 使用"Navigator"（导航）面板。在原理图编辑器或 PCB 编辑器的"Navigator"面板中，单击一个项目，即可在工作窗口中启用过滤功能，后面将进行详细的介绍。

02 使用"List"（列表）面板。在原理图编辑器或 PCB 编辑器的"List"面板中使用查询功能时，查询结果将在工作窗口中启用过滤功能，后面将进行详细的介绍。

03 使用"PCB"工具条。使用"PCB"工具条可以对 PCB 工作窗口的过滤功能进行管理。例如，在"PCB"面板中有 3 个选项栏：第一个选项栏中列出了 PCB 板中所有的网络类，单击"<All Nets>"选项；第二个选项栏中列出了该网络类中包含的所有网络，单击"GND"网络；构成该网络的所有元件显示在第三个选项栏中，勾选"Select"（选择）复选框，则"GND"网络将以高亮显示，如图 4-29 所示。

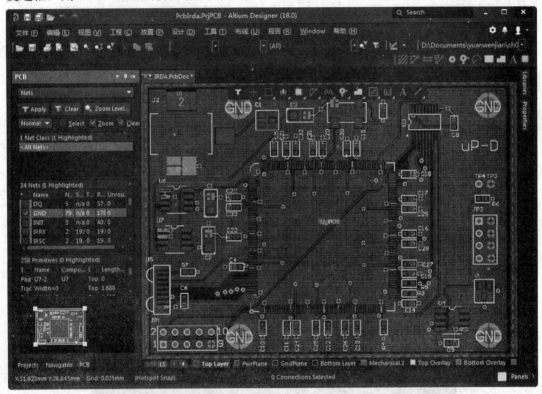

图 4-29　高亮显示"GND"网络

在"PCB"面板中，对于高亮网络有"Normal"（正常）、"Mask"（遮挡）和"Dim"（变暗）3 种显示方式，用户可通过面板中的下拉列表框进行选择。

➤ "Normal"（正常）：直接高亮显示用户选择的网络或元件，其他网络及元件的显示方式不变。

➤ "Mask"（遮挡）：高亮显示用户选择的网络或元件，其他元件和网络以遮挡方式显示（灰色），这种显示方式更为直观。

➤ "Dim"（变暗）：高亮显示用户选择的网络或元件，其他元件或网络按色阶变暗显示。

对于显示控制，有 3 个控制选项，即选择、缩放和清除现有的。

❶ "Select"（选择）：勾选该复选框，在高亮显示的同时选中用户选定的网络或元件。

❷ "Zoom"（缩放）：勾选该复选框，系统会自动将网络或元件所在区域完整地显示在用户可视区域内。如果被选网络或元件在图中所占区域较小，则会放大显示。

❸ "Clear Existing"（清除现有的）：勾选该复选框，在用户选择显示一个新的网络或元件时，上一次高亮显示的网络或元件会消失，与其他网络或元件一起按比例降低亮度显示。不勾选该复选框时，上一次高亮显示的网络或元件仍然以较暗的高亮状态显示。

04 使用 "Filter"（过滤）菜单。在编辑器中按<Y>键，即可弹出 "Filter"（过滤）菜单，如图 4-30 所示。

"Filter" 菜单中列出了 10 种常用的查询关键字，另外也可以选择其他的过滤操作元语，并加上适当的参数，如 "InNet（"GND"）"。

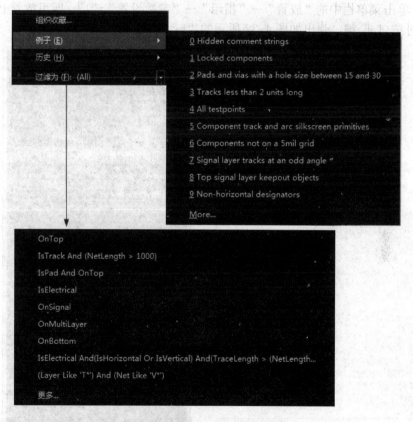

图 4-30　"Filter"（过滤）菜单

单击 "过滤器" 工具栏中的清除当前过滤器按钮，或按快捷键<Shift>+<C>，即可清除过滤显示。

4.6　网络颜色

通过原理图设计和 PCB 布线之间的网络颜色同步，可确保文档的准确性和可视性。通过可控的 ECO 指令，可即时同步网络颜色到 PCB 布线中。

4.7 在原理图中添加 PCB 设计规则

Altium Designer 允许用户在原理图中添加 PCB 设计规则。当然，PCB 设计规则也可以在 PCB 编辑器中定义。不同的是，在 PCB 编辑器中，设计规则的作用范围是在规则中定义的，而在原理图编辑器中，设计规则的作用范围就是添加规则所处的位置。这样，用户在进行原理图设计时，可以提前定义一些 PCB 设计规则，以便进行下一步 PCB 设计。

对于元件、引脚等对象，可以使用前面介绍的方法添加设计规则。而对于网络、属性对话框，需要在网络上放置 PCB Layout 标志来设置 PCB 设计规则。

例如，对如图 4-31 所示电路的 VCC 网络和 GND 网络添加一条设计规则，设置 VCC 和 GND 网络的走线宽度为 30mil 的操作步骤如下：

01 单击菜单栏中的"放置"→"指示"→"参数设置"选项，即可放置 PCB Layout 标志，此时按<Tab>键，弹出如图 4-32 所示的"Properties"（属性）面板。

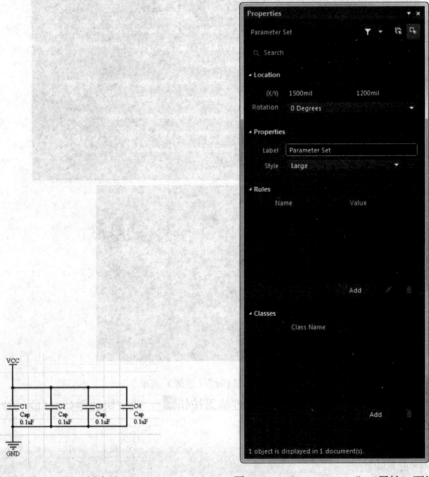

图 4-31　示例电路　　　　　　　　图 4-32　"Properties"（属性）面板

02 在"Rules"（规则）选项组下单击"Add"（添加）按钮，系统将弹出如图 4-33 所示的"Choose Design Rule Type"（选择设计规则类型）对话框。在该对话框中可以选

择要添加的设计规则。双击"Width Constraint"（走线宽度）选项，系统将弹出如图4-34
所示的"Edit PCB Rule(From Schematic)-Max-Min Width Rule"（编辑 PCB 规则）对话
框。其中各选项含义如下：

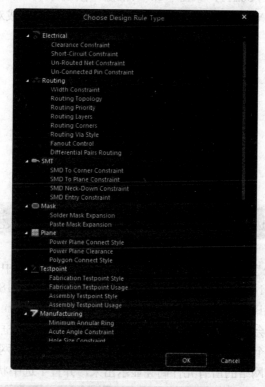

图4-33　"Choose Design Rule Type"（选择设计规则类型）对话框

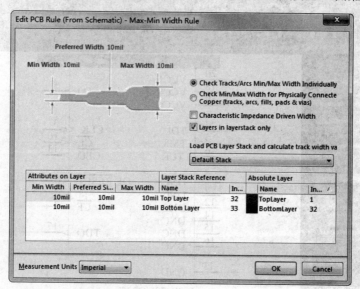

图4-34　"Edit PCB Rule(From Schematic)

-Max-Min Width Rule"（编辑 PCB 规则）对话框

➢ "Min Width"（最小值）：走线的最小宽度。

> "Preferred Width"（首选的）：走线首选宽度。
> "Max Width"（最大值）：走线的最大宽度。

03 将 3 项都设为 30mil，单击"OK"（确定）按钮。

04 将修改后的 PCB Layout 标志放置到相应的网络中，完成对 VCC 和 GND 网络走线宽度的设置，效果如图 4-35 所示。

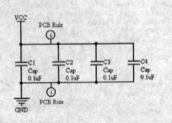

图 4-35　添加 PCB Layout 标志的效果

4.8　使用 Navigator（导航）面板进行快速浏览

01 "Navigator"（导航）面板。其作用是快速浏览原理图中的元件、网络及违反设计规则的内容等。"Navigator（导航）"面板是 Altium Designer 18 强大的集成功能之一。

在对原理图文档编译以后，单击"Navigator"面板中的"Interactive Navigation"（相互导航）按钮，就会在下面的"Net/Bus"（网络/总线）列表框中显示出原理图中的所有网络。单击其中的一个网络，立即在下面的列表框中显示出与该网络相连的所有节点，同时工作窗口的图纸将该网络的所有元件高亮显示出来，并置于选中状态，如图 4-36 所示。

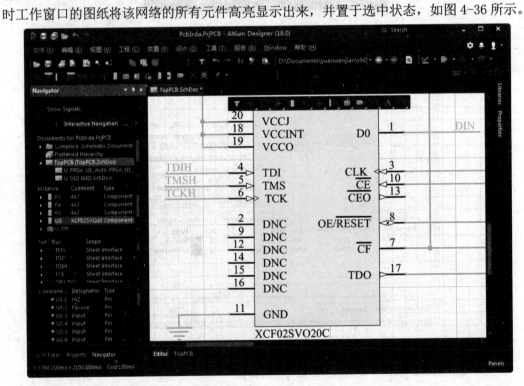

图 4-36　在"Navigator"（导航）面板中选中一个网络

02 "SCH Filter"（SCH 过滤）面板。其作用是根据所设置的过滤器，快速浏览原理图中的元件、网络及违反设计规则的内容等，如图 4-37 所示。

下面简要介绍"SCH Filter"面板：

> "Consider objects in"（对象查找范围）下拉列表框：用于设置查找范围，包括"Current Document"（当前文档）、"Open Document"（打开文档）和"Open Document of the Same Project"（在同一个项目中打来文档）3 个选项。

> "Find items matching these criteria"（设置过滤器过滤条件）文本框：用于设置过滤器，即输入查找条件。如果用户不熟悉输入语法，可以单击下面的"Helper"（帮助）按钮，在弹出的如图 4-38 所示的"Query Helper"（查询帮助）对话框中输入过滤器查询条件语句。

 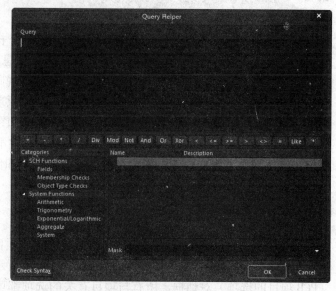

图 4-37　"SCH Filter"（过滤）面板　　图 4-38　"Query Helper"（查询帮助）对话框

> "Favorites"（收藏）按钮：用于显示并载入收藏的过滤器。单击该按钮，系统将弹出收藏过滤器记录窗口。

> "History"（历史）按钮：用于显示并载入曾经设置过的过滤器，可以大大提高搜索效率。单击该按钮，系统将弹出如图 4-39 所示的过滤器历史记录对话框，选中其中一个记录后，单击即可实现过滤器的加载。单击"Add To Favorites"（添加到收藏）按钮可以将历史记录过滤器添加到收藏夹。

> "Select"（选择）复选框：用于设置是否将符合匹配条件的元件置于选中状态。

> "Zoom"（缩放）复选框：用于设置是否将符合匹配条件的元件进行放大显示。

> "Deselect"（取消选定）复选框：用于设置是否将不符合匹配条件的元件置于取消选中状态。

> "Mask out"（屏蔽）复选框：用于设置是否将不符合匹配条件的元件屏蔽。

> "Apply"（应用）按钮：用于启动过滤查找功能。

图 4-39　过滤器历史记录对话框

4.9　原理图的电气检测及编译

　　Altium Designer 18 和其他的 Protel 家族软件一样提供了电气检查规则，可以对原理图的电气连接特性进行自动检查，检查后的错误信息将在"Messages"（信息）面板中列出，同时也在原理图中标注出来。用户可以对检查规则进行设置，然后根据面板中所列出的错误信息来对原理图进行修改。需要注意的是，原理图的自动检测机制只是按照用户所绘制原理图中的连接进行检测，系统并不知道原理图的最终效果，所以如果检测后的"Messages"（信息）面板中并无错误信息出现，这并不表示该原理图的设计完全正确。用户还需将网络表中的内容与所要求的设计反复对照和修改，直到完全正确为止。

4.9.1　原理图的自动检测设置

　　原理图的自动检测可以在"Project Options"（项目选项）中设置。单击菜单栏中的"工程"→"工程选项"选项，系统将弹出如图 4-40 所示的"Options for PCB Project…"（PCB 项目的选项）对话框，所有与项目有关的选项都可以在该对话框中进行设置。

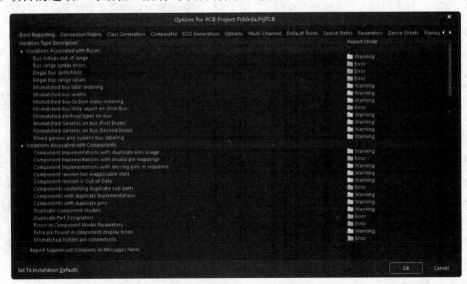

图 4-40　"Options for PCB Project…"（PCB 项目的选项）对话框

在"Options for PCB Project…"（PCB 项目的选项）对话框中包括以下 12 个选项卡。

➢ "Error Reporting"（错误报告）选项卡：用于设置原理图的电气检查规则。当进行文件的编译时，系统将根据该选项卡中的设置进行电气规则的检测。

➢ "Connection Matrix"（电路连接检测矩阵）选项卡：用于设置电路连接方面的检测规则。当对文件进行编译时，通过该选项卡的设置可以对原理图中的电路连接进行检测。

➢ "Class Generation"（自动生成分类）选项卡：用于设置自动生成分类。

➢ "Comparator"（比较器）选项卡：当两个文档进行比较时，系统将根据此选项卡中的设置进行检查。

➢ "ECO Generation"（工程变更顺序）选项卡：依据比较器发现的不同，对该选项卡进行设置来决定是否导入改变后的信息。大多用于原理图与 PCB 间的同步更新。

➢ "Options"（项目选项）选项卡：在该选项卡中可以对文件输出、网络表和网络标签等相关选项进行设置。

➢ "Multi-Channel"（多通道）选项卡：用于设置多通道设计。

➢ "Default Prints"（默认打印输出）选项卡：用于设置默认的打印输出对象（如网络表、仿真文件、原理图文件以及各种报表文件等）。

➢ "Search Paths"（搜索路径）选项卡：用于设置搜索路径。

➢ "Parameters"（参数设置）选项卡：用于设置项目文件参数。

➢ "Device Sheets（"硬件设备列表）选项卡：用于设置硬件设备列表。

➢ "Managed OutputJobs"（管理输出工作）选项卡：用于设置管理输出工作列表。

在该对话框的各选项卡中，与原理图检测有关的主要有"Error Reporting"（错误报告）选项卡、"Connection Matrix"（电路连接检测矩阵）选项卡和"Comparator"（比较器）选项卡。当对工程进行编译操作时，系统会根据该对话框中的设置进行原理图的检测，系统检测出的错误信息将在"Messages"（信息）面板中列出。

01 "Error Reporting"（错误报告）选项卡的设置。在该选项卡中可以对各种电气连接错误的等级进行设置。其中的电气错误类型检查主要分为 6 类。其中各栏下又包括不同选项，各选项的含义简要介绍如下：

❶ "Violations Associated with Buses"（与总线相关的违例）栏。

➢ "Bus indices out of range"：总线编号索引超出定义范围。总线和总线分支线共同完成电气连接。如果定义总线的网络标签为 D [0…7]，则当存在 D8 及 D8 以上的总线分支线时将违反该规则。

➢ Bus range syntax errors：用户可以通过放置网络标签的方式对总线进行命名。当总线命名存在语法错误时将违反该规则。例如，定义总线的网络标签为 D[0…]时将违反该规则。

➢ Illegal bus definitions：连接到总线的元件类型不正确。

➢ Illegal bus range values：与总线相关的网络标签索引出现负值。

➢ Mismatched bus label ordering：同一总线的分支线属于不同网络时，这些网络对总线分支线的编号顺序不正确，即没有按同一方向递增或递减。

➢ Mismatched bus widths：总线编号范围不匹配。

> Mismatched Bus-Section index ordering：总线分组索引的排序方式错误，即没有按同一方向递增或递减。

> Mismatched Bus/Wire object on Wire/Bus：总线上放置了与总线不匹配的对象。

> Mismatched electrical types on bus：总线上电气类型错误。总线上不能定义电气类型，否则将违反该规则。

> Mismatched Generics on bus(First Index)：总线范围值的首位错误。总线首位应与总线分支线的首位对应，否则将违反该规则。

> Mismatched Generics on bus(Second Index)：总线范围值的末位错误。

> Mixed generic and numeric bus labeling：与同一总线相连的不同网络标识符类型错误，有的网络采用数字编号，而其他网络采用了字符编号。

❷ "Violations Associated with Components"（与元件相关的违例）栏。

> Component Implementations with duplicate pins usage：原理图中元件的引脚被重复使用。

> Component Implementations with invalid pin mappings：元件引脚与对应封装的引脚标识符不一致。元件引脚应与引脚的封装一一对应，不匹配时将违反该规则。

> Component Implementations with missing pins in sequence：按序列放置的多个元件引脚中丢失了某些引脚。

> Component revision has inapplicable state：元件版本有不适用的状态。

> Component revision has Out of Date：元件版本已过期。

> Components containing duplicate sub-parts：元件中包含了重复的子元件。

> Components with duplicate Implementations：重复实现同一个元件。

> Components with duplicate pins：元件中出现了重复引脚。

> Duplicate Component Models：重复定义元件模型。

> Duplicate Part Designators：元件中存在重复的组件标号。

> Errors in Component Model Parameters：元件模型参数错误。

> Extra pin found in component display mode：元件显示模式中出现多余的引脚。

> Mismatched hidden pin connections：隐藏引脚的电气连接存在错误。

> Mismatched pin visibility：引脚的可视性与用户的设置不匹配。

> Missing Component Model editor：元件模型编辑器丢失。

> Missing Component Model Parameters：元件模型参数丢失。

> Missing Component Models：元件模型丢失。

> Missing Component Models in Model Files：元件模型在所属库文件中找不到。

> Missing pin found in component display mode：在元件的显示模式中缺少某一引脚。

> Models Found in Different Model Locations：元件模型在另一路径（非指定路径）中找到。

> Sheet Symbol with duplicate entries：原理图符号中出现了重复的端口。为避免违反该规则，建议用户在进行层次原理图的设计时，在单张原理图上采用网

络标签的形式建立电气连接，而不同的原理图间采用端口建立电气连接。

➤ Un-Designated parts requiring annotation：未被标号的元件需要分开标号。

➤ Unused sub-part in component：集成元件的某一部分在原理图中未被使用。通常对未被使用的部分采用引脚空的方法，即不进行任何的电气连接。

❸ "Violations Associated with Documents"（与文档关联的违例）栏。

➤ Ambiguous Device Sheet Path Resolution：设备图纸路径分辨率不明确。

➤ Circular Document Dependency：循环文档相关性。

➤ Duplicate sheet numbers：电路原理图编号重复。

➤ Duplicate Sheet Symbol Names：原理图符号命名重复。

➤ Missing child sheet for sheet symbol：项目中缺少与原理图符号相对应的子原理图文件。

➤ Multiple Top-Level Documents：定义了多个顶层文档。

➤ Port not linked to parent sheet symbol：子原理图电路与主原理图电路中端口之间的电气连接错误。

➤ Sheet Entry not linked to child sheet：电路端口与子原理图间存在电气连接错误。

➤ Sheet Name Clash：图纸名称冲突。

➤ Unique Identifiers Errors：唯一标识符错误。

❹ "Violations Associated with Harnesses"（与线束关联的违例）栏。

➤ Conflicting Harness Definition：线束冲突定义。

➤ Harness Connector Type Syntax Error：线束连接器类型语法错误。

➤ Missing Harness Type on Harness：线束上丢失线束类型。

➤ Multiple Harness Types on Harness：线束上有多个线束类型。

➤ Unknown Harness Types：未知线束类型。

❺ "Violations Associated with Nets"（与网络关联的违例）栏。

➤ Adding hidden net to sheet：原理图中出现隐藏的网络。

➤ Adding Items from hidden net to net：从隐藏网络添加子项到已有网络中。

➤ Auto-Assigned Ports To Device Pins：自动分配端口到器件引脚。

➤ Bus Object on a Harness：线束上的总线对象。

➤ Differential Pair Net Connection Polarity Inversed：差分对网络连接极性反转。

➤ Differential Pair Net Unconnected To Differential Pair Pin：差动对网网络与差动对引脚不连接。

➤ Differential Pair Unproperly Connected to Device：差分对与设备连接不正确。

➤ Duplicate Nets：原理图中出现了重复的网络。

➤ Floating net labels：原理图中出现不固定的网络标签。

➤ Floating power objects：原理图中出现了不固定的电源符号。

➤ Global Power-Object scope changes：与端口元件相连的全局电源对象已不能连接到全局电源网络，只能更改为局部电源网络。

➢ Harness Object on a Bus：总线上的线束对象。

➢ Harness Object on a Wire：连线上的线束对象。

➢ Missing Negative Net in Differential Pair：差分对中缺失负网。

➢ Missing Possitive Net in Differential Pair：差分对中缺失正网

➢ Net Parameters with no name：存在未命名的网络参数。

➢ Net Parameters with no value：网络参数没有赋值。

➢ Nets containing floating input pins：网络中包含悬空的输入引脚。

➢ Nets containing multiple similar objects：网络中包含多个相似对象。

➢ Nets with multiple names：网络中存在多重命名。

➢ Nets with no driving source：网络中没有驱动源。

➢ Nets with only one pin：存在只包含单个引脚的网络。

➢ Nets with possible connection problems：网络中可能存在连接问题。

➢ Same Nets used in Multiple Differential Pair：多个差分对中使用相同的网络。

➢ Sheets Containing duplicate ports：原理图中包含重复端口。

➢ Signals with multiple drivers：信号存在多个驱动源。

➢ Signals with no driver：原理图中信号没有驱动。

➢ Signals with no load：原理图中存在无负载的信号。

➢ Unconnected objects in net：网络中存在未连接的对象。

➢ Unconnected wires：原理图中存在未连接的导线。

❻ "Violations Associated with Others"（其他相关违例）栏。

➢ Fail to add alternate item：未能添加替代项。

➢ Incorrect link in project variant：项目变体中的链接不正确。

➢ Object not completely within sheet boundaries：对象超出了原理图的边界，可以通过改变图纸尺寸来解决。

➢ Off-grid object：对象偏离格点位置将违反该规则。使元件处在格点的位置有利于元件电气连接特性的完成。

❼ "Violations Associated with Parameters"（与参数相关的违例）栏。

➢ Same parameter containing different types：参数相同而类型不同。

➢ Same parameter containing different values：参数相同而值不同。

　　"Error Reporting"（报告错误）选项卡的设置一般采用系统的默认设置，但针对一些特殊的设计，用户则需对以上各项的含义有一个清楚的了解。如果想改变系统的设置，则应单击每栏右侧的"Report Mode"（报告模式）选项进行设置，包括"No Report"（不显示错误）、"Warning"（警告）、"Error"（错误）和"Fatal Error"（严重的错误）4 种选择。系统出现错误时是不能导入网络表的，用户可以在这里设置忽略一些设计规则的检测。

02 "Connection Matrix"（电路连接检测矩阵）选项卡。在该选项卡中，用户可以定义一切与违反电气连接特性有关报告的错误等级，特别是元件引脚、端口和原理图符号上端口的连接特性。当对原理图进行编译时，错误的信息将在原理图中显示出来。要想改变错误等级的设置，单击选项卡中的颜色块即可，每单击一次改变一次，其与"Error

Reporting"（报告错误）选项卡一样，也包括4种错误等级，即"No Report"（不显示错误）、"Warning"（警告）、"Error"（错误）和"Fatal Error"（严重的错误）。在该选项卡的任何空白区域中右击，将弹出一个快捷菜单，可以设置各种特殊形式，如图4-41所示。当对项目进行编译时，该选项卡的设置与"Error Reporting"（报告错误）选项卡中的设置将共同对原理图进行电气特性的检测。所有违反规则的连接将以不同的错误等级在"Messages"（信息）面板中显示出来。单击"设置成安装缺省"按钮，可恢复系统的默认设置。对于大多数的原理图设计保持默认的设置即可，但对于特殊原理图的设计则需用户进行一定的改动。

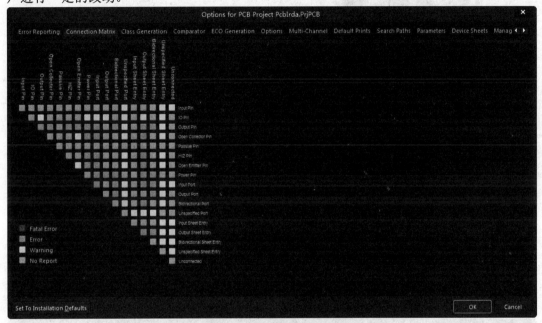

图4-41　"Connection Matrix"选项卡设置

4.9.2　原理图的编译

对原理图的各种电气错误等级设置完毕后，用户便可以对原理图进行编译操作，随即进入原理图的调试阶段。单击菜单栏中的"工程"→"Compile Document…"（文件编译）命令，即可进行文件的编译。

文件编译完成后，系统的自动检测结果将出现在"Messages（信息）"面板中。打开"Messages"（信息）面板的方法有以下3种：

➢ 单击菜单栏中的"视图"→"Panels"（工作面板）→"Messages"（信息）选项，如图4-42所示。

➢ 单击工作窗口右下角的"Panels"（工作面板）标签，在弹出的菜单中单击"Messages"（信息）选项，如图4-43所示。

01 单击"IrIO. SchDoc"原理图标签，使该原理图处于激活状态。

02 在该原理图的自动检测"Connection Matrix"（电路连接检测矩阵）选项卡中，将纵向的"Unconnected"（不相连的）和横向的"Passive Pins"（被动引脚）相交颜色块设置为褐色的"Error"（错误）错误等级。单击"OK"（确定）按钮，关闭该对话框。如图 4-44 所示。

图 4-42　菜单操作　　　　　　　　　　图 4-43　标签操作

图 4-44　设置工程选项

03 单击菜单栏中的"工程"→"Compile PCB Project PcbIrda.PrjPCB"（工程文件编译）选项，对该原理图进行编译。此时"Message"（信息）面板将出现在工作窗口的下方，如图 4-45 所示。

图 4-45 编译后的"Messages"（信息）面板

04 在"Message"（信息）面板中双击错误选项，系统将显示该项错误的详细信息，如图 4-46 所示。同时，工作窗口将跳到该对象上。除了该对象外，其他所有对象处于被遮挡状态，跳转后只有该对象可以进行编辑。

图 4-46 显示详细的错误信息

05 单击菜单栏中的"放置"→"线"选项，或者单击"布线"工具栏中的放置线按钮，放置导线。

06 重新对原理图进行编译，检查是否还有其他的错误。

07 保存调试成功的原理图，将其保存在配赠的电子资料包文件夹"yuanwenjian\ch_04\4.3"中。

4.10 操作实例

4.10.1 音量控制电路报表输出

音量控制电路是所有音响设备中必不可少的单元电路。本实例是设计一个如图 4-47 所示的音量控制电路，并对其进行报表输出操作。

音量控制电路用于控制音响系统的音量、音效和音调，如低音（bass）和高音（treble）。

设计音量控制电路原理图并输出相关报表的基本过程如下：

01 创建一个名为"音量控制电路.PrjPcb"的项目文件。

02 在项目文件中创建一个名为"音量控制电路原理图.SchDoc"的原理图文件，再使用"Properties"（属性）面板设置图纸的属性。

03 使用"Libraries"（元件库）面板依次放置各个元件并设置其属性。

04 布局元件。

05 使用连线工具连接各个元件。

06 放置并设置电源和接地。

07 进行 ERC 检查。

08 报表输出。

09 保存设计文档和项目文件。

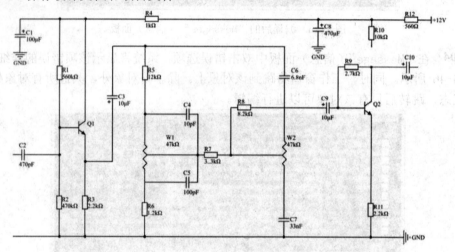

图 4-47　音量控制电路

具体的设计过程如下：

01 新建项目。

❶启动 Altium Designer 18，单击菜单栏中的"Files"（文件）→"新的"→"项目"→"Project"（工程）选项，弹出"New Project"（新建工程）对话框。

❷在该对话框中显示工程文件类型，创建一个 PCB 项目文件"音量控制电路.PrjPcb"，如图 4-48 所示。

02 创建和设置原理图图纸。

❶在"Projects"（工程）面板的"音量控制电路.PrjPcb"项目文件上右击，在弹出的右键快捷菜单中单击"添加新的…到工程"→"Schematic"（原理图）选项，新建一个原理图文件，并自动切换到原理图编辑环境。

❷单击菜单栏中的"文件"→"另存为"选项，将该原理图文件另存为"音量控制电路原理图.SchDoc"。保存后，"Projects"（工程）面板中将显示用户设置的名称。

❸设置电路原理图图纸的属性。打开"Properties"（属性）面板，按照图 4-49 所示进行设置，这里图纸的尺寸设置为"A4"，放置方向设置为"Landscape"，图纸标题栏设为"Standard"，其他采用默认设置。

图 4-48 "New Project"（新建工程）对话框

❹设置图纸的标题栏。单击"Parameters"（参数）选项卡，出现标题栏设置选项。在"Address"（地址）选项中输入地址，在"Organization"（机构）选项中输入设计机构名称，在"Title"（名称）选项中输入原理图的名称，其他选项可以根据需要填写，如图 4-50 所示。

图 4-49 "Properties"（属性）面板

图 4-50 "Parameters"（参数）选项卡

115

03 元件的放置和属性设置。

❶激活"Libraries"（库）面板，在库文件列表中选择名为"Miscellaneous Devices.IntLib"的库文件，然后在过滤条件文本框中输入关键字"CAP"，筛选出包含该关键字的所有元件，选择其中名为"Cap Pol2"的电解电容，如图 4-51 所示。

❷单击"Place Cap Pol2"（放置 Cap Pol2）按钮，然后将光标移动到工作窗口，进入如图 4-52 所示的电解电容放置状态。

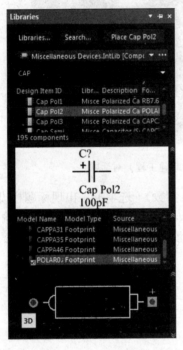

图 4-51　选择元件

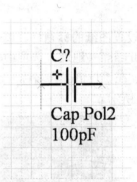

图 4-52　电解电容放置状态

❸按<Tab>键，在弹出的"Properties"（属性）面板中修改元件属性。在"General"（通用）选项卡中将"Designator"（指示符）设为 C1，单击"Comment"（注释）文本框中的■按钮，设为不可见，然后打开"Parameters"（参数）选项卡，把"Value"（值）改为 100μF，参数设置如图 4-53 所示。

❹按<Space>键，翻转电容至如图 4-54 所示的角度。

❺在适当的位置单击，即可在原理图中放置电容 C1，同时编号为 C2 的电容自动附在光标上，如图 4-55 所示。

❻设置电容属性。再次按<Tab>键，修改电容的属性，如图 4-56 所示。

❼按<Space>键翻转电容，并在如图 4-57 所示的位置单击放置该电容。

本例中有 10 个电容，其中，C1、C3、C8、C9、C10 为电解电容，容量分别为 100μF、10μF、470μF、10μF、10μF；而 C2、C4、C5、C6、C7 为普通电容，容量分别为 470nF、10nF、100nF、6.8nF、33nF。

❽参照上面的数据，放置好其他电容，如图 4-58 所示。

❾放置电阻。本例中用到 12 个电阻，即 R1～R12，阻值分别为 560kΩ、470kΩ、2.2kΩ、1kΩ、12kΩ、1.2kΩ、3.3kΩ、8.2kΩ、2.7kΩ、10kΩ、2.2kΩ、560Ω。和

放置电容相似，将这些电阻放置在原理图中合适的位置上，如图 4-59 所示。

图 4-53　设置电解电容 C1 的属性

图 4-54　翻转电容

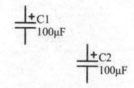

图 4-55　放置电容 2

⑩采用同样的方法选择和放置两个电位器，如图 4-60 所示。

⑪以同样方法选择和放置两个晶体管 Q1 和 Q2，放在 C3 和 C9 附近，如图 4-61 所示。

04 布局元件。元件放置完成后，需要适当地进行调整，将它们分别排列在原理图中最恰当的位置，以便后续的设计。

图 4-56 设置电容属性

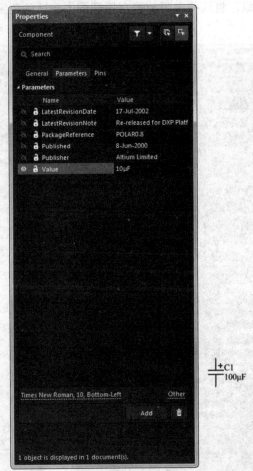

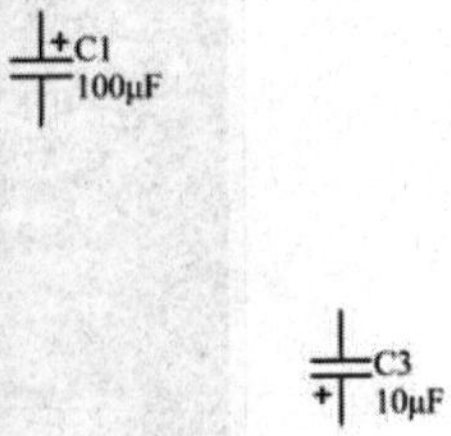

图 4-57 放置 C3

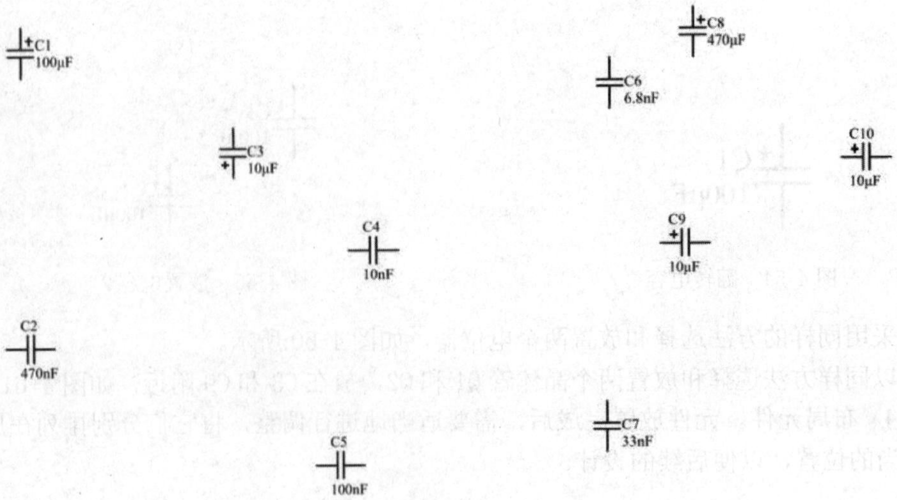

图 4-58 放置其他电容

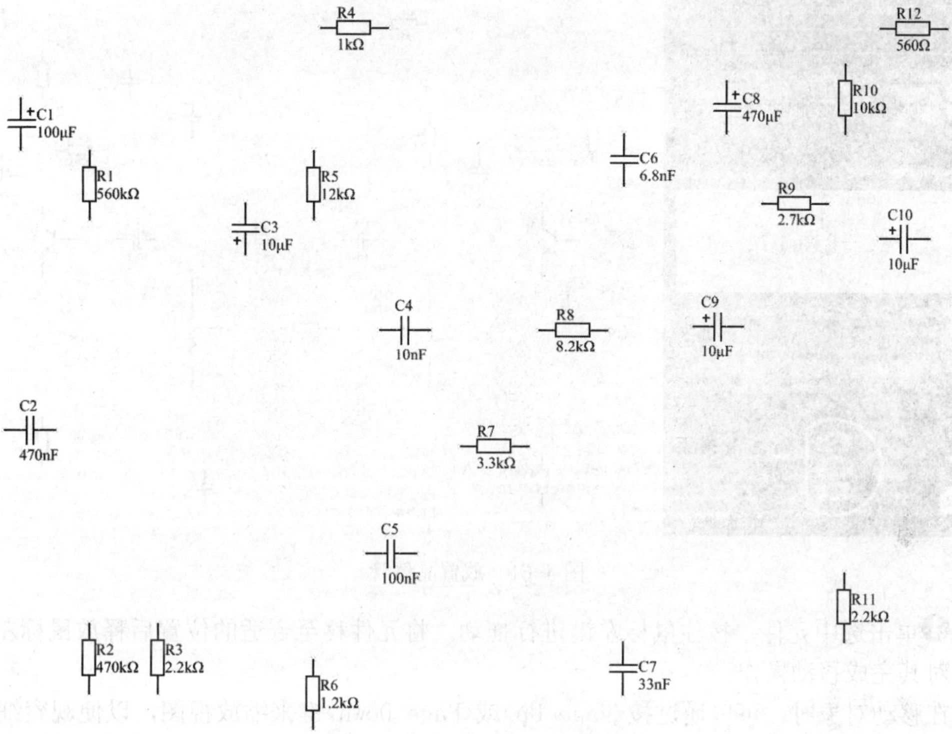

图 4-59 放置电阻

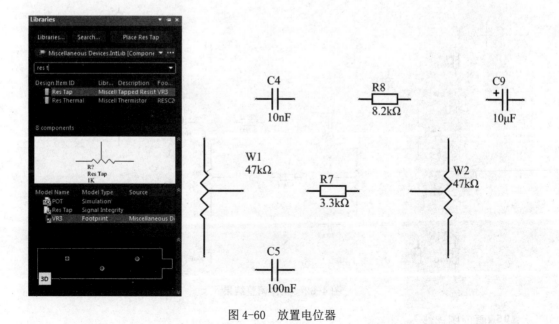

图 4-60 放置电位器

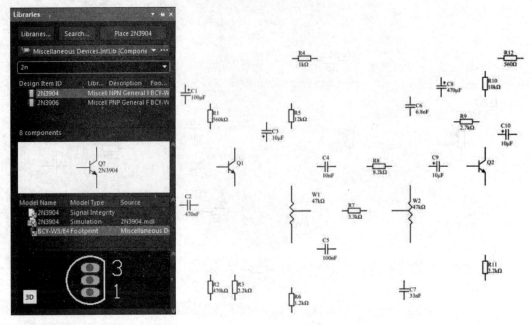

图 4-61   放置晶体管

❶单击选中元件，按住鼠标左键进行拖动，将元件移至合适的位置后释放鼠标左键，即可对其完成移动操作。

在移动对象时，可以通过按<Page Up>或<Page Down>键来缩放视图，以便观察细节。

❷选中元件的标注部分，按住鼠标左键进行拖动，可以移动元件标注的位置。

❸采用同样的方法调整所有的元件，结果如图 4-62 所示。

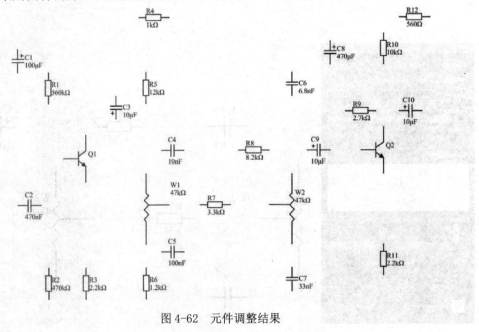

图 4-62   元件调整结果

05 原理图连线

❶单击"布线"工具栏中的放置线按钮 ，进入导线放置状态，将光标移动到某个

元件的引脚上（如 R1），此时十字光标的交叉符号变为红色，单击即可确定导线的一个端点。

❷将光标移动到 R2 处，再次出现红色交叉符号后单击，即可放置一段导线。

❸采用同样的方法放置其他导线，如图 4-63 所示。

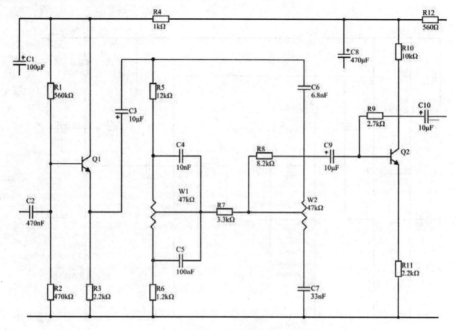

图 4-63　放置导线

❹单击"布线"工具栏中的 GND 端口按钮![icon]，进入接地放置状态。按<Tab>键，弹出"Properties"（属性）面板，默认"Style"（类型）设置为"Power Ground"（接地），"Name"（名称）设置为"GND"，如图 4-64 所示。

图 4-64　"Properties"（属性）面板

❺移动光标到 C8 下方的引脚处，单击即可放置一个 GND 端口。

❻采用同样的方法放置其他接地符号，如图 4-65 所示。

❼在"实用工具"工具栏中选择"放置＋12V 电源端口"，按<Tab>键，在出现的"Properties"（属性）面板中将"Style"（类型） 设置为"Bar"，"Name"（名称） 设置为"＋12V"，如图 4-66 所示。

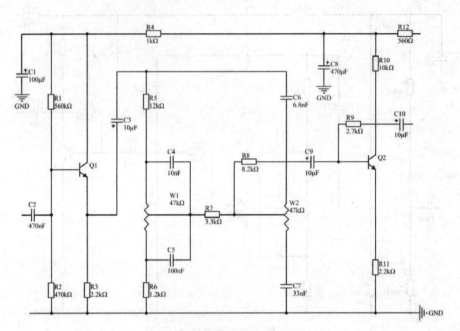

图 4-65　放置 GND 端口

图 4-66　放置电源

❽在原理图中放置电源并检查和整理连接导线。布线后的原理图如图 4-67 所示。

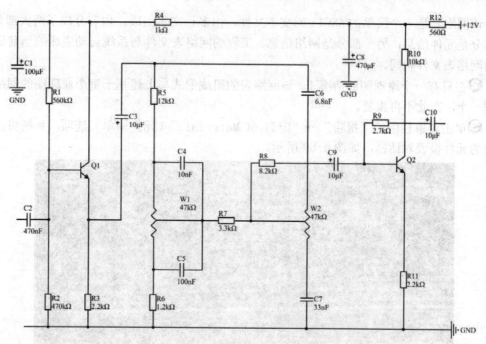

图4-67　布线后的原理图

06 报表输出。

❶单击菜单栏中的"设计"→"工程的网络表"→"Protel"（生成项目网络表）选项，系统自动生成当前工程的网络表文件"音量控制电路原理图.NET"，并存放在当前项目的"Generated\Netlist Files"文件夹中。双击打开该原理图的网络表文件"音量控制电路原理图.NET"，结果如图4-68所示。

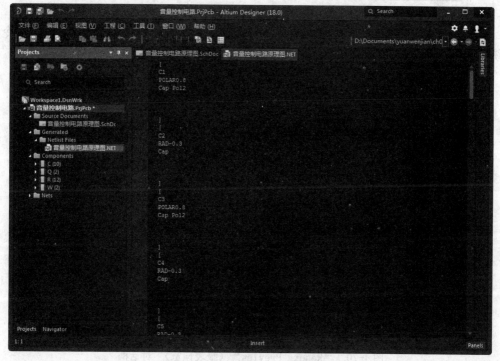

图4-68　打开原理图的网络表文件

该网络表是一个简单的 ASCII 码文本文件，由多行文本组成。内容分成了两大部分，一部分是元件信息，另一部分是网络信息。工程的网络表文件与系统自动生成的当前原理图的网络表文件相同。

❷在只有一个原理图的情况下，该网络表的组成形式与上述基于整个原理图的网络表是同一个，在此不再重复。

❸单击菜单栏中的"报告"→"Bill of Materials"（元件清单）选项，系统将弹出相应的元件报表对话框，如图 4-69 所示。

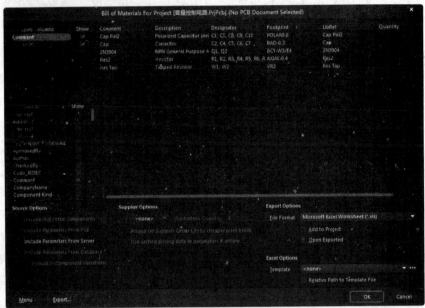

图 4-69　元件报表对话框

❹单击"Menu"（菜单）按钮，在弹出的快捷菜单中单击"Report"（报表）命令，系统将弹出"Report Preview"（报表预览）对话框，如图 4-70 所示。

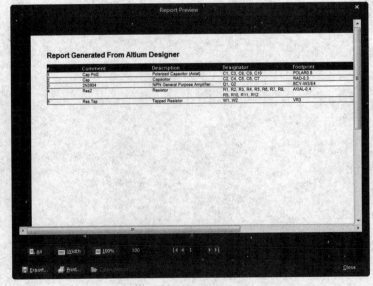

图 4-70　"Report Preview"（报表预览）对话框

⑤单击"Export"（输出） 按钮，可以将该报表进行保存，默认文件名为"音量控制电路.xls"，是一个 Excel 文件；单击"Print"（打印） 按钮，可以将该报表进行打印输出。

⑥在元件报表对话框中，单击按钮 ⋯，在"X:\Program Files\AD 18\Templates"目录下，选择系统自带的元件报表模板文件"BOM Default Template.XLT"。

⑦单击"打开"按钮，返回元件报表对话框。单击"OK"（确定）按钮，退出对话框。

07 编译并保存项目

❶单击菜单栏中的"工程"→"Compile PCB Project"（编译 PCB 项目）选项，系统将自动生成信息报告，并在"Messages"（信息）面板中显示出来。如图 4-71 所示。项目完成结果如图 4-72 所示。本例没有出现任何错误信息，表明电气检查通过。

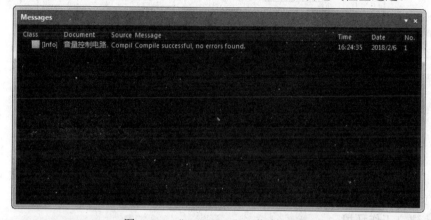

图 4-71 "Messages"（信息）面板

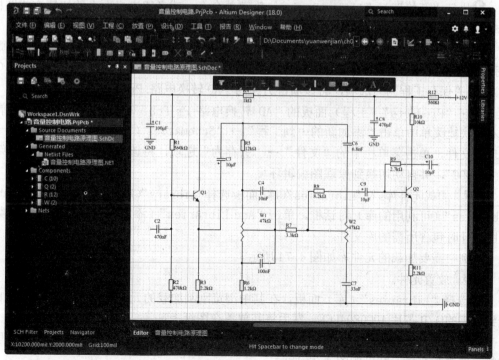

图 4-72 项目完成结果

❷保存项目，完成音量控制电路原理图的设计。

4.10.2 A/D 转换电路的打印输出

本例设计的是一个与 PC 机并行口相连接的 A/D 转换电路，如图 4-73 所示。在该电路中采用的 A/D 芯片是 National Semiconductor 制造的 ADC0804LCN，接口器件是 25 针脚的并行口插座。

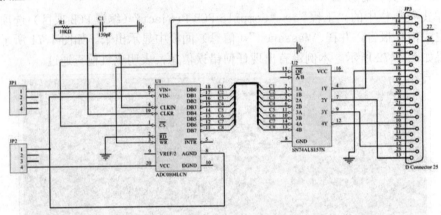

图 4-73 A/D 转换电路

在绘制完原理图后，有时候需要将原理图通过打印机或者绘图仪输出成纸质文档，以便设计人员进行校对或者存档。在本例中将介绍如何将原理图打印输出。

01 建立工作环境。

❶执行"开始"→"Altium Designer"菜单命令，或者双击桌面上的快捷方式图标，启动 Altium Designer 18。

❷单击菜单栏中的"Files"（文件）→"新的"→"项目"→"PCB 工程"选项，在弹出的对话框中选择默认参数，创建一个 PCB 项目文件。单击菜单栏中的"Files"（文件）→"保存工程为"选项，将该项目另存为"AD 转换电路.PrjPcb"。

❸在"Projects"（工程）面板的"AD 转换电路.PrjPcb"项目文件上右击，在弹出的右键快捷菜单中单击"添加新的…到工程"→"Schematic"（原理图）选项，新建一个原理图文件，单击菜单栏中的"文件"→"另存为"选项，将该项目另存为"AD 转换电路.SCHDOC"，并自动切换到原理图编辑环境。

02 加载元件库。在"Libraries"（库）面板选择"Library"（库）按钮，弹出"Available Libraries"（可利用的库）对话框。单击"Add Libraries"（添加库）按钮，用来加载原理图设计时包含所需的库文件。

本例中需要加载的元件库如图 4-74 所示。

03 放置元件。

❶选择"Libraries"（库）面板，在其中浏览刚刚加载的元件库"NSC ADC.IntLib"，找到所需的 A/D 芯片 ADC0804LCN，然后将其放置在图纸上。

❷在其他的元件库中找出需要的另外一些元件，然后将它们都放置到原理图中，再对这些元件进行布局，结果如图 4-75 所示。

04 绘制总线。

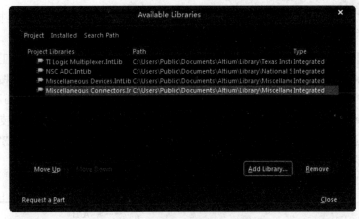

图 4-74　需要加载的元件库

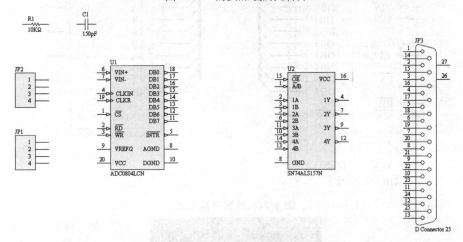

图 4-75　对元件进行布局

❶将 ADC0804LCN 芯片上的 DB0～DB7 和 MM74HC157N 芯片上的 1A～4B 管脚连接起来。执行"放置"→"总线"菜单命令，或单击工具栏中的按钮■，这时光标变成十字形状。单击鼠标左键确定总线的起点，按住鼠标左键不放，拖动鼠标画出总线，在总线拐角处单击。画好的总线如图 4-76 所示。

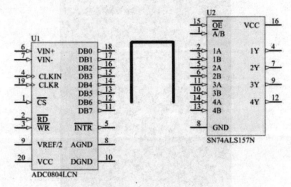

图 4-76　画好的总线

提示:

在绘制总线的时候，要使总线离芯片针脚有一段距离，这是因为还要放置总线分支，如果总线放置得过于靠近芯片针脚，则在放置总线分支的时候就会有困难。

❷放置总线分支。执行"放置"→"总线入口"菜单命令，或单击工具栏中的按钮▓▓，用总线分支将芯片的针脚和总线连接起来，如图 4-77 所示。

05 放置网络标签。执行"放置"→"网络标签"菜单命令，或单击工具栏中的按钮▓▓，这时光标变成十字形状，并带有一个初始标号"Net Label1"。这时按 Tab 键打开如图 4-78 所示的"Properties"（属性）面板，然后在该面板的"Net Name"（网络名称）文本框中输入网络标签的名称，接着移动光标，将网络标签放置到总线分支上，结果如图 4-79 所示。注意要确保电气上相连接的引脚具有相同的网络标签，引脚 DB7 和引脚 4B 相连并拥有相同的网络标签 C1，表示这两个引脚 在电气上是相连的。

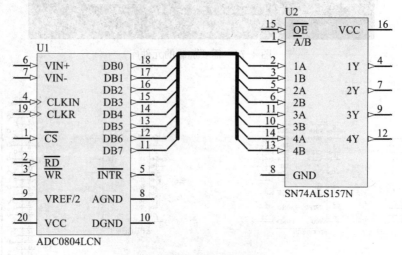

图 4-77　放置总线分支

图 4-78　"Properties"（属性）面板

06 绘制其他导线。绘制除了总线之外的其他导线，如图 4-80 所示。

07 设置元件序号和参数并添加接地符号。双击元件，弹出属性对话框，对各类元件分别进行编号，对需要赋值的元件进行赋值。然后向电路中添加接地符号，完成原理图的绘制，如图 4-81 所示。

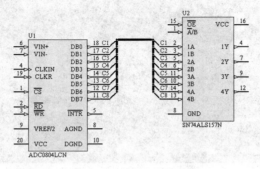

图 4-79　完成放置网络标签

08 页面设置。

❶选择菜单栏中的"文件"→"页面设置"选项，即可弹出"Schematic Print Properties"（原理图打印属性）对话框，如图 4-82 所示。

❷在"Print Paper"（打印纸）选择区域中的"Size"（尺寸）下拉菜单中选择打印的纸型，然后选择打印的方式，有纵向和横向两种，效果如图 4-83 所示。

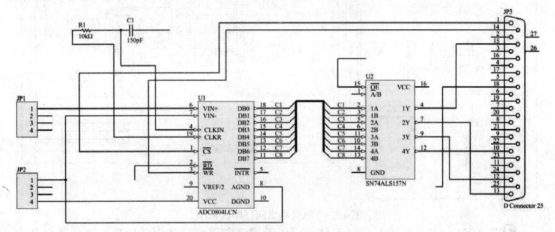

图 4-80　绘制其他导线

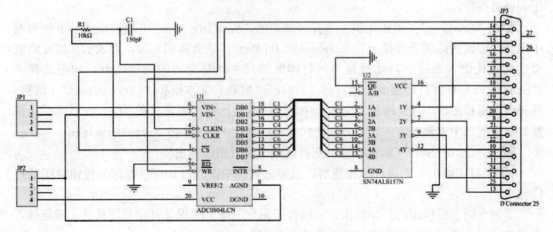

图 4-81　完成原理图的绘制

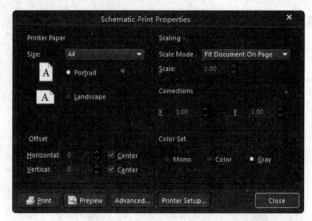

图 4-82　"Schematic Print Properties"（原理图打印属性）对话框

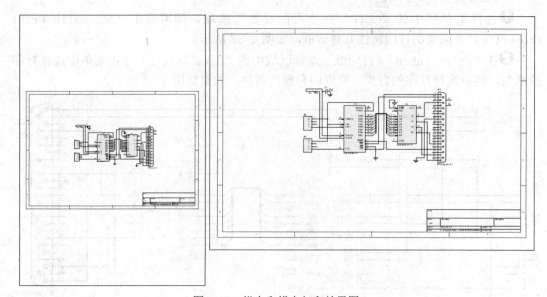

图 4-83　纵向和横向打印效果图

❸在"Offset"（页边）选择区域中可以设置打印页面到边框的距离，页边距也分水平和竖直两种。

❹在"Scaling"（缩放比例）选择区域中的"Scaling Mode"（缩放模式）下拉列表中选择打印比例。如果选择了 Fit Document On Page（适合页面）项，则表示采用充满整页的缩放比例，系统会自动根据当前打印纸的尺寸计算合适的缩放比例。如果选择了"Scaled Print"（打印缩放）项，则"Scale"（缩放）文本框和"Corrections"（调整）选择区域将被激活，在"缩放"文本框中输入缩放的比例。也可以在"Corrections"（调整）选择区域中设置 X 方向和 Y 方向的尺寸，以确定 X 方向和 Y 方向的缩放比例。

❺在"Color Set"（颜色设置）选择区域中设置图纸输出颜色。

09 打印输出。完成打印设置后，就可以直接单击"Print"（打印）按钮将图纸打印输出。

本例介绍了原理图的打印输出。正确打印原理图除了要保证打印机硬件的正确连接，合理地进行设置也是取得良好打印效果的必备前提。

📖4.10.3 报警电路原理图元件清单输出

本例将以报警电路为例，介绍原理图元件清单的输出。

在原理图设计中，有时候出于管理、交流、存档等目的，需要能够随时输出整个设计的相关信息。对此，Altium Designer 18 提供了相应的功能，它可以将整个设计的相关信息以多种格式输出。在本节中将介绍元件清单的生成方法。

01 建立工作环境。

❶在 Altium Designer 18 主界面中，执行"File"（文件）→"新的"→"项目"→"PCB 工程"菜单命令，然后单击右键，选择"保存工程为"菜单命令将新建的工程文件保存为"报警电路.PrjPCB"。

❷执行"File"（文件）→"新的"→"原理图"菜单命令，然后单击右键，选择"另存为"菜单命令将新建的原理图文件保存为"报警电路.SchDoc"。

02 加载元件库。执行"设计"→"浏览库"菜单命令，打开"Libraries"（库）面板，选择"Library"（库）按钮，打开"Available Libraries"（可利用的库）对话框，然后在其中加载需要的元件库。本例中需要加载的元件库如图 4-84 所示。

图 4-84　需要加载的元件库

03 放置元件。由于 AT89C51、SS173K222AL 和变压器元件在原理图元件库中查找不到，因此需要进行编辑，这里不做赘述。在"Motorola Amplifier Operational Amplifier.IntLib"元件库中找到 LM158H 元件，从另外两个库中找到其他常用的一些元件。将所需元件一一放置在原理图中，并进行简单布局，如图 4-85 所示。

04 元件布线。在原理图上布线，编辑元件属性，再向原理图中放置电源符号，完成原理图的设计，如图 4-86 所示。

05 元件清单。

❶元件清单就是一张原理图中所涉及的所有元件的列表。在进行一个具体的项目开发时，设计完成后紧接着就要采购元件。但当项目中涉及大量的元件时，对元件各种信息进行管理和准确统计则是一项有难度的工作，这时，元件清单就派上了用场。Altium Designer 18 可以轻松生成一张原理图的元件清单。

执行"报告"→"Bill of Materials"（元件清单）菜单命令，打开"Bill of Materials For Project［报警电路.PrjPCB］"（［报警电路.PrjPCB］项目材料清单）对话框，如图 4-87

所示。

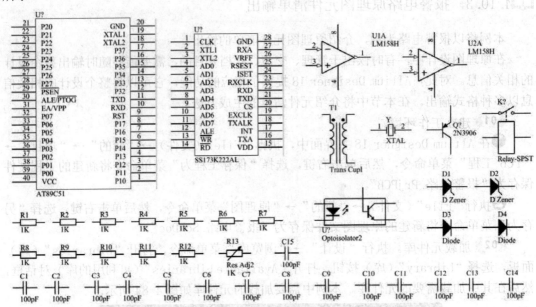

图 4-85 对原理图中所需的元件进行布局

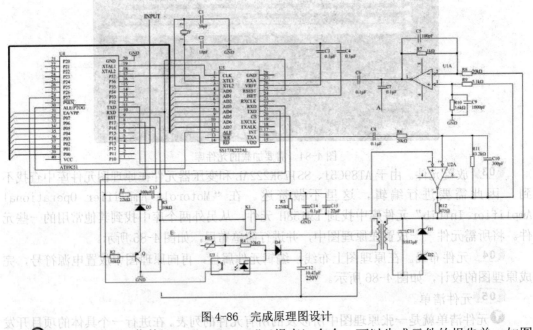

图 4-86 完成原理图设计

❷执行 "Menu"（菜单）→ "Report…"（报表）命令，可以生成元件的报告单，如图 4-88 所示。在列表中筛选过元件后，单击 "Print"（打印）按钮，可以将报表打印输出。

❸在 "Report Preview"（报表预览）对话框中单击 "Export"（输出）按钮，打开保存文件对话框。在该对话框的 "文件名" 文本框中输入导出文件要保存的名称，然后在 "保存类型" 下拉列表中选择导出文件的类型，并在 "Bill of Materials For Project［报

警电路.PrjPCB]"[报警电路.PrjPCB]项目材料清单）对话框中单击"Export"（输出）按
钮，打开保存文件对话框。

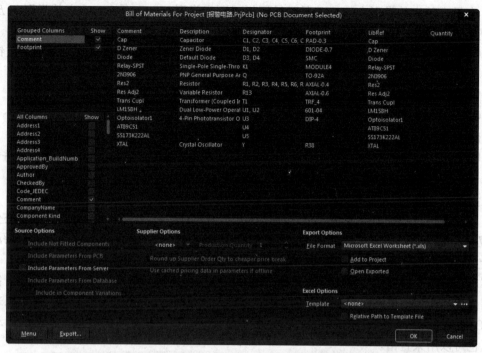

图 4-87 "Bill of Materials For Project [报警电路.PrjPCB]"对话框

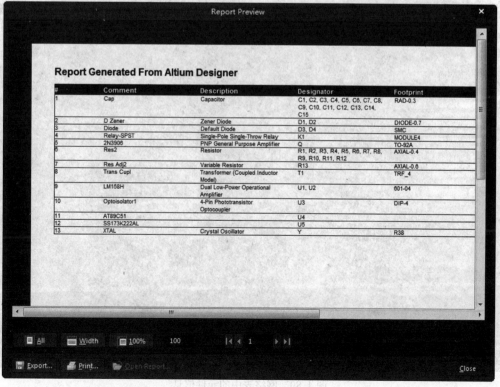

图 4-88 元件报告单

提示：

在导出的文件类型中，*.xml 是可扩展样式语言类型，*.xls 是 Excel 文件类型，*.html 是网页文件类型，*.csv 是脚本文件类型，*.txt 是文本文档类型。

06 完成元件清单输出。完成原理图元件列表文件的导出后，单击"确定"按钮退出对话框。

07 生成网络表文件。

❶执行"设计"→"文件的网络表"→"Protel"菜单命令，系统会自动生成一个"报警电路.NET"的文件。

❷双击该文件，将其在主窗口工作区打开。该文件是一个文本文件，用圆括号分开，在同一方括号内的引脚在电气上是相连的，如图 4-89 所示。

提示：

设计者可以根据网络表中的格式自行在文本编辑器中设计网络表文件，也可以在生成的网络表文件中直接进行修改，以使其更符合设计要求。但是要注意的是，一定要保证元件定义的所有连接的正确无误，否则就会在 PCB 的自动布线中出现错误。

本例讲述了原理图元件清单的导出方法和网络表的生成，用户可以根据需要导出各种不同分类的元件，也可以根据需要将输出的文件保存为不同的文件类型。网络表是原理图向 PCB 转换的桥梁，因此它的地位十分重要。网络表可以支持电路的模拟和 PCB 的自动布线，也可以用来查错。

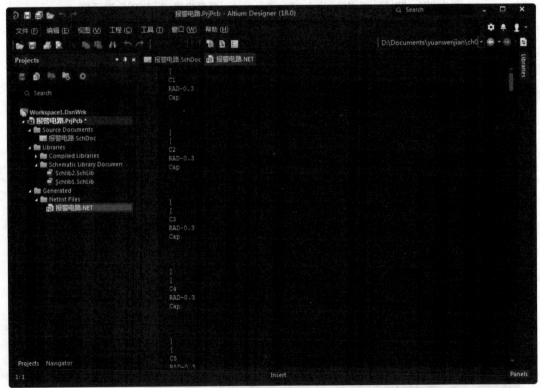

图 4-89　网络表中的元件信息

第 **5** 章

印制电路板设计

设计印制电路板是整个工程设计的目的。原理图设计得再完美，如果电路板设计得不合理则性能将大打折扣，严重时甚至不能正常工作。制板商要参照用户所设计的PCB图来进行电路板的生产。由于要满足功能上的需要，电路板设计往往有很多的规则要求，如要考虑实际中的散热和干扰等问题，因此相对于原理图的设计来说，对PCB图的设计需要设计者更细心和耐心。

在完成网络报表的导入后，元件已经出现在工作窗口中了，此时可以开始元件的布局。元件的布局是指将网络报表中的所有元件放置在PCB上，这是PCB设计的关键一步。好的布局通常是有电气连接的元件管脚比较靠近，这样的布局可以使走线距离短，占用空间少，而且整个电路板的导线能够走通，走线的效果也更好。

电路布局的整体要求是"整齐、美观、对称、元件密度平均"，这样才能让电路板达到最高的利用率，并降低电路板的制作成本。同时，设计者在布局时还要考虑电路的机械结构、散热、电磁干扰以及将来布线的方便性等问题。元件的布局有自动布局和交互式布局两种方式，只靠自动布局往往达不到实际的工程设计要求，通常需要两者结合才能达到很好的效果。

自动布线是一个优秀的电路设计辅助软件必备的功能之一。对于散热、电磁干扰及高频等要求较低的大型电路设计来说，采用自动布线操作可以大大降低布线的工作量，同时还能减少布线时的漏洞。如果自动布线不能够满足实际工程设计的要求，可以通过手动布线进行调整。

◎ PCB界面简介

◎ 设置电路板工作层面

◎ 元件的自动布局

◎ 电路板的自动布线

5.1 PCB 编辑器的功能特点

电子设计自动化领域的全球领导者、原生 3D PCB 设计系统（Altium Designer）和嵌入式软件开发工具包（TASKING）供应商 Altium 有限公司近日发布了专业印制电路板（PCB）和电子系统级设计软件 Altium Designer18。

Altium Designer 18 表明 Altium 有限公司将继续致力于生产软件和解决方案，提高生产力和在具有挑战性的电子设计项目过程中减少用户的压力。它反映了 Altium 的承诺，通过提供客户都希望产品和需要的配套客户取得成功。为了实现这些目标，Altium Designer 18 包括了设计下一代高速印制电路板，并保持了领先的趋势，产业与新的制造输出标准的支持功能强大的新的增强功能。

Altium Designer 18PCB 编辑器的功能特点如下：

➢ 采用了新的 DirectX 3D 渲染引擎，带来更好的 3D PCB 显示效果和性能。

➢ 重构了网络连接性分析引擎，避免了因 PCB 较大，影响对象移动电路板显示速度。

➢ 文件的载入性能大幅度提升。

➢ ECO 及移动器件性能优化。

➢ 交互式布线速度提升。

➢ 利用多核多线程技术、湿度工程项目编译、铺铜、DRC、导出 Gerber 等性能得到了大幅度提升。

➢ 更加快速的 2D-3D 上下文界面切换。

➢ 更快的 Gerber 导出性能。

➢ 支持多板系统设计。

➢ 增强的 BoM 清单功能进一步增强了 ActiveBOM 功能，更好的前期元器件选择，有效避免了生产返工。

5.2 PCB 界面简介

PCB 界面主要包括主菜单、主工具栏和工作面板 3 个部分，如图 5-1 所示。

与原理图设计的界面一样，PCB 设计界面也是在软件主界面的基础上添加了一系列菜单项和工具栏，这些菜单项及工具栏主要用于 PCB 设计中的电路板设置、布局、布线及工程操作等。菜单项与工具栏基本上是对应的，能用菜单项来完成的操作几乎都能通过工具栏中的相应工具按钮完成。同时，右击工作窗口将弹出一个快捷菜单，其中包括了 PCB 设计中常用的菜单项。

📖5.2.1 菜单栏

在 PCB 设计过程中，各项操作都可以使用菜单栏中相应的命令来完成。菜单栏中的各菜单命令功能简要介绍如下。

➤ "文件"菜单：用于文件的新建、打开、关闭、保存与打印等操作。

➤ "编辑"菜单：用于对象的复制、粘贴、选取、删除、导线切割、移动和对齐等编辑操作。

➤ "视图"菜单：用于实现对视图的各种管理，如工作窗口的放大与缩小，各种工具、面板、状态栏及节点的显示与隐藏等，以及 3D 模型、公英制转换等。

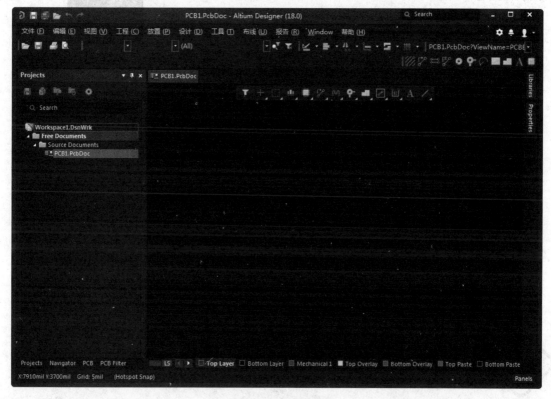

图 5-1　PCB 界面

➤ "工程"菜单：用于实现与项目有关的各种操作，如项目文件的新建、打开、保存与关闭，工程项目的编译及比较等。

➤ "放置"菜单：包含了在 PCB 中放置导线、字符、焊盘、过孔等各种对象，以及放置坐标、标注等命令。

➤ "设计"菜单：用于添加或删除元件库、导入网络表、原理图与 PCB 间的同步更新及印制电路板的定义，以及电路板形状的设置、移动等操作。

➤ "工具"菜单：用于为 PCB 设计提供各种工具，如 DRC、元件的手动与自动布局、PCB 图的密度分析及信号完整性分析等操作。

➤ "布线"菜单：用于执行与 PCB 自动布线相关的各种操作。

➤ "报告"菜单：用于执行生成 PCB 设计报表及 PCB 尺寸测量等操作。

➤ "Window"（窗口）菜单：用于对窗口进行各种操作。

➤ "帮助"菜单：用于打开帮助菜单。

5.2.2 主工具栏

工具栏中以图标按钮的形式列出了常用菜单命令的快捷方式，用户可根据需要对工具栏中包含的命令进行选择，对摆放位置进行调整。

右击菜单栏或工具栏的空白区域即可弹出工具栏的命令菜单，如图5-2所示。它包含6个命令，带有√标志的命令表示被选中而出现在工作窗口上方的工具栏中。每一个命令代表一系列工具选项。

图5-2 工具栏的命令菜单

> "PCB 标准"选项：用于控制 PCB 标准工具栏的打开与关闭，如图 5-3 所示。

图5-3 PCB 标准工具栏

> "过滤器"选项：用于控制过滤工具栏████████████████████的打开与关闭，可以快速定位各种对象。
> "应用工具"选项：用于控制实用工具栏███████的打开与关闭。
> "布线"选项：用于控制连线工具栏██████的打开与关闭。
> "导航"选项：用于控制导航工具栏的打开与关闭。通过这些按钮，可以实现在不同界面之间的快速跳转。
> "Customize"（用户定义）命令：用于用户自定义设置。

5.3 电路板物理结构及环境参数设置

对于手动生成的 PCB，在进行 PCB 设计前，首先要对板的各种属性进行详细的设置。主要包括板形的设置、PCB 图纸的设置、电路板层的设置、层的显示、颜色的设置、布线框的设置、PCB 系统参数的设置以及 PCB 设计工具栏的设置等。

5.3.1 电路板物理边框的设置

电路板的物理边界即为 PCB 的实际大小和形状，板形的设置是在"Mechanical 1"（机械层）上进行的，根据所设计的 PCB 在产品中的安装位置、所占空间的大小、形状及与其他部件的配合来确定 PCB 的外形与尺寸。具体的操作步骤如下：

01 新建一个 PCB 文件，使之处于当前的工作窗口中，如图 5-4 所示。

默认的 PCB 图为带有栅格的黑色区域，包括以下 13 个工作层面：

> "Top Layer"（顶层）和"Bottom Layer"（底层）两个信号层：用于建立电气连接的铜箔层。
> "Mechanical 1"（机械层）：用于设置 PCB 与机械加工相关的参数，以及用于 PCB 3D 模型放置与显示。

- ➤ "Top Overlay"（顶层丝印层）、"Bottom Overlay"（底层丝印层）：用于添加电路板的说明文字。
- ➤ "Top Paste"（顶层锡膏防护层）、"Bottom Paste"（底层锡膏防护层）：用于添加露在电路板外的铜铂。
- ➤ "Top Solder"（顶层阻焊层）和"Bottom Solder"（底层阻焊层）：用于添加电路板的绿油覆盖。
- ➤ "Drillguide"（过孔引导层）：用于显示设置的钻孔信息。
- ➤ "Keep-Out Layer"（禁止布线层）：用于设立布线范围，支持系统的自动布局和自动布线功能。
- ➤ "Drilldrawing"（过孔钻孔层）：用于查看钻孔孔径。
- ➤ "Multi-Layer"（多层同时显示）：可实现多层叠加显示，用于显示与多个电路板层相关的 PCB 细节。

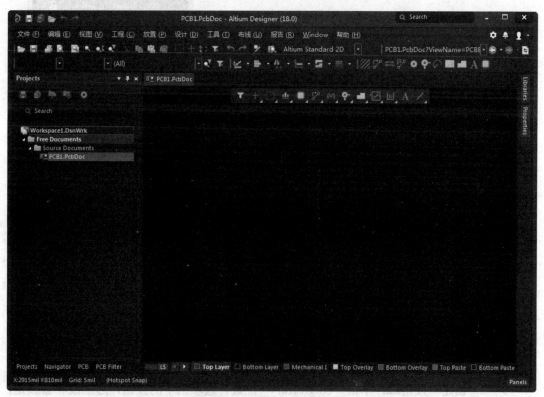

图 5-4 新建的 PCB 文件

02 单击工作窗口下方的"Mechanical 1"（机械层）标签，使该层面处于当前工作窗口中。

03 单击菜单栏中的"放置"→"线条"选项，此时光标变成十字形状。然后将光标移到工作窗口的合适位置，单击即可进行线的放置操作，每单击一次就确定一个固定点。通常将板的形状定义为矩形，但在特殊情况下，为了满足电路的某种特殊要求，也可以将板形定义为圆形、椭圆形或者不规则的多边形。这些都可以通过"放置"菜单来完成。

04 当放置的线组成了一个封闭的边框时，就可结束边框的绘制。右击或者按<Esc>键退出该操作，绘制好的 PCB 边框如图 5-5 所示。

05 设置边框线属性。双击任一边框线即可弹出该边框线的"Properties"（属性）面板，如图 5-6 所示。为了确保 PCB 图中边框线为封闭状态，可以在该对话框中对线的起始点和结束点进行设置，使一段边框线的终点为下一段边框线的起点。其主要选项的含义如下：

图 5-5　绘制好的 PCB 边框　　　　图 5-6　"Properties"（属性）面板

> ➢ "Net"（网络）下拉列表框：用于设置边框线所在的网络。通常边框线不属于任何网络，即不存在任何电气特性。
> ➢ "Layer"（层）下拉列表框：用于设置该线所在的电路板层。用户在开始画线时可以不选择"Mechanical 1"层，在此处进行工作层的修改也可以实现上述操作所达到的效果，只是这样需要对所有边框线段进行设置，操作起来比较麻烦。
> ➢ "锁定"按钮 🔒：单击"Location"（位置）选项组下的按钮，边框线将被锁定，无法对该线进行移动等操作。

单击 Enter 键，完成边框线的属性设置。

📖5.3.2　板形的修改

对边框线进行设置的主要目的是给制板商提供加工电路板形状的依据。用户也可以在设计时直接修改板形，即在工作窗口中可直接看到自己所设计的电路板的外观形状，然后对板形进行修改。板形的设置与修改主要通过"设计"菜单中的"板子形状"子菜单来完成，如图 5-7 所示。

图 5-7　"板子形状"子菜单

01 按照选择对象定义。在机械层或其他层可以利用线条或圆弧定义一个内嵌的边界，以新建对象为参考重新定义板形。具体的操作步骤如下：

❶单击菜单栏中的"放置"→"圆弧"选项，在电路板上绘制一个圆，如图 5-8 所示。

❷选中已绘制的圆，然后单击菜单栏中的"设计"→"板子形状"→"按照选择对象定义"选项，电路板将变成圆形，如图 5-9 所示。

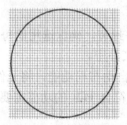

图 5-8　绘制一个圆　　　　　　　　图 5-9　定义后的板形

02 根据板子外形生成线条。在机械层或其他层将板子边界转换为线条。具体的操作步骤如下：

单击"设计"→"板子形状"→"根据板子外形生成线条"选项，弹出"Line/Arc Primitives From Board Shape"（从板外形而来的线/弧原始数据）对话框，如图 5-10 所示。按照需要设置参数，单击按钮 ▭ OK ▭，退出对话框，板边界自动转化为线条，如图 5-11 所示。

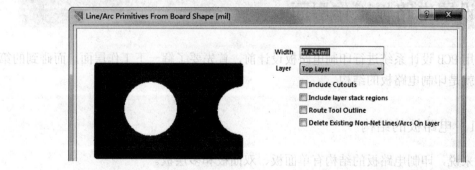

图 5-10　"Line/Arc Primitives From Board Shape"（从板外形而来的线/弧原始数据）对话框

图 5-11　转化边界

5.4　PCB 的设计流程

笼统地讲，在进行印制电路板的设计时，首先要确定设计方案，并进行局部电路的仿真或实验，完善电路性能；然后根据确定的方案绘制电路原理图，并进行 ERC 检查。最后完成 PCB 的设计，输出设计文件，送交加工制作。设计者在这个过程中尽量按照设计流程进行设计，这样可以避免一些重复的操作，同时也可以防止不必要的错误出现。

PCB 设计的操作步骤如下：

01 绘制电路原理图。确定选用的元件及其封装形式，完善电路。

02 规划电路板。全面考虑电路板的功能、部件、元件封装形式、连接器及安装方式等。

03 设置各项环境参数。

04 载入网络表和元件封装。搜集所有的元件封装，确保选用的每个元件封装都能在 PCB 库文件中找到，将封装和网络表载入到 PCB 文件中。

05 元件自动布局。设定自动布局规则，使用自动布局功能，将元件进行初步布置。

06 手动调整布局。手动调整元件布局，使其符合 PCB 的功能需要和元器件电气要求，还要考虑到安装方式，放置安装孔等。

07 电路板自动布线。合理设定布线规则，使用自动布线功能为 PCB 自动布线。

08 手动调整布线。自动布线结果往往不能满足设计要求，还需要做大量的手动调整。

09 DRC 校验。PCB 布线完毕，需要经过 DRC 校验，否则，应根据错误提示进行修改。

10 文件保存，输出打印。保存、打印各种报表文件及 PCB 制作文件。

11 加工制作。将 PCB 制作文件送交加工单位。

5.5　设置电路板工作层面

在使用 PCB 设计系统进行印制电路板设计前，首先要了解一下工作层面，而碰到的第一个概念就是印制电路板的结构。

📖5.5.1　电路板的结构

一般来说，印制电路板的结构有单面板、双面板和多层板。

➢ "Single-Sided Boards"（单面板）：在最基本的 PCB 上，元件集中在其中的一面，走线则集中在另一面上。因为走线只出现在其中的一面，所以就称这种 PCB

叫作单面板（Single-Sided Boards）。在单面板上，通常只有底面也就是"Bottom Layer"覆上铜箔，元件的引脚焊在这一面上，主要完成电气特性的连接；顶层也就是"Top Layer"是空的，元件安装在这一面，所以又称为"元件面"。因为单面板在设计线路上有许多严格的限制（因为只有一面，所以布线间不能交叉而必须绕走独自的路径），布通率往往很低，所以只有早期的电路及一些比较简单的电路才使用这类板子。

➤ "Double-Sided Boards"（双面板）：这种电路板的两面都有布线，不过要用上两面的布线则必须要在两面之间有适当的电路连接才行。这种电路间的"桥梁"叫做过孔（via）。过孔是在 PCB 上充满或涂上金属的小洞，它可以与两面的导线相连接。双层板通常无所谓元件面和焊接面，因为两个面都可以焊接或安装元件，但习惯地可以称"Bottom Layer"为焊接面，"Top Layer"为元件面。因为双面板比单面板的面积大了一倍，而且布线可以互相交错（可以绕到另一面），因此它适合用在比单面板复杂的电路上。相对于多层板而言，双面板的制作成本不高，在给定一定面积的时候通常都能 100%布通，因此一般的印制板都采用双面板。

➤ "Multi-Layer Boards"（多层板）：常用的多层板有 4 层板、6 层板、8 层板和 10 层板等。简单的 4 层板是在"Top Layer"和"Bottom Layer"的基础上增加了电源层和地线层，这样一方面极大程度地解决了电磁干扰问题，提高了系统的可靠性，另一方面可以提高布通率，缩小 PCB 的面积。6 层板通常是在 4 层板的基础上增加了两个信号层："MidLayer 1"和"MidLayer 2"。8 层板则通常包括 1 个电源层、2 个地线层、5 个信号层（"Top Layer""Bottom Layer""MidLayer 1""MidLayer 2"和"Mid-Layer 3"）。

多层板层数的设置是很灵活的，设计者可以根据实际情况进行合理的设置。各种层的设置应尽量满足以下的要求：

❶元件层的下面为地线层，它提供器件屏蔽层以及为顶层布线提供参考平面。

❷所有的信号层应尽可能与地平面相邻。

❸尽量避免两信号层直接相邻。

❹主电源应尽可能地与其对应地相邻。

❺兼顾层压结构对称。

多层板结构如图 5-12 所示。

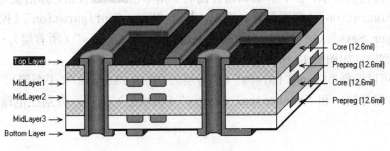

图 5-12　多层板结构

5.5.2　工作层面的类型

PCB 一般包括很多层，不同的层包含不同的设计信息。制板商通常是将各层分开做，然后经过压制、处理，最后生成各种功能的电路板。

01 Altium Designer 18 提供了 6 种类型的工作层：

❶ "Signal Layers"（信号层）：即铜箔层，用于完成电气连接。Altium Designer 18 允许电路板设计 32 个信号层，分别为 "Top Layer" "Mid Layer 1" "Mid Layer 2" … "Mid Layer 30" 和 "Bottom Layer"，各层以不同的颜色显示。

❷ "Internal Planes"（中间层，也称内部电源与地线层）：也属于铜箔层，用于建立电源和地线网络。系统允许电路板设计 16 个中间层，分别为 "Internal Layer 1" "Internal Layer 2" … "Internal Layer 16"，各层以不同的颜色显示。

❸ "Mechanical Layers"（机械层）：用于描述电路板机械结构、标注及加工等生产和组装信息所使用的层面，不能完成电气连接特性，但其名称可以由用户自定义。系统允许 PCB 板设计包含 16 个机械层，分别为 "Mechanical Layer 1" "Mechanical Layer 2" … "Mechanical Layer 16"，各层以不同的颜色显示。

❹ "Mask Layers"（阻焊层）：用于保护铜线，也可以防止焊接错误。系统允许 PCB 设计包含 4 个阻焊层，即 "Top Paste"（顶层锡膏防护层）、"Bottom Paste"（底层锡膏防护层）、"Top Solder"（顶层阻焊层）和 "Bottom Solder"（底层阻焊层），分别以不同的颜色显示。

❺ "Silkscreen Layers"（丝印层）：也称图例（legend），通常该层用于放置元件标号、文字与符号，以标示出各零件在电路板上的位置。系统提供有两层丝印层，即 "Top Overlay"（顶层丝印层）和 "Bottom Overlay"（底层丝印层）。

❻ "Other Layers"（其他层）。

➢ "Drill Guides"（钻孔）和 "Drill Drawing"（钻孔图）：用于描述钻孔图和钻孔位置。

➢ "Keep-Out Layer"（禁止布线层）：用于定义布线区域，基本规则是元件不能放置于该层上或进行布线。只有在这里设置了闭合的布线范围，才能启动元件自动布局和自动布线功能。

➢ "Multi-Layer"（多层）：该层用于放置穿越多层的 PCB 元件，也用于显示穿越多层的机械加工指示信息。

02 电路板的显示。在 PCB 编辑器界面右下角单击 Panels 按钮，弹出快捷菜单，选择 "View Configuration"（视图配置）选项，打开 "View Configuration"（视图配置）面板，在 "Layer Sets"（层设置）下拉列表中选择 "All Layers"（所有层），即可显示系统提供的所有层，如图 7-13 所示。

同时还可以选择 "Signal Layers"（信号层）、"Plane Layers"（平面层）、"NonSignal Layers"（非信号层）和 "Mechanical Layers"（机械层）选项，分别在电路板中单独显示对应的层。

图 5-13　显示系统提供的所有层

5.5.3　电路板层数设置

在对电路板进行设计前可以对电路板的层数及属性进行详细的设置。这里所说的层主要是指"Signal Layers"（信号层）、"Internal Plane Layers"（电源层和地线层）和"Insulation（Substrate）Layers"（绝缘层）。

电路板层数设置的具体操作步骤如下：

01 单击菜单栏中的"设计"→"层叠管理器"选项，系统将弹出如图 5-14 所示的"Layer Stack Manager"（层堆栈管理）对话框。

02 对话框的中心显示了当前 PCB 图的层结构。默认设置为双层板，即只包括"Top Layer"（顶层）和"Bottom Layer"（底层）两层。用户可以单击"Add Layer"（添加层）按钮添加信号层、电源层和地线层，单击"Add Internal Plane"（添加中间层平面）按钮添加中间层。选定某一层为参考层，执行添加新层的操作时，新添加的层将出现在参考层的下面。

03 在该对话框中可以增加层、删除层、移动层所处的位置以及对各层的属性进行编辑。

❶对话框的中心显示了当前 PCB 图的层结构。缺省的设置为一双层板，即只包括"Top

Layer（顶层）"和"Bottom Layer"（底层）两层，用户可以单击按钮 Add Layer 添加信号层或单击按钮 Add Internal Plane 添加电源层和地线层。

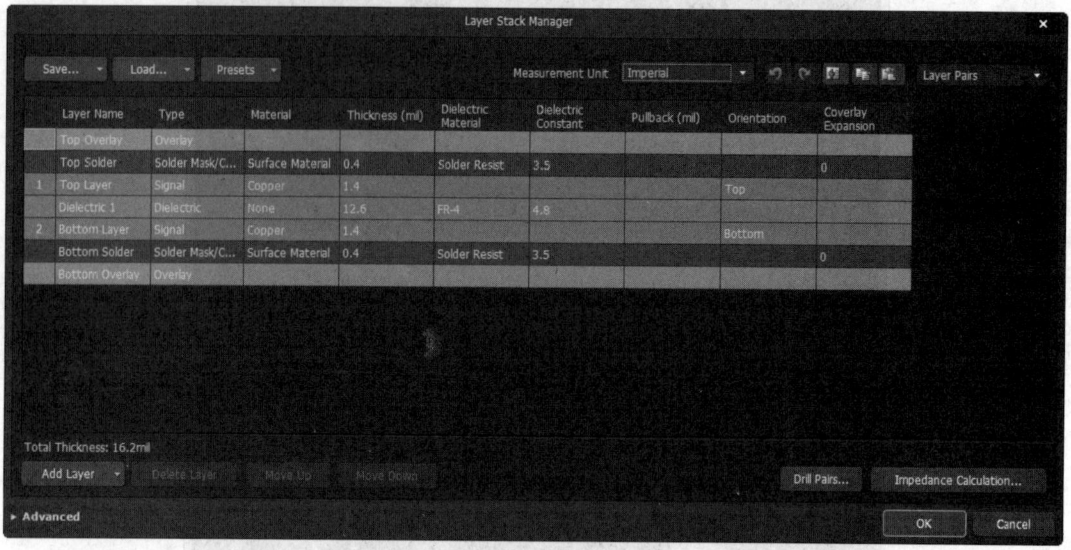

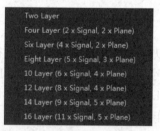

图 5-14　"Layer Stack Manager"（层堆栈管理）对话框

❷鼠标双击某一层的名称可以直接修改该层的属性，对该层的名称及厚度进行设置。

❸添加层后，单击按钮 Move Up 或按钮 Move Down 可以改变该层在所有层中的位置。在设计过程的任何时间都可进行添加层的操作。

❹选中某一层后单击按钮 Delete Layer 即可删除该层。

❺在该对话框的任意空白处单击鼠标右键即可弹出一个快捷菜单。此快捷菜单中的大部分选项也可以通过对话框下方的按钮进行操作。

❻ Presets 下拉列表提供了常用不同层数的电路板层数设置，可以直接选择进行快速板层设置，如图 5-15 所示。

Two Layer
Four Layer (2 x Signal, 2 x Plane)
Six Layer (4 x Signal, 2 x Plane)
Eight Layer (5 x Signal, 3 x Plane)
10 Layer (6 x Signal, 4 x Plane)
12 Layer (8 x Signal, 4 x Plane)
14 Layer (9 x Signal, 5 x Plane)
16 Layer (11 x Signal, 5 x Plane)

图 5-15　下拉列表

PCB 设计中最多可添加 32 个信号层、26 个电源层和地线层。各层的显示与否可在"试图配置"对话框中进行设置，选中各层中的"显示"复选框即可。

❼单击按钮 Advanced，对话框将发生变化，可以看到，增加了电路板堆叠特性的设置，如图 5-16 所示。

电路板的层叠结构中不仅包括拥有电气特性的信号层，还包括无电气特性的绝缘层，两种典型的绝缘层主要是指"Core"（填充层）和"Prepreg"（塑料层）。

层的堆叠类型主要是指绝缘层在电路板中的排列顺序，缺省的 3 种堆叠类型包括"Layer Pairs"（Core 层和 Prepreg 层自上而下间隔排列）、"Internal Layer Pairs"（Prepreg 层和 Core 层自上而下间隔排列）和 Build-up（顶层和底层为 Core 层，中间全部为 Prepreg 层）。改变层的堆叠类型将会改变"Core"和"Prepreg"在层栈中的分布，只有在信号完整性分析需要用到盲孔或深埋过孔的时候才需要进行层的堆叠类型的设置。

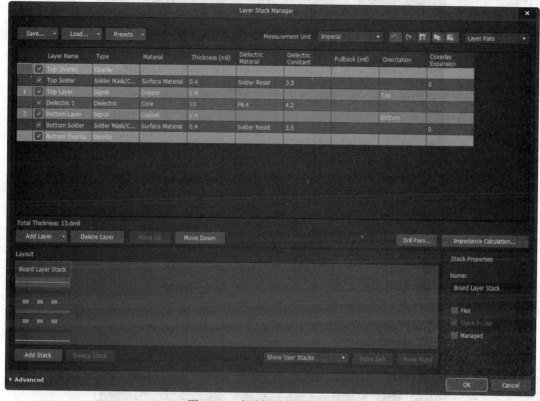

图 5-16　电路板堆叠特性的设置

⑧ Drill Pairs... 按钮：用于钻孔设置。

⑨ Impedance Calculation... 按钮：用于阻抗计算。

📖 5.5.4　工作层面与颜色设置

PCB 编辑器内显示的各个板层具有不同的颜色，以便于区分。用户可以根据个人习惯进行设置，并且可以决定该层是否在编辑器内显示出来。

01 打开"View Configuration"（视图配置）面板。在界面右下角单击按钮 Panels ，弹出快捷菜单，选择"View Configuration"（视图配置）选项，打开"View Configuration"（视图配置）面板，如图 5-17 所示。该面板包括电路板层颜色设置和系统默认设置颜色的显示两部分。

02 设置对应层面的显示与颜色。在"Layers"（层）选项组下可设置对应层面和系统的显示颜色。

❶ "显示"按钮 👁 用于决定此层是否在 PCB 编辑器内显示。

不同位置的"显示"按钮 👁 启用/禁用层不同。

➢ 每个层组中启用或禁用一个层、多个层或所有层。图 5-18 所示为启用/禁用了全部的"Component Layers"（元件层）。

图 5-17 "View Configuration"（视图配置）面板

启用全部的元件层

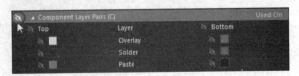

禁用全部的元件层

图 5-18 启用/禁用全部的元件层

➢ 启用/禁用整个层组。图 5-19 所示为启用/禁用了所有的"Top Layers"（顶层）。

启用所有的顶层

禁用所有的顶层

图 5-19 　启用/禁用所有的"Top Layers"（顶层）

➢ 启用/禁用每个组中的单个条目。如图 5-20 所示，突出显示的个别条目已禁用。

图 5-20 　启用/禁用单个条目

❷如果要修改某层的颜色或系统的颜色，单击其对应的"颜色"栏内的色条，即可在弹出的选择颜色列表中进行修改，如图 5-21 所示。

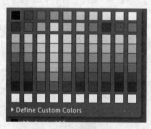

图 5-21 　选择颜色列表

❸在"Layer Sets"（层设置）设置栏中，有"All Layers"（所有层）、"Signal Layers"（信号层）、"Plane Layers"（平面层）、"NonSignal Layers"（非信号层）和"Mechanical Layers"（机械层）选项，它们分别对应其上方的信号层、电源层和地线层、机械层。选择"All Layers"（所有层）决定了在板层和颜色面板中显示全部的层面，还是只显示图层堆栈中设置的有效层面。一般地，为使面板简洁明了，默认选择"All Layers"（所有层），只显示有效层面，对未用层面可以忽略其颜色设置。

单击"Used On"（使用的层打开）按钮，即可选中该层的"显示"按钮，清除其余所有层的选中状态。

03 显示系统的颜色。在"System Color"（系统颜色）栏中可以对系统的两种类型可视格点的显示或隐藏进行设置，还可以对不同的系统对象进行设置。

5.6 　"Preferences"（参数选择）的设置

在"参数选择"对话框中可以对一些与 PCB 编辑窗口相关的系统参数进行设置。设置后的系统参数将用于当前工程的设计环境，并且不会随 PCB 文件的改变而改变。

单击菜单栏中的"工具"→"优先选项"选项，系统将弹出如图 5-22 所示的 "Preferences"（参数选择）对话框。

在该对话框中 PCB Editor（PCB 编辑器）选项组下需要设置的有"General"（常规）、 "Display"（显示）、"Defaults"（默认）和"Layer Colors"（层颜色）4 个标签页。

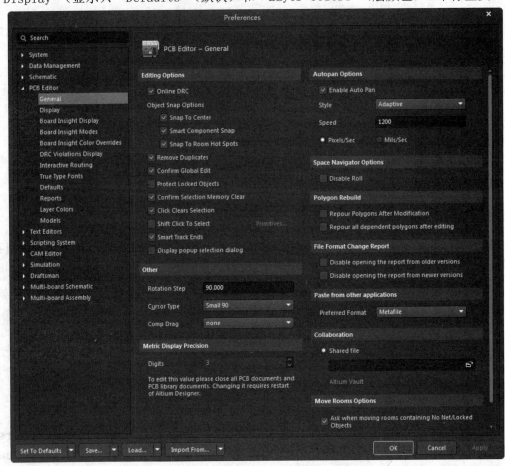

图 5-22　"Preferences"（参数选择）对话框

5.7　在 PCB 文件中导入原理图网络表信息

印制电路板有单面板、双面板和多层板三种。单面板由于成本低而被广泛应用。听起来单面板似乎比较简单，但是从技术上说单面板的设计难度很大。在印制电路板设计中，单面板设计是一个重要的组成部分，也是印制电路板设计的起步。双面板的电路一般比单面板复杂，但是由于双面都能布线，设计不一定比单面板困难，因此深受广人设计人员的喜爱。

单面板与双面板两者的设计过程类似，均可按照电路板设计的一般步骤进行。在设计电路板之前，需要首先准备好原理图和网络表，为设计印制电路板打下基础，然后进行电路板的规划，也就是电路板板边的确定，或者说是确定电路板的大小尺寸。规划好电路板后，接下来的任务就是将网络表和元件封装装入。装入元件封装后，元件是重叠的，需要对元件封装进行布局。布局的好坏直接影响到电路板的自动布线，因此非常重要。元件的布局可以采用自动布局，也可以手动对元件进行调整布局。元件封装在规划好的电路板上布局完成后，可以运用 Altium Designer 18 提供的强大的自动布线功能，进行自动布线。在自动布线结束之后，往往还存在一些令人不满意的地方，这就需要设计人员利用经验通过手动修改调整。当然，对于那些设计经验丰富的设计人员，从元件封装的布局到布完线，都可以用手动去完成。

我们现在最普遍的电路设计方式是采用双面板设计。但是当电路比较复杂而利用双面板无法实现理想的布线时，就要采用多层板的设计了。多层板是指采用四层板以上的电路板布线。它一般包括顶层、底层、电源板层、接地板层，甚至还包括若干个中间板层。板层越多，布线就越简单。但是多层板的制作费用比较高，制作工艺也比较复杂。多层板的布线主要以顶层和底层为主要布线层，以走中间层为辅。在需要中间层布线的时候，我们往往先将那些在顶层和底层难以布置的网络布置在中间层，然后切换到顶层或底层进行其他的布线操作。

网络表是原理图与 PCB 图之间的联系纽带，原理图和 PCB 图之间的信息可以通过在相应的 PCB 文件中导入网络表的方式完成同步。在进行导入网络表的操作之前，需要在 PCB 设计环境中装载元件的封装库及对同步比较器的比较规则进行设置。

5.7.1 装载元件封装库

由于 Altium Designer 18 采用的是集成的元件库，因此对于大多数设计来说，在进行原理图设计的同时便装载了元件的 PCB 封装模型，一般可以省略该项操作。但 Altium Designer 18 同时也支持单独的元件封装库，只要 PCB 文件中有一个元件封装不是在集成的元件库中，用户就需要单独装载该封装所在的元件库。元件封装库的添加与原理图中元件库的添加步骤相同，这里不再赘述。

5.7.2 设置同步比较规则

同步设计是 Protel 系列软件中实现绘制电路图最基本的方法，这是一个非常重要的概念。对同步设计概念最简单的理解就是原理图文件和 PCB 文件在任何情况下保持同步。也就是说，不管是先绘制原理图再绘制 PCB 图，还是同时绘制原理图和 PCB 图，最终要保证原理图中元件的电气连接意义必须和 PCB 图中的电气连接意义完全相同，这就是同步。同步并不是单纯的同时进行，而是原理图和 PCB 图两者之间电气连接意义的完全相同。实现这个目的的最终方法是用同步器来实现，这个概念称为同步设计。

如果说网络表包含了电路设计的全部电气连接信息，那么 Altium Designer 18 则是通过同步器添加网络表的电气连接信息来完成原理图与 PCB 图之间的同步更新。同步器的工作原理是检查当前的原理图文件和 PCB 文件，得出它们各自的网络表并进行比较，比较后得出的不同网络信息将作为更新信息，然后根据更新信息便可以完成原理图设计与 PCB 设计的同步。同步比较规则能够决定生成的更新信息，因此要完成原理图与 PCB 图的同步更新，同步比较规则的设置是至关重要的。

单击菜单栏中的"工程"→"工程选项"选项，系统将弹出"Options for PCB Project..."（PCB 项目选项）对话框，然后单击"Comparator"（比较器）选项卡，在该选项卡中可以对同步比较规则进行设置，如图 5-23 所示。单击"Set ToInstallation Defaults"（设置成安装缺省）按钮，将恢复软件安装时同步器的默认设置状态。单击"OK"（确定）按钮，即可完成同步比较规则的设置。

同步器的主要作用是完成原理图与 PCB 图之间的同步更新，但这只是对同步器的狭义理解。广义上的同步器可以完成任何两个文档之间的同步更新，可以是两个 PCB 文档之间、网络表文件和 PCB 文件之间，也可以是两个网络表文件之间的同步更新。用户可以在"Differences"（不同）面板中查看两个文件之间的不同之处。

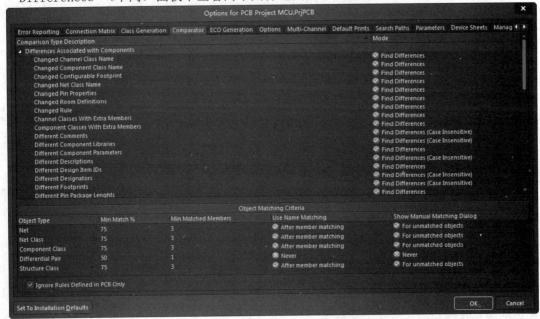

图 5-23 "Comparator"（比较器）选项卡

5.7.3 导入网络表

完成同步比较规则的设置后，即可进行网络表的导入工作。打开电子资料包中"yuanwenjian\ch05\example"文件夹中最小单片机系统项目文件 "MCU.PrjPCB"，打开原理图文件"MCU Circuit.SchDoc"，要导入网络表的原理图如图 5-24 所示，将原理图的网络表导入到当前的 PCB1 文件中，操作步骤如下：

01 打开"MCU Circuit.SchDoc"文件，使之处于当前的工作窗口中，同时应保证 PCB 1 文件也处于打开状态。

02 单击菜单栏中的"设计"→"Update PCB Document PCB1.PcbDoc"（更新 PCB 文件）选项，系统将对原理图和 PCB 图的网络报表进行比较并弹出一个"Engineering Change Order"（工程更新操作顺序） 对话框，如图 5-25 所示。

03 单击"Validate Changes"（确认更改） 按钮，系统将扫描所有的更改操作项，验证能否在 PCB 上执行所有的更新操作。随后在可以执行更新操作的每一项所对应的"Check"（检查） 栏中将显示 ✔ 标记，如图 5-26 所示。

> ➤ 　✅标记：说明该项更改操作项都是合乎规则的。
> ➤ 　❌标记：说明该项更改操作是不可执行的，需要返回到以前的步骤中进行修改，
> 然后重新进行更新验证。

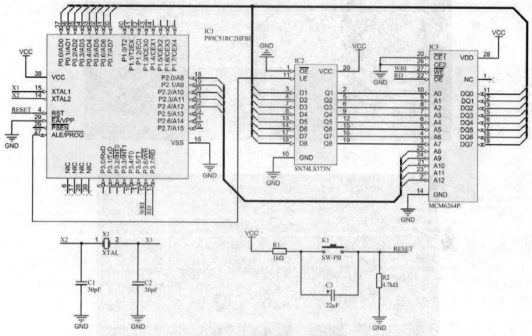

图 5-24　要导入网络表的原理图

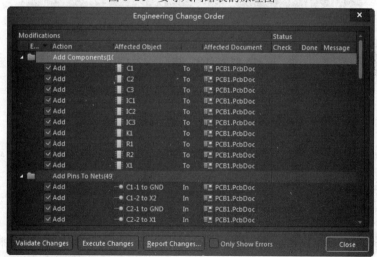

图 5-25　"Engineering Change Order"（工程更新操作顺序）对话框

04 进行合法性校验后单击"Execute Changes"（执行更改）按钮，系统将完成网
络表的导入，同时在每一项的"Done"（完成）栏中显示✅标记提示导入成功，如图 5-27
所示。

05 单击"Close"（关闭）按钮，关闭该对话框。此时可以看到在 PCB 图布线框的
右侧出现了导入的所有元件的封装模型，如图 5-28 所示。该图中的紫色边框为布线框，
各元件之间仍保持着与原理图相同的电气连接特性。将结果保存在电子资料包中的
"yuanwenjian\ch_05\5.7"文件夹中。

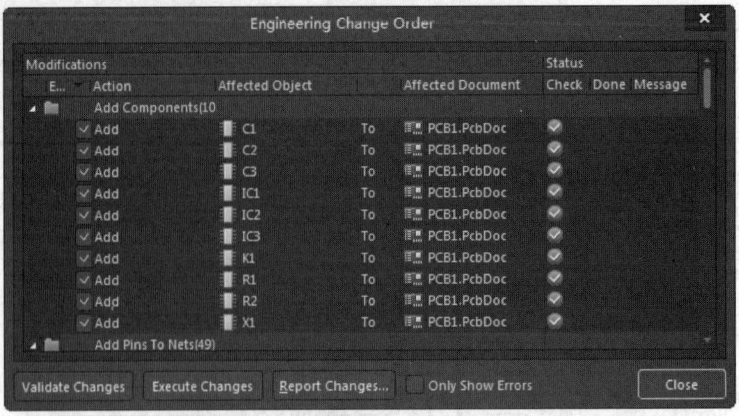

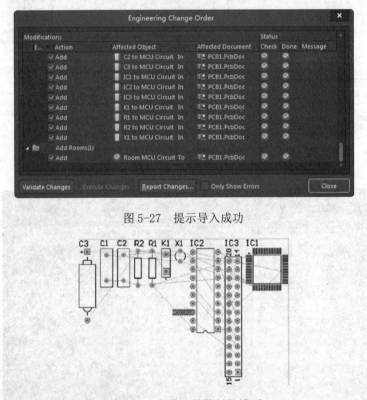

图 5-26 能实现合乎规则的更新

图 5-27 提示导入成功

图 5-28 所有元件的封装模型

需要注意的是，导入网络表时，原理图中的元件并不直接导入到用户绘制的布线区内，而是位于布线区范围以外。通过随后进行的自动布局操作，系统自动将元件放置在布线区内。当然，用户也可以手动拖动元件到布线区内。

5.7.4 原理图与 PCB 图的同步更新

第一次进行导入网络表操作时，完成上述操作即可完成原理图与 PCB 图之间的同步更新。如果导入网络表后又对原理图或者 PCB 图进行了修改，那么要快速完成原理图与 PCB 图设计之间的双向同步更新，可以采用下面的方法实现：

01 打开"PCB1.PcbDoc"文件,使之处于当前的工作窗口中。

02 单击菜单栏中的"设计"→"Update Schematic in MCU.PrjPCB"(更新 MCU 工程下的原理图)选项,系统将对原理图和 PCB 图的网络表进行比较,并弹出一个对话框,比较结果并提示用户确认是否查看二者之间的不同之处,如图 5-29 所示。

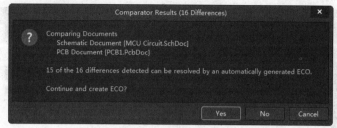

图 5-29 比较结果提示

03 单击"Yes"(是)按钮,进入查看比较结果信息对话框,如图 5-30 所示。在该对话框中可以查看详细的比较结果,了解二者之间的不同之处。

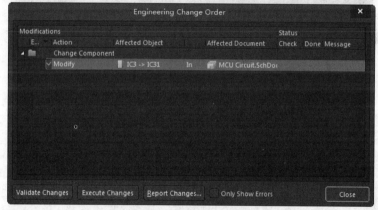

图 5-30 查看比较结果信息

04 单击某一项信息的"Update"(更新) 选项,系统将弹出一个小的对话框,如图 5-31 所示。用户可以选择更新原理图或者更新 PCB 图,也可以进行双向的同步更新。单击"No Updates"(不更新)按钮或"Cancel"(取消) 按钮,可以关闭该对话框而不进行任何更新操作。

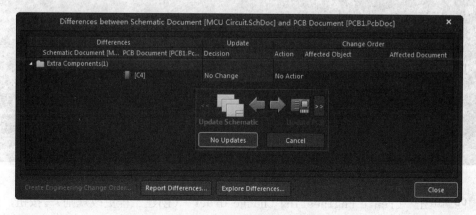

图 5-31 执行同步更新操作

05 单击"Report Differences"(记录不同) 按钮,系统将生成一个表格,如图

5-32 所示，从中可以预览原理图与 PCB 图之间的不同之处，同时可以对此表格进行导出或打印等操作。

06 单击"Explore Differences"（查看不同） 按钮，弹出"Differences"（不同）面板，从中可查看原理图与 PCB 图之间的不同之处，如图 5-33 所示。

图 5-32　生成表格

图 5-33　"Differences"（不同）面板

07 选择"Update Schematic"（更新原理图），进行原理图的更新，更新后对话框中将显示更新信息，如图 5-34 所示。

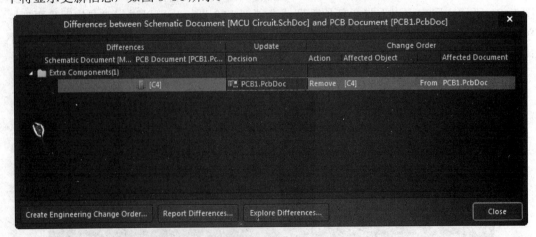

图 5-34　显示更新信息

08 单击"Create Engineering Change Order"（创建工程更改规则） 按钮，系统将弹出"Engineering Change Order"（工程更改规则） 对话框，显示工程更新操作信息，完成原理图与 PCB 图之间的同步设计。与网络表的导入操作相同，单击"Validate Changes"

（确认更改）按钮和"Execute Changes"（执行更改） 按钮，即可完成原理图的更新。

除了通过单击菜单栏中的"设计"→"Update Schematic in MCU.PrjPcb"选项来完成原理图与 PCB 图之间的同步更新之外，单击菜单栏中的"工程"→"显示差异"选项也可以完成同步更新，这里不再赘述。

5.7.5　Room 的创建

在 PCB 中导入原理图封装信息后，每一个原理图对应一个同名的自定义创建的 Room 区域，将该原理图中的封装元件放置在该区域中。

在对封装元件进行布局过程中，可自定义打乱所有的 Room 属性进行布局，也可按照每一个 Room 区域字形进行布局。

当在不同功能的 Room 中放置同属性的元器件时，将元件分成多个部分，在摆放元件的时候就可以按照 Room 属性来摆放。将不同功能的元件放在一块，布局的时候便于拾取，还简化布局步骤，减小布局难度。

单击"设计"→"Room"（器件布局）选项即可打开与 Room 有关的菜单项，如图 5-35 所示。

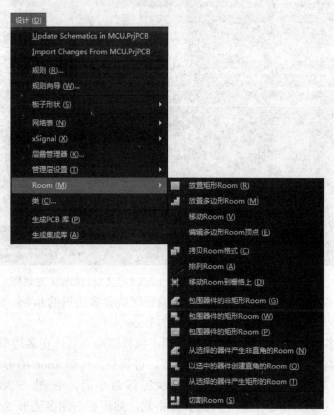

图 5-35　"Room"菜单项

> "放置矩形 Room"选项：在编辑区放置矩形的 Room，如图 5-36 所示。双击该区域，弹出如图 5-37 所示的属性设置对话框。

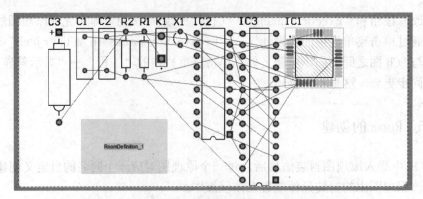

图 5-36　放置矩形 Room

图 5-37　"Edit Room Definition"（定义空间属性）对话框

> "放置多边形 Room（M）"选项：在编辑区放置多边形的 Room。
> "移动 Room（V）"选项：移动放置的 Room。
> "编辑多边形 Room 顶点（E）"选项：执行该命令后，在多边形的顶点上单击，将激活编辑命令，通过拖动顶点位置，可调整多边形 Room 的形状。
> "拷贝 Room 格式"选项（C）：执行该命令后，在图 5-38 中的左侧矩形 RoomDefinition_1 上单击，选择源格式，然后在右侧多边形 RoomDefinition_2 上单击，弹出如图 5-39 所示的"Confirm Channel Format Copy"（确认通道格式复制）对话框。采用默认参数设置，单击"OK"（确定）按钮，右侧多边形 RoomDefinition_2 即可切换为左侧矩形 RoomDefinition_1 格式，如图 5-40 所示。同时弹出确认对话框，如图 5-41 所示。单击"OK"按钮，完成格式转换。

图 5-38 原始图形

Confirm Channel Format Copy

Rooms

Source Room RoomDefinition_1

Destination Room RoomDefinition_2

Options

☑ Copy Component Placement

☑ Copy Designator & Comment Formatting

☑ Copy Routed Nets

☑ Copy Room Size/Shape

☐ Copy Selected Objects Only

Touching Objects Options

These options will apply to all primitives touching the source room

☐ Copy All Objects Touching the Room

☑ Exclude NoNet Objects

Fully Enclosed Only / Enclosed & Touching

◉ Fully Enclosed Objects Only

○ Enclosed & Touching Objects

Channel to Channel Component Matching

Match Components By Channel Offsets ▼

Remove affected connections

Contained parts of connections only ▼

Channel Class

Room Name	✓	Layer		Components	Copy

☐ Apply To Specified Channel

OK   Cancel

图 5-39 "Confirm Channel Format Copy"（确认通道格式复制）对话框

图 5-40 结果图形

➢ "排列 Room（A）"选项：执行该命令，弹出如图 5-42 所示的 "Arrange Rooms"（排列 Room）对话框，在该对话框中可以设置排列的行数与列数、位置、间距等参数。

图 5-42 "Arrange Rooms"（排列 Room）对话框

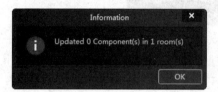

图 5-41 确认对话框

➢ "移动 Room 到栅格上（D）"选项：将 Room 移动到栅格上，以方便捕捉。

➢ "包围器件的非矩形 Room（G）"选项：在编辑区绘制一个任意 Room，执行该命令后，单击该 Room，则该 Room 自动包围元件，包围形状以涵盖所有元器件为主，不要求形状，如图 5-43 所示。

➢

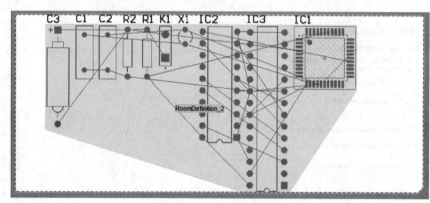

图 5-43 放置非矩形 Room

➢ "包围器件的矩形 Room（W）"选项：在编辑区绘制一个任意 Room，执行该命令后，单击该 Room，则该 Room 自动包围元件，包围形状以涵盖所有元器件为主，不要求整体形状，但边角为直角，如图 5-44 所示。

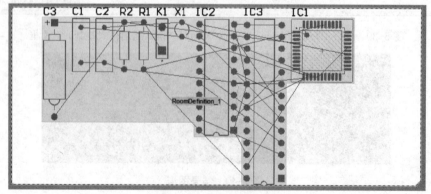

图 5-44 放置矩形 Room

➢ "包围器件的矩形 Room（P）"选项：在编辑区绘制一个任意 Room，执行该命令后，单击该 Room，则该 Room 自动变为矩形并涵盖所有元器件，如图 5-45 所示。

对比两个名称相同的命令，具体执行结果有差异。

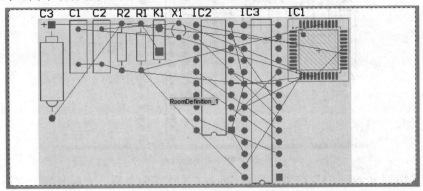

图 5-45　包围矩形 Room

➢ "从选择的器件产生非直角的 Room（）"选项：选中元器件，执行该命令后，元器件外侧自动生成 Room，不要求形状，如图 5-46 所示。

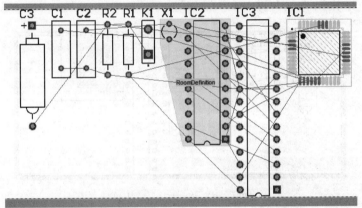

图 5-46　非直角 Room

➢ "从选中的器件创建直角的 Room（）"选项：选中元器件，执行该命令后，自动生成一个 Room，该 Room 自动包围选中的元件，不要求整体形状，但边角为直角，如图 5-47 所示。

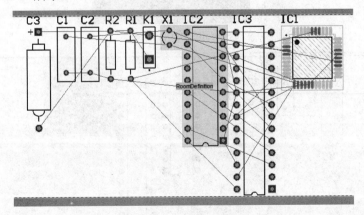

图 5-47　直角 Room

➢ "从选择的器件产生矩形的 Room（T）"选项：选中元器件，执行该命令后，选中元器件外部自动添加矩形 Room，如图 5-48 所示。

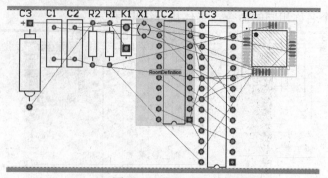

图 5-48　矩形 Room

➢ "切割 Room（S）"选项：切割 Room。执行该命令后，光标变为十字形，在需要分割的位置绘制闭合区域，如图 5-49 所示。完成 Room 区域绘制后单击右键，弹出如图 5-50 所示的确认对话框，单击"Yes"（是）按钮，完成切割，在整个 RoomDefinition_1 区域切割出一个 RoomDefinition_2，如图 5-51 所示。

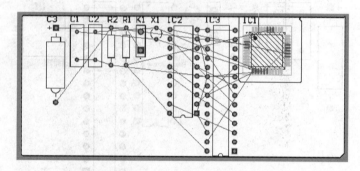

图 5-49　绘制新 Room 边界

图 5-50　确认对话框

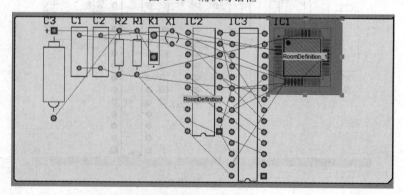

图 5-51　完成分割

5.7.6 飞线的显示

将网络表信息导入到 PCB 中，再将元件布置到电路中后，为方便显示与后期布线，需切换显示飞线，避免交叉。

选择菜单栏中的"视图"→"连接"选项，弹出如图 5-52 所示的子菜单，该子菜单中的命令主要与飞线的显示相关。

图 5-52　显示飞线子菜单

❶选择"显示网络"选项，在图中单击，弹出如图 5-53 所示的"Net Name"（网络名称）对话框，输入网络名称 A0，则显示与该网络相连的飞线，如图 5-54 所示。

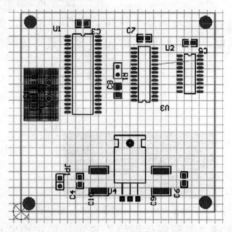

图 5-53　"Net Name"（网络名称）对话框　　　　图 5-54　显示网络飞线

❷选择"显示器件网络"选项，单击电路板中的元件 C6，则显示与该元件相连的飞线，如图 5-55 所示。

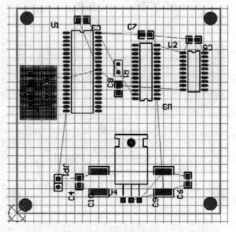

图 5-55　与元件 C6 相连的飞线

❸选择"显示所有"选项，则显示电路板中的全部飞线，如图 5-56 所示。

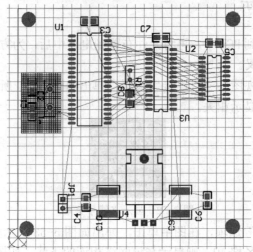

图 5-56　显示全部飞线

❹选择"隐藏网络"选项，在图中单击，弹出如图 5-57 所示的"Net Name"（网络名称）对话框，输入网络名称 A0，则隐藏与该网络相连的飞线，如图 5-58 所示。

图 5-57　"Net Name"（网络名称）对话框

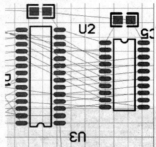

图 5-58　隐藏网络飞线

❺选择"隐藏器件网络"选项，单击电路板中的元件 C6，则隐藏与该元件相连的飞线，如图 5-59 所示。

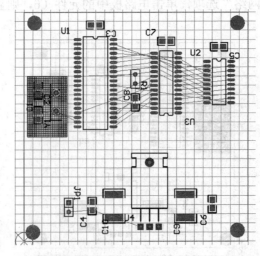

图 5-59　隐藏与元件 C6 相连的飞线

❻选择"全部隐藏"选项，则隐藏电路板中的全部飞线，如图 5-60 所示。

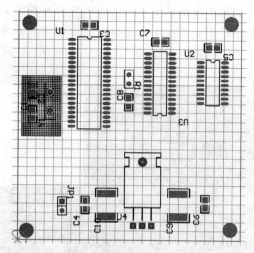

图 5-60　隐藏全部飞线

提示：

除使用菜单命令外，在编辑区按 N 键，弹出如图 5-61 所示的快捷菜单，其中的命令与"视图"→"连接"子菜单中的命令一一对应。

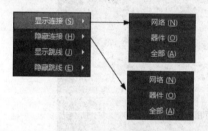

图 5-61　快捷菜单

5.8　元件的自动布局

装入网络表和元件封装后，要把元件封装放入工作区，这需要对元件封装进行布局。

5.8.1　自动布局的菜单命令

Altium Designer 18 提供了强大的 PCB 自动布局功能，PCB 编辑器根据一套智能的算法可以自动地将元件分开，然后放置到规划好的布局区域内并进行合理的布局。单击菜单栏中的"工具"→"器件摆放"选项即可打开与自动布局有关的菜单项，如图 5-62 所示。

➢ "按照 Room 排列"（空间内排列）选项：用于在指定的空间内部排列元件。单击该命令后，光标变为十字形状，在要排列元件的空间区域内单击，元件即自动排列到该空间内部。

➢ "在矩形区域排列"选项：用于将选中的元件排列到矩形区域内。使用该命令前，需要先将要排列的元件选中。此时光标变为十字形状，在要放置元件的区域内单击，确定矩形区域的一角，拖动光标，至矩形区域的另一角后再次单击。确定该矩形区域后，系统会自动将已选择的元件排列到矩形区域中。

> ➤ "排列板子外的器件"选项：用于将选中的元件排列在 PCB 的外部。使用该命令前，需要先将要排列的元件选中，系统自动将选择的元件排列到 PCB 范围以外的右下角区域内。

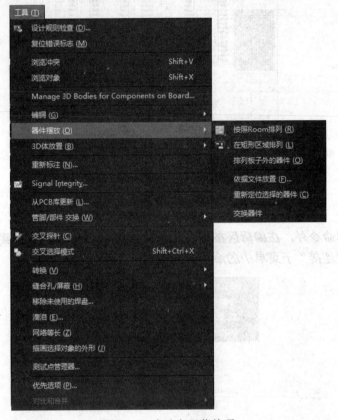

图 5-62　自动布局菜单项

> ➤ "依据文件放置"命令：导入自动布局文件进行布局。
> ➤ "重新定位选择的器件"命令：重新进行自动布局。
> ➤ "交换器件"命令：用于交换选中的元件在 PCB 的位置。

5.8.2　自动布局约束参数

在自动布局前，首先要设置自动布局的约束参数。合理地设置自动布局参数，可以使自动布局的结果更加完善，也就相对地减少了手动布局的工作量，节省了设计时间。

自动布局的参数在"PCB 规则及约束编辑器"对话框中进行设置。单击菜单栏中的"设计"→"规则"选项，系统将弹出"PCB Rules and Constraints Editor"（PCB 规则和约束编辑器）对话框。单击该对话框中的"Placement"（设置）标签，逐项对其中的选项进行参数设置。

01 "Room Definition"（空间定义规则）选项：用于在 PCB 上定义元件布局区域。图 5-63 所示为该选项的设置对话框。在 PCB 上定义的布局区域有两种，一种是区域中不允许出现元件，另一种则是某些元件一定要在指定区域内。在该对话框中可以定义该区域的范围（包括坐标范围与工作层范围）和种类。该规则主要用于在线 DRC、批处理 DRC 和成群的放置项自动布局的过程中。

其中各选项的功能如下：

> "Room Locked"（区域锁定） 复选框：勾选该复选框，将锁定 Room 类型的区域，以防止在进行自动布局或手动布局时移动该区域。

> "Components Locked"（元件锁定） 复选框：勾选该复选框，将锁定区域中的元件，以防止在进行自动布局或手动布局时移动该元件。

> "Define"（定义） 按钮：单击该按钮，光标将变成十字形状，移动光标到工作窗口中，单击可以定义 Room 的范围和位置。

> "x1""y1" 文本框：显示 Room 最左下角的坐标。

> "x2""y2" 文本框：显示 Room 最右上角的坐标。

> 最后两个下拉列表框中列出了该 Room 所在的工作层及对象与此 Room 的关系。

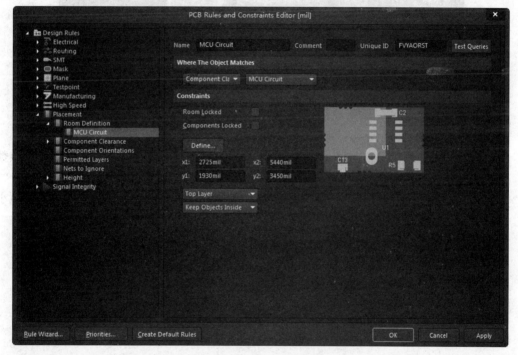

图 5-63 "PCB Rules and Constraints Editor"（PCB 规则和约束编辑器） 对话框

02 "Component Clearance"（元件间距限制规则）选项：用于设置元件间距，如图 5-64 所示为该选项的设置对话框。在 PCB 上可以定义元件的间距，该间距会影响到元件的布局。

> "Infinite"（无穷大） 单选钮：用于设定最小水平间距，当元件间距小于该数值时将视为违例。

> "Specified"（指定） 单选钮：用于设定最小水平和垂直间距，当元件间距小于这个数值时将视为违例。

03 "Component Orientations"（元件布局方向规则）选项：用于设置 PCB 上元件允许旋转的角度，如图 5-65 所示为该选项设置内容，在其中可以设置 PCB 上所有元件允许使用的旋转角度。

04 "Permitted Layers"（电路板工作层设置规则）选项：用于设置 PCB 上允许放置元件的工作层。图 5-66 所示为该选项设置的内容。PCB 上的底层和顶层本来是都可以放置元件的，但在特殊情况下可能有一面不能放置元件，通过设置该规则可以实现这种需求。

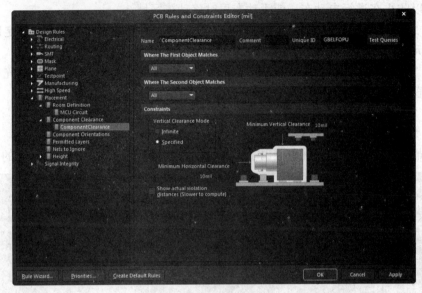

图 5-64　"Component Clearance"选项设置对话框

➢ "Infinite"（无穷大）单选钮：用于设定最小水平间距，当元件间距小于该数值时将视为违例。

➢ "Specified"（指定）单选钮：用于设定最小水平和垂直间距，当元件间距小于这个数值时将视为违例。

图 5-65　"Component Orientations"选项设置

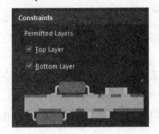

图 5-66　"Permitted Layers"选项设置

05 "Nets to Ignore"（网络忽略规则）选项：用于设置在采用成群的放置项方式执行元件自动布局时需要忽略布局的网络，如图 5-67 所示。忽略电源网络将加快自动布局的速度，提高自动布局的质量。如果设计中有大量连接到电源网络的双引脚元件，设置该规则可以忽略电源网络的布局并将与电源相连的各个元件归类到其他网络中进行布局。

图 5-67 "Nets to Ignore"（网络忽略规则）选项设置

06 "Height（高度规则）"选项：用于定义元件的高度。在一些特殊的电路板上进行布局操作时，电路板的某一区域可能对元件的高度要求很严格，此时就需要设置该规则。图 5-68 所示为该选项的设置对话框，主要有"Minimum"（最小高度）、"Preferred"（首选高度）和"Maximum"（最大高度）3 个可选择的设置选项。

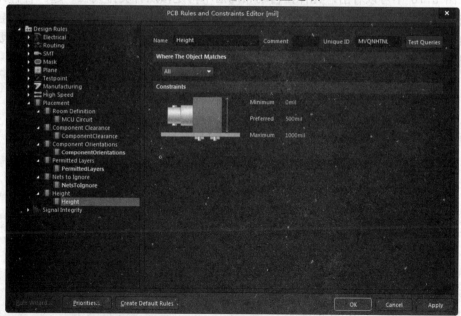

图 5-68 "Height"（高度规则）选项设置对话框

元件布局的参数设置完毕后，单击"OK"（确定）按钮，即可保存规则设置，返回 PCB 编辑环境。接着就可以采用系统提供的自动布局功能进行 PCB 上元件的自动布局了。

📖5.8.3　在矩形区域内排列

打开电子资料包中的"yuanwenjian\ch05\5.7"文件夹，使之处于当前的工作窗口中。下面利用前面的"PCB1.PcbDoc"文件介绍元件的自动布局，操作步骤如下：

01 在已经导入了电路原理图的网络表和所使用的元件封装的 PCB 文件 PCB1.PcbDoc 编辑器内设定自动布局参数。自动布局前的 PCB 图如图 5-69 所示。

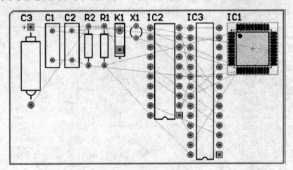

图 5-69　自动布局前的 PCB 图

02 在"Keep-out Layer"（禁止布线层）设置布线区。

03 选中要布局的元件，单击菜单栏中的"工具"→"器件摆放"→"在矩形区域排列"选项，光标变为十字形，在编辑区绘制矩形区域，即可开始在选择的矩形中自动布局。自动布局需要经过大量的计算，因此需要耗费一定的时间。

从图 5-70 中可以看出，元件在自动布局后不再是按照种类排列在一起。各种元件将按照自动布局的类型选择，初步地分成若干组分布在 PCB 中，同一组的元件之间用导线建立连接将更加容易。自动布局结果并不完美，还存在很多不合理的地方，因此还需要对自动布局进行调整。

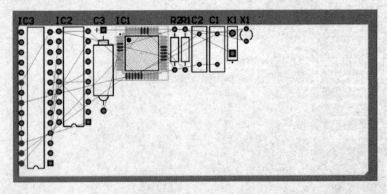

图 5-70　自动布局结果

📖5.8.4　排列板子外的元件

在大规模的电路设计中，自动布局涉及大量计算，因此执行起来往往要花费很长的时间，针对这种情况，用户可以进行分组布局。为防止元件过多影响排列，可将局部元件排列到板子外，先排列板子内的元件，最后排列板子外的元件。

选中需要排列到外部的元器件，单击菜单栏中的"工具"→"器件摆放"→"排列板子外的器件"选项，系统将自动将选中元件放置到板子边框外侧，如图 5-71 所示。

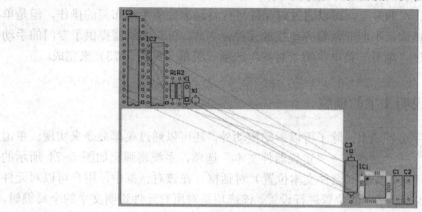

图 5-71　排列元件

📖 5.8.5　导入自动布局文件进行布局

对元件进行布局时还可以采用导入自动布局文件来完成，其实质是导入自动布局策略。单击菜单栏中的"工具"→"器件摆放"→"依据文件放置"选项，系统将弹出如图 5-72 所示的"Load File Name"（导入文件名称）对话框，从中选择自动布局文件（扩展名为".PIk"），然后单击"打开"按钮，即可导入此文件进行自动布局。

通过导入自动布局文件的方法在常规设计中比较少见，这里导入的并不是每一个元件自动布局的位置，而是一种自动布局的策略。

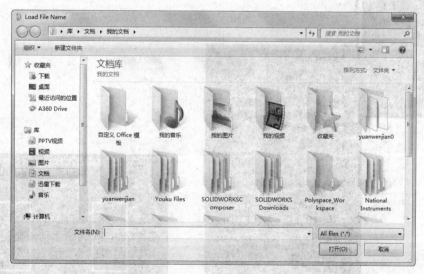

图 5-72　"Load File Name"（导入文件名称）对话框

5.9　元件的手动调整布局

元件的手动布局是指手动确定元件的位置。在前面介绍的元件自动布局的结果中，虽然设置了自动布局的参数，但是自动布局只是对元件进行了初步的放置，自动布局中元件的摆放并不整齐，走线的长度也不是最短，PCB 布线效果也不够完美，因此需要对元件的布局做进一步调整。在 PCB 上，可以通过对元件进行移动来完成手动布局的操作，但是单纯的手动移动不够精细，不能非常整齐地摆放元件。为此，PCB 编辑器提供了专门的手动布局操作，可以通过"编辑"菜单中的"对齐"选项子菜单（见图 5-73）来完成。

5.9.1　元件说明文字的调整

对元件说明文字进行调整，除了可以手动拖动外，还可以通过菜单命令来实现。单击菜单栏中的"编辑"→"对齐"→"定位器件文本"选项，系统将弹出如图 5-74 所示的"Component Text Position"（器件文本位置）对话框。在该对话框中，用户可以对元件说明文字（标号和说明内容）的位置进行设置。该选项是对所有元件说明文字的全局编辑，每一项都有 9 种不同的摆放位置。选择合适的摆放位置后，单击"OK"（确定）按钮，即可完成元件说明文字的调整。

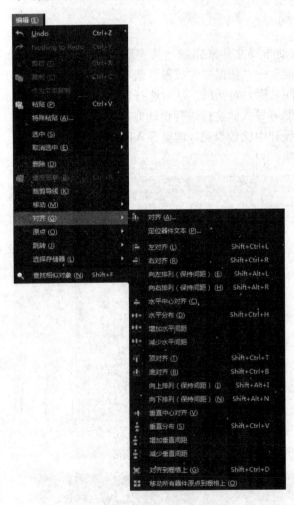

图 5-73　"对齐"选项子菜单

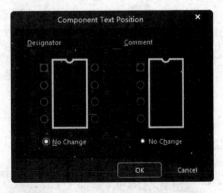

图 5-74　"Component Text Position"
（器件文本位置）对话框

5.9.2 元件的对齐操作

元件的对齐操作可以使 PCB 布局更好地满足"整齐、对称"的要求。这样不仅使 PCB 看起来美观，而且也有利于进行布线操作。对元件未对齐的 PCB 进行布线时会有很多转折，走线的长度较长，占用的空间也较大，这样会降低布通率，同时也会使 PCB 信号的完整性较差。对此，可以利用"对齐"子菜单中的有关命令来实现元件的对齐操作，其中常用对齐命令的功能简要介绍如下。

➢ "对齐"选项：用于使所选元件同时进行水平和垂直方向上的对齐排列。具体的操作步骤如下（其他命令同理）：选中要进行对齐操作的多个对象，单击菜单栏中的"编辑"→"对齐"→"对齐"选项，系统将弹出如图 5-75 所示的"Align Objects"（对齐对象）对话框。其中"Space equally"（均匀分布）单选钮用于在水平或垂直方向上平均分布各元件。如果所选择的元件出现重叠的现象，对象将被移开当前的格点直到不重叠为止。水平和垂直两个方向设置完毕后，单击"OK（确定）"按钮，即可完成对所选元件的对齐排列。

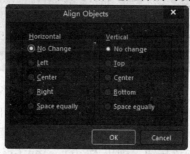

图 5-75 "Align Objects"（对齐对象）对话框

➢ "左对齐"选项：用于使所选的元件按左对齐方式排列。
➢ "右对齐"选项：用于使所选元件按右对齐方式排列。
➢ "水平中心对齐"选项：用于使所选元件按水平居中方式排列。
➢ "顶对齐"选项：用于使所选元件按顶部对齐方式排列。
➢ "底对齐"选项：用于使所选元件按底部对齐方式排列。
➢ "垂直分布"选项：用于使所选元件按垂直居中方式排列。
➢ "对齐到栅格上"选项：用于使所选元件以格点为基准进行排列。

5.9.3 元件间距的调整

元件间距的调整主要包括水平和垂直两个方向上间距的调整。
➢ "水平分布"选项：执行该命令，系统将以最左侧和最右侧的元件为基准，元件的 Y 坐标不变，X 坐标上的间距相等。当元件的间距小于安全间距时，系统将以最左侧的元件为基准对元件进行调整，直到各个元件间的距离满足最小安全间距的要求为止。
➢ "增加水平间距"选项：用于增大选中元件水平方向上的间距。在"Properties"（属性）面板中的"Grid Manager"（栅格管理器）中选择参数，激活"Properties"

（属性）按钮，单击该按钮，弹出如图5-76所示的"Cartesian Grid Editor"（笛卡尔栅格编辑器）对话框，输入"Step X"参数增加量。

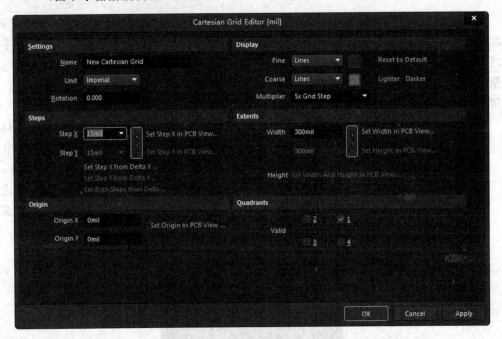

图5-76　"Cartesian Grid Editor"（笛卡尔栅格编辑器）对话框

➢ "减少水平间距"选项：用于将减小选中元件水平方向上的间距，在"Properties"（属性）面板中"Grid Manager"（栅格管理器）中选择参数，激活"Properties"（属性）按钮，单击该按钮，弹出"Cartesian Grid Editor"（笛卡尔栅格编辑器）对话框，输入"Step X"参数减小量。

➢ "垂直分布"选项：直线该命令，系统将以最顶端和最底端的元件为基准，使元件的X坐标不变，Y坐标上的间距相等。当元件的间距小于安全间距时，系统将以最底端的元件为基准对元件进行调整，直到各个元件间的距离满足最小安全间距的要求为止。

➢ "增加垂直间距"选项：用于将增大选中元件垂直方向上的间距，在"Properties"（属性）面板中的"Grid Manager"（栅格管理器）中选择参数，激活"Properties"（属性）按钮，单击该按钮，弹出"Cartesian Grid Editor"（笛卡尔栅格编辑器）对话框，输入"Step Y"参数增大量。

➢ "减少垂直间距"选项：用于将减小选中元件垂直方向上的间距，在"Properties"（属性）面板中的"Grid Manager（栅格管理器）"中选择参数，激活"Properties"（属性）按钮，单击该按钮，弹出"Cartesian Grid Editor"（笛卡尔栅格编辑器）对话框，输入"Step Y"参数减小量。

5.9.4　移动元件到格点处

格点的存在能使各种对象的摆放更加方便，更容易满足对PCB布局的"整齐、对称"的要求。手动布局过程中，移动的元件往往并不是正好处在格点处，这时就需要使用"移动所有器件原点到栅格上"选项。执行该命令时，元件的原点将被移到与其最靠近的格点处。

在进行手动布局的过程中，如果所选中的对象被锁定，那么系统将弹出一个对话框询问是否继续。如果用户选择继续，则可以同时移动被锁定的对象。

5.9.5 元件手动布局的具体步骤

下面就利用元件自动布局的结果，继续进行手动布局调整。自动布局结果如图 5-77 所示。

元件手动布局的操作步骤如下：

01 选中 3 个电容器，将其拖动到 PCB 的左部重新排列，在拖动过程中按<Space>键，使其以合适的方向放置，如图 5-78 所示。

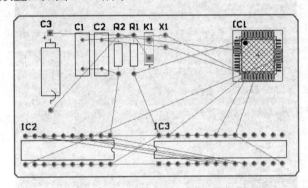

图 5-77　自动布局结果

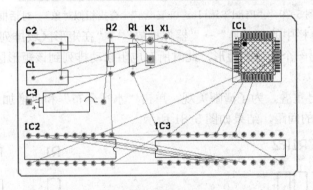

图 5-78　放置电容器

02 调整电阻位置，使其按标号并行排列。由于电阻分布在 PCB 上的各个区域内，一次调整会很费劲，因此，我们使用查找相似对象命令。

03 单击菜单栏中的"编辑"→"查找相似对象"选项，此时光标变成十字形状，在 PCB 区域内单击选取一个电阻，弹出"Find Similar Objects"（查找相似对象）对话框，如图 5-79 所示。在"Object Specitic"选项组的"Footprint"（轨迹）下拉列表中选择"Same"（相同）选项，单击"Apply"（应用）按钮，再单击"OK"（确定）按钮，退出该对话框。此时所有电阻均处于选中状态。

04 单击菜单栏中的"工具"→"器件摆放"→"排列板子外的器件"选项，则所有电阻元件自动排列到 PCB 外部。

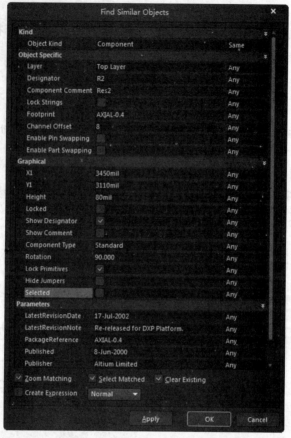

图 5-79 "Find Similar Objects"（查找相似对象）对话框

05 单击菜单栏中的"工具"→"器件摆放"→"在矩形区域排列"选项，用十字光标在 PCB 外部画出一个合适的矩形，此时所有电阻自动排列到该矩形区域内，如图 5-80 所示。

06 此时标号重叠，为了清晰美观，单击"水平分布"和"增加水平间距"选项，调整电阻元件之间的间距，结果如图 5-81 所示。

图 5-80 在矩形区内排列电阻　　　　　　　　图 5-81 调整电阻元件间距

07 将排列好的电阻元件拖动到电路板中合适的位置。按照同样的方法，对其他元件进行排列。

08 单击菜单栏中的"编辑"→"对齐"→"水平分布"选项，将各组器件排列整齐。

手动调整后的 PCB 布局如图 5-82 所示。布局完毕会发现，原来定义的 PCB 形状偏大，需要重新定义 PCB 形状。这些内容前面已有介绍，这里不再赘述。

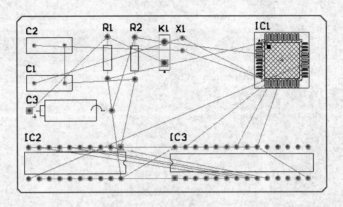

图 5-82　手动调整后的 PCB 布局

5.10　电路板的自动布线

在 PCB 上走线的首要任务就是要在 PCB 上走通所有的导线，建立起所有需要的电气连接，这在高密度的 PCB 设计中很具有挑战性。在能够完成所有走线的前提下，布线的要求如下：

> 走线长度尽量短和直，在这样的走线上电信号完整性较好。
> 走线中尽量少地使用过孔。
> 走线的宽度要尽量宽。
> 输入输出端的边线应避免相邻平行，一面产生反射干扰，必要时应该加地线隔离。
> 两相邻层间的布线要互相垂直，平行则容易产生耦合。

自动布线是一个优秀的电路设计辅助软件所必需的功能之一。对于散热、电磁干扰及高频等要求较低的大型电路设计来说，采用自动布线操作可以大大地降低布线的工作量，同时，还能减少布线时的漏洞。如果自动布线不能够满足实际工程设计的要求，可以通过手动布线进行调整。

📖 5.10.1　设置 PCB 自动布线的规则

Altium Designer 18 在 PCB 电路板编辑器中为用户提供了 10 大类 49 种设计规则，涵盖了元件的电气特性、走线宽度、走线拓扑结构、表面安装焊盘、阻焊层、电源层、测试点、电路板制作、元件布局、信号完整性等设计过程中的方方面面。在进行自动布线之前，用户首先应对自动布线规则进行详细的设置。单击菜单栏中的"设计"→"规则"选项，系统将弹出如图 5-83 所示的"PCB Rules and Constraints Editor"（PCB 设计规则和约束编辑器）对话框。

01 "Electrical（电气规则）"类设置。该类规则主要针对具有电气特性的对象，用于系统的 DRC（电气规则检查）功能。当布线过程中出现违反电气特性规则（共有 4 种设计规则）的情况时，DRC 检查器将自动报警提示用户。单击"Electrical"（电气规则）选项，对话框右侧将只显示该类的设计规则，如图 5-84 所示。

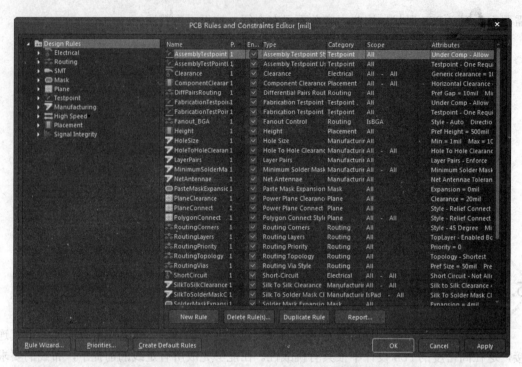

图 5-83　"PCB Rules and Constraints Editor"（PCB 设计规则和约束编辑器） 对话框

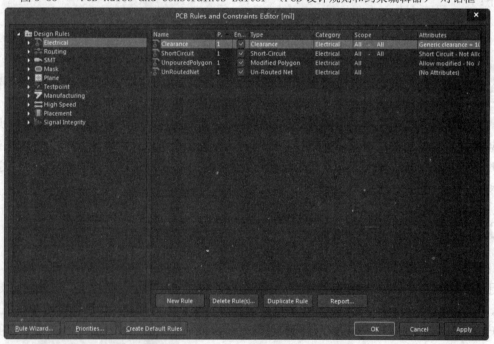

图 5-84　"Electrical"（电气规则）选项设置界面

❶ "Clearance"（安全间距规则）：单击该选项，对话框右侧将列出该规则的详细信息，如图 5-85 所示。

该规则用于设置具有电气特性的对象之间的间距。在 PCB 上具有电气特性的对象包括导线、焊盘、过孔和铜箔填充区等，在间距设置中可以设置导线与导线之间、导线与焊盘之间、焊盘与焊盘之间的间距规则，在设置规则时可以选择适用该规则的对象和具体的间距值。

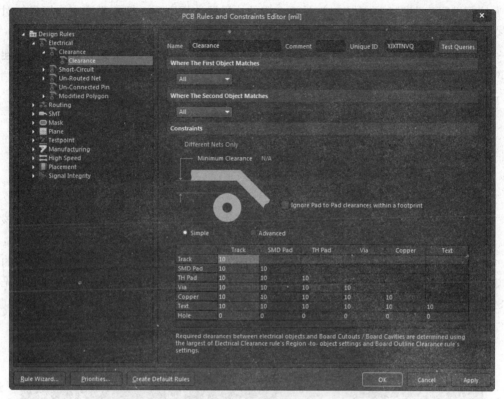

图 5-85 "Clearance"（安全间距规则）设置界面

通常情况下安全间距越大越好，但是太大的安全间距会导致电路不够紧凑，同时也将造成制板成本的提高，因此安全间距通常设置为 10mil～20mil，根据不同的电路结构可以设置不同的安全间距。用户可以对整个 PCB 的所有网络设置相同的布线安全间距，也可以对某一个或多个网络进行单独的布线安全间距设置。

其中各选项组的功能如下：

➢ "Where The First Objects Matches"（优先匹配的对象所处位置）选项组：用于设置该规则优先应用的对象所处的位置。应用的对象范围为 "All"（整个网络）、"Net"（某一个网络）、"Net Class"（某一网络类）、"Layer"（某一个工作层）、"Net and Layer"

图 5-86 下拉选项

（指定工作层的某一网络）和 "Custom Query"（自定义查询），如图 5-86 所示。选中某一范围后，可以在该选项后的下拉列表框中选择相应的对象，也可以在右侧的 "Full Query"（全部询问） 列表框中填写相应的对象。通常采用系统的默认设置，即选择 "All"（所有）选项。

➢ "Where The Second Object Matches"（次优先匹配的对象所处位置）选项组：用于设置该规则次优先级应用的对象所处的位置。通常采用系统的默认设置，即选择 "All"（所有）选项。

➢ "Constraints"（约束）选项组：用于设置进行布线的最小间距。这里采用系统的默认设置。

❷"ShortCircuit"（短路规则）：用于设置在 PCB 上是否可以出现短路。图 5-87 所示为该项设置示意图，通常情况下是不允许的。设置该规则后，拥有不同网络标号的对象相交时如果违反该规则，系统将报警并拒绝执行该布线操作。

❸"Un-Routed Net"（取消布线网络规则）：用于设置在 PCB 上是否可以出现未连接的网络。图 5-88 所示为该项设置示意图。

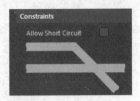

图 5-87　设置短路

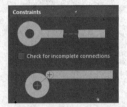

图 5-88　设置未连接网络

❹"UnconnectedPin"（未连接引脚规则）：电路板中存在未布线的引脚时将违反该规则。系统在默认状态下无此规则。

02 "Routing（布线规则）"类设置。该类规则主要用于设置自动布线过程中的布线规则，如布线宽度、布线优先级、布线拓扑结构等。其中包括以下 8 种设计规则（见图 5-89）：

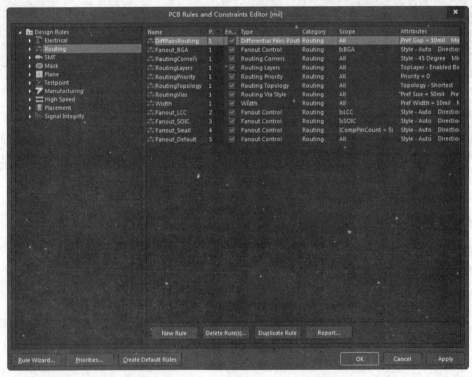

图 5-89　"Routing"（布线规则）选项

❶"Width"（走线宽度规则）：用于设置走线宽度。图 5-90 所示为该规则的设置界面。走线宽度是指 PCB 铜膜走线（即俗称的导线）的实际宽度值，包括最大允许值、最小允许值和首选值 3 个选项。与安全间距一样，走线宽度过大也会导致电路不够紧凑，将造成制板成本的提高，因此走线宽度通常设置为 10mil～20mil，应该根据不同的电路结构设置不同的走线宽度。用户可以对整个 PCB 的所有走线设置相同的走线宽度，也可以对某一个或

多个网络单独进行走线宽度的设置。

➢ "Where The First Object Matches"（优先匹配的对象所处位置）选项组：用于设置布线宽度优先应用对象所处的位置，包括"All"（整个网络）、"Net"（某一个网络）、"Net Class"（某一网络类）、"Layer"（某一个工作层）、"Net And Layer"（指定工作层的某一网络）和"Custom Query"（自定义查询）6 个单选钮。点选某一单选钮后，可以在该选项后的下拉列表框中选择相应的对象，也可以在右侧的"Full Query"（全部询问）列表框中填写相应的对象。通常采用系统的默认设置，即点选"All"（整个网络）单选钮。

➢ "Constraints"（约束规则）选项组：用于限制走线宽度。勾选"Layers in layerstackonly"（层仅在层栈中）复选框，将列出当前层栈中各工作层的布线宽度规则设置，否则将显示所有层的布线宽度规则设置。布线宽度设置分为"Maximum"（最大）、"Minimum"（最小）和"Preferred"（首选）3 种，其主要目的是方便在线修改布线宽度。勾选"Characteristic Impedance Driven Width"（典型驱动阻抗宽度）复选框时，将显示其驱动阻抗属性，这是高频高速布线过程中很重要的一个布线属性设置。驱动阻抗属性分为"Maximum Impedance"（最大阻抗）、Minimum Impedance（最小阻抗）和"Preferred Impedance"（首选阻抗）3 种。

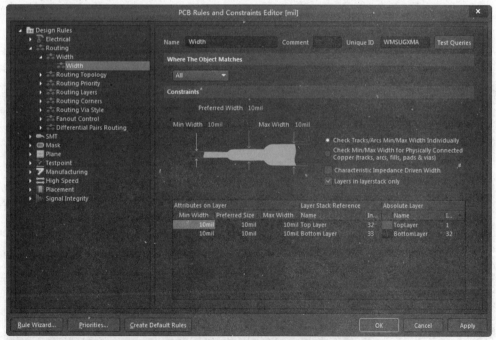

图 5-90　"Width"（走线宽度规则）设置界面

❷ "Routing Topology"（走线拓扑结构规则）：用于选择走线的拓扑结构，如图 5-91 所示为该项设置的示意图。各种拓扑结构如图 5-92 所示。

❸ "Routing Priority"（布线优先级规则）：用于设置布线优先级。图 5-93 所示为该规则的设置界面，在该界面中可以对每一个网络设置布线优先级。PCB 上的空间有限，可能有若干根导线需要在同一块区域内走线才能得到最佳的走线效果，通过设置走线的优先级可以决定导线占用空间的先后。设置规则时可以针对单个网络设置优先级。系统提供

了 0～100 共 101 种优先级选择，0 表示优先级最低，100 表示优先级最高，默认的布线优先级规则为所有网络布线的优先级为 0。

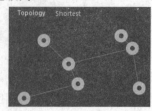

图 5-91　设置走线拓扑结构

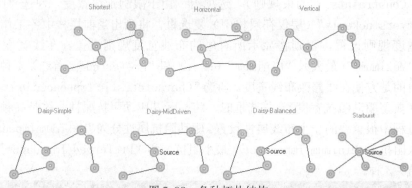

图 5-92　各种拓扑结构

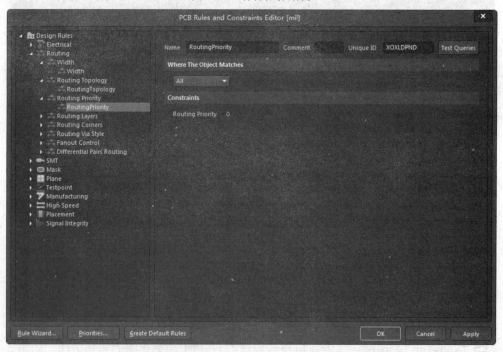

图 5-93　"Routing Priority"（布线优先级规则）设置界面

④ "Routing Layers"（布线工作层规则）：用于设置布线规则可以约束的工作层。图 5-94 所示为该规则的设置界面。

⑤ "Routing Corners"（导线拐角规则）：用于设置导线拐角形式。图 5-95 所示为该

规则的设置界面。PCB 上的导线有 3 种拐角方式，如图 5-96 所示。通常情况下会采用 45°的拐角形式。设置规则时可以针对每个连接、每个网络直至整个 PCB 设置导线拐角形式。

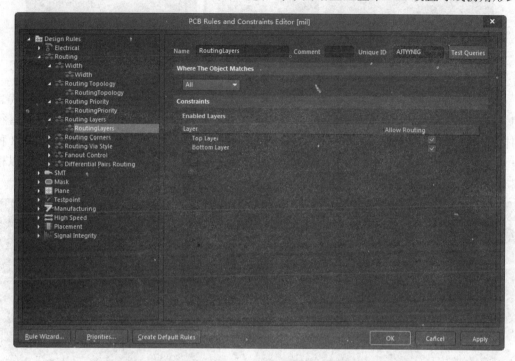

图 5-94 "Routing Layers"（布线工作层规则）设置界面

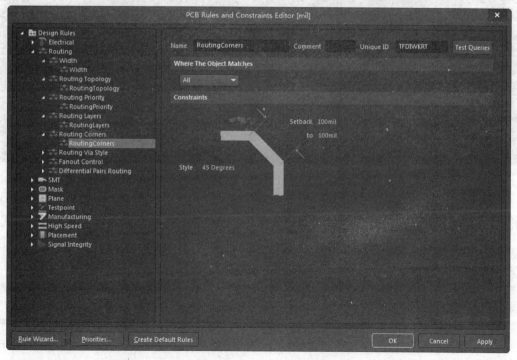

图 5-95 "Routing Corners"（导线拐角规则）设置界面

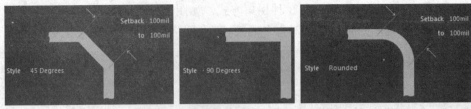

图 5-96　PCB 上导线的 3 种拐角方式

❻ "Routing Via Style"（布线过孔样式规则）：用于设置走线时所用过孔的样式。图 5-97 所示为该规则的设置界面，在该界面中可以设置过孔的各种尺寸参数。过孔直径和钻孔孔径都包括 "Maximum"（最大）、"Minimum"（最小）和 "Preferred"（首选）3 种定义方式。默认的过孔直径为 50mil，过孔孔径为 28mil。在 PCB 的编辑过程中，可以根据不同的元件设置不同的过孔大小，钻孔尺寸应该参考实际元件引脚的粗细进行设置。

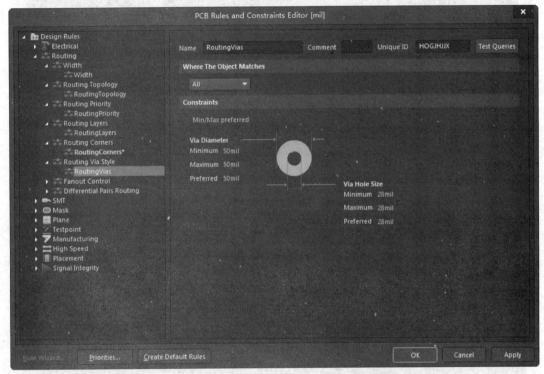

图 5-97　"Routing Via Style"（布线过孔样式规则）设置界面

❼ "Fanout Control"（扇出控制布线规则）：用于设置走线时的扇出形式。图 5-98 所示为该规则的设置界面。可以针对每一个引脚、每一个元件甚至整个 PCB 设置扇出形式。

❽ "Differential Pairs Routing"（差分对布线规则）：用于设置走线对形式。图 5-99 所示为该规则的设置界面。

03 "SMT（表贴封装规则）"类设置。该类规则主要用于设置表面安装型元件的走线规则，其中包括以下 3 种设计规则：

➢ "SMD To Corner"（表面安装元件的焊盘与导线拐角处最小间距规则）：用于设置面安装元件的焊盘出现走线拐角时，拐角和焊盘之间的距离，如图 5-100a 所示。通常，走线时引入拐角会导致电信号的反射，引起信号之间的串扰，因此需要限制从焊盘引出的信号传输线至拐角的距离，以减小信号串扰。可以针对每一个焊盘、每一个网络甚至整个 PCB 设置拐角和焊盘之间的距离,默认间距为 0mil。

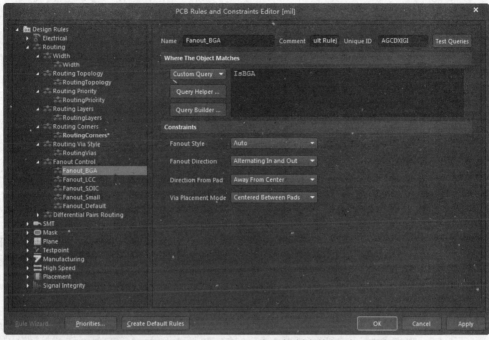

图 5-98 "Fanout Control"(扇出控制布线规则)设置界面

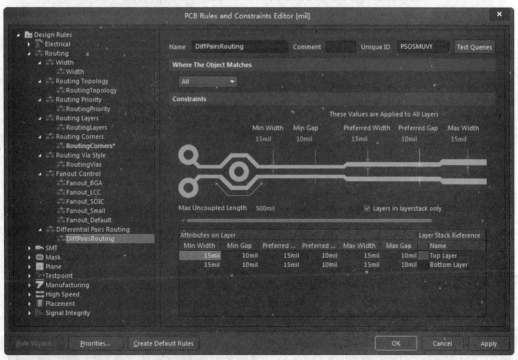

图 5-99 "Differential Pairs Routing"(差分对布线规则)设置界面

> "SMD To Plane"(表面安装元件的焊盘与中间层间距规则):用于设置表面安装元件的焊盘连接到中间层的走线距离。该项设置通常出现在电源层向芯片的电源引脚供电的场合。可以针对每一个焊盘、每一个网络甚至整个 PCB 设置焊盘和中间层之间的距离,默认间距为 0mil,如图 5-100b 所示

➢ "SMD Neck Down"（表面安装元件的焊盘颈缩率规则）：用于设置表面安装元件的焊盘连线的导线宽度，如图 5-100c 所示。在该规则中可以设置导线线宽上限占据焊盘宽度的百分比，通常走线总是比焊盘要小。可以根据实际需要对每一个焊盘、每一个网络甚至整个 PCB 设置焊盘上的走线宽度与焊盘宽度之间的最大比率，默认值为 50%。

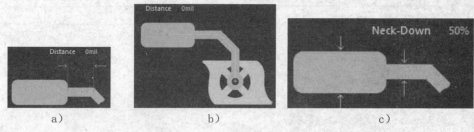

图 5-100　"SMT"（表贴封装规则）的设置

04　"Mask"（阻焊规则）类设置。该类规则主要用于设置阻焊剂铺设的尺寸，主要用在"Output Generation"（输出阶段）进程中。系统提供了"Top Paster"（顶层锡膏防护层）、"Bottom Paster"（底层锡膏防护层）、"Top Solder"（顶层阻焊层）和"Bottom Solder"（底层阻焊层）4 个阻焊层，其中包括以下两种设计规则。

➢ "Solder Mask Expansion"（阻焊层和焊盘之间的间距规则）：通常为了焊接的方便，阻焊剂铺设范围与焊盘之间需要预留一定的空间。图 5-101 所示为该规则的设置界面。可以根据实际需要对每一个焊盘、每一个网络甚至整个 PCB 设置该间距，默认距离为 4mil。

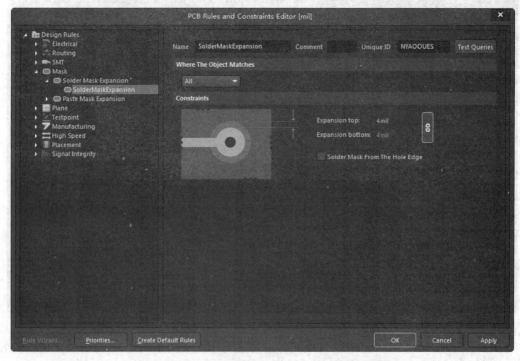

图 5-101　"Solder Mask Expansion"设置界面

➢ "Paste Mask Expansion"（锡膏防护层与焊盘之间的间距规则）：图 5-102 所示为该规则的设置界面。可以根据实际需要对每一个焊盘、每一个网络甚至整个 PCB

设置该间距，默认距离为 0mil。

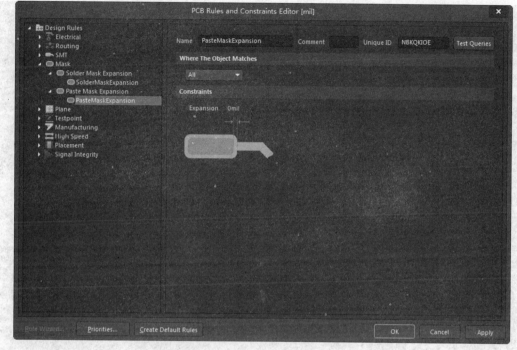

图 5-102　"Paste Mask Expansion" 设置界面

阻焊层规则也可以在焊盘的属性对话框中进行设置，可以针对不同的焊盘进行单独的设置。在属性对话框中，用户可以选择遵循设计规则中的设置，也可以忽略规则中的设置而采用自定义设置。

05 "Plane"（中间层布线规则）类设置。该类规则主要用于设置中间电源层布线相关的走线规则，其中包括以下 3 种设计规则：

❶ "Power Plane Connect Style"（电源层连接类型规则）：用于设置电源层的连接形式，如图 5-103 所示为该规则的设置界面，在该界面中可以设置中间层的连接形式和各种连接形式的参数。

➢ "Connect Style"（连接类型）下拉列表框：连接类型可分为 "No Connect"（电源层与元件引脚不相连）、"Direct Connect"（电源层与元件的引脚通过实心的铜箔相连）和 "Relief Connect"（使用散热焊盘的方式与焊盘或钻孔连接）3 种。默认设置为 "Relief Connect"。

➢ "Conductors"（导体）选项：散热焊盘组成导体的数目，默认值为 4。

➢ "Conductor Width"（导体宽度）选项：散热焊盘组成导体的宽度，默认值为 10mil。

➢ "Air-Gap"（空气隙）选项：散热焊盘钻孔与导体之间的空气间隙宽度，默认值为 10mil。

➢ "Expansion"（扩张）选项：钻孔的边缘与散热导体之间的距离，默认值为 20mil。

❷ "Power Plane Clearance"（电源层安全间距规则）：用于设置通孔通过电源层时的间距，该规则的设置如图 5-104 所示。在图 5-104 中可以设置中间层的连接形式和各种连接形式的参数。通常电源层将占据整个中间层，因此在有通孔（通孔焊盘或者过孔）通

过电源层时需要一定的间距。考虑到电源层的电流比较大，这里的间距设置也比较大。

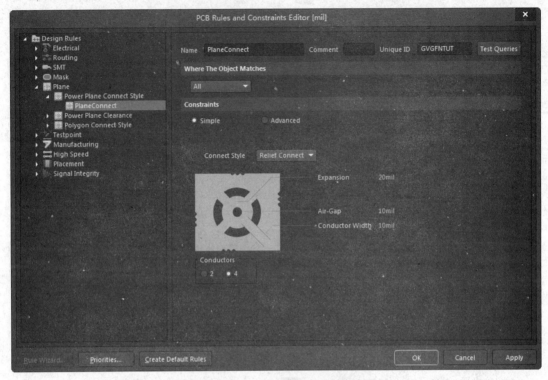

图 5-103　"Power Plane Connect Style"设置界面

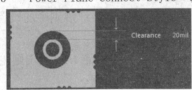

图 5-104　设置电源层安全间距规则

❸ "Polygon Connect Style"（焊盘与多边形覆铜区域的连接类型规则）：用于描述元件引脚焊盘与多边形覆铜之间的连接类型，如图 5-105 所示为该规则的设置界面。

➢ "Connect Style"（连接类型） 下拉列表框：连接类型可分为"No Connect"（覆铜与焊盘不相连）、"Direct Connect"（覆铜与焊盘通过实心的铜箔相连）和"Relief Connect"（使用散热焊盘的方式与焊盘或钻孔连接）3 种。默认设置为"Relief Connect"。

➢ "Conductors"（导体） 选项：散热焊盘组成导体的数目，默认值为 4。

➢ "Conductor Width"（导体宽度） 选项：散热焊盘组成导体的宽度，默认值为10mil。

➢ "Angle"（角度）选项：散热焊盘组成导体的角度，默认值为 90°。

06 "Testpoint"（测试点规则）类设置。该类规则主要用于设置测试点布线规则。主要介绍以下两种设计规则。

❶ "FabricationTestpoint"（装配测试点）：用于设置测试点的形式。图 5-106 所示为该规则的设置界面，在该界面中可以设置测试点的形式和各种参数。为了方便电路板的调试，在 PCB 板上引入了测试点。测试点连接在某个网络上，形式和过孔类似，在调试过

程中可以通过测试点引出电路板上的信号，可以设置测试点的尺寸以及是否允许在元件底部生成测试点等选项。

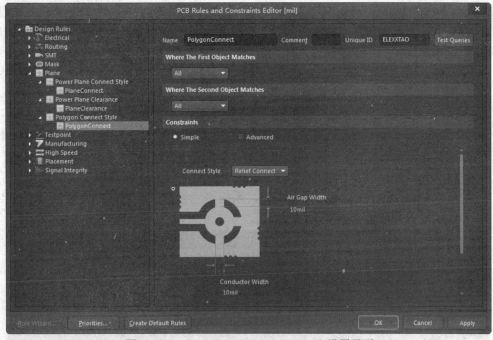

图 5-105 "Polygon Connect Style"设置界面

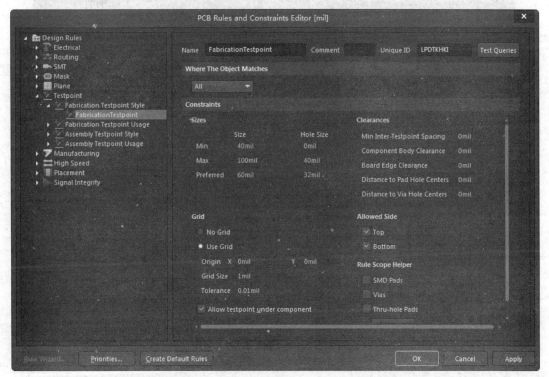

图 5-106 "FabricationTestpoint"设置界面

该项规则主要用在自动布线器、在线 DRC 和批处理 DRC、Output Generation（输出阶段）等系统功能模块中，其中在线 DRC 和批处理 DRC 检测该规则中除了首选尺寸和首选钻孔尺寸外的所有属性。自动布线器使用首选尺寸和首选钻孔尺寸属性来定义测试点焊盘的大小。

❷ "FabricationTestPointUsage"（装配测试点使用规则）：用于设置测试点的使用参数。图 5-107 所示为该规则的设置界面，在该界面中可以设置是否允许使用测试点和同一网络上是否允许使用多个测试点。

> "Required"（必需的）单选钮：每一个目标网络都使用一个测试点。该项为默认设置。

> "Prohibited"（禁止）单选钮：所有网络都不使用测试点。

> "Don't Care"（不用在意）单选钮：每一个网络可以使用测试点，也可以不使用测试点。

> "Allow More testpoints（Manually Assigned）"［允许更多的测试点（手动分配）］复选框：勾选该复选框后，系统将允许在一个网络上使用多个测试点。默认设置为取消对该复选框的勾选。

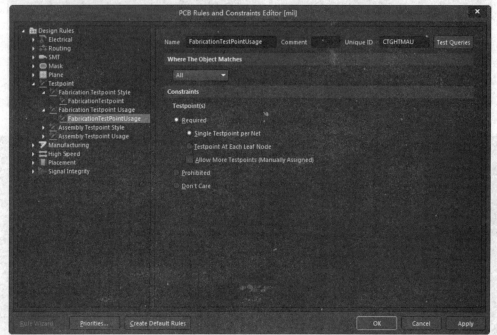

图 5-107 "FabricationTestPointUsage" 界面

07 "Manufacturing"（生产制造规则）类设置。该类规则是根据 PCB 制作工艺来设置有关参数，主要用在在线 DRC 和批处理 DRC 执行过程中，其中包括以下 9 种设计规则：

❶ "Minimum Annular Ring"（最小环孔限制规则）：用于设置环状图元内、外径间距下限，如图 5-108 所示为该规则的设置界面。在 PCB 设计时引入的环状图元（如过孔）中，如果内径和外径之间的差很小，在工艺上可能无法制作出来，这样的设计实际上是无效的。通过该项设置可以检查出所有工艺无法达到的环状物。默认值为 10mil。

❷ "Acute Angle"（锐角限制规则）：用于设置锐角走线角度限制。图 5-109 所示为该规则的设置界面。在 PCB 设计时如果没有规定走线角度最小值，则可能出现拐角很小的走线，工艺上可能无法做到这样的拐角，这样的设计实际上是无效的。通过该项设置可以检查出所有工艺无法达到的锐角走线。默认值为 90°。

图 5-108 "Minimum Annular Ring" 设置界面

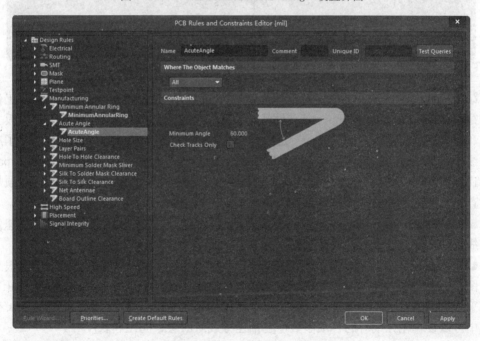

图 5-109 "Acute Angle" 设置界面

❸ "Hole Size"（钻孔尺寸设计规则）：用于设置钻孔孔径的上限和下限，如图 5-110 所示为该规则的设置界面。与设置环状图元内外径间距下限类似，过小的钻孔孔径可能在工艺上无法制作，从而导致设计无效。通过设置通孔孔径的范围，可以防止 PCB 设计出现类似错误。

➢ "Measurement Method"（度量方法）选项：度量孔径尺寸的方法有"Absolute"（绝对值）和"Percent"（百分数）两种。默认设置为 Absolute。

> ➤ "Minimum"（最小值）选项：设置孔径最小值。"Absolute"（绝对值）方式的默认值为 1mil，"Percent"（百分数）方式的默认值为 20%。

> ➤ "Maximum"（最大值）选项：设置孔径最大值。"Absolute"（绝对值）方式的默认值为 100mil，"Percent"（百分数）方式的默认值为 80%。

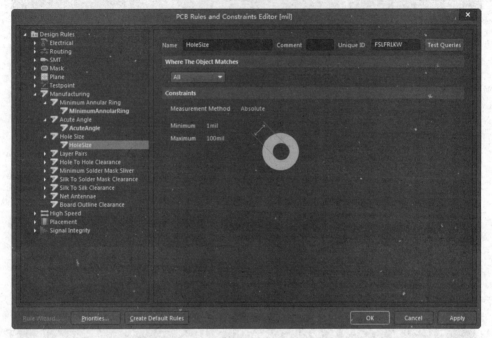

图 5-110 "Hole Size" 设置界面

❹ "Layer Pairs"（工作层对设计规则）：用于检查使用的 "Layer-pairs"（工作层对）是否与当前的 "Drill-pairs"（钻孔对）匹配。使用的 "Layer-pairs" 是由板上的过孔和焊盘决定的。"Layer-pairs" 是指一个网络的起始层和终止层。该项规则除了应用于在线 DRC 和批处理 DRC 外，还可以应用在交互式布线过程中。"Enforce layer pairs settings"（强制执行工作层对规则检查设置）复选框：用于确定是否强制执行此项规则的检查。勾选该复选框时，将始终执行该项规则的检查。

08 "High Speed"（高速信号相关规则）类设置。该类规则主要用于设置高速信号线布线规则，包括以下 6 种设计规则：

❶ "Parallel Segment"（平行导线段间距限制规则）：用于设置平行走线间距限制规则。图 5-111 所示为该规则的设置界面。在 PCB 的高速设计中，为了保证信号传输正确，需要采用差分线对来传输信号，该方式与单根线传输信号相比可以得到更好的效果。在该界面中可以设置差分线对的各项参数，包括差分线对的层、间距和长度等。

> ➤ "Layer Checking"（层检查）选项：用于设置两段平行导线所在的工作层面属性，有 "Same Layer"（位于同一个工作层）和 "Adjacent Layers"（位于相邻的工作层）两种选择。默认设置为 "Same Layer"。

> ➤ "For a parallel gap of"（平行线间的间隙）选项：用于设置两段平行导线之间的距离。默认设置为 10mil。

> ➤ "The parallel limit is"（平行线的限制）选项：用于设置平行导线的最大允许长度（在使用平行走线间距规则时）。默认设置为 10000mil。

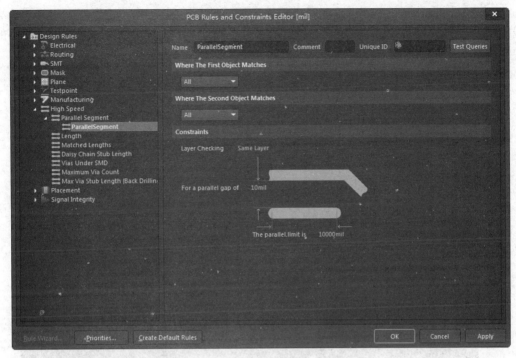

图 5-111 "Parallel Segment"设置界面

❷ "Length"（网络长度限制规则）：用于设置传输高速信号导线的长度，如图 5-112 所示为该规则的设置界面。在高速 PCB 设计中，为了保证阻抗匹配和信号质量，对走线长度也有一定的要求。在该界面中可以设置走线长度的下限和上限。

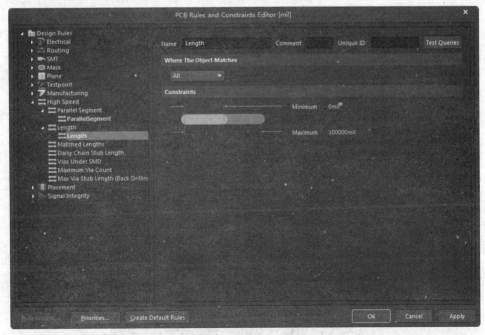

图 5-112 "Length"设置界面

➤ "Minimum"（最小值）项：用于设置网络最小允许长度值。默认设置为 0mil。
➤ "Maximum"（最大值）项：用于设置网络最大允许长度值。默认设置为 100000mil。

❸ "Matched Lengths"（匹配网络传输导线的长度规则）：用于设置匹配网络传输导线的长度。图 5-113 所示为该规则的设置界面。在高速 PCB 设计中通常需要对部分网络的导线进行匹配布线，在该界面中可以设置匹配走线的各项参数。

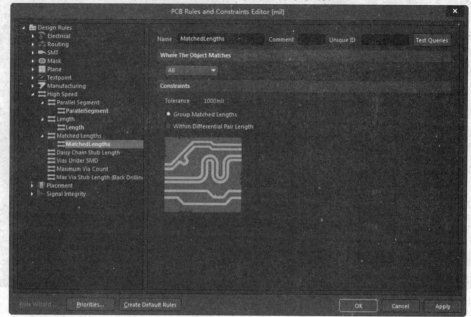

图 5-113 "Matched Lengths" 设置界面

➤ "Tolerance"（公差）选项：在高频电路设计中要考虑到传输线的长度问题，传输线太短将产生串扰等传输线效应。该项规则定义了一个传输线长度值，将设计中的走线与此长度进行比较，当出现小于此长度的走线时，单击菜单栏中的"工具"→"网络等长"选项，系统将自动延长走线的长度以满足此处的设置需求。默认设置为 1000mil。

➤ "Style"（类型）选项：可选择的类型有 "90 Degrees"（90°，为默认设置）、"45 Degrees"（45°）和 "Rounded"（圆形）3 种。其中，"90 Degrees"（90°）类型可添加的走线容量最大，"45 Degrees"（45°）类型可添加的走线容量最小。

➤ "Gap"（间隙）选项：该选项设置如图 5-114 所示，默认值为 20mil。

➤ "Amplitude"（振幅）选项：用于定义添加走线的摆动幅度值。默认值为 200mil。

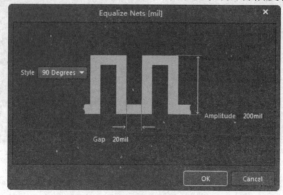

图 5-114 "Gap"（间隙）选项设置

❹ "Daisy Chain Stub Length"（菊花状布线主干导线长度限制规则）：用于设置 90°拐角和焊盘的距离，该规则的设置如图 5-115 所示。在高速 PCB 设计中，通常情况下为了减少信号的反射是不允许出现 90°拐角的，在必须有 90°拐角的场合中将引入焊盘和拐角之间距离的限制。

❺ "Vias Under SMD"（SMD 焊盘下过孔限制规则）：用于设置表面安装元件焊盘下是否允许出现过孔，该规则的设置如图 5-116 所示。在 PCB 中需要尽量减少表面安装元件焊盘中引入过孔，但是在特殊情况下（如中间电源层通过过孔向电源引脚供电）可以引入过孔。

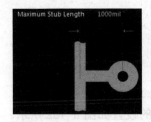

图 5-115　设置菊花状布线主干导线长度限制规则　　图 5-116　设置 SMD 焊盘下过孔限制规则

❻ "Maximun Via Count"（最大过孔数量限制规则）：用于设置布线时过孔数量的上限。默认设置为 1000。

09 "Placement"（元件放置规则）类设置。该类规则用于设置元件布局的规则。在布线时可以引入元件的布局规则，这些规则一般只在对元件布局有严格要求的场合中使用。对此前面章节已经有详细介绍，这里不再赘述。

10 "Signal Integrity"（信号完整性规则）类设置。该类规则用于设置信号完整性所涉及的各项要求，如对信号上升沿、下降沿等的要求。这里的设置会影响到电路的信号完整性仿真。

➤ "Signal Stimulus"（激励信号规则）：该规则的设置如图 5-117 所示。激励信号的类型有 "Constant Level"（直流）、"Single Pulse"（单脉冲信号）、"Periodic Pulse"（周期性脉冲信号）3 种。还可以设置激励信号初始电平（低电平或高电平）、开始时间、终止时间和周期等。

➤ "Overshoot-Falling Edge"（信号下降沿的过冲约束规则）：该规则的设置如图 5-118 所示。

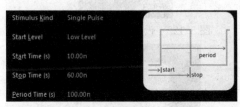
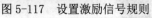
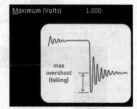

图 5-117　设置激励信号规则　　　　　　图 5-118　设置信号下降沿的过冲约束规则

➤ "Overshoot- Rising Edge"（信号上升沿的过冲约束规则）：该规则的设置如图 5-119 所示。

➤ "Undershoot-Falling Edge"（信号下降沿的反冲约束规则）：该规则的设置如图 5-120 所示。

➤ "Undershoot-Rising Edge"（信号上升沿的反冲约束规则）：该规则的设置如图 5-121 所示。

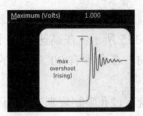

图 5-119　设置信号上升沿的过冲约束规则

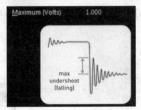

图 5-120　设置信号下降沿的反冲约束规则

➢ "Impedance"（阻抗约束规则）：该规则的设置如图 5-122 所示。

➢ "Signal Top Value"（信号高电平约束规则）：用于设置高电平最小值。该规则的设置如图 5-123 所示。

➢ "Signal Base Value"（信号基准约束规则）：用于设置低电平最大值。该规则的设置如图 5-124 所示。

➢ "Flight Time-Rising Edge"（上升沿的上升时间约束规则）：该规则的设置如图 5-125 所示。

➢ "Flight Time-Falling Edge"（下降沿的下降时间约束规则）：该规则的设置如图 5-126 所示图。

➢ "Slope-Rising Edge"（上升沿斜率约束规则）：该规则的设置如图 5-127 所示。

➢ "Slope-Falling Edge"（下降沿斜率约束规则）：该规则的设置如图 5-128 所示。

➢ "Supply Nets"（提供网络约束规则）：用于提供网络约束规则。

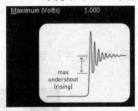

图 5-121　设置信号上升沿的反冲约束规则

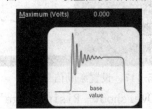

图 5-122　设置阻抗约束规则

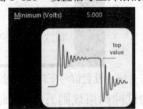

图 5-123　设置信号高电平约束规则　　　图 5-124　设置信号基准约束规则

　　从以上对 PCB 布线规则的说明可知，Altium Designer 18 对 PCB 布线做了全面规定。这些规定只有一部分运用在元件的自动布线中，而所有规则将运用在 PCB 的 DRC 中。在对 PCB 手动布线时可能会违反设定的 DRC 规则，在对 PCB 进行 DRC 时将检测出所有违反这些规则的地方。

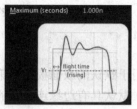
图 5-125 设置上升沿的上升时间约束规则

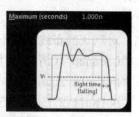
图 5-126 设置下降沿的下降时间约束规则

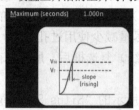
图 5-127 设置上升沿斜率约束规则

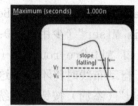
图 5-128 设置下降沿斜率约束规则

📖5.10.2 设置 PCB 自动布线的策略

01 单击菜单栏中的"布线"→"自动布线"→"设置"选项，系统将弹出如图 5-129 所示的"Situs Routing Strategies"（布线位置策略）对话框。在该对话框中可以设置自动布线策略。布线策略是指印制电路板自动布线时所采取的策略，如探索式布线、迷宫式布线、推挤式拓扑布线等。自动布线的布通率依赖于良好的布局。

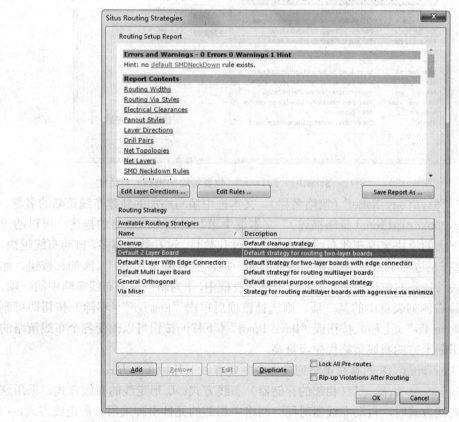

图 5-129 "Situs Routing Strategies"（布线位置策略）对话框

197

在"Situs Routing Strategies"（布线位置策略）对话框中列出了默认的 5 种自动布线策略。对默认的布线策略不允许进行编辑和删除操作。

➢ "Cleanup"（清除）：用于清除策略。

➢ "Default 2 Layer Board"（默认双面板）：用于默认的双面板布线策略。

➢ "Default 2 Layer With Edge Connectors"（默认具有边缘连接器的双面板）：用于默认的具有边缘连接器的双面板布线策略。

➢ "Default Multi Layer Board"（默认多层板）：用于默认的多层板布线策略。

➢ "Via Miser"（少用过孔）：用于在多层板中尽量减少使用过孔策略。

勾选"Lock All Pre-routes"（锁定所有先前的布线）复选框后，所有先前的布线将被锁定，重新自动布线时将不改变这部分的布线。

单击"Add"（添加）按钮，系统将弹出如图 5-130 所示的"Situs Strategy Editor"（位置策略编辑器）对话框。在该对话框中可以添加新的布线策略。

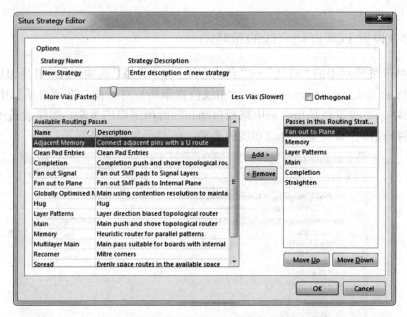

图 5-130　"Situs Strategy Editor"（位置策略编辑器）对话框

02 在"Strategy Name"（策略名称） 文本框中填写添加的新建布线策略的名称，在"Strategy Description（策略描述）"文本框中填写对该布线策略的描述。可以通过拖动文本框下面的滑块来改变此布线策略允许的过孔数目。过孔数目越多，自动布线越快。

03 选择左边的 PCB 布线策略列表框中的一项，然后单击"Add"（添加）按钮，此布线策略将被添加到右侧当前的 PCB 布线策略列表框中，作为新创建的布线策略中的一项。如果想要删除右侧列表框中的某一项，则选择该项后单击"Remove"（移除）按钮即可删除。单击"Move Up"（上移）按钮或"Move Down"（下移）按钮可以改变各个布线策略的优先级，位于最上方的布线策略优先级最高。

Altium Designer 18 的布线策略列表框中主要有以下几种布线方式：

➢ "Adjacent Memory"（相邻的存储器）布线方式：U 形走线的布线方式。采用这种布线方式时，自动布线器对同一网络中相邻的元件引脚采用 U 形走线方式。

➢ "Clean Pad Entries"（清除焊盘走线）布线方式：清除焊盘冗余走线。采用这种布线方式可以优化 PCB 的自动布线，清除焊盘上多余的走线。

➤ "Completion"（完成）布线方式：竞争的推挤式拓扑布线。采用这种布线方式时，布线器对布线进行推挤操作，以避开不在同一网络中的过孔和焊盘。

➤ "Fan out Signal"（扇出信号）布线方式：表面安装元件的焊盘采用扇出形式连接到信号层。当表面安装元件的焊盘布线跨越不同的工作层时，采用这种布线方式可以先从该焊盘引出一段导线，然后通过过孔与其他的工作层连接。

➤ "Fan out to Plane"（扇出平面）布线方式：表面安装元件的焊盘采用扇出形式连接到电源层和接地网络中。

➤ "Globally Optimised Main"（全局主要的最优化）布线方式：全局最优化拓扑布线方式。

➤ "Hug"（环绕）布线方式：采用这种布线方式时，自动布线器将采取环绕的布线方式。

➤ "Layer Patterns"（层样式）布线方式：采用这种布线方式将决定同一工作层中的布线是否采用布线拓扑结构进行自动布线。

➤ "Main"（主要的）布线方式：主推挤式拓扑驱动布线。采用这种布线方式时，自动布线器对布线进行推挤操作，以避开不在同一网络中的过孔和焊盘。

➤ "Memory"（存储器）布线方式：启发式并行模式布线。采用这种布线方式将对存储器元件上的走线方式进行最佳的评估。对地址线和数据线一般采用有规律的并行走线方式。

➤ "Multilayer Main"（主要的多层）布线方式：多层板拓扑驱动布线方式。

➤ "Spread"（伸展）布线方式：采用这种布线方式时，自动布线器自动使位于两个焊盘之间的走线处于正中间的位置。

➤ "Straighten"（伸直）布线方式：采用这种布线方式时，自动布线器在布线时将尽量走直线。

04 单击 "Situs Routing Strategies"（布线位置策略）对话框中的 "Edit Rules"（编辑规则）按钮，对布线规则进行设置。

05 布线策略设置完毕，单击 "OK"（确定）按钮。

📖5.10.3 启动自动布线服务器进行自动布线

布线规则和布线策略设置完毕后，用户即可进行自动布线操作。自动布线操作主要是通过"自动布线"菜单进行的。用户不仅可以进行整体布局，也可以对指定的区域、网络及元件进行单独的布线。执行自动布线的方法非常多，如图 5-131 所示。

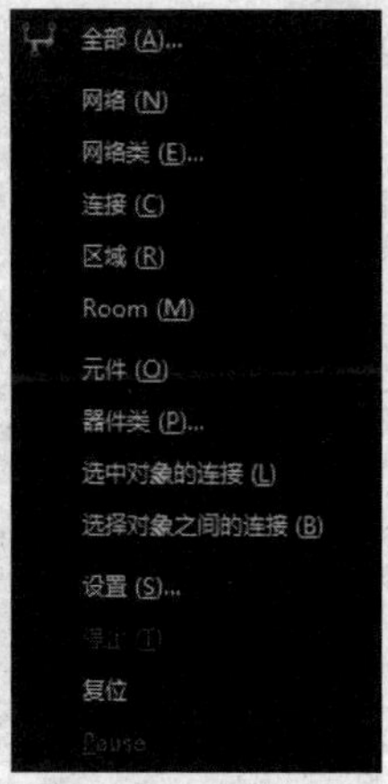

01 "全部"命令。该命令用于为全局自动布线，其操作步骤如下：

❶单击菜单栏中的"布线"→"自动布线"→"全部"选项，系统将弹出 "Situs Routing Strategies"（布线位置策略）对话框。在该对话框中可以设置自动布线策略。

全部 (A)...
网络 (N)
网络类 (E)...
连接 (C)
区域 (R)
Room (M)
元件 (O)
器件类 (P)...
选中对象的连接 (L)
选择对象之间的连接 (B)
设置 (S)...
停止 (T)
复位
Pause

图 5-131 自动布线的方法

❷选择一项布线策略，然后单击"Route All"（布线所有）按钮即可进入自动布线状态。这里选择系统默认的"Default 2 Layer Board"（默认双面板）策略。布线过程中将自动弹出"Messages"（信息）面板，提供自动布线的状态信息，如图 5-132 所示。由最后一条提示信息可知，此次自动布线全部布通。

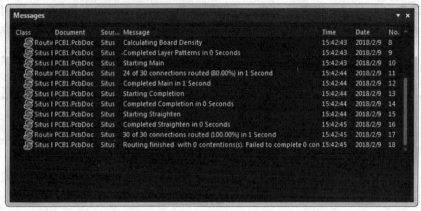

图 5-132 "Messages"（信息）面板

❸全局布线后的 PCB 图如图 5-133 所示。当器件排列比较密集或者布线规则设置过于严格时，自动布线可能不会完全布通。即使完全布通的 PCB 仍会有部分网络走线不合理，如绕线过多、走线过长等，此时就需要进行手动调整了。

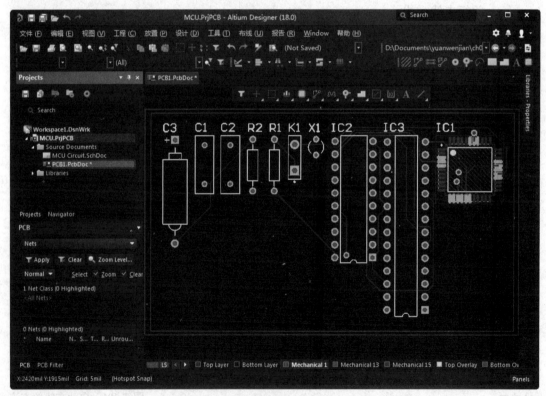

图 5-133 全局布线后的 PCB 图

02 "网络"命令。该命令用于为指定的网络自动布线，其操作步骤如下：

❶在规则设置中对该网络布线的线宽进行合理的设置。

❷单击菜单栏中的"布线"→"自动布线"→"网络"选项，此时光标变成十字形状。
移动光标到该网络上的任何一个电气连接点（飞线或焊盘处，这里选 C1 引脚 1 的焊盘处），
单击，此时系统将自动对该网络进行布线。

❸此时，光标仍处于布线状态，可以继续对其他的网络进行布线。

❹右击或者按<Esc>键即可退出该操作。

`03` "网络类"命令。该命令用于为指定的网络类自动布线，其操作步骤如下：

❶ "网络类"是多个网络的集合，可以在"Object Class Explorer"（对象类管理器）
对话框中对其进行编辑管理。单击菜单栏中的"设计"→"类"选项，系统将弹出如图 5-134
所示的"Object Class Explorer"（对象类管理器）对话框。

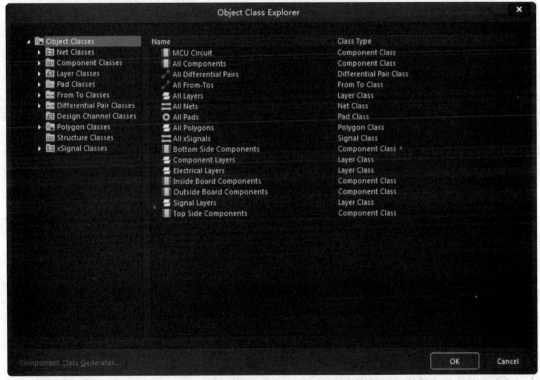

图 5-134 "Object Class Explorer"（对象类管理器）对话框

❷系统默认存在的网络类为 All Nets（所有网络），不能进行编辑修改。用户可以自
行定义新的网络类，将不同的相关网络加入到某一个定义好的网络类中。

❸单击菜单栏中的"布线"→"自动布线"→"网络类"选项，如果当前文件中没有
自定义的网络类，系统会弹出提示框提示未找到网络类，否则系统会弹出"Choose Objects
Class"（选择对象类）对话框，列出当前文件中具有的网络类。在列表中选择要布线的网
络类，系统即将该网络类内的所有网络自动布线。

❹在自动布线过程中，所有布线器的信息和布线状态、结果会在"Messages"（信息）
面板中显示出来。

❺右击或者按<Esc>键即可退出该操作。

`04` "连接"命令。该命令用于为两个存在电气连接的焊盘进行自动布线，其操作
步骤如下：

❶如果对该段布线有特殊的线宽要求，则应该先在布线规则中对该段线宽进行设置。

❷单击菜单栏中的"布线"→"自动布线"→"连接"选项，此时光标变成十字形状。移动光标到工作窗口，单击某两点之间的飞线或单击其中的一个焊盘，然后选择两点之间的连接，此时系统将自动在该两点之间布线。

❸此时，光标仍处于布线状态，可以继续对其他的连接进行布线。

❹右击或者按<Esc>键即可退出该操作。

05 "区域"命令。该命令用于为完整包含在选定区域内的连接自动布线，其操作步骤如下：

❶单击菜单栏中的"布线"→"自动布线"→"区域"选项，此时光标变成十字形状。

❷在工作窗口中单击确定矩形布线区域的一个顶点，然后移动光标到合适的位置，再次单击确定该矩形区域的对角顶点。此时，系统将自动对该矩形区域进行布线。

❸此时，光标仍处于放置矩形状态，可以继续对其他区域进行布线。

❹右击或者按<Esc>键即可退出该操作。

06 "Room（空间）"命令。该命令用于为指定 Room 类型的空间内的连接自动布线。该命令只适用于完全位于 Room 空间内部的连接，即 Room 边界线以内的连接，不包括压在边界线上的部分。执行该命令后，光标变为十字形状，在 PCB 工作窗口中单击选取 Room 空间即可。

07 "元件"命令。该命令用于为指定元件的所有连接自动布线，其操作步骤如下：

❶单击菜单栏中的"布线"→"自动布线"→"元件"选项，此时光标变成十字形状。移动光标到工作窗口，单击某一个元件的焊盘，所有从选定元件的焊盘引出的连接都被自动布线。

❷此时，光标仍处于布线状态，可以继续对其他元件进行布线。

❸右击或者按<Esc>键即可退出该操作。

08 "器件类"命令。该命令用于为指定元件类内所有元件的连接自动布线，其操作步骤如下：

❶ "器件类"是多个元件的集合，可以在"Object Class Explorer"（对象类管理器）对话框中对其进行编辑管理。单击菜单栏中的"设计"→"类"选项，系统将弹出该对话框。

❷系统默认存在的元件类为"All Components"（所有元件），不能进行编辑修改。用户可以使用元件类生成器自行建立元件类。另外，在放置 Room 空间时，包含在其中的元件也自动生成一个元件类。

❸单击菜单栏中的"布线"→"自动布线"→"器件类"选项，系统将弹出"Select Objects Class"（选择对象类）对话框。该对话框中包含了当前文件中的元件类别列表。在列表中选择要布线的元件类，系统即将该元件类内所有元件的连接自动布线。

❹右击或者按<Esc>键即可退出该操作。

09 "选择对象之间的连接"命令。该命令用于为所选元件的所有连接自动布线。执行该命令前要先选中欲布线的元件。

10 "选中对象的连接"命令。该命令用于为所选元件之间的连接自动布线。执行该命令之前，要先选中欲布线的元件。

11 "扇出"命令。在 PCB 编辑器中，单击菜单栏中的"布线"→"扇出"选项，弹出如图 5-135 所示的子菜单。采用扇出布线方式可将焊盘连接到其他的网络中。其中各

命令的功能如下:

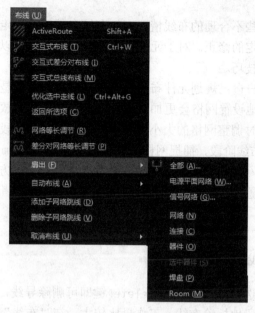

图 5-135 "扇出"选项子菜单

- ➤ 全部:用于对当前 PCB 设计内所有连接到中间电源层或信号层网络的表面安装元件执行扇出操作。
- ➤ 电源平面网络:用于对当前 PCB 设计内所有连接到电源层网络的表面安装元件执行扇出操作。
- ➤ 信号网络:用于对当前 PCB 设计内所有连接到信号层网络的表面安装元件执行扇出操作。
- ➤ 网络:用于为指定网络内的所有表面安装元件的焊盘执行扇出操作。直线该命令后,用十字光标点取指定网络内的焊盘,或者在空白处单击,在弹出的"网络名称"对话框中输入网络标号,系统即可自动为选定网络内的所有表面安装元件的焊盘执行扇出操作。
- ➤ 连接:用于为指定连接内的两个表面安装元件的焊盘执行扇出操作。执行该命令后,用十字光标点取指定连接内的焊盘或者飞线,系统即可自动为选定连接内的表贴焊盘执行扇出操作。
- ➤ 器件:用于为选定的表面安装元件执行扇出操作。执行该命令后,用十字光标点取特定的表贴元件,系统即可自动为选定元件的焊盘执行扇出操作。
- ➤ 选中器件:执行该命令前,先选中要执行扇出操作的元件。执行该命令后,系统自动为选定的元件执行扇出操作。
- ➤ 焊盘:用于为指定的焊盘执行扇出操作。
- ➤ Room(空间):用于为指定的 Room 类型空间内的所有表面安装元件执行扇出操作。执行该命令后,用十字光标点取指定的 Room 空间,系统即可自动为空间内的所有表面安装元件执行扇出操作。

5.11 电路板的手动布线

自动布线会出现一些不合理的布线情况，如有较多的绕线，走线不美观等。此时，可以通过手动布线进行一定的修正。对于元件网络较少的PCB也可以完全采用手动布线。下面介绍手动布线的一些技巧。

手动布线，要靠用户自己规划元件布局和走线路径，而网格是用户在空间和尺寸上的重要依据。因此，合理地设置网格会更加方便设计者规划布局和放置导线。用户在设计的不同阶段可根据需要随时调整网格的大小，例如，在元件布局阶段，可将捕捉网格设置的大一点，如20mil；在布线阶段，捕捉网格要设置得小一点，如5mil甚至更小，尤其是在走线密集的区域，视图网格和捕捉网格都应该设置得小一些，以方便观察和走线。

手动布线的规则设置与自动布线前的规则设置基本相同，读者可参考前面相关内容的介绍，这里不再赘述。

📖5.11.1 拆除布线

在工作窗口中单击选中导线后，按<Delete>键即可删除导线，完成拆除布线的操作。但是这样的操作只能逐段地拆除布线，工作量比较大。在"布线"菜单中有如图5-136所示的"取消布线"菜单，通过该菜单可以更加快速地拆除布线。

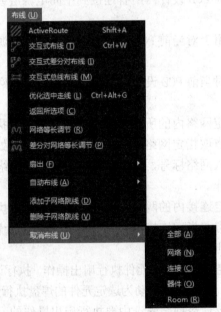

图5-136 "取消布线"菜单

➤ "全部"菜单项：拆除PCB上的所有导线。执行"布线"→"取消布线"→"全部"菜单命令，即可拆除PCB上的所有导线。
➤ "网络"菜单项：拆除某一个网络上的所有导线。
❶执行"布线"→"取消布线"→"网络"菜单命令，光标将变成十字形状。
❷移动光标到某根导线上，单击鼠标左键，该导线所在网络的所有导线将被删除，即

可完成对该网络的拆除布线操作。

❸此时，光标仍处于拆除布线状态，可以继续拆除其他网络上的布线。

❹单击鼠标右键或者按下<Esc>键即可退出拆除布线操作。

➤ "连接"菜单项：拆除某个连接上的导线。

❶执行"布线"→"取消布线"→"连接"菜单命令，光标将变成十字形状。

❷移动鼠标到某根导线上，单击鼠标左键，该导线建立的连接将被删除，即可完成对该连接的拆除布线操作。

❸此时，光标仍处于拆除布线状态，可以继续拆除其他连接上的布线。

❹单击鼠标右键或者按下<Esc>键即可退出拆除布线操作。

➤ "器件"菜单项：拆除某个元件上的导线。

❶执行"布线"→"取消布线"→"器件"菜单命令，光标将变成十字形状。

❷移动光标到某个元件上，单击鼠标左键，该元件所有管脚所在网络的所有导线将被删除，即可完成对该元件上的拆除布线操作。

❸此时，光标仍处于拆除布线状态，可以继续拆除其他元件上的布线。

❹单击鼠标右键或者按下<Esc>键即可退出拆除布线操作。

📖5.11.2 手动布线

01 手动布线也将遵循自动布线时设置的规则。具体的手动布线步骤如下：

❶执行"放置"→"走线"菜单命令，光标将变成十字形状。

❷移动光标到元件的一个焊盘上，然后单击鼠标左键放置布线的起点。

手动布线模式主要有 5 种：任意角度、90°拐角、90°弧形拐角、45°拐角和 45°弧形拐角。按<Shift>+空格键即可在 5 种模式间切换，按空格键可以在每一种的开始和结束两种模式间切换。

❸多次单击鼠标左键确定多个不同的控点，完成两个焊盘之间的布线。

02 手动布线中层的切换。在进行交互式布线时，按<*>键可以在不同的信号层之间切换，这样可以完成不同层之间的走线。在不同的层间进行走线时，系统将自动地为其添加一个过孔。

5.12 添加安装孔

电路板布线完成之后，便可以开始着手添加安装孔。安装孔通常采用过孔形式，并和接地网络连接，以便于后期的调试工作。

添加安装孔的操作步骤如下：

01 单击菜单栏中的"放置"→"过孔"选项，或者单击"布线"工具栏中的放置过孔按钮 ，或用快捷键<P>+<V>，此时光标变成十字形状，并带有一个过孔图形。

02 按<Tab>键，系统将弹出如图 5-137 所示的"Properties"（属性）面板。

➤ "Via Template"（孔尺寸）选项：这里将过孔作为安装孔使用，因此过孔内径比较大，设置为 100mil。

➤ "Diameter"（过孔外径）选项：这里的过孔外径设置为 150mil。

> ➢ "Location"（过孔的位置）选项：这里的过孔作为安装孔使用，过孔的位置将根据需要确定。通常，安装孔放置在电路板的 4 个角上。
>
> ➢ "Properties"（过孔的属性设置）选项：包括设置过孔起始层、网络标号、测试点等。
>
> ➢ **03** 设置完毕单击< Enter>键，即可放置了一个过孔。
>
> ➢ **04** 此时，光标仍处于放置过孔状态，可以继续放置其他的过孔。
>
> ➢ **05** 右击或者按<Esc>键即可退出该操作。
>
> ➢ 图 5-138 所示为放置完安装孔的电路板。

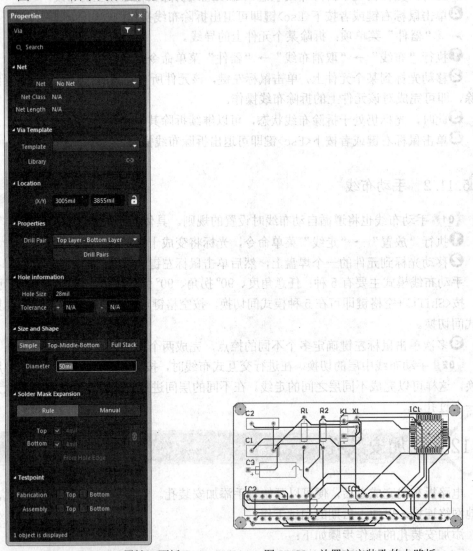

图 5-137　"Properties"（属性）面板　　　　图 5-138　放置完安装孔的电路板

5.13　覆铜和补泪滴

　　覆铜由一系列的导线组成，可以完成电路板内不规则区域的填充。在绘制 PCB 图时，覆铜主要是指把空余没有走线的部分用导线全部铺满。用铜箔铺满部分区域和电路的一个网络相连,多数情况是和 GND 网络相连。单面电路板覆铜可以提高电路的抗干扰能力,经过覆铜处理后制作的电路板会显得十分美观,同时,通过大电流的导电通路也可以采用覆铜的方法来加大过电流的能力。通常覆铜的安全间距应该在一般导线安全间距的两倍以上。

5.13.1 执行铺铜命令

单击菜单栏中的"放置"→"铺铜"选项,或者单击"布线"工具栏中的放置多边形平面按钮 ,或用快捷键<P>+<G>,即可执行放置铺铜命令。系统弹出的"Properties"(属性)面板,如图 5-139 所示。

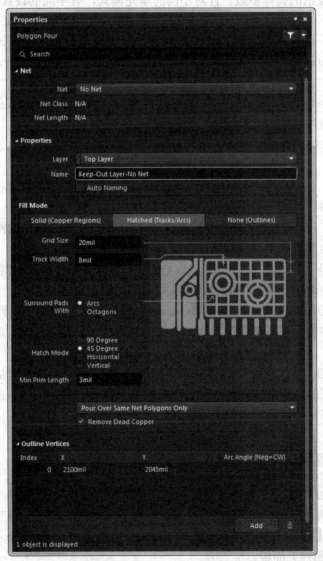

图 5-139 "Properties"(属性)面板

📖5.13.2 设置覆铜属性

执行覆铜命令，或者双击已放置的覆铜，系统将弹出 "Properties"（属性）面板，其中各选项组的功能如下：

01 "Properties"（属性）选项组。

➢ "Layer（层）"下拉列表框：用于设定覆铜所属的工作层。

02 "Fill Mode"（填充模式）选项组。该选项组用于选择覆铜的填充模式，包括 3 个选项："Solid(Copper Regions)"，即覆铜区域内为全铜敷设；"Hatched(Tracks/Arcs)"，即向覆铜区域内填入网络状的覆铜；"None（Outlines）"，即只保留覆铜边界，内部无填充。

❶可以设置覆铜的具体参数。针对不同的填充模式，有不同的设置参数选项。

➢ "Solid（Copper Regions）"（实体）选项：用于设置删除孤立区域覆铜的面积限制值，以及删除凹槽的宽度限制值。需要注意的是，当用该方式覆铜后，在 Protel99SE 软件中不能显示，但可以用 "Hatched（Tracks/Arcs）"（网络状）方式覆铜。

➢ "Hatched（Tracks/Arcs）"（网络状）选项：用于设置网格线的宽度、网络的大小、围绕焊盘的形状及网格的类型。

➢ "None（Outlines）"（无）选项：用于设置覆铜边界导线宽度及围绕焊盘的形状等。

❷ "Connect to Net"（连接到网络）下拉列表框：用于选择覆铜连接到的网络。通常连接到 GND 网络。

（1）"Don't Pour Over Same Net Objects"（填充不超过相同的网络对象）选项：用于设置覆铜的内部填充不与同网络的图元及覆铜边界相连。

（2）"Pour Over Same Net Polygons Only"（填充只超过相同的网络多边形）选项：用于设置覆铜的内部填充只与覆铜边界线及同网络的焊盘相连。

（3）"Pour Over All Same Net Objects"（填充超过所有相同的网络对象）选项：用于设置覆铜的内部填充与覆铜边界线，并与同网络的任何图元相连，如焊盘、过孔、导线等。

❸ "Remove Dead Copper"（删除孤立的覆铜）复选框：用于设置是否删除孤立区域的覆铜。孤立区域的覆铜是指没有连接到指定网络元件上的封闭区域内的覆铜，若勾选该复选框，则可以将这些区域的覆铜去除。

📖5.13.3 放置覆铜

下面以 "PCB1.PcbDoc" 为例，简单介绍放置覆铜的操作步骤。

01 单击菜单栏中的 "放置" → "铺铜" 选项，或者单击 "连线" 工具栏中的放置多边形平面按钮▇，或用快捷键<P>+<G>，即可执行放置覆铜命令。系统将弹出 "Properties"（属性）面板。

02 选择 "Hatched（Tracks/Arcs）"（网络状）选项，将 "Hatch Mode"（填充模式）

设置为 45 Degree，"Net"（网络）连接到"GND"，"Layer"（层面）设置为"Top Layer"（顶层），勾选"Remove Dead Copper"（删除孤立的覆铜）复选框，如图 5-140 所示。

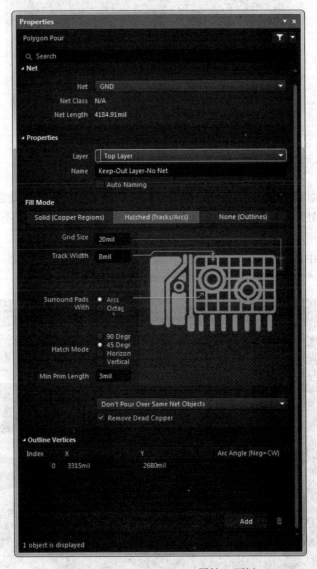

图 5-140　"Properties"（属性）面板

03 此时光标变成十字形状，准备开始覆铜操作。

04 用光标沿着 PCB 的禁止布线边界画一个闭合的矩形框。单击确定起点，移动光标至拐点处单击，直至确定矩形框的 4 个顶点，右击退出。用户不必手动将矩形框线闭合，系统会自动将起点和终点连接起来构成闭合框线。

05 系统在框线内部自动生成了"Top Layer"（顶层）的覆铜。

06 执行覆铜命令，选择层面为"Bottom Layer"（底层），其他设置不变，为底层覆铜。

PCB 覆铜效果如图 5-141 所示。

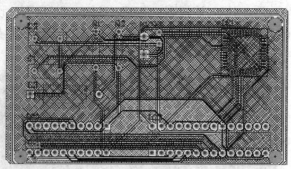

图 5-141　PCB 覆铜效果

5.13.4　补泪滴

在导线和焊盘或者过孔的连接处通常需要补泪滴，以去除连接处的直角，加大连接面。这样做有两个好处，一是在 PCB 的制作过程中，避免因钻孔定位偏差导致焊盘与导线断裂；二是在安装和使用中，可以避免因用力集中导致连接处断裂。

单击菜单栏中的"工具"→"滴泪"选项，或用快捷键<T>+<E>，即可执行补泪滴命令，系统弹出的"Teardrop（泪滴选项）"对话框如图 5-142 所示。

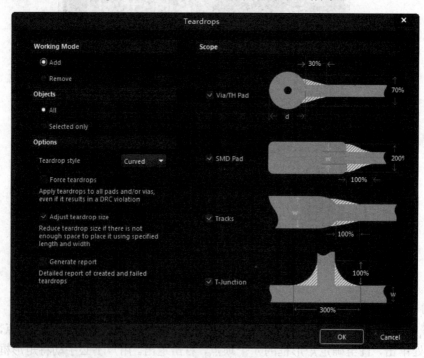

图 5-142　"Teardrop"（泪滴选项）对话框

01　"Working Mode"（工作模式）选项组。

➤　"Add"（添加）单选钮：用于添加泪滴。

➤　"Remove"（删除）单选钮：用于删除泪滴。

02　"Objects"（对象）选项组。

➤　"All"（全部）复选框：勾选该复选框，将对所有的对象添加泪滴。

> "Selected only"（仅选择对象）复选框：勾选该复选框，将对选中的对象添加泪滴。

03 "Option"（选项）选项组。

> "Teardrop style"（泪滴类型）：在该下拉列表下选择"Curved"（弯曲）、"Line"（线），表示用不同的形式添加泪滴。

> "Force teardrop"（强迫泪滴）复选框：勾选该复选框，将强制对所有焊盘或过孔添加泪滴。这样可能会导致在 DRC 时出现错误信息。取消对此复选框的勾选，则对安全间距太小的焊盘不添加泪滴。

> "Adjust teardrop size"（调整滴泪大小）复选框：勾选该复选框，进行添加泪滴的操作时自动调整泪滴的大小。

> "Generate report"（创建报告）复选框：勾选该复选框，进行添加泪滴的操作后将自动生成一个有关添加泪滴操作的报表文件，同时该报表也将在工作窗口显示出来。

设置完毕单击按钮 OK ，完成对象的泪滴添加操作。

补泪滴前后焊盘与导线连接的变化如图 5-143 所示。

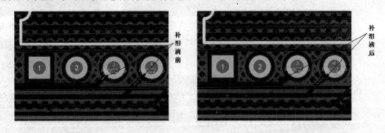

图 5-143　补泪滴前后焊盘与导线连接的变化

按照此种方法，用户还可以对某一个元件的所有焊盘和过孔，或者某一个特定网络的焊盘和过孔进行补泪滴操作。

5.14　3D 效果图

手动布局完毕后，可以通过 3D 效果图直观地查看视觉效果，以检查手动布局是否合理。

📖 5.14.1　三 D 效果图显示

在 PCB 编辑器内，单击菜单栏中的"视图"→"切换到 3 维模式"选项，系统显示该 PCB 的 3D 效果图，按住 Shift 键显示旋转图标，在方向箭头上按住鼠标右键，即可旋转电路板，如图 5-144 所示。

在 PCB 编辑器内，单击右下角的按钮 Panels ，在弹出的快捷菜单中选择"PCB"，打开"PCB"面板，如图 5-145 所示。

01 浏览区域。在"PCB"面板中显示类型为"3D Model"，该区域列出了当前 PCB 文件内的所有三维模型。选择其中一个元件以后，则此网络呈高亮状态，如图 5-146 所示。

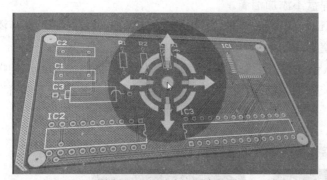

图 5-144　PCB 板 3D 效果图　　　　　　　图 5-145　PCB 面板

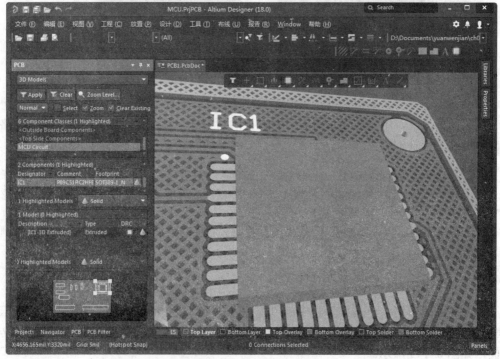

图 5-146　高亮显示元件

高亮网络有"Normal"（正常）、"Mask"（遮挡）和"Dim"（变暗）3 种显示方式，用户可通过面板中的下拉列表框进行选择。

➢ "Normal"（正常）：直接高亮显示用户选择的网络或元件，其他网络及元件的显示方式不变。

➢ "Mask"（遮挡）：高亮显示用户选择的网络或元件，其他元件和网络以遮挡方式显示（灰色），这种显示方式更为直观。

➢ "Dim"（变暗）：高亮显示用户选择的网络或元件，其他元件或网络按色阶变暗显示。

显示控制有 3 个控制选项，即"Select"（选择）、"Zoom"（缩放）和"Clear Existing"（清除现有的）。

➢ "Selected"（选择）：勾选该复选框，在高亮显示的同时选中用户选定的网络或元件。

➢ "Zoom"（缩放）：勾选该复选框，系统会自动将网络或元件所在区域完整地显示在用户可视区域内。如果被选网络或元件在图中所占区域较小，则会放大显示。

02 显示区域。该区域用于控制 3D 效果图中的模型材质的显示方式，如图 5-147 所示。

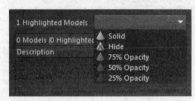

图 5-147　模型材质

03 预览框区域。将光标移到该区域中以后，单击左键并按住不放，拖动光标，3D 图将跟着移动，展示不同位置上的效果。

5.14.2 "View Configuration"（视图设置）面板

在 PCB 编辑器内，单击右下角的按钮 Panels ，在弹出的快捷菜单中选择"View Configuration"，将打开"View Configuration"（视图设置）面板。在该面板中可设置电路板基本环境。

在"View Configuration"（视图设置）面板的"View Options"（视图选项）选项卡中，显示三维面板的基本设置。不同情况下面板显示略有不同，这里重点讲解 3D 模式下的面板参数设置，如图 5-148 所示。

01 "General Settings"（一般设置）选项组：显示配置和 3D 主体。

➢ "Configuration"（设置）下拉列表，选择三维视图设置模式，包括 11 种。默认选择的"Custom Configuration"（自定义设置）模式如图 5-149 所示。

➢ 3D：控制电路板三维模式开关，作用同菜单命令"视图"→"切换到 3 维模式"。

➢ "Signal Layer Mode"（信号层模式）：控制三维模型中信号层的显示模式，打开与关闭单层模式如图 5-150 所示。

➢ "Projection"（投影显示模式）：，包括"Orthographic"（正射投影）和"Perspective"（透视投影）。

➢ "Show 3D Bodies"（显示三维模式）：控制是否显示元件的三维模型。

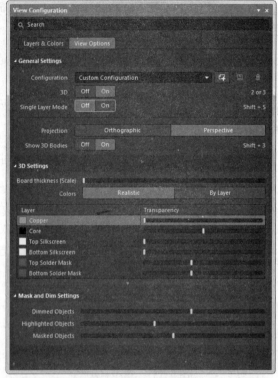

图 5-148　"View Options（视图选项）"选项卡

Altium Standard 2D
Altium Transparent 2D
Altium 3D Black
Altium 3D Blue
Altium 3D Brown
Altium 3D Color By Layer
Altium 3D Dk Green
Altium 3D Lt Green
Altium 3D Red
Altium 3D White

图 5-149　自定义设置模式

a）打开单层模式

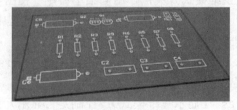

b）关闭单层模式

图 5-150　信号层显示模式

02 "3D Settings"（三维设置）选项组：

➤ "Board thickness（Scale）"［电路板厚度（比例）］：通过拖动滑动块，设置电路板的厚度，按比例显示。

➤ "Colors"（颜色）：设置电路板颜色模式，包括"Realistic"（逼真）和"By Layer"（随层）。

➤ "Layer"（层）：在列表中设置不同层对应的透明度，通过拖动"Transparency"（透明度）栏下的滑动块来设置。

03 "Mask and Dim Settings（屏蔽和调光设置）"选项组：

该选项组用来控制对象屏蔽、调光和高亮设置。

➤ "Dimmed Objects"（屏蔽对象）：设置对象屏蔽程度。

➤ "Highlighted Objects"（高亮对象）：设置对象高亮程度。

➤ "Masked Objects"（调光对象）：设置对象调光程度。

04 "Additional Options"（附加选项）选项组：

在"Configuration"（设置）下拉列表中选择"Altium Standard 2D"或执行菜单命令"视图"→"切换到2维模式"，切换到2D模式，电路板的面板设置如图5-151所示。

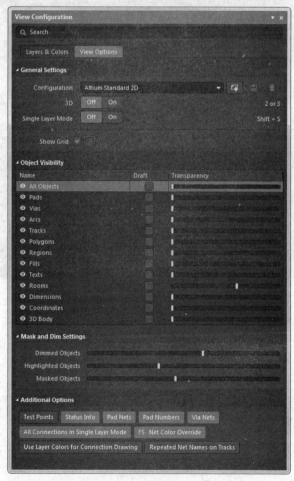

图5-151　2D模式下电路板的面板设置

添加"Additional Options"（附加选项）选项组，在该区域包括9种控件，允许配置各种显示设置，包括"Net Color Override"（网路颜色覆盖）。

05 "Object Visibility"（对象可视化）选项组：2D 模式下添加"Object Visibility"（对象可视化）选项组，可在该区域设置电路板中不同对象的透明度和是否添加草图。

📖 5.14.3 三维动画制作

可使用动画来生成使用元件在电路板中指定零件点到点运动的简单动画。本节介绍通过拖动时间栏并旋转缩放电路板生成基本动画。

在 PCB 编辑器内，单击右下角的按钮 Panels ，在弹出的快捷菜单中选择"PCB 3D Model Editor"（电路板三维动画编辑器）选项，打开"PCB 3D Movie Editor"（电路板三维动画编辑器）面板，如图 5-152 所示。

图 5-152　"PCB 3D Movie Editor"（电路板三维动画编辑器）面板

01 "Movie Title"（动画标题）区域。在"3D Movie"（三维动画）按钮下选择"New"（新建）选项或单击"New"（新建）按钮，可在该区域创建 PCB 文件的三维模型动画，默认动画名称为"PCB 3D Video"。

02 "PCB 3D Video"区域。可在该区域创建动画关键帧。在"Key Frame"（关键帧）按钮下选择"New"（新建）→"Add"（添加）选项或单击"New"（新建）→"Add"（添加）按钮，创建第一个关键帧，电路板默认位置如图 5-153 所示。

❶单击"New"（新建）→"Add"（添加）按钮，继续添加关键帧，将时间设置为 2s，按住鼠标中键拖动，将视图缩放，缩放后的视图如图 5-154 所示。

❷单击"New"（新建）→"Add"（添加）按钮，继续添加关键帧，将时间设置为 4s，按住 Shift 键与鼠标右键，将视图旋转，旋转后的视图如图 5-155 所示。

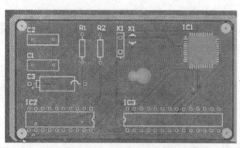

图 5-153　电路板默认位置

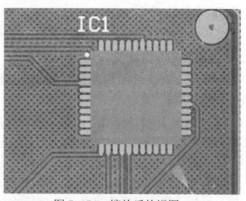

图 5-154　缩放后的视图

❸动画设置如图 5-156 所示。单击工具栏上的按钮▷，依次显示关键帧组成的动画。

图 5-155　旋转后的视图

图 5-156　动画设置

将完成的项目文件保存在"yuanwenjian>>ch05>>5.8"文件夹中。

5.15　操作实例

📖 5.15.1　PS7219 及单片机的 SPI 接口电路板设计

本节将使用第 2 章中绘制的 PS7219 及单片机的 SPI 接口电路图，简要介绍设计 PCB 电路的步骤。

01 创建 PCB 文件。

❶打开前面设计的 "PS7219 及单片机的 SPI 接口电路.PrjPCB" 文件,执行菜单命令 "文件"→"新的"→"PCB",创建一个 PCB 文件,将其保存并更名为 "PS7219 及单片机的 SPI 接口电路.PcbDoc"。

❷设置 PCB 文件的相关参数,如板层参数,环境参数等。这里设计的是双面板,采用系统默认参数即可。

❸绘制 PCB 的物理边界。单击编辑区左下方板层标签的 "Mechanical1" 标签,将其设置为当前层。然后执行菜单命令 "放置"→"线条",光标变成十字形,沿 PCB 边绘制一个闭合区域,即可设定 PCB 的物理边界。

❹绘制 PCB 的电气边界。单击编辑区左下方板层标签的 "Keep out Layer"(禁止布线层)标签,将其设置为当前层。然后执行菜单命令 "放置"→"Keepout"(禁止布线)→"线径",光标变成十字形,在 PCB 图上绘制出一个封闭的多边形,设定电气边界。完成边界设置的 PCB 图如图 5-157 所示。

图 5-157   完成边界设置的 PCB 图

❺设置电路板形状。选中已绘制的物理边界,然后单击菜单栏中的 "设计"→"板子形状"→"按照选择对象定义" 选项,选择外侧的物理边界,定义电路板。

[02] 生成网络报表并导入 PCB 中。

❶打开电路原理图文件,执行菜单命令 "工程"→"Compile PCB Project PS7219 及单片机的 SPI 接口电路.PrjPCB",系统编译设计项目。编译结束后,打开 "Message" 面板,查看有无错误信息,若有则修改电路原理图。

❷将电路原理图中用到的所有元器件所在的库添加到当前库中。

❸在原理图编辑环境中,执行菜单命令 "设计"→"工程的网络表"→"Protel"(生成项目网络表),生成网络报表。

❹打开原理图,执行菜单命令 "设计"→"Update PCB Document PS7219 及单片机的 SPI 接口电路.PcbDoc",系统弹出 "Engineering Change Order"(工程更新操作顺序)对话框,如图 5-158 所示。

❺单击对话框中的 "Validate Changes"(确认更改)按钮,检查所有改变是否正确,若所有的项目后面都出现✅标志,则项目转换成功。

❻单击 "Execute Changes"(执行更改)按钮,将元器件封装添加到 PCB 文件中,如图 5-159 所示。

❼添加完成后,单击 "Close"(关闭)按钮,关闭对话框。此时,在 PCB 图纸上已经有了元器件的封装,如图 5-160 所示。

03 元器件布局。这里采用自动布局和手动布局相结合的方法。

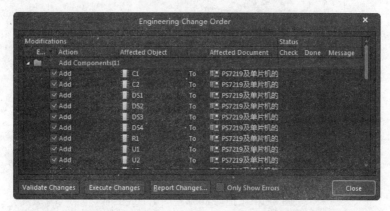

图 5-158　"Engineering Change Order"（工程更新操作顺序） 对话框

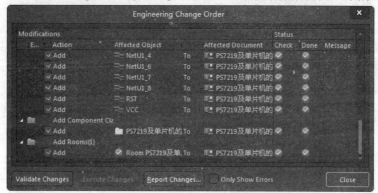

图 5-159　添加元器件封装

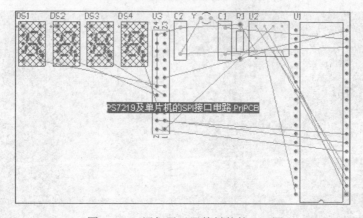

图 5-160　添加了元器件封装的 PCB 图

❶设置布局规则后，将 Room 空间整体拖至 PCB 的上面，如图 5-161 所示。

❷对布局不合理的地方进行手动调整。调整后的 PCB 图如图 5-162 所示。

❸执行菜单命令"视图"→"切换到 3 维模式"，查看 3D 效果图（见图 5-163），检查布局是否合理。

04 布线。

❶设置布线规则。设置完成后，执行菜单命令"布线"→"自动布线"→"设置"，在弹出的对话框中设置布线策略。

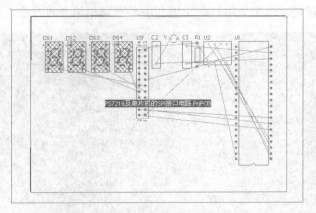

图 5-161 拖动 Room 空间至 PCB 上面

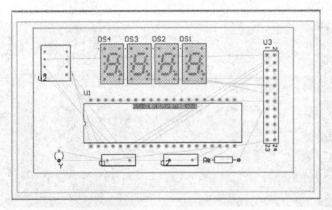

图 5-162 手动调整后的 PCB 图

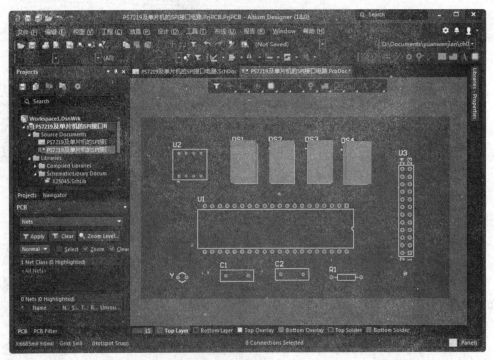

图 5-163 3D 效果图

❷设置完成后，执行菜单命令"布线"→"自动布线"→"全部"，系统开始自动布线，并同时出现一个"Message"（信息）布线信息对话框，如图 5-164 所示。

Class	Document	Sour...	Message	Time	Date	No.
Routir	PS7219及单片机	Situs	Calculating Board Density	11:53:24	2018/2/10	8
Situs	PS7219及单片机	Situs	Completed Layer Patterns in 0 Seconds	11:53:24	2018/2/10	9
Situs	PS7219及单片机	Situs	Starting Main	11:53:24	2018/2/10	10
Routir	PS7219及单片机	Situs	27 of 29 connections routed (93.10%) in 2 Seconds	11:53:26	2018/2/10	11
Situs	PS7219及单片机	Situs	Completed Main in 1 Second	11:53:26	2018/2/10	12
Situs	PS7219及单片机	Situs	Starting Completion	11:53:26	2018/2/10	13
Situs	PS7219及单片机	Situs	Completed Completion in 0 Seconds	11:53:26	2018/2/10	14
Situs	PS7219及单片机	Situs	Starting Straighten	11:53:26	2018/2/10	15
Situs	PS7219及单片机	Situs	Completed Straighten in 0 Seconds	11:53:26	2018/2/10	16
Routir	PS7219及单片机	Situs	29 of 29 connections routed (100.00%) in 3 Seconds	11:53:26	2018/2/10	17
Situs	PS7219及单片机	Situs	Routing finished with 0 contentions(s). Failed to complete 0 con	11:53:26	2018/2/10	18

图 5-164　布线信息对话框

❸布线完成后，如图 5-165 所示。

❹对布线不合理的地方进行手动调整。

05 建立覆铜。执行菜单命令"放置"→"铺铜"，对完成布线的 PS7219 及单片机的 SPI 接口电路建立覆铜，打开"Properties"（属性）面板，选择"Hatched（tracks/Arcs）"（影线化填充）选项，45°填充模式，"Net"（网络）连接到"GND"，"Layer"（层面）设置为"Top Layer"，且选中"Remove Dead Copper"（删除孤立的覆铜）复选框，其设置如图 5-166 所示。

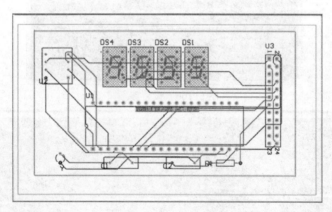

图 5-165　自动布线结果

设置完成后，单击 Enter 键，光标变成十字形。用光标沿 PCB 的电气边界线绘制出一个封闭的矩形，系统将在矩形框中自动建立顶层的覆铜。采用同样的方式，为 PCB 的"Bottom Layer"（底层）建立覆铜。覆铜后的 PCB 如图 5-167 所示。

06 3D 模型。在 PCB 编辑器内，单击菜单栏中的"视图"→"切换到 3 维模式"选项，系统显示该 PCB 的 3D 效果图，如图 5-168 所示。

07 三维动画制作。在 PCB 编辑器内，单击右下角的按钮 Panels ，在弹出的快捷菜单中选择"PCB 3D Model Editor"（电路板三维动画编辑器）选项，打开"PCB 3D Movie Editor"（电路板三维动画编辑器）面板。

在"Movie Title"（动画标题）区域"3D Movie"（三维动画）按钮下选择"New"（新

建）选项或单击"New"（新建）按钮，在该区域创建 PCB 文件的三维模型动画，默认动画名称为"PCB 3D Video"。

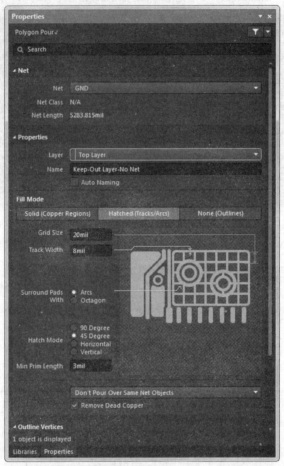

图 5-166　设置参数

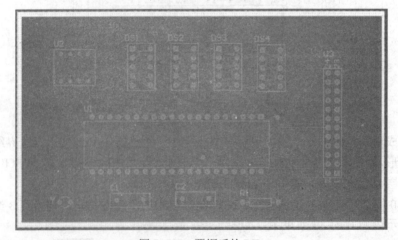

图 5-167　覆铜后的 PCB

❶在"PCB 3D Video"区域创建动画关键帧。在"Key Frame"（关键帧）按钮下选择"New"（新建）→"Add（添加）"选项或单击"New"（新建）→"Add"（添加）按钮，创建 6 个关键帧，不同的视图位置如图 5-169 所示。

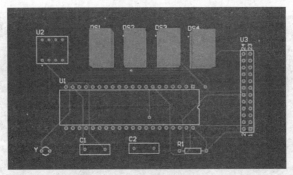

图 5-168　PCB 的 3D 效果图

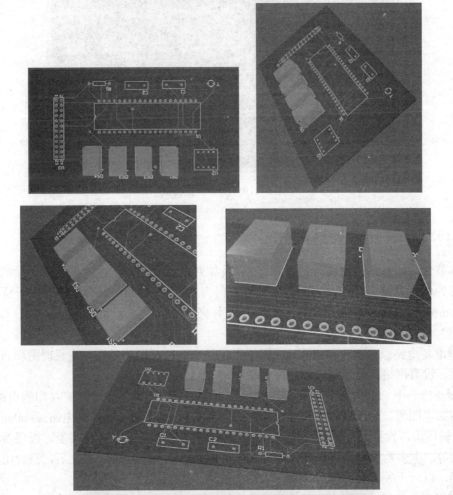

图 5-169　不同视图位置

❷动画设置如图 5-170 所示。单击工具栏上的按钮▷，依次显示关键帧组成的动画。将完成的项目文件保存在"yuanwenjian>>ch05>>5.16.1>>result"文件夹中。

图 5-170　动画设置面板

5.15.2　看门狗电路板设计

本节介绍如何完整地设计一块 PCB，以及如何进行后期制作。以第 2 章中绘制的看门狗电路为例。为方便操作，将实例文件"看门狗电路.PrjPCB"保存到随书电子资料包中的"yuanwenjian\ch05\5.16.2\example"文件夹中。

01 准备工作。

❶准备电路原理图和网络报表。网络报表是电路原理图的精髓，是原理图和 PCB 连接的桥梁，没有网络报表，就没有电路板的自动布线。

❷新建一个 PCB 文件。执行菜单命令"文件"→"新的"→"PCB"（印制电路板），在电路原理图所在的项目中，新建一个 PCB 文件，并保存为"看门狗电路.PcbDoc"进入 PCB 编辑环境，设置 PCB 设计环境，包括设置网格大小和类型、光标类型、板层参数、布线参数等。大多数参数都可以用系统默认值，而且这些参数经过设置之后，符合用户个人的习惯，以后无须再去修改。

❸规划电路板。规划电路板主要是确定电路板的边界，包括电路板的物理边界和电气边界，同时按照最外侧的物理边界定义电路板大小。

❹装载元器件库。在导入网络报表之前，要把电路原理图中所有元器件所在的库添加到当前库中，以保证原理图中指定的元器件封装形式能够在当前库中找到。

02 导入网络报表。完成了前面的工作后，即可将网络报表里的信息导入 PCB，为电路板的元器件布局和布线做准备。导入网络报表的具体步骤如下：

❶在原理图编辑环境下，执行菜单命令"设计"→"Update PCB Document 看门狗电路.PcbDoc"；或者在 PCB 编辑环境下，执行菜单命令"设计"→"Import Changes From 看门狗电路.PRJPCB"。

❷执行以上命令后，系统弹出"Engineering Change Order"（工程更新操作顺序）对话框，如图 5-171 所示。

该对话框中显示出了当前对电路进行的修改内容，左边为"Modifications"修改列表，右边是对应修改的"状态"。主要的修改有"Add Components""Add Nets""Add Components Classes"和"Add Rooms"几类。

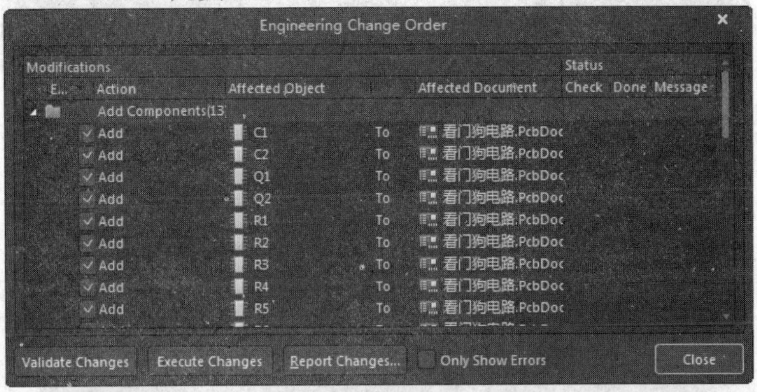

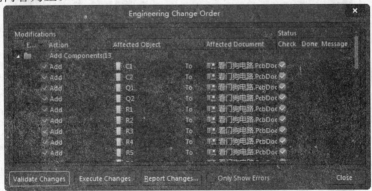

图 5-171　"Engineering Change Order"（工程更新操作顺序）对话框

❸单击"Engineering Change Order"对话框中的"**Validate Changes**"（确认更改）按钮，系统将检查所有的更改是否都有效，如图 5-172 所示。

如果有效，将在右边的"Check"（检查）栏中的对应位置打勾；若有错误，"Check"（检查）栏中将显示红色错误标识。一般的错误都是因为元器件封装定义不正确，系统找不到给定的封装，或者设计 PCB 时没有添加对应的集成库。此时需要返回到电路原理图编辑环境中，对有错误的元器件进行修改，直到修改完所有的错误，即"Check"（检查）栏中全为正确内容为止。

图 5-172　检查所有的更改是否都有效

❹单击"Engineering Change Order"（工程更新操作顺序）对话框中的"Execute Changes"（执行更改）按钮，系统执行所有的更改操作，如果执行成功，"Status"（状态）下的"Done"（完成）列表栏将被勾选，结果如图 5-173 所示。此时，系统将网络报表和元器件封装加载到 PCB 图中，如图 5-174 所示。

❺若用户需要输出更改报告，可以单击对话框中的"Report Changes"（报告更改）按钮，系统弹出"Repot Preview"（报告预览）对话框，如图 5-175 所示，在该对话框中可以打印输出更改报告。单击"Export"（输出）按钮，生成元件信息报告。

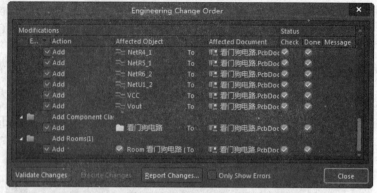

图 5-173　执行更改结果

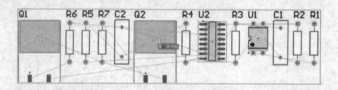

图 5-174　加载了网络报表和元器件封装的 PCB 图

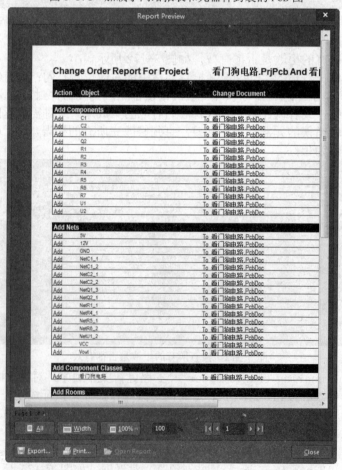

图 5-175　"Repot Preview"（报告预览）对话框

提示：

网络报表导入后，所有元器件的封装已经加载到 PCB 上，需要对这些封装进行布局。合理的布局是 PCB 布线的关键。若单面板设计元器件布局不合理，将无法完成布线操作；若双面板元器件布局不合理，布线时将会放置很多过孔，使电路板导线变得非常复杂。

Altium Designer 18 提供了两种元器件布局的方法：一种是自动布局，另一种是手动布局。这两种方法各有优劣，用户应根据不同的电路设计需要选择合适的布局方法。

01 手动布局。手动调整元器件的布局时需要移动元器件，其方法在前面的 PCB 编辑器的编辑功能中讲过。手动调整后元器件的布局如图 5-176 所示。

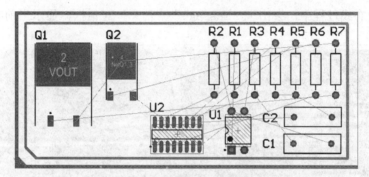

图 5-176　手动调整后元器件的布局

02 3D 效果图。手动布局完成以后，用户可以查看 3D 效果图，以检查布局是否合理。执行菜单命令"视图"→"切换到 3 维模式"，系统自动生成 3D 效果图，如图 5-177 所示。

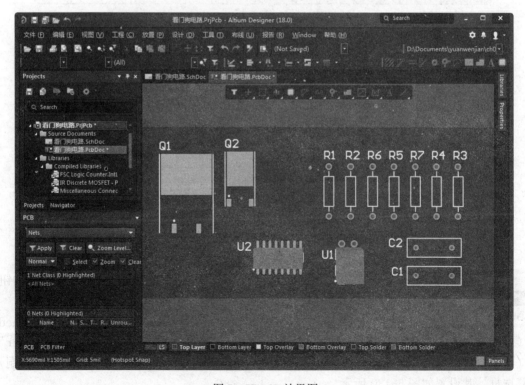

图 5-177　3D 效果图

提示：

在对 PCB 进行了布局以后，用户就可以进行 PCB 布线了。 PCB 布线可以采取两种方式：自动布线和手动布线。

01 自动布线。Altium Designer 18 提供了强大的自动布线功能，它适用于元器件数目较多的情况。在这里对已经手动布局好的看门狗电路板采用自动布线。

❶执行菜单命令"布线"→"自动布线"→"全部"，系统弹出"Situs Routing Strategies"（布线位置策略） 对话框，在"Routing Strategy"（布线策略）区域选择"Default 2 Layer Board"（双面板默认布线）策略，然后单击"Routing All"按钮，系统开始自动布线。

❷在自动布线过程中，会出现"Message"（信息）对话框，显示当前布线信息，如图 5-178 所示。

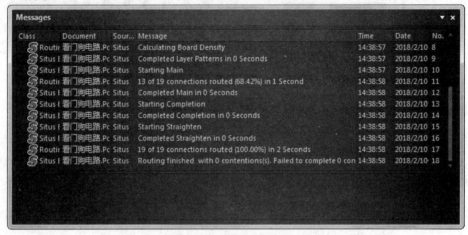

图 5-178　自动布线信息

自动布线后的 PCB 如图 5-179 所示。

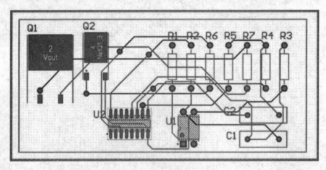

图 5-179　自动布线结果

除此之外，用户还可以根据前面介绍的命令，对电路板进行局部自动布线操作。

02 建立覆铜。

❶执行菜单命令"放置"→"铺铜"或单击"布线"工具栏中的放置多边形平面按钮，或使用快捷键 P+G，启动建立覆铜命令。

❷对完成布线的看门狗电路建立覆铜。在"Properties"（属性）面板中选择"Hatched（tracks/Arcs）"（影线化填充），45°填充模式，"Net"（网络）连接到网络"GND"，"Layer"（层面）设置为"Top Layer"（顶层），且选中"Remove Dead Copper"（删除孤立的覆铜）复选框，其设置如图 5-180 所示。

图 5-180　设置参数

❸设置完成后，单击 Enter 键，光标变成十字形。用光标沿 PCB 的电气边界线绘制出一个封闭的矩形，系统将在矩形框中自动建立顶层的覆铜。采用同样的方式，为 PCB 的"Bottom Layer"（底层）建立覆铜。覆铜后的 PCB 如图 5-181 所示。

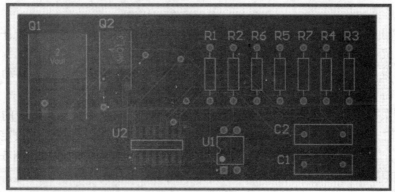

图 5-181　覆铜后的 PCB

03 补泪滴。

❶执行菜单命令"工具"→"滴泪"，系统弹出"Teardrops"（泪滴选项）对话框，如图 5-182 所示。

❷设置完成后，单击"OK"（确定)按钮，系统自动按设置放置泪滴。补泪滴前后对比

图如图 5-183 所示。

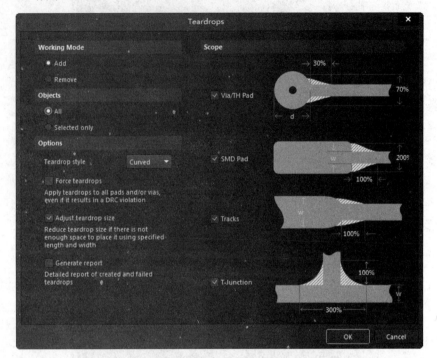

图 5-182　"Teardrops"（泪滴选项）对话框

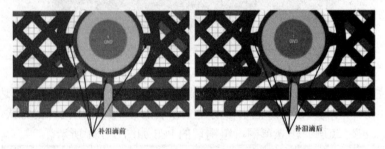

图 5-183　补泪滴前后对比图

04 包地。所谓包地就是用接地的导线将一些导线包起来。在 PCB 设计过程中，为了增强板的抗干扰能力经常采用这种方式。具体步骤如下：

❶执行菜单命令"编辑"→"选中"→"网络"，光标变成十字形。移动光标到 PCB 图中，单击需要包地的网络中的一根导线，即可将整个网络选中。

❷执行菜单命令"工具"→"描画选择对象的外形"，系统自动为选中的网络进行包地。在包地时，有时会由于包地线与其他导线之间的距离小于设计规则中设定的值，影响到其他导线，被影响的导线会变成绿色，需要手动调整，包地后的效果如图 5-184 所示。

05 3D 模型。在 PCB 编辑器内，单击菜单栏中的"视图"→"切换到 3 维模式"选项，系统显示该 PCB 的 3D 效果图，如图 5-185 所示。

06 三维动画制作。在 PCB 编辑器内，单击右下角的按钮 Panels ，在弹出的快捷菜单中选择"PCB 3D Model Editor"（电路板三维动画编辑器）选项，打开"PCB 3D Movie Editor"（电路板三维动画编辑器）面板。

在"Movie Title"（动画标题）区域"3D Movie"（三维动画）按钮下选择"New"（新

建）选项或单击"New"（新建）按钮，在该区域创建 PCB 文件的三维模型动画，默认动画名称为"PCB 3D Video"。

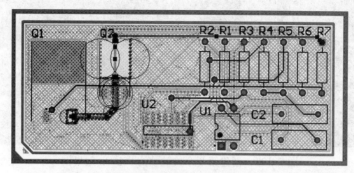

图 5-184　包地后

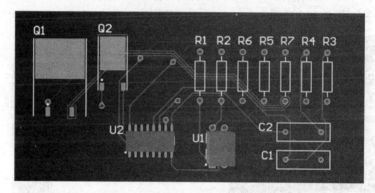

图 5-185　PCB 的 3D 效果图

❶在"PCB 3D Video"区域创建动画关键帧。在"Key Frame"（关键帧）按钮下选择"New"（新建）→"Add"（添加）选项或单击"New"（新建）→"Add"（添加）按钮，创建第一个关键帧，电路板图如图 5-185 所示。

❷单击"New"（新建）→"Add"（添加）按钮，创建第 2 个关键帧，系统显示该 PCB 的 3D 效果图如图 5-186 所示。

图 5-186　创建第 2 个关键帧的 PCB 3D 效果图

❸单击"New"（新建）→"Add"（添加）按钮，创建第 3 个关键帧，选择菜单栏中的"视图"→"0 度旋转"选项，系统显示该 PCB 的 3D 效果图如图 5-187 所示。

❹单击"New"（新建）→"Add"（添加）按钮，创建第 4 个关键帧，系统显示该 PCB 的 3D 效果图如图 5-188 所示。

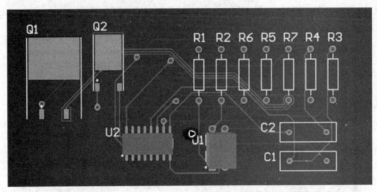

图 5-187　创建第 3 个关键帧的 PCB 3D 效果图

❺单击"New"（新建）→ "Add"（添加）按钮，创建第 5 个关键帧，系统显示该 PCB 的 3D 效果图如图 5-189 所示。

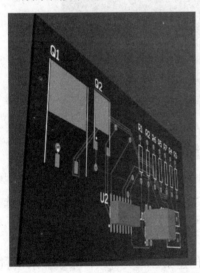

图 5-188　创建第 4 个关键帧的 PCB 3D 效果图　　　图 5-189　创建第 5 个关键帧的 PCB 3D 效果图

❻单击"New"（新建）→ "Add"（添加）按钮，创建第 6 个关键帧，选择菜单栏中的 "视图"→ "翻转板子"选项，系统显示该 PCB 的 3D 效果图如图 5-190 所示。

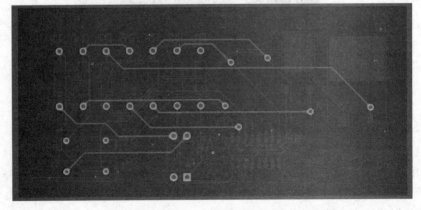

图 5-190　创建第 6 个关键帧的 PCB 3D 效果图

❼动画设置如图 5-191 所示。单击工具栏上的按钮▷，依次显示关键帧组成的动画。

图 5-191　动画设置面板

设置完成后将结果文件"看门狗电路.PrjPCB"保存到随书电子资料包中的"yuanwenjian \ch05\5.16.2\result"文件夹中。

第 6 章

电路板的后期处理

在 PCB 设计的最后阶段，我们要通过设计规则检查来进一步确认 PCB 设计的正确性。完成了 PCB 项目的设计后，就可以进行各种文件的整理和汇总了。本章将介绍不同类型文件的生成和输出操作方法，包括报表文件、PCB 文件和 PCB 制造文件等。读者通过本章内容的学习，会对 Altium Designer 18 形成更加系统的认识。

- ◎ 电路板的测量
- ◎ DRC
- ◎ 电路板的报表输出
- ◎ 电路板的打印输出

6.1 电路板的测量

Altium Designer 18 提供了电路板上的测量工具,方便设计电路时的检查。测量功能在"报告"菜单中,该菜单如图 6-1 所示。

打开电子资料包中"yuanwenjian\ch06\6.1\example"文件夹中的"单片机 PCB 图.PrjPCB",可对其进行操作设置。

6.1.1 测量电路板上两点间的距离

电路板上两点之间距离测量的是通过"报告"菜单中的"测量距离"选项来进行的,它测量的是 PCB 上任意两点的距离。具体操作步骤如下:

01 单击"报告"→"测量距离"菜单选项,此时光标变成十字形状出现在工作窗口中。

02 移动光标到某个坐标点上,单击鼠标左键确定测量起点。如果光标移动到了某个对象上,则系统将自动捕捉该对象的中心点。

03 光标仍为十字形状,重复 **02** 确定测量终点。此时将弹出如图 6-2 所示的对话框,在该对话框中列出了测量的结果。测量结果包含总距离、X 方向上的距离和 Y 方向上的距离三项。

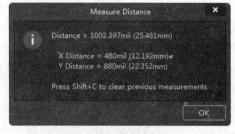

图 6-1 "报告"菜单　　　　　　　　图 6-2 测量结果

04 光标仍为十字状态,重复 **02** 、 **03** 可以继续其他测量。

05 完成测量后,单击鼠标右键或按 Esc 键即可退出该操作。

6.1.2 测量电路板上对象间的距离

这里的测量是专门针对电路板上的对象进行的,在测量过程中,鼠标将自动捕捉对象的中心位置。具体操作步骤如下:

01 单击"报告"→"测量"菜单选项,此时光标变成十字形状出现在工作窗口中。

02 移动光标到某个对象(如焊盘、元件、导线、过孔等)上,单击鼠标左键确定测量的起点。

03 光标仍为十字形状,重复步骤 **02** 确定测量终点。此时将弹出如图 6-3 所示的对话框,在该对话框中列出了对象的层属性、坐标和整个的测量结果。

04 光标仍为十字状态,重复步骤 **02** 、 **03** 可以继续其他测量。

05 完成测量后，单击鼠标右键或按 Esc 键即可退出该操作。

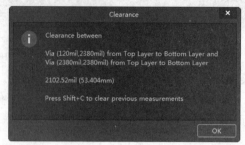

图 6-3　测量结果

6.2　DRC

电路板布线完毕，在输出设计文件之前，还要进行一次完整的 DRC（设计规则检查）。DRC 是采用 Altium Designer 18 进行 PCB 设计时的重要检查工具。系统会根据用户设计规则的设置，对 PCB 设计的各个方面进行检查校验，如导线宽度、安全距离、元件间距、过孔类型等。DRC 是 PCB 设计正确性和完整性的重要保证。灵活运用 DRC，可以保障 PCB 设计的顺利进行和最终生成正确的输出文件。

单击菜单栏中的"工具"→"设计规则检查"选项，系统将弹出如图 6-4 所示的"Design Rule Checker"（设计规则检查器）对话框。该对话框的左侧是该检查器的内容列表，右侧是其对应的具体内容。该对话框由两部分内容构成，即 DRC 报告选项和 DRC 规则列表。

01 DRC 报表选项。在"Design Rule Check"（设计规则检查器）对话框左侧的列表中单击"Report Options"（报表选项）标签页，即显示 DRC 报表选项的具体内容。这里的选项主要用于对 DRC 报表的内容和方式进行设置，通常保持默认设置即可，其中各选项的功能介绍如下：

> ➤ "Create Report File"（创建报表文件）复选框：运行批处理 DRC 后会自动生成报表文件（设计名.DRC），其中包含本次 DRC 运行中使用的规则、违例数量和细节描述。

> ➤ "Create Violations"（创建违例）复选框：能在违例对象和违例消息之间直接建立链接，使用户可以直接通过"Message（信息）"面板中的违例消息进行错误定位，找到违例对象。

> ➤ "Sub-Net Details"（子网络详细描述）复选框：对网络连接关系进行检查并生成报告。

> ➤ "Verify Shorting Copper"（检验短路铜）复选框：对覆铜或非网络连接造成的短路进行检查。

02 DRC 规则列表。在"Design Rule Checker"（设计规则检查器）对话框左侧的列表中单击"Rules To Check"（检查规则）标签页，即可显示所有可进行检查的设计规则，其中包括了 PCB 制作中常见的规则，也包括了高速电路板设计规则，如图 6-5 所示。例如，线宽设定、引线间距、过孔大小、网络拓扑结构、元件安全距离、高速电路设计的引线长度、等距引线等，可以根据规则的名称进行具体设置。在规则栏中，通过"Online"（在线）和"Batch"（批处理）两个选项，用户可以选择在线 DRC 或批处理 DRC。

单击"Run Design Rule Check"（运行设计规则检查）按钮，即运行批处理 DRC。

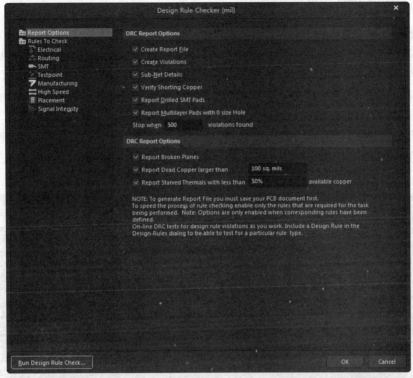

图6-4　"Design Rule Checker"（设计规则检查器）对话框

图6-5　"Rules To Check"（规则检查）标签页

📖6.2.1　在线 DRC 和批处理 DRC

DRC 分为两种类型，即在线 DRC 和批处理 DRC。

在线 DRC 在后台运行，在设计过程中，系统随时进行规则检查，对违反规则的对象提出警示或自动限制违例操作的执行。在"Preferences"（参数选择）对话框的"PCB Editor"（PCB 编辑器）→"General"（常规）标签页中可以设置是否选择在线 DRC，如图 6-6 所示。

通过批处理 DRC，用户可以在设计过程中的任何时候手动一次运行多项规则检查。在如图 6-5 所示的列表中可以看到，不同的规则适用于不同的 DRC。有的规则只适用于在线 DRC，有的只适用于批处理 DRC，但大部分规则都可以在两种检查方式下运行。

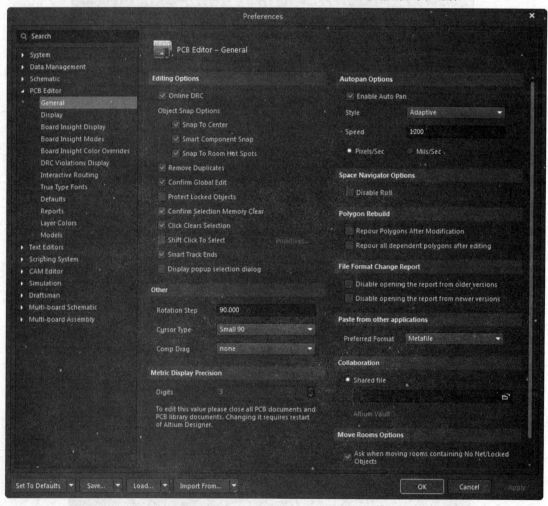

图 6-6　"-General"（常规）标签页

需要注意是，在不同阶段运行批处理 DRC，对其规则选项要进行不同的选择。例如，在未布线阶段，如果要运行批处理 DRC，就要将部分布线规则禁止，否则会导致过多的错误提示而使 DRC 失去意义；在 PCB 设计结束时，也要运行一次批处理 DRC，这时就要选中所有 PCB 相关的设计规则，使规则检查尽量全面。

6.2.2 对未布线的 PCB 文件执行批处理 DRC

要求在 PCB 文件"单片机 PCB 图.PcbDoc"未布线的情况下运行批处理 DRC, 此时要适当配置 DRC 选项, 以得到有参考价值的错误列表。具体的操作步骤如下:

01 单击菜单栏中的"工具"→"设计规则检查"选项。

02 系统弹将出"Design Rule Checker"(设计规则检查) 对话框, 暂不进行规则启用和禁止的设置, 直接使用系统的默认设置。单击"Run Design Rule Check"(运行设计规则检查) 按钮, 运行批处理 DRC。

03 系统进行批处理 DRC, 运行结果在"Messages"(信息)面板中显示出来, 如图 6-7 所示。可以看到, 系统生成了 100 余项 DRC 警告, 其中大部分是未布线警告, 这是因为未在 DRC 运行之前禁止该规则的检查。这种 DRC 警告信息对我们并没有帮助, 反而使"Messages"(信息)面板变得杂乱。

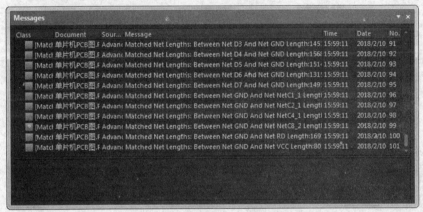

图 6-7 "Messages"面板 1

04 单击菜单栏中的"工具"→"设计规则检测"选项, 重新配置 DRC 规则。在"Design Rule Checker"(设计规则检查器)对话框中, 单击左侧列表中的"Rules To Check"(检查规则)选项。

05 在图 6-5 所示的规则列表中, 禁止其中部分规则的"Batch"(批处理) 选项。禁止项包括"Un-Routed Net"(未布线网络)和"Width"(宽度)。

06 单击"Run Design Rule Check"(运行设计规则检查器) 按钮, 运行批处理 DRC。

07 进行批处理 DRC, 运行结果在"Messages"(信息)面板中显示出来, 如图 6-8 所示。可见重新配置检查规则后, 批处理 DRC 得到了 0 项 DRC 违例信息。

图 6-8 "Messages"面板 2

6.2.3 对已布线完毕的 PCB 文件执行批处理 DRC

对布线完毕的 PCB 文件"单片机 PCB 图.PcbDoc"再次运行 DRC，尽量检查所有涉及的设计规则。具体的操作步骤如下：

01 单击菜单栏中的"工具"→"设计规则检查"选项。

02 系统将弹出"Design Rule Checker"（设计规则检查器）对话框，如 6-9 所示。该对话框中左侧列表栏是设计项，右侧列表为具体的设计内容。

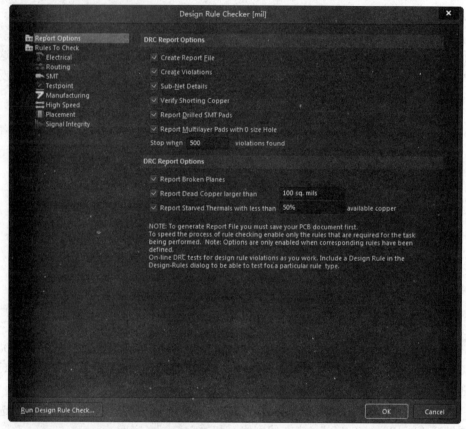

图 6-9 "Design Rule Checker"（设计规则检查器）对话框

❶ "Report Options"（报告选项）标签页。用于设置生成的 DRC 报表的具体内容，由"Create Report File"（建立报表文件）、"Create Violations"（建立违规的项）、"Sub-Net Details"（子网络的细节）、"Internal Plane Warnings"（内部平面警告）以及"Verify Shorting Copper"（检验短路铜）等选项来决定。选项"Stop when violations found"（当停止妨碍创立）用于限定违反规则的最高选项数，以便停止报表的生成。一般都保持系统的默认选择状态。

❷ "Rules To Check"（规则检查）标签页。该标签页中列出了所有的可进行检查的设计规则，这些设计规则都是在 PCB 设计规则和约束对话框里定义过的设计规则，如图 6-10 所示。其中"Online"（在线）选项表示该规则是否在 PCB 设计的同时进行同步检查，即在线 DRC。

03 单击"Run Design Rule Check"（运行设计规则检查）按钮，进行批处理 DRC。

04 系统进行批处理 DRC，运行结果在"Messages（信息）"面板中显示出来，如图 6-11 所示。对于批处理 DRC 中检查到的违例信息项，可以通过错误定位进行修改，这里不再赘述。

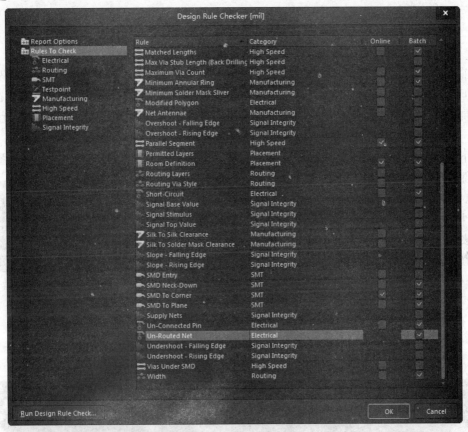

图 6-10　选择设计规则选项

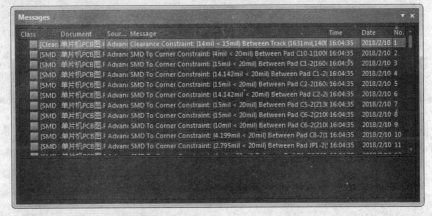

图 6-11　"Messages"面板 3

6.3　电路板的报表输出

PCB 绘制完毕，可以利用 Altium Designer 18 提供丰富的报表功能生成一系列的报表文件。这些报表文件有着不同的功能和用途，为 PCB 设计的后期制作、元件采购、文件交流等提供了方便。在生成各种报表之前，首先要确保要生成报表的文件已经被打开并置为当前文件。

6.3.1　PCB 图的网络表文件

前面介绍的 PCB 设计采用的是从原理图生成网络表的方式，这也是通用的 PCB 设计方法。但是有些时候，设计者直接调入元件封装绘制 PCB 图，没有采用网络表，或者在 PCB 图绘制过程中连接关系有所调整，这时 PCB 的真正网络逻辑和原理图的网络表会有所差异。此时，就需要从 PCB 图中生成一份网络表文件。

下面以从 PCB 文件"单片机 PCB 图.PcbDoc"生成网络表为例，详细介绍 PCB 图网络表文件生成的操作步骤。

01 在 PCB 编辑器中，单击菜单栏中的"设计"→"网络表"→"从连接的铜皮生成网络表"选项，系统将弹出如图 6-12 所示的"Confirm"（确认）对话框。

02 单击"Yes"（是）按钮，系统生成 PCB 网络表文件"Generated 单片机 PCB 图.Net"，并自动打开。

图 6-12　"Confirm"（确认）对话框

03 该网络表文件作为自由文档加入到"Projects"（工程）面板中，如图 6-13 所示。

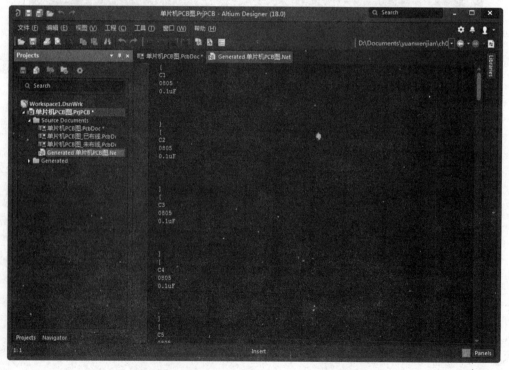

图 6-13　"Projects"（工程）面板

网络表可以根据用户需要进行修改，修改后的网络表可再次载入，以验证 PCB 板的正确性。

6.3.2 元件清单

单击菜单栏中的"报告"→"Bill of Materials"（元件清单）命令，系统将弹出相应的元件报表对话框，如图 6-14 所示。

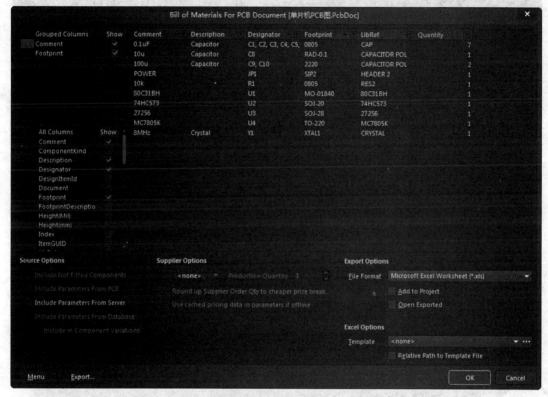

图 6-14 元件报表对话框

在该对话框中，可以对要创建的元件清单进行选项设置。左侧有两个列表框，它们的含义分别如下：

➢ "Grouped Columns"（聚合纵队）列表框：用于设置元件的归类标准。可以将"All Columns"（所有纵队）中的某一属性信息拖到该列表框中，此时系统将以该属性信息为标准，对元件进行归类，显示在元件清单中。

➢ "All Columns"（所有纵队）列表框：列出了系统提供的所有元件属性信息，如"Description"（元件描述信息）、"Component Kind"（元件类型）等。对于需要查看的有用信息，勾选右侧与之对应的复选框，即可在元件清单中显示出来。在图 6-41 中，使用了系统的默认设置，即只勾选"Comment"（注释）、"Description"（描述）、"Designator"（指示）、"Footprint"（引脚）、"LibRef"（库编号）和"Quantity"（数量）6 个复选框。

要生成并保存报表文件，单击对话框中的"Export"（输出）按钮，系统将弹出"Export For"（输出为）对话框。选择保存类型和保存路径，保存文件即可。

6.3.3 网络表状态报表

该报表列出了当前 PCB 文件中所有的网络,并说明了它们所在工作层和网络中导线的总长度。单击菜单栏中的"报告"→"网络表状态"选项,即生成名为"单片机 PCB 图.REP"的网络表状态报表,其格式如图 6-15 所示。

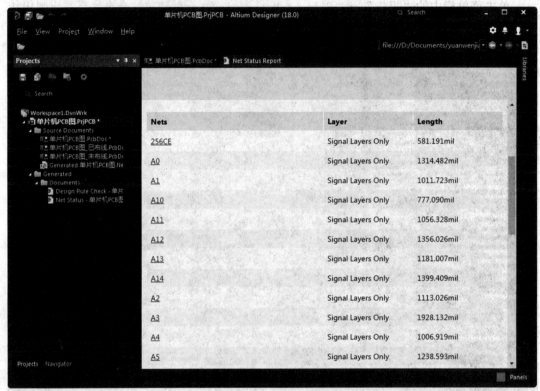

图 6-15 网络表状态报表的格式

6.4 电路板的打印输出

PCB 设计完毕,就可以将其源文件、制造文件和各种报表文件按需要进行存档、打印、输出等操作了。例如,将 PCB 文件打印作为焊接装配指导文件,将元件报表打印作为采购清单,生成胶片文件送交加工单位进行 PCB 加工,当然也可直接将 PCB 文件交给加工单位用以加工 PCB。

6.4.1 打印 PCB 文件

利用 PCB 编辑器的文件打印功能,可以将 PCB 文件不同工作层上的图元按一定比例打印输出,用以校验和存档。

01 页面设置。PCB 文件在打印之前,要根据需要进行页面设定,其操作方式与 Word文档中的页面设置非常相似。

单击菜单栏中的"文件"→"页面设置"选项,系统将弹出如图 6-16 所示的"Composite

Properties"（复合页面属性设置）对话框。

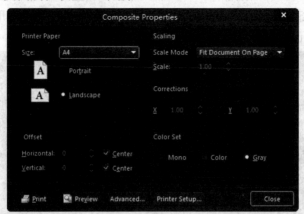

图 6-16 "Composite Properties"（复合页面属性设置）对话框

该对话框中各选项的功能如下：

➢ "Printer Paper"（打印纸） 选项组：用于设置打印纸尺寸和打印方向。

➢ "Scaling"（缩放比例） 选项组：用于设定打印内容与打印纸的匹配方法。系统提供了两种缩放匹配模式，即"Fit Document On Page"（适合文档页面）和"Select Print"（选择打印）。前者将打印内容缩放到适合图纸大小，后者由用户设定打印缩放的比例因子。如果选择了"Selects Print"（选择打印）选项，则"Scale"（比例） 文本框和"Corrections"（修正） 选项组都将变为可用。在"Scale"（比例） 文本框中填写比例因子设定图形的缩放比例，填写 1.0 时，将按实际大小打印 PCB 图形；"Corrections"（修正） 选项组可以在"Scale"（比例） 文本框参数的基础上再进行 X、Y 方向上的比例调整。

➢ "Offset"（页边）选项组：勾选"Center"（中心） 复选框时，打印图形将位于打印纸张中心，上、下边距和左、右边距分别对称。取消对"Center"（中心）复选框的勾选后，在"Horizontal"（水平）和"Vertical"（垂直） 文本框中可以进行参数设置，改变页边距，即改变图形在图纸上的相对位置。选用不同的缩放比例因子和页边距参数而产生的打印效果可以通过打印预览来观察。

➢ "Advanced"（高级） 按钮：单击该按钮，系统将弹出如图 6-17 所示的"PCB Printout Properties"（PCB 图层打印输出属性）对话框，在该对话框中可设置要打印的工作层及其打印方式。

02 打印输出属性。

❶在如图 6-17 所示的"PCB Printout Properties"（PCB 图层打印输出属性）对话框中，双击"Multilayer Composite Print"（多层复合打印）左侧的页面图标，系统将弹出如图 6-18 所示的"Printout Properties"（打印输出属性）对话框。在该对话框的"Layers"（层）列表框中列出了将要打印的工作层，系统默认列出所有图元的工作层。通过底部的编辑按钮可对打印层面进行添加、删除操作。

❷单击"Printout Properties"（打印输出属性）对话框中的"Add"（添加）按钮或"Edit（编辑）"按钮，系统将弹出如图 6-19 所示的"Layer Properties"（工作层属性）对话框。在该对话框中进行图层打印属性的设置。在各个图元的选项组中，提供了 3 种类

型的打印方案，即"Full"（全部）、"Draft"（草图）和"Hide"（隐藏）。"Full"（全部）即打印该类图元全部图形画面，"Draft"（草图）只打印该类图元的外形轮廓，"Hide"（隐藏）则隐藏该类图元，不打印。

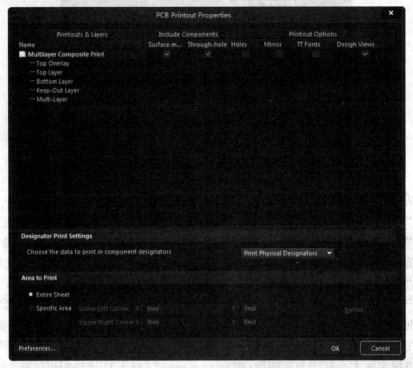

图 6-17　"PCB Printout Properties"（PCB 图层打印输出属性）对话框

图 6-18　"Printout Properties"（打印输　图 6-19　"Layer Properties"（工作层属性）对
　　　　出属性）对话框　　　　　　　　　　　　　话框

❸设置好"Printout Properties"（打印输出属性）对话框和"Layer Properties"（工作层属性）对话框后，单击"OK"（确定）按钮，返回"PCB Printout Properties"（PCB 打印输出属性）对话框。单击"Preferences"（参数）按钮，系统将弹出如图 6-20

所示的"PCB Print Preferences"（PCB 打印设置）对话框。在该对话框中用户可以分别设定黑白打印和彩色打印时各个图层的打印灰度和色彩。单击图层列表中各个图层的灰度条或彩色条，即可调整灰度和色彩。

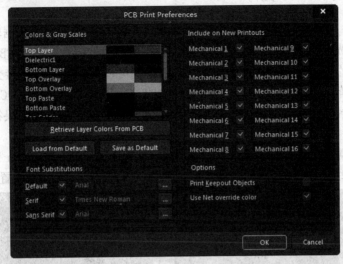

图 6-20　"PCB Print Preferences"（PCB 打印设置）对话框

❹设置好"PCB Print Preferences"（PCB 打印设置）对话框后，PCB 打印的页面设置就完成了。单击按钮 OK ，返回 PCB 工作区界面。

03 打印。单击"PCB 标准"工具栏中的打印按钮 ，或者单击菜单栏中的"文件"→"打印"选项，即可打印设置好的 PCB 文件。

6.4.2　打印报表文件

打印报表文件的操作更加简单一些。打开各个报表文件之后，同样先进行页面设定，而且报表文件的"高级"属性设置也相对简单。"Advanced Text Print Properties"（高级文本打印属性）对话框如图 6-21 所示。

勾选"Use Specific Font"（使用特殊字体）复选框后，即可单击"Change"（更改）按钮重新设置用户想要使用的字体和大小，如图 6-22 所示。

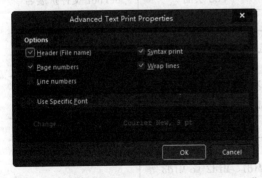

图 6-21　"Advanced Text Print Properties"
（高级文本打印属性）对话框

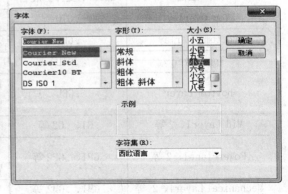

图 6-22　重新设置字体

设置好页面的所有参数后，就可以进行预览和打印了。其操作与 PCB 文件打印相同，这里不再赘述。

6.4.3 生成 Gerber 文件

Gerber 文件是一种符合 EIA 标准，用于将 PCB 电路板图中的布线数据转换为胶片的光绘数据，可以被光绘图机处理的文件。PCB 生产厂商用这种文件来进行 PCB 制作。各种 PCB 设计软件都具有生成 Gerber 文件的功能。一般我们可以把 PCB 文件直接交给 PCB 生产厂商，厂商会将其转换成 Gerber 格式。而有经验的 PCB 设计者通常会将 PCB 文件按自己的要求生成 Gerber 文件，再交给 PCB 厂商制作，确保 PCB 制作出来的效果符合个人定制的设计需要。

在 PCB 编辑器中，单击菜单栏中的"文件"→"制造输出"→"Gerber Files"（Gerber 文件）选项，系统将弹出如图 6-23 所示的"Gerber Setup"（Gerber 设置）对话框。

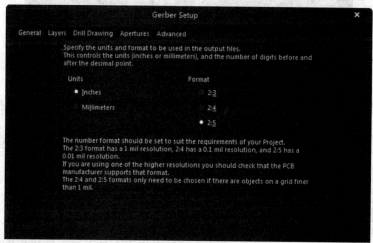

图 6-23 "Gerber Setup"（Gerber 设置）对话框

该对话框中选项卡的设置将在后面的实例中介绍。Altium Designer 18 系统针对不同 PCB 层生成的 Gerber 文件对应着不同的扩展名，见表 6-1。

表 6-1 Gerber 文件的扩展名

PCB 层面	Gerber 文件扩展名	PCB 层面	Gerber 文件扩展名
Top Overlay	.GTO	Top Paste Mask	.GTP
Bottom Overlay	.GBO	Bottom Paste Mask	.GBP
Top Layer	.GTL	Drill Drawing	.GDD
Bottom Layer	.GBL	Drill Drawing Top to Mid1、Mid2 to Mid3 等	.GD1、.GD2 等
Mid Layer1、2 等	.G1、.G2 等	Drill Guide	.GDG
PowerPlane1、2 等	.GP1、.GP2 等	Drill Guide Top to Mid1、Mid2 to Mid3 等	.GG1、.GG2 等
Mechanical Layer1、2 等	.GM1、.GM2 等	Pad Master Top	.GPT
Top Solder Mask	.GTS	Pad Master Bottom	.GPB
Bottom Solder Mask	.GBS	Keep-out Layer	.GKO

6.5 操作实例

打开电子资料包"yuanwenjian\ch06\6.5\example"文件夹中的"看门狗电路"项目文件。进行设计。

6.5.1 DRC

电路板设计完成之后，为了保证设计工作的正确性，还需要进行 DRC，如检查元器件的布局、布线等是否符合所定义的设计规则。Altium Designer 18 提供了设计规则检查功能 DRC，可以对 PCB 的完整性进行检查。

执行菜单命令"工具"→"设计规则检查"，弹出"Design Rule Checker"（设计规则检查器）对话框，如图 6-24 所示。

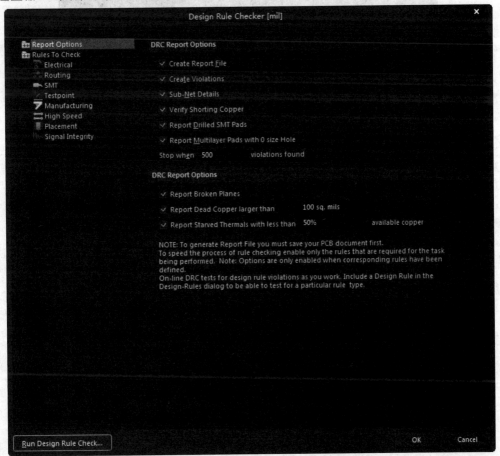

图 6-24 "Design Rule Checker"（设计规则检查器）对话框

选择"Rules To Check"（检查规则）标签页。该页中列出了所有的可进行检查的设计规则，这些设计规则都是在 PCB 设计规则和约束对话框里定义过的设计规则，如图 6-25 所示。

DRC 完成后，系统将生成设计规则检查报告，如图 6-26 所示。

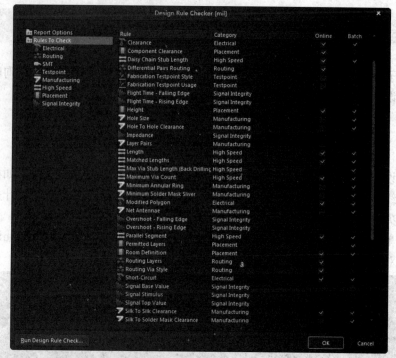

图 6-25　设计规则选项

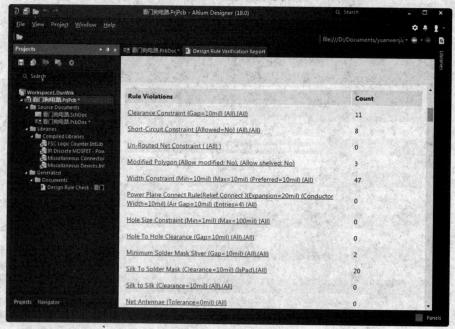

图 6-26　设计规则检查报告

6.5.2　元器件清单报表

执行菜单命令"报告"→"Bills of Materials"（元件清单），系统弹出元器件清单
报表设置对话框，如图 6-27 所示。

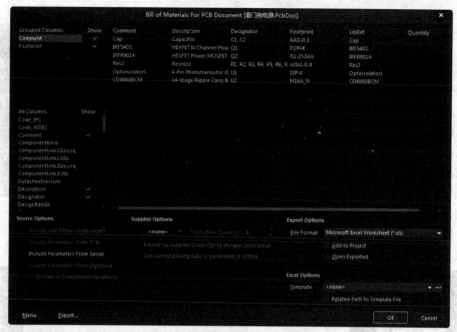

图6-27　元器件清单报表设置对话框

要生成并保存报表文件，单击对话框中的"Export"（输出）按钮，系统将弹出"Export For"（输出为）对话框，选择保存类型和保存路径，保存文件即可。

6.5.3　网络状态报表

网络状态报表主要用来显示当前 PCB 文件中的所有网络信息，包括网络所在的层面以及网络中导线的总长度。

执行菜单命令"报告"→"网络表状态"，系统生成网络状态报表，如图 6-28 所示。

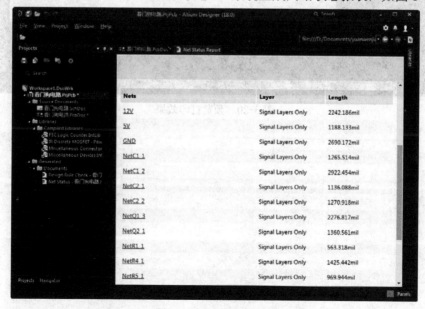

图6-28　网络状态报表

6.5.4 PCB 图及报表的打印输出

PCB 设计完成后，可以打印输出 PCB 图及相关报表文件，以便存档和加工制作等。PCB 图文件在打印之前，首先要进行页面设置。执行菜单命令"文件"→"页面设置"，打开页面设置对话框，如图 6-29 所示。设置完成后，单击"Preview"（预览）按钮，可以预览打印效果，如图 6-30 所示。若预览满意，单击"Print"（打印）按钮，即可将 PCB 图打印输出。将"看门狗电路"项目文件保存到电子资料包"yuanwenjian\ch06\6.5\result"文件夹中。

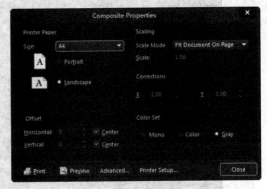

图 6-29 页面设置对话框

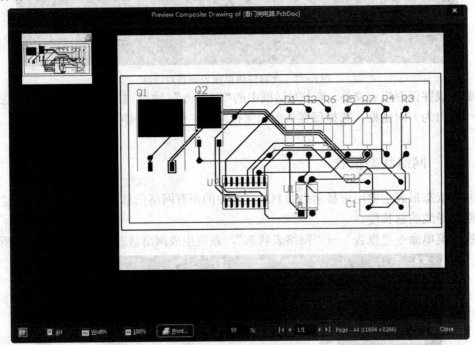

图 6-30 预览打印效果

第 **7** 章

信号完整性分析

Altium Designer 18 提供了信号完整性分析工具，用于确保信号完整性和 EMI 满足特定指标。由于支持版图前的分析，因此问题可以在设计阶段早期发现和修复。在原理图设计前，版图后的分析可获得最准确的信号完整性结果。或者是再次确认信号反射满足规范，或者需要详细的检查以确保严格的 EMI 标准得到满足。如果在版图设计前后分析信号，把约束条件作为制造前的DRC 检查，那么就可以确信该项目是有品质保证的，可以准备下一个项目了。

◎ 信号完整性的基本介绍

◎ 信号完整性演示范例

◎ 进行信号完整性分析实例

7.1 信号完整性的基本介绍

在高速数字设计领域，信号噪声会影响相邻的低噪声器件，以至于无法准确传递"消息"。随着高速器件越来越普遍，板卡设计阶段的分布式电路分析也变得越来越关键。信号的边沿速率只有几纳秒，因此需要仔细分析板卡阻抗，选用合适的信号线终端，减少这些线路的反射，保证电磁干扰(EMI)处于一定的规则范围之内。最后，需要保证跨板卡的信号完整性，即获得好的信号完整性。

📖 7.1.1 信号完整性的定义

从字面意义上来说，"信号完整性"这个术语代表信号的完整性分析。不同于那些处理电路功能操作的电路仿真的是，信号完整性分析假定电路互连完好，关注的是器件间的互连——驱动引脚源、目的接收引脚和连接它们的传输线。组件本身以它们引脚的I/O特性定型号。

我们在分析信号完整性时会检查（并期望不更改）信号质量。当然，理想情况下，源引脚的信号在沿着传输线传输时是不会有损伤的。器件引脚间的连接使用传输线技术建模，考虑线轨的长度、特定激励频率下的线轨阻抗特性以及连接两端的终端特性。一般分析需要通用快速的分析方法来确定问题信号。一般指筛选分析，而如果要进行更详细的分析，则要研究反射分析和电磁抗干扰分析。

如果原型板卡上的控制信号遭受间歇性的噪声干扰，那么电路功能就会受到不良影响。如今的设计就是在比可靠性、完整性成本和是否快速地推向市场。在设计流程的早期，越早解决信号完整性问题就越能减小原型开发的循环次数，完成给定的设计项目。许多EDA工具都可以在板卡版图设计前、设计中分析信号完整性，不过，只有在板卡完全布线后才能充分看到信号的完整性效果，在电磁干扰分析中尤其如此。但经常处理反射问题可大大减小EMI效果。

多数信号完整性问题都是由反射造成的。实际的补救办法在本书7.3节会有详细介绍，即通过引入合适的终端组件来进行阻抗不匹配补偿。如果在设计输入阶段就进行分析，则相对可以更快、更直接地添加终端组件。很明显，相同的分析也可以在版图设计阶段完成，但在版图完成后再添加终端组件十分费时且容易出错，在密集的板卡上尤其如此。有一种很好的补救策略，也是许多工程师在使用信号完整性分析时用的，就是在设计输入后、PCB图设计前进行信号完整性分析，处理反射问题，根据需求放置终端，接着进行PCB设计，使用基于期望传输线阻抗的线宽进行布线，然后再次分析。在输入阶段检查有问题标值的信号，同样需要进行EMI分析，把EMI保持在可接受的水平。

一般信号传输线上反射的起因是阻抗不匹配。基本电子学指出，一般电路都有输出有低阻抗而输入有高阻抗的情况。为了减小反射，获得干净的信号波形、没有响铃特征，就需要很好的匹配阻抗。一般的解决方案包括在设计中的相关点添加终端电阻或RC网络，以此匹配终端阻抗，减少反射。此外，在PCB布线时考虑阻抗也是确保更好信号完整性的关键因素。

串扰水平（或 EMI 程度）与信号线上的反射直接成比例。如果信号质量条件得到满足，反射几乎可以忽略不计。使信号到达目的地的路径尽量少绕弯路，就可以减少串扰。设计工程师的设计的黄金定律就是通过正确的信号终端和 PCB 上受限的布线阻抗获得最佳的信号质量。一般 EMI 需要严格考虑，但如果设计流程中集成了很好的信号完整性分析，则设计就可以满足最严格的规范要求。

7.1.2　在信号完整性分析方面的功能

要在原理图设计或 PCB 制造前创建正确的板卡，一个关键因素就是维护高速信号的完整性。Altium Designer 18 的统一信号完整性分析仪提供了强大的功能集，可保证您的设计以期望的方式在真实世界工作。具体操作如下：

01 确保高速信号的完整性。最近，越来越多的高速器件出现在数字设计中，这些器件也导致了高速的信号边沿速率。对设计师来说，需要考虑如何保证板卡上信号的完整性。快速的上升时间和长距离的布线会带来信号反射。特定传输线上明显的反射不仅会影响该线路上传输的真实信号，而且也会给相邻传输线带来"噪声"，即讨厌的电磁干扰（EMI）。要监控信号反射和交叉信号电磁干扰，您需要可以详细分析设计中信号反射和电磁干扰程度的工具。Altium Designer 18 就能提供这些工具。

02 在 Altium Designer 18 中进行信号完整性分析。Altium Designer 18 提供了完整的集成信号完整性分析工具，可以在设计的输入（只有原理图）和版图设计阶段使用。将先进的传输线计算和 I/O 缓冲宏模型信息用作分析仿真的输入。再结合快速反射和抗电磁干扰模拟器，就可使用分析工具采用业界实证过的算法进行准确的仿真。

注意 无论只进行原理图分析还是对 PCB 进行分析，原理图或 PCB 文档都必须属于该项目。如果存在 PCB，则分析始终要基于该 PCB 文档。

7.1.3　信号完整性分析前的准备

在做具体的信号完整性分析之前需要做如下准备：

❶并不是所有的网络都可以进行信号完整性的特性分析。为了成功分析所有特性，网络必须包含有一个输出引脚的 IC。如果没有输出引脚提供驱动源，那么电阻、电容和电感是不能仿真的。分析双向网络时要对两个方向都进行仿真，结果显示最坏的情况。

❷设计中每个组件的信号完整性模型类型必须正确。用鼠标选定要定义的组件，然后执行菜单命令"工具"→"Signal Integrity"（信号完整性），弹出如图 7-1 所示的对话框，在图 7-1 所示的对话框里单击右下角的"Model Assignments"（模型匹配）按钮，弹出如图 7-2 所示"Signal Integrity Model Assignments for DifferentialPair.PCBDOC"（信号完整性模型匹配）对话框。如果并不是所有组件都定义了模型，那么就会在启动分析仪时使用该对话框。另外，还可以直接从原理图调整模型，编辑每个组件各自的模型链接，然后双击模型链接访问信号完整性模型匹配对话框。

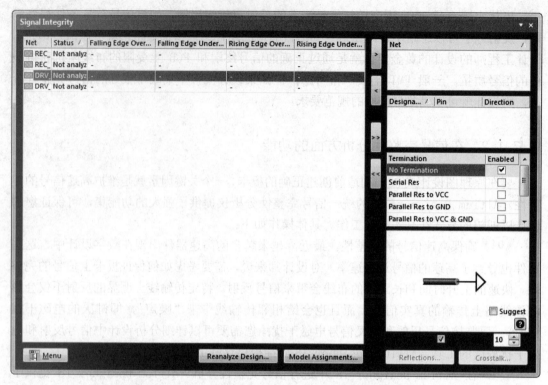

图 7-1 "Signal Integrity"（信号完整性）对话框

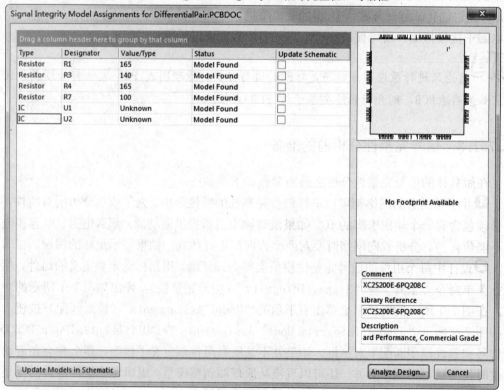

图 7-2 "Signal Integrity Model Assignments for DifferentialPair.PCBDOC"
（信号完整性模型匹配）对话框

对于 IC 组件来说，一般要从 IBIS 文件导入模型 I/O 引脚特性。双击图 7-2 中的组件名称，会弹出"Signal Integrity Model"（信号完整性模型）对话框，在该对话框中更改器件引脚类型并点击对话框中的"Import IBIS"即可弹出选择 IBIS 文件对话框，在"X:\7.1\Signal Integrity\Nbp-28\ibis models\amd"路径下选择要安装的引脚模型文件"lv640f63.ibs"，Altium Designer 18 会读取该文件并将引脚模型导入安装的引脚模型库中，如图 7-3 所示。此外，该文件为组件的所有引脚都指定了适当的引脚模型。

与任何仿真一样，使用到的模型一定要准确。真的准确度只能和使用到的模型一样。

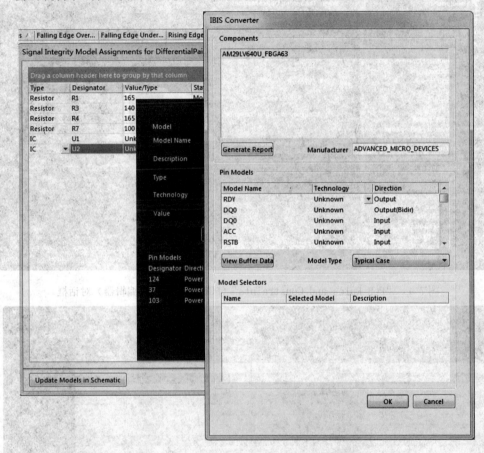

图 7-3　通过 IBIS 模型文件迅速导入引脚模型

通过确定模型来减少猜测，模型被定义在设计中的每个组件中。

❸设计中每个供电网络的规则必须要设定。通常至少要有两种规则，一个用于电源网络，另一个用于接地网络。单击"设计"→"规则"选项，弹出"PCB Rules and Constraints"（PCB 规则和约束编辑器）对话框，如图 7-4 所示。设计项目中不存在 PCB 时，可指定规则，为每个要求的网络添加合适的 PCB 版图指令。另外，也可把这些约束条件作为 SI（Signal Integrity）设置选项的一部分指定。

❹从 PCB 板卡进行分析时，必须确保正确定义了 PCB 层堆叠。信号完整性分析需要连续的电源平面层。不支持分离的电源平面层，因此要使用分配给该电源平面层的网络。如果连续的电源平面层不存在则假定其存在，所以最好添加并适当地配置它们。板卡所有层的厚度、内核和料坯也必须正确设置。这些特性以及电介值都可以通过单击"设计"→

"层叠管理器"选项，打开"Layer Stark Manager"（层堆栈管理器）对话框来设置，如图 7-5 所示。

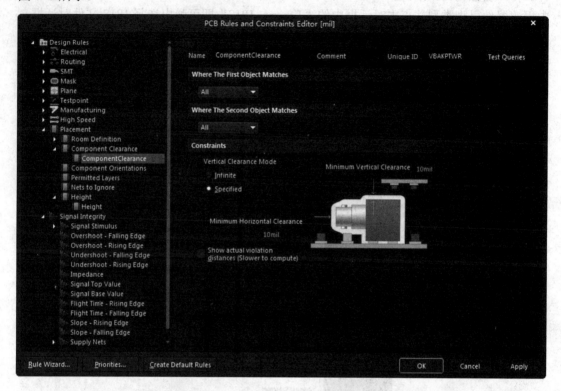

图 7-4 "PCB Rules and Constraints"（PCB 规则和约束编辑器）对话框

图 7-5 "Layer Stark Manager"（层堆栈管理器）对话框

在版图设计之前进行分析时，出于计算的目的要使用具有两个内部电源平面的、缺省为两层的板卡。如果需要更多的控制，只需把一个空白的 PCB 文档添加到项目中，然后根据需要定义层堆叠即可。

❺即使不要求，可能也要定义一个信号激励设计规则。激励是待分析网络上每个驱动引脚上注入的信号。

📖7.1.4 运行信号完整性分析的工具

信号完整性分析工具可通过在原理图或 PCB 上执行"工具"→"Signal Integrity"（信号完整性）菜单命令访问，如图 7-6 所示。如果没有为所有组件定义模型，则分析仪会尝试猜测使用哪个模型。如果有未定义模型，则会弹出警告对话框，这时可以继续分析或停下来修整一下模型定义，只需单击"Continue"（继续）或"Model Assignments"（模型分配）即可。

01 设置默认布线特性。对一个项目首次运行信号完整性分析仪时，无论是否存在 PCB 文档，都会出现"SI Setup Options"（SI 设置选项）对话框。使用该对话框中"Track Impedance"（布线阻抗）和"Average Track Length"（平均布线长度）的默认值。

❶PCB 不存在时(版图前分析)，分析仪使用这些默认值获得设计可能的信号完整性性能数值。因此，长度值应理想地反映出电路板的尺寸。对于版图前的分析，任何时候在"Signal Integrity"（信号完整性）面板都可以访问"SI Setup Options"（设置选项）。如果原理图上没有定义，则该对话框将包括定义"Supply Net"（供电网络）和"Stimulus"（激励信号）规则的标签。

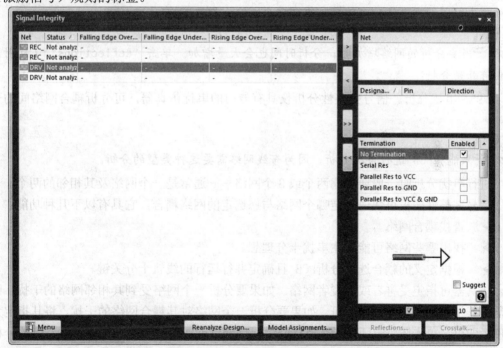

图 7-6　"Signal Integrity"（信号完整性）对话框

❷PCB 存在时（版图前分析），"Track Impedance"（布线阻抗）仅用于不跨越 PCB 的网络。其和已经转换的未布线网络都会使用合适的宽度/阻抗规则。"Average Track Length"（平均布线长度）将应用于未布线网络。然而，如果您放置了组件，也可以对这些网络使用"Manhattan"长度。

一旦根据需求定义了选项/模型，就可以开始进行分析了，系统会显示出"Signal Integrity（信号完整性）"面板。

02 最初的筛选分析。信号完整性面板列出了设计中的所有网络（不包括电源网络）。分析仪对设计中的所有网络进行初始的快速分析（这称作筛选分析），结果列在面板左侧，包括：

> 网络数据(如线轨的总长度以及网络是否布线)。

> 阻抗数据。

> 电压数据(如上升和下降电压)。

> 定时数据(如飞行数据)。

右击"Show/Hide Columns"（显示/隐藏纵队）子菜单可决定面板上显示哪个数据。默认情况下只显示上升电压和下降电压。这是判断哪个网络有问题的最佳特性。

调查最初的筛选分析结果，确定设计中的问题网络。筛选分析是一种粗线条的分析，用于快速确定有问题的网络，然后再做详细分析。如果要进一步分析一个或多个网络，需要双击或用单箭头按钮来移动网络，将它们拖到右边的面板做反射或串扰分析。

03 反射分析。作为分析工具的一部分，信号完整性分析带有反射模拟器。模拟器通过来自 PCB 或指定的默认布线特性和层信息，以及相应的驱动和接收 I/O 缓冲模型来计算网络节点电压。一个二维现场解析器会自动计算传输线的电气特性。建模时假定 DC 路径损失可以忽略不计。可仿真一个或多个网络。

注意 当要分析的网络增加时，分析时间也会大量增加。单击"Reflections"（反射）按钮可开始分析。

04 串扰分析。信号完整性分析仪具有专门的串扰仿真器，可分析耦合网络间的干扰。

注意 只能从PCB 进行串扰分析，因为布线网络需要这种类型的分析。

进行串扰分析时一般要考虑两个或 3 个网络——通常是一个网络及其相邻的两个。

信号完整性面板可快速判定哪个网络与您选定的网络耦合。它具有以下几种功能：

> 查找耦合网络。

> 找出哪些网络可能发生串扰十分理想。

> 根据定义的耦合选项分析PCB 且确定并行运行的线轨十分关键。

仿真器可指定受害者或入侵者网络。如果要分析一个网络受到其相邻网络的干扰，则只需将其指定为受害者网络即可。如果要分析一个网络对其耦合网络的干扰，将其指定为入侵者即可。单击图 7-7 所示的"Signal Integrity"（信号完整性）对话框左侧的分析网络，单击鼠标右键，选择"Preference"（属性），弹出图 7-8 所示的对话框，然后选择要分析的网络，点击"Signal Integrity"（信号完整性）对话框左下侧的"Menu"（菜单）按钮，出现如图 7-8 所示的对话框。

05 显示分析结果。单击图 7-7 所示的"Signal Integrity"（信号完整性）对话框中的"Reflections"（反射）按钮开始分析，分析结束后会生成一个仿真数据文件(*.sdf)，并在"Simulation Data Editor"的波形显示窗口中显示，如图 7-9 所示。

在反射分析上，SDF 文件包括每个分析网络的图表，网络中每个引脚状态的波形（点状)图。串扰分析表的数据显示和反射分析表的显示同样重要,唯一区别是这种分析类型只有一个单个的图表,每个被分析网络的每个引脚都有绘图显示。

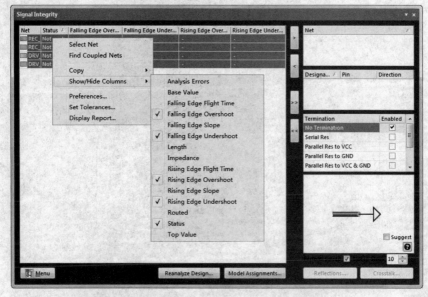

图7-7 "Signal Integrity"(信号完整性)对话框

图7-8 快速找出与特定问题网络相耦合的网络

06 虚拟传输线阻抗。在信号完整性方面成功设计的关键是在载入的时候就获得较好的信号质量。这在理想情况下意味着零反射(无振铃)。在现实中不可能总是有零反射,但振铃的级别可以通过终结减小到设计可接受的范围。

信号完整性分析仪具有终端监视器(Termination Advisor),可通过"Signal Integrity"面板进入,在图7-7所示的"Signal Integrity"(信号完整性)对话框右侧部分定义的网络位置插入虚拟终端,如图7-10所示。这样就可以自由测试各种终端类型,无须对板卡做出物理改动。共有8种不同的终端类型可用,包括默认的没有终端的情况。在反射和串扰分析时可激活多个终端类型,每种都有独立的波形集。可以把最好的终端添加到设计中,获得传输线的最佳信号质量,从而把反射降低到可接受的水平。也可使用终端组件值的扫描范围进行分析。

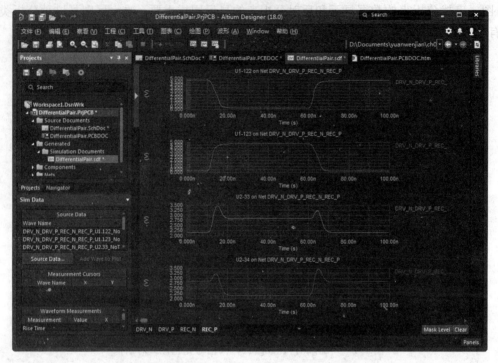

图 7-9　分析结果显示在 "Simulation Data Editor" 中

　　激活在图 7-7 所示的 "Signal Integrity"（信号完整性）对话框中部偏下位置的 "执行扫描" 选项并指定扫描的次数，如扫描次数指定为 2，则第一次分析通过使用该组件指定的最小值，第二次使用最大值。一旦找到期望的终端类型，则可以直接将其放置在原理图上。可完全控制使用哪个库组件，确定其是放在所有可用引脚还是只放在选定引脚上以及该组件的准确值，只需把附加终端电路和相关引脚连接起来即可。

　　如果在 PCB 设计前进行分析，则工作就更简单了，无需与现有（可能是密集布线）的 PCB 进行再次同步。

　　07 板卡布线线轨上的阻抗控制。反射由不匹配的阻抗导致。目前都在讨论在组件引脚级别解决阻抗不匹配的问题，以及如何添加合适的终端，使接收引脚的阻抗更好地匹配驱动引脚的阻抗。

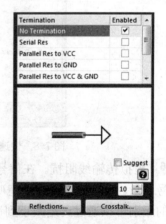

图 7-10　各种虚拟终端和数值进行阻抗匹配，减少反射和串扰

　　事实上，Altium Designer 18 可以给出板卡上的布线线轨所需的阻抗。Altium Designer 18 的 PCB Editor 可指定要求的阻抗，通过计算每层所需的布线宽度来实现这一目的。在 "PCB 规则及约束编辑器" 对话框中定义 "Routing→Width" 设计规则时激活 "典型阻抗驱动宽度" 选项，然后输入所需的最小、典型、最大阻抗，这些参数会自动转换为每个单层的宽度，匹配用户定义的物理层属性，如图 7-11 所示。

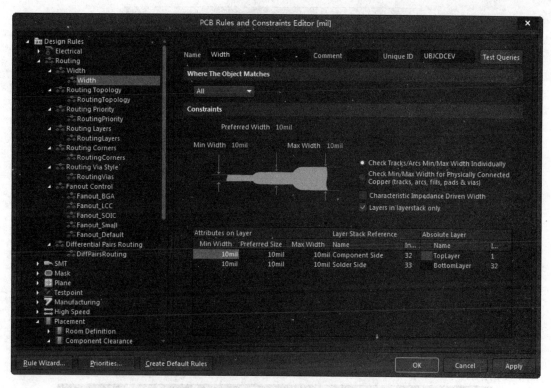

图7-11　通过该对话框指定最小、典型和最大阻抗

注意　可通过"阻抗公式编辑器"对话框中定义的公式来计算阻抗，该对话框通过"层堆栈管理器"对话框可以调出（"设计"→"层叠管理器"）使用，如图7-12所示。单击阻抗计算按钮 Impedance Calculation...，弹出"Impedance Formula Editor"（阻抗公式编辑器）对话框，如图7-13所示。

将完成设置的文件保存在电子资料包"yuanwenjian\ch07\7.1\result"文件夹中。

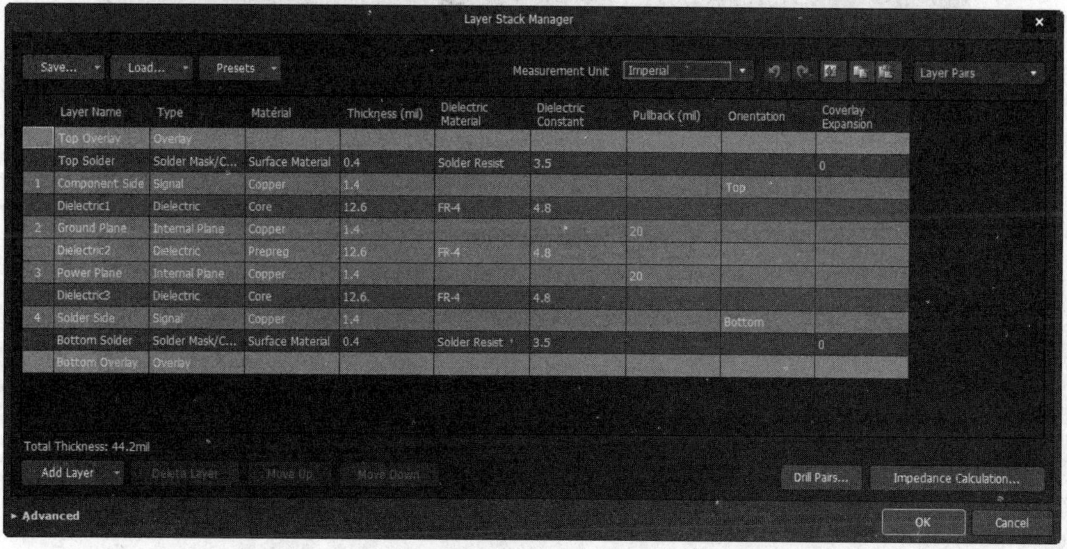

图7-12　"Layer Stack Manager"（层堆栈管理器）对话框

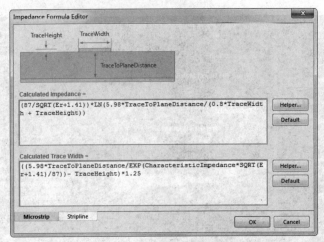

图 7-13 "Impedance Formula Editor"(阻抗公式编辑器)对话框

7.1.5 将信号完整性集成进标准的板卡设计流程中

在生成的 PCB 输出前,一定要运行最终的设计规则检查 (DRC)。通过"工具"→"设计规则检查"菜单命令可以打开"Design Rule heckerC"(设计规则检查器)对话框,如图 7-14 所示。

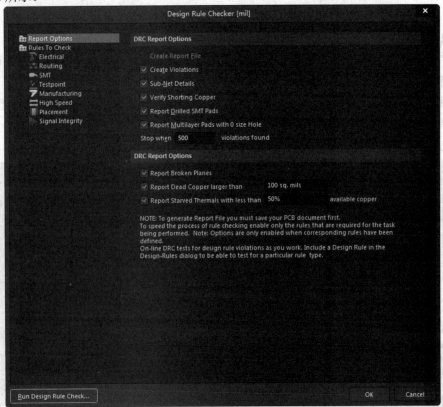

图 7-14 "Design Rule heckerC"(设计规则检查器)对话框

作为 Batch DRC 的一部分,Altium Designer 18 的 PCB 编辑器可定义各种信号完整性规则。用户可设定参数门限，如降压和升压、边沿斜率、信号级别和阻抗值。如果在检查过程中发现问题网络，那么还可以进行更详细的反射或串扰分析。

这样，建立可接受的信号完整性参数成为了正常板卡定义流程的一部分，和日常定义对象间隙和布线宽度一样。然后确定物理版图导致的信号完整性问题就自然成为了完成板卡全部 DRC 的一部分。只可将信号完整性设计规则作为补充检查而不是分析设计的唯一途径来考虑。

7.2 信号完整性演示范例

Altium Designer 18 中有许多范例项目，演示了信号完整性分析仪的功能。

7.3 进行信号完整性分析实例

在 Altium Designer 18 设计环境下，既可以在原理图又可以在 PCB 编辑器内实现信号完整性分析，并且能以波形的方式在图形界面下给出反射和串扰的分析结果。其特点如下：

❶Altium Designer 18 具有布局前和布局后信号完整性分析功能，采用成熟的传输线计算方法，以及 I/O 缓冲宏模型进行仿真，信号完整性分析器能够产生准确的仿真结果。

❷布局前的信号完整性分析允许用户在原理图环境下，对电路潜在的信号完整性问题进行分析。

❸更全面的信号完整性分析是在 PCB 环境下完成的，它不仅能对反射和串扰以图形的方式进行分析，而且还能利用规则检查发现信号完整性问题。Altium Designer 18 能提供一些有效的终端选项来帮助选择最好的解决方案。

下面详细介绍使用 Altium Designer 18 进行信号完整性分析的步骤。

注意 不论是在 PCB 还是在原理图环境下，进行信号完整性分析时，设计文件必须在工程当中，如果设计文件是作为自由文档出现的，则不能进行信号完整性分析。

本例主要介绍在 PCB 编辑环境下如何进行信号完整性分析。

为了得到精确的结果，在进行信号完整性分析之前需要完成以下步骤：

01 电路中需要至少一块集成电路，因为集成电路的引脚可以作为激励源输出到被分析的网络上。像电阻、电容、电感等被动元件，如果没有源的驱动，是无法给出仿真结果的。

02 针对每个元件的信号完整性模型必须正确。

03 在规则中必须设定电源网络和接地网络，具体操作见下面的介绍。

04 必须要设定激励源。

05 用于 PCB 的层堆栈必须设置正确，电源平面必须连续，分散的电源平面将无法得到正确分析结果。另外，要正确设置所有层的厚度。

本实例参照"Signal Integrity \Simple FPGA _SI_Demo.PrjPCB"项目文件，为方

便操作，将文件保存到电子资料包"yuanwenjian\ch07\7.3\example"文件夹下。

本实例操作步骤如下：

01 在 Altium Designer 18 设计环境下，选择菜单栏中的"文件"→"打开工程"选项，选择源文件目录"yuanwenjian\ch07\7.3\example\Bluetooth_Sentinel.PrjPCB"，进入 PCB 编辑环境，如图 7-15 所示。

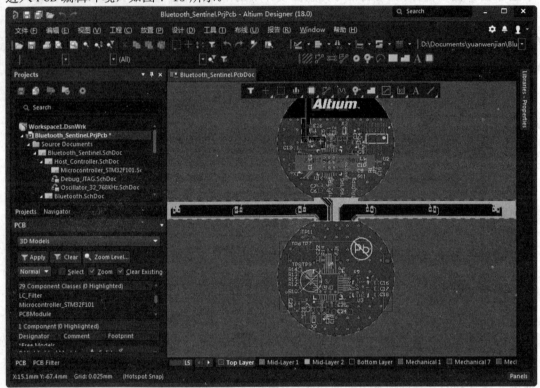

图 7-15　进入 PCB 编辑环境

02 选择菜单栏中的"设计"→"层叠管理器"命令，配置好相应的层后，单击阻抗计算按钮 Impedance Calculation... ，配置板材的相应参数，如图 7-16 所示。本例中为默认值。

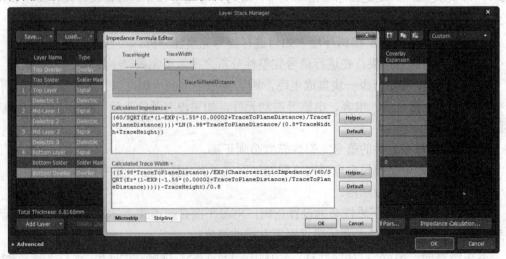

图 7-16　选择相应的层并配置板材的相应参数

03 执行"设计"→"规则"菜单命令，在"Signal Integrity"（信号完整性）一栏设置相应的参数，如图 7-17 所示。首先设置"Signal Stimulus"（信号激励），右击"Signal Stimulus"，选择"New Rule"（新规则），在新出现的"SignalStimulus"界面下设置相应的参数。本例采用默认值。

图 7-17　设置参数

04 设置电源和接地网络，右键选中"Supply Net"，选择"New Rule"（新规则），在新出现的"Supply Nets"界面下将 GND 网络的电压设置为 0，如图 7-18 所示，按相同方法再添加规则，将 VCC 网络的参数值设置为 5。其余的参数按实际需要进行设置。最后单击"OK"（确定）按钮退出。

05 执行"工具"→"Signal Integrity"（信号完整性）菜单命令，弹出"Signal Integrity"（信号完整性）对话框，如图 7-19 所示。

06 选中信号 VBAT，单击"Model Assignments（模型匹配）"按钮，就会进入模型配置的界面，如图 7-20 所示。

07 在图 7-20 所示的模型配置界面下，能够看到每个器件所对应的信号完整性模型，并且每个器件都有相应的状态与之对应。器件状态的解释见表 7-1。

修改器件模型的步骤如下：

08 双击需要修改模型的器件（X2）的"Status"（状态）部分，弹出相应的窗口，如图 7-21 所示。在"Type（类型）"选项中选择器件的类型，在"Technology"（技术）选项中选择相应的驱动类型，也可以从外部导入与器件相关联的 IBIS 模型，单击"Import IBIS"按钮，选择从器件厂商提供的 IBIS 模型即可。模型设置完成后，单击"OK"（确定）按钮退出。

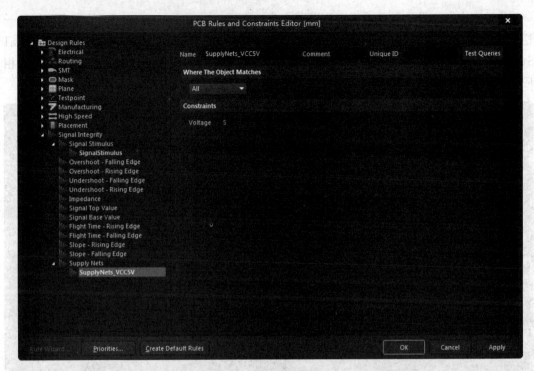

设置电源

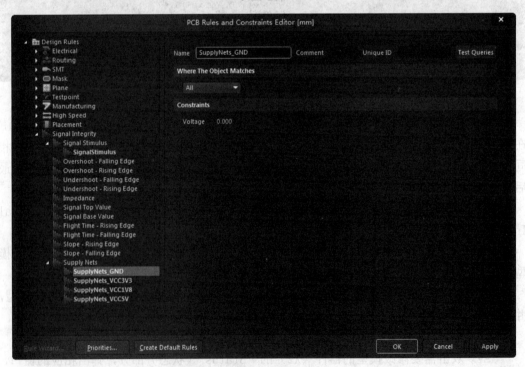

设置接地网络

图 7-18　设置电源和接地网络

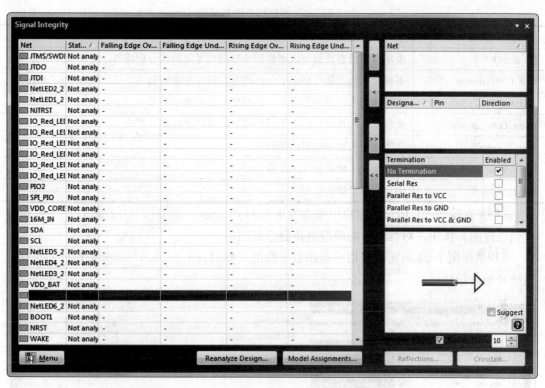

图 7-19　"Signal Integrity"（信号完整性）对话框

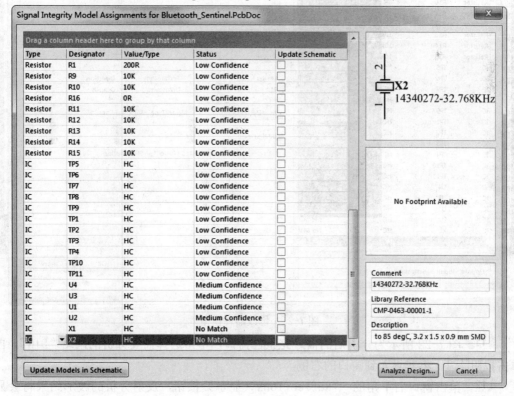

图 7-20　模型配置界面

表 7-1　器件状态的解释

状态	解释
No Match	表示目前没有找到与该器件相关联的信号完整性分析模型，需要人为地去指定
Low Confidence	系统自动为该器件指定了一种模型，但置信度较低
Medium Confidence	系统自动为该器件指定了一种模型，置信度中等
High Confidence	系统自动为该器件指定了一种模型，置信度较高
Model found	与器件相关联的模型已经存在
User Modified	用户修改了模型的有关参数
Model added	用户创建了新的模型

09 在图 7-21 所示的窗口中单击左下角的 "Update Models Schematic"（更新模型到原理图）按钮，将修改后的模型更新到原理图中。

10 在图 7-21 所示的窗口中单击右下角的 "Analyze Design"（分析设计）按钮，系统开始进行分析。

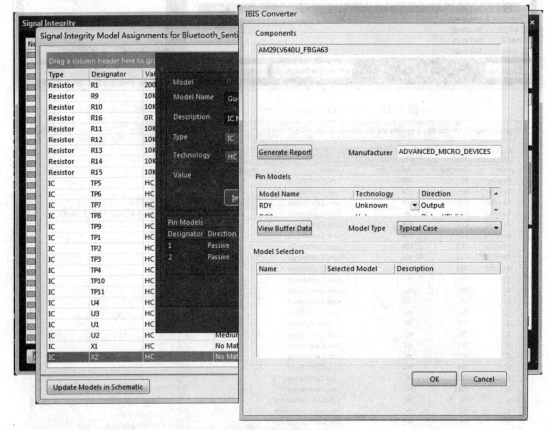

图 7-21　修改器件模型

11 图 7-22 所示为分析后的信号完整性窗口，单击选择需要分析的网络 "DIN"，再单击按钮 ，将其导入到窗口的右侧。

12 单击窗口右下角的 "Reflections（显示）按钮，反射分析的波形结果将会显示出来，如图 7-23 所示。

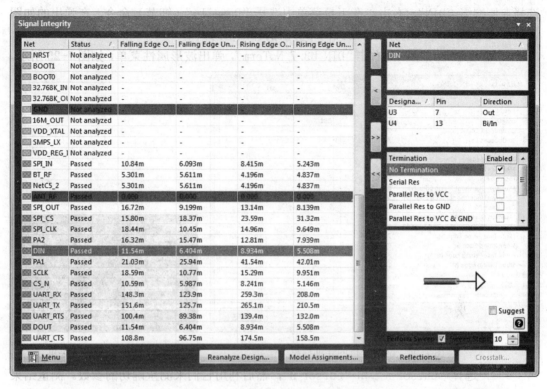

图 7-22　分析后的信号完整性窗口

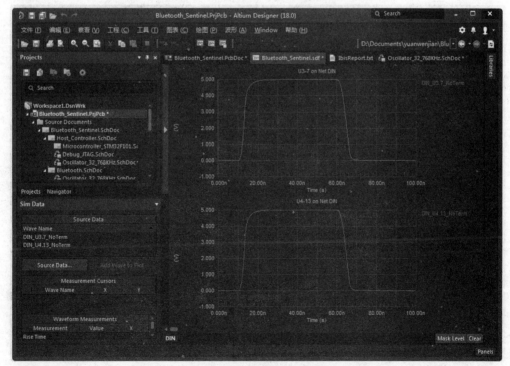

图 7-23　反射分析的波形结果

⑬ 在图 7-22 所示的分析后的信号完整性窗口中，左侧部分可以看到网络是否通过了相应的规则，如过冲幅度等，通过右侧的设置，可以以图形的方式显示过冲和串扰结果。

选择左侧网络"DIN"，右击，在下拉菜单中选择"Details"（细节）命令，在弹出的如图 7-24 所示的窗口中可以看到针对此网络分析的详细信息。

14 在波形结果图上右击"DIN_U3.7_NoTerm"，弹出波形属性菜单，如图 7-25 所示。

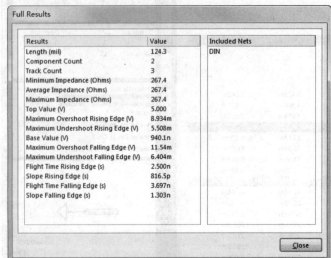

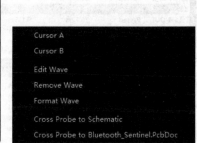

图 7-24　网络分析的详细信息　　　　　　　　　　　图 7-25　波形属性菜单

15 选择"Cursor A"和"Cursor B"，然后利用它们来测量确切的参数。测量结果显示在"Sim Data"窗口中，如图 7-26 所示。

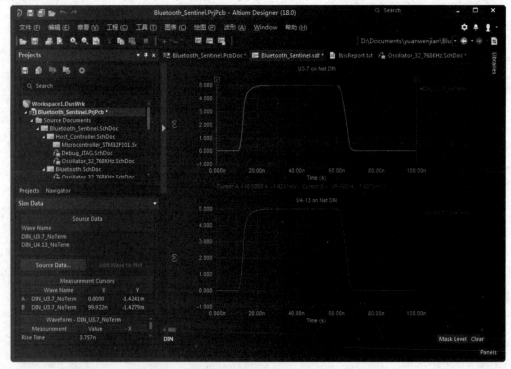

图 7-26　测量结果显示在"Sim Data"窗口中

16 返回到图 7-22 所示的窗口，窗口右侧给出了几种减小反射影响的端接策略。选择"Serial Res"（串阻补偿）复选框，将最小值和最大值分别设置为 25 和 125，选中

"Perform Sweep"（执行扫描）复选框，在"Sweep Steps"（扫描步长）文本框中填入 10，如图 7-27 所示。然后单击"Reflections"（显示）按钮，将会得到如图 7-28 所示的分析波形。选择一个满足需求的波形，能够看到此波形所对应的阻值，如图 7-29 所示。最后根据此阻值选择一个比较合适的电阻串接在 PCB 中相应的网络上即可。

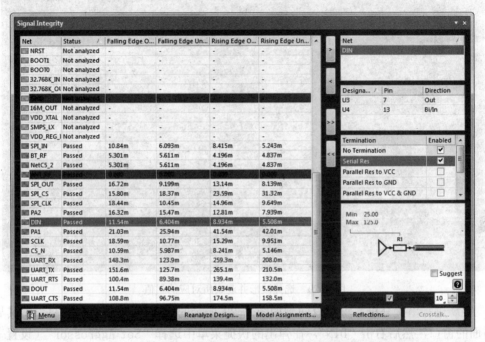

图 7-27　设置 Serial Bus 的数值

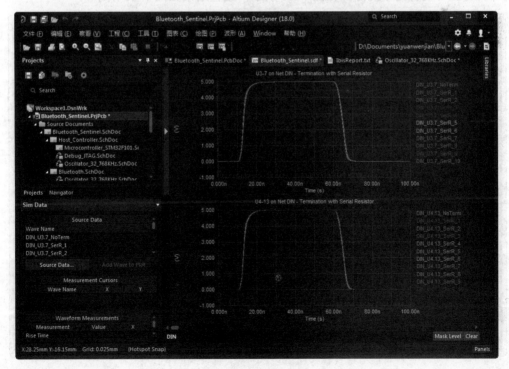

图 7-28　分析波形

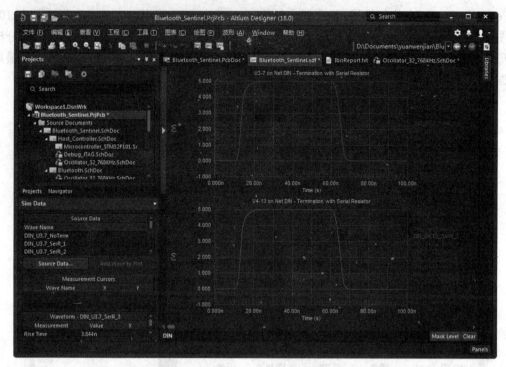

图 7-29　选择波形并观察所对应的阻值

17 进行串扰分析。重新返回到如图 7-22 所示的窗口，双击网络"PA1"将其导入到右面的窗口，然后右击"DIN"，在弹出的快捷菜单中选择"Set Aggressor"（设置干扰源）将"DIN"设置为干扰源，如图 7-30 所示，设置结果如图 7-31 所示。

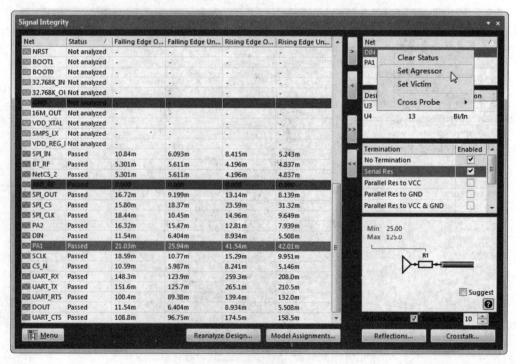

图 7-30　设置 DIN 为干扰源

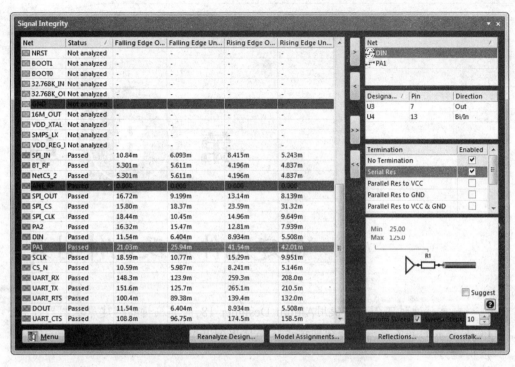

图 7-31　设置 DIN 为干扰源结果

18 单击图 7-31 右下角的 "Crosstalk Waveforms"（串扰分析波形）按钮，经过一段漫长时间的等待之后就会得到串扰分析波形，如图 7-32 所示。

将完成的项目文件保存到电子资料包 "yuanwenjian\ch07\7.3\result" 文件夹下。

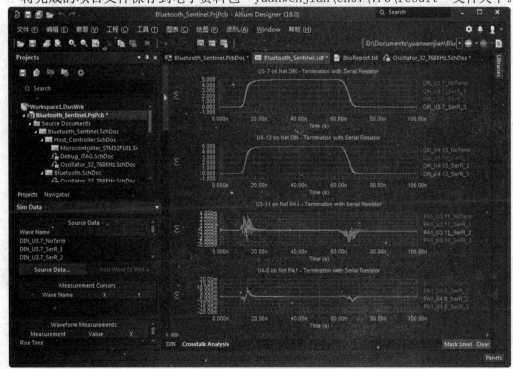

图 7-32　串扰分析波形

第  章

创建元件库及元件封装

　　本章将通过实例介绍使用Altium Designer 18 的库编辑器创建原理图器件和
PCB 封装的具体方法，并帮助读者提高使用Altium Designer 18创建元件的实际
应用能力。

◎　创建原理图元件库

◎　创建原理图元件

◎　创建 PCB 元件库及元件封装

◎　创建一个新的含有多个部件的原理图元件

8.1 创建原理图元件库

打开或新建一个原理图元件库文件，即可进入原理图元件库文件编辑器。打开系统自带的"4 Port Serial Interface"工程中的项目元件库"4 Port Serial Interface.SchLib"，原理图元件库文件编辑器如图8-1所示。

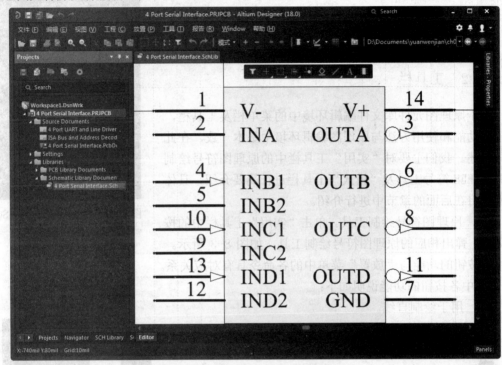

图8-1 原理图元件库文件编辑器

8.1.1 元件库面板

在原理图元件库文件编辑器中打开工作面板中的"SCH Library"（SCH 元件库）标签页，即可显示"SCH Library"（SCH 元件库）面板。该面板是原理图元件库文件编辑环境中的主面板，几乎包含了用户创建的库文件的所有信息，用于对库文件进行编辑管理，如图8-2所示。

01 "Components"（元件）列表框。在"Components"（元件）元件列表框中列出了当前所打开的原理图元件库文件中的所有库元件，包括原理图符号名称及相应的描述等。其中各按钮的功能如下：

➤ "Place"（放置）按钮：用于将选定的元件放置到当前原理图中。

➤ "Add"（添加）按钮：用于在该库文件中添加一个元件。

➤ "Delete"（删除）按钮：用于删除选定的元件。

➤ "Edit"（编辑）按钮：用于编辑选定元件的属性。

02 "Supply Links"（供应商连接）列表框。在"Supply Links"（供应商连接）列表框中可以为同一个库元件的供应商显示具体信息。例如，有些库元件的功能、封装和引脚形式完全相同，但由于产自不同的厂家，其元件型号并不完全一致。其中各按钮的功能如下：

> "Add"（添加）按钮：为选定元件添加供应商。
> "Delete"（删除）按钮：删除选定的供应商。
> "Order"（顺序）按钮：显示元件的供应商顺序。

📖8.1.2 工具栏

对于原理图元件库文件编辑环境中的菜单栏及工具栏，由于其功能和使用方法与原理图编辑环境中基本一致，在此不再赘述。我们主要对"实用"工具栏中的原理图符号绘制工具、IEEE 符号工具及"模式"工具栏进行简要介绍，具体的操作将在后面的章节中进行介绍。

01 原理图符号绘制工具。单击"实用"工具栏中的按钮 ，弹出相应的原理图符号绘制工具，如图 8-3 所示。其中各按钮的功能与"放置"菜单中的各命令具有对应关系。

图 8-2 "SCH Library"（SCH 元件库）面板

其中各按钮的功能说明如下：

：用于绘制直线。

：用于绘制贝塞尔曲线。

：用于绘制圆弧线。

：用于绘制多边形。

：用于添加说明文字。

：用于放置超链接。

：用于放置文本框。

：用于绘制矩形。

：用于在当前库文件中添加一个元件。

：用于在当前元件中添加一个元件子功能单元。

：用于绘制圆角矩形。

：用于绘制椭圆。

：用于插入图片。

：用于放置引脚。

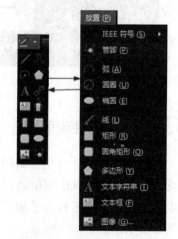

图 8-3 原理图符号绘制工具

这些按钮与原理图编辑器中的按钮十分相似，这里不再赘述。

02 IEEE 符号工具。单击"应用工具"工具栏中的按钮 ，弹出相应的 IEEE 符号工具，如图 8-4 所示。IEEE 符号工具是符合 IEEE 标准的一些图形符号。其中各按钮的功能与"放置"菜单中"IEEE Symbols"（IEEE 符号）命令的子菜单中的各命令具有对应关系。

其中各按钮的功能说明如下：

○：用于放置点状符号。

←：用于放置左向信号流符号。

▷：用于放置时钟符号。

⅃：用于放置低电平输入有效符号。

⌒：用于放置模拟信号输入符号。

＊：用于放置无逻辑连接符号。

┐：用于放置延迟输出符号。

◇：用于放置集电极开路符号。

▽：用于放置高阻符号。

▷：用于放置大电流输出符号。

⅃：用于放置脉冲符号。

⊢⊣：用于放置延迟符号。

]：用于放置分组线符号。

}：用于放置二进制分组线符号。

⊦：用于放置低电平有效输出符号。

π：用于放置 π 符号。

≥：用于放置大于等于符号。

◇：用于放置集电极开路正偏符号。

◇：用于放置发射极开路符号。

◇：用于放置发射极开路正偏符号。

#：用于放置数字信号输入符号。

▷：用于放置反向器符号。

Ð：用于放置或门符号。

◁▷：用于放置输入、输出符号。

D：用于放置与门符号。

ᴅ：用于放置异或门符号。

←：用于放置左移符号。

≤：用于放置小于等于符号。

Σ：用于放置求和符号。

⊓：用于放置施密特触发输入特性符号。

→：用于放置右移符号。

◇：用于放置开路输出符号。

▷：用于放置右向信号传输符号。

◁▷：用于放置双向信号传输符号。

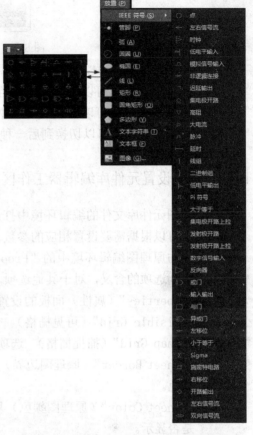

图 8-4　IEEE 符号工具

03 "模式"工具栏

"模式"工具栏用于控制当前元件的显示模式，如图 8-5 所示。

"模式"按钮：单击该按钮，可以为当前元件选择一种显示模式，系统默认为"Normal"

（正常）。

图 8-5 "模式"工具栏

➕：单击该按钮，可以为当前元件添加一种显示模式。

➖：单击该按钮，可以删除元件的当前显示模式。

⬅：单击该按钮，可以切换到前一种显示模式。

➡：单击该按钮，可以切换到后一种显示模式。

8.1.3 设置元件库编辑器工作区参数

在原理图元件库文件的编辑环境中打开"Properties"（属性）面板，如图 8-6 所示。在该面板中可以根据需要设置相应的参数。

该面板与原理图编辑环境中的"Properties"（属性）面板的内容相似，所以这里只介绍其中个别选项的含义，对于其他选项，用户可以参考前面章节介绍的关于原理图编辑环境的"Properties"（属性）面板的设置方法。

➢ "Visible Grid"（可见栅格）文本框：用于设置显示可见栅格的大小。

➢ "Snap Grid"（捕捉栅格）选项组：用于设置显示捕捉栅格的大小。

➢ "Sheet Border"（原理图边界）复选框：用于输入原理图边界是否显示及显示颜色。

➢ "Sheet Color"（原理图颜色）复选框：用于输入原理图中引脚与元件的颜色及是否显示。

图 8-6 "Properties"（属性）面板

另外，单击菜单栏中的"工具"→"原理图优先选项"选项，系统将弹出如图 8-7 所示的"Preferences"（参数选择）对话框。在该对话框中可以对其他的一些有关选项进行设置，设置方法与原理图编辑环境中完全相同，这里不再赘述。

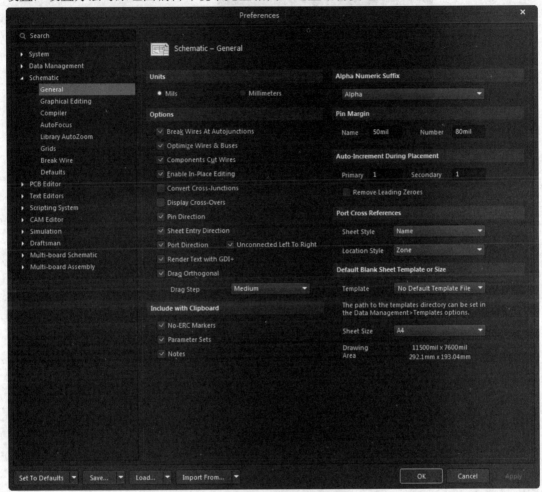

图 8-7　"Preference"（参数选择）对话框

8.1.4　绘制库元件

下面以绘制美国 Cygnal 公司的一款 USB 微控制器芯片"C8051F320"为例，详细介绍原理图符号的绘制过程。

01 绘制库元件的原理图符号。

❶单击菜单栏中的"File"（文件）→"新的"→"Library"（库）→"原理图库"选项，打开原理图元件库文件编辑器，创建一个新的原理图元件库文件，命名为"NewLib.SchLib"，如图 8-8 所示。

❷在界面右下角单击按钮 Panels ，弹出快捷菜单，选择"Properties"（属性）选项，即可打开"Properties"（属性）面板，并自动固定在右侧边界上，在弹出的面板中可进行工作区参数设置。

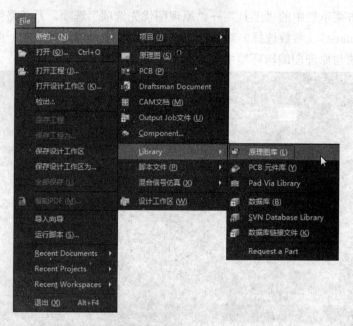

图 8-8　创建原理图元件库文件

❸为新建的库文件原理图符号命名。在创建了一个新的原理图元件库文件的同时，系统已自动为该库添加了一个默认原理图符号名为 "Component-1" 的库元件，在 "SCH Library"（SCH 元件库）面板中可以看到。通过以下两种方法，可以添加新的库元件。

单击 "应用工具" 工具栏 "原理图符号绘制工具" ✍中的创建器件按钮 ，系统将弹出原理图符号名称对话框，在该对话框中输入自己要绘制的库元件名称。

在 "SCH Library"（SCH 元件库）面板中直接单击原理图符号名称栏下面的 "添加" 按钮，也会弹出原理图符号名称对话框。

在这里输入 "C8051F320"，单击 按钮，关闭该对话框。

❹单击 "原理图符号绘制工具" ✍中的放置矩形按钮 ，光标变成十字形状，并附有一个矩形符号。单击两次，在编辑窗口的第四象限内绘制一个矩形。

矩形用来作为库元件的原理图符号外形，其大小应根据要绘制的库元件引脚数的多少来决定。由于使用的 "C8051F320" 采用 32 引脚 LQFP 封装形式，所以应画成正方形，并画得大一些，以便于引脚的放置。引脚放置完毕后，可以再调整成合适的尺寸。

02 放置引脚。

❶单击 "原理图符号绘制工具" ✍中的放置引脚按钮 ，光标变成十字形状，并附有一个引脚符号。

❷移动该引脚到矩形边框处，单击完成放置，如图 8-9 所示。在放置引脚时，一定要保证具有电气连接特性的一端，即带有 "×" 号的一端朝外，这可以通过在放置引脚时按 〈Space〉键旋转来实现。

❸在放置引脚时按〈Tab〉键，或者双击已放置的引脚，系统将弹出如图 8-10 所示的 "Properties（属性）" 面板，在该面板中可以对引脚的各项属性进行设置。

"Properties"（属性）面板中各项属性含义如下：

1）"Location"（位置）选项组：

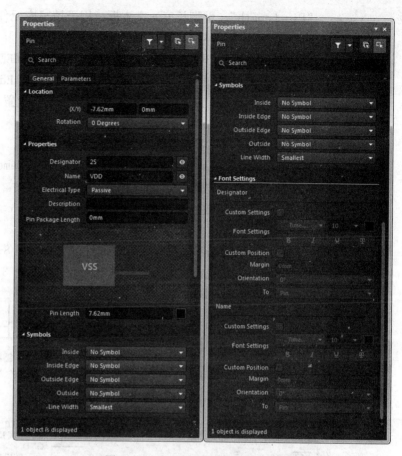

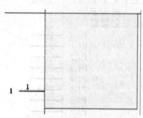

图 8-9　放置元件引脚　　　　　　　图 8-10　"Properties"（属性）面板

➢　"Rotation"（旋转）：用于设置端口放置的角度，有"0 Degrees""90 Degrees"
"180 Degrees""270 Degrees" 4 种选择。

2）"Properties"（属性）选项组：

➢　"Designator"（指定引脚标号）文本框：用于设置库元件引脚的编号，应该与
实际的引脚编号相对应，这里输入 9。

➢　"Name"（名称） 文本框：用于设置库元件引脚的名称。例如，把该引脚设定为
第 9 引脚。由于"C8051F320"的第 9 引脚是元件的复位引脚，低电平有效，同
时也是 C2 调试接口的时钟信号输入引脚，另外在原理图"Preference"（参数选
择）对话框中的"Graphical Editing"（图形编辑）标签页中，已经勾选了"Single
'\' Negation"（简单\否定） 复选框，因此在这里输入名称为"R\S\T\/C2CK"，
并勾选右侧的"可见的"复选框。

➢　"Electrical Type"（电气类型） 下拉列表框：用于设置库元件引脚的电气特
性。有"Input"（输入）、"IO"（输入输出）、"Output"（输出）、"OpenCollector"
（打开集流器）、"Passive"（中性的）、"Hiz"（脚）、"Emitter"（发射器）和"Power"
（激励）8 个选项。这里选择"Passive"（中性的）选项，表示不设置电气特性。

➢　"Description"（描述）文本框：用于填写库元件引脚的特性描述。

➢　"Pin Package Length"（引脚包长度）文本框：用于填写库元件引脚封装长度

➤ "Pin Length"（引脚长度）文本框：用于填写库元件引脚的长度。

3）"Symbols"（引脚符号） 选项组：

➤ 根据引脚的功能及电气特性为该引脚设置不同的 IEEE 符号，作为读图时的参考。可放置在原理图符号的"Inside"（内部）、"Inside Edge"（内部边沿）、"Outside Edge"（外部边沿）或"Outside"（外部）等不同位置，设置 Line Width（线宽），没有任何电气意义。

4）"Font Settings"（字体设置）选项组

➤ 设置元件的"Designator"（指定引脚标号）和"Name"（名称）字体的通用设置与通用位置参数设置。

5）"Parameters"（参数）选项卡

➤ 用于设置库元件的"VHDL"参数。

❹设置完毕后，单击 Enter 键，设置好属性的引脚如图 8-11 所示。

❺按照同样的操作，或者使用阵列粘贴功能，完成其余 31 个引脚的放置，并设置好相应的属性。放置好全部引脚的库元件如图 8-12 所示。

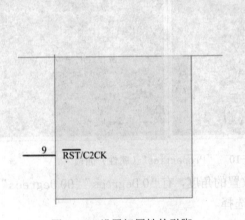

图 8-11　设置好属性的引脚

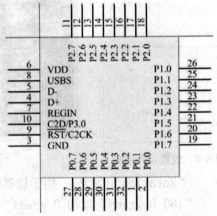

图 8-12　放置好全部引脚的库元件

03 编辑元件属性。双击"SCH Library"（SCH 元件库）面板原理图符号名称栏中的库元件名称"C8051F320"，系统弹出如图 8-13 所示的"Properties"（属性）面板。在该面板中可以对所创建的库元件进行特性描述，并且设置其他属性参数。主要设置内容包括以下几项：

❶ "Properties"（属性）选项组：

➤ "Design Item ID"（设计项目标识）文本框：库元件名称。

➤ "Designator"（符号）文本框：库元件标号，即把该元件放置到原理图文件中时，系统最初默认显示的元件标号。这里设置为"U？"，并单击右侧的可用按钮，则放置该元件时，序号"U？"会显示在原理图上。单击锁定引脚按钮，所有的引脚将和库元件成为一个整体，不能在原理图上单独移动引脚。建议用户单击该按钮，这样对电路原理图的绘制和编辑会有很大好处，以减少不必要的麻烦

➤ "Comment"（元件）文本框：用于说明库元件型号。这里设置为"C8051F320"，并单击右侧的（可见）按钮，则放置该元件时，"C8051F320"会显示在原理

图上。

> "Description"（描述）文本框：用于描述库元件功能。这里输入"USB MCU"。
> "Type（类型）"下拉列表框：库元件符号类型，可以选择设置。这里采用系统默认设置"Standard"（标准）。

❷"Link"（元件库线路）选项组：库元件在系统中的标识符。这里输入"C8051F320"。

❸"Footprint"（封装）选项组：单击"Add"（添加）按钮，可以为该库元件添加 PCB 封装模型。

❹"Models"（模式）选项组：单击"Add"（添加）按钮，可以为该库元件添加 PCB 封装模型之外的模型，如信号完整性模型、仿真模型、PCB 3D 模型等。

❺"Graphical"（图形）选项组：用于设置图形中线的颜色、填充颜色和引脚颜色。

❻"Pins"（引脚）选项卡：系统将弹出如图 8-14 所示的选项卡，在该选项卡中可以对该元件所有引脚进行一次性的编辑设置。

图 8-13 "Properties"（属性）面板

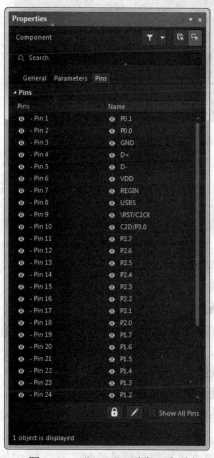

图 8-14 "Pins"（引脚）选项卡

> "Show All Pins"（在原理图中显示全部引脚）复选框：勾选该复选框后，在原理图上会显示该元件的全部引脚。

❼单击菜单栏中的"放置"→"文本字符串"选项，或者单击"原理图符号绘制"工具栏中的放置文本字符串按钮 **A**，光标将变成十字形状，并带有一个文本字符串。

❽移动光标到原理图符号中心位置处，此时按<Tab>键或者双击字符串，系统会弹出

如图 8-15 所示的"Properties"（属性）面板，在"Text"（文本）文本框中输入"SILICON"。

至此，已经完整地绘制了库元件"C8051F320"的原理图符号，如图 8-16 所示。在绘制电路原理图时，只需要将该元件所在的库文件打开，就可以随时取用该元件了。

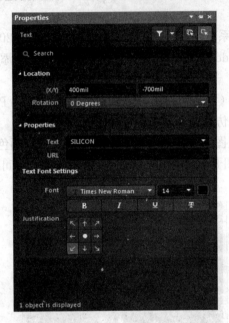

图 8-15　"Properties"（属性）面板

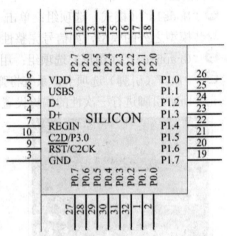

图 8-16　库元件 C8051F320 的原理图符号

8.1.5　绘制含有子部件的库元件

下面利用相应的库元件管理命令，绘制一个含有子部件的库元件 LF353。

"LF353"是美国 TI 公司生产的双电源结型场效应管输入的双运算放大器，在高速积分、采样保持等电路设计中经常用到，采用 8 引脚的 DIP 封装形式。

01 绘制库元件的第一个子部件。

❶单击菜单栏中的"File"（文件）→"新的"→"Library"（元件库）→"原理图元件库"选项，打开原理图元件库文件编辑器，创建一个新的原理图元件库文件，命名为"NewLib.SchLib"。

❷打开"Properties"（属性）面板，在该面板中进行工作区参数设置。

❸为新建的库文件原理图符号命名。在创建了一个新的原理图元件库文件的同时，系统已自动为该库添加了一个默认原理图符号名为"Component-1"的库文件，在"SCH Library"（SCH 元件库）面板中可以看到。通过以下两种方法为该库文件重新命名：

单击"原理图符号绘制工具"中的产生器件按钮，系统将弹出如图 8-17 所示的"New Component"（新器件）对话框，在该对话框中输入要绘制的库文件名称"LF353"。

在"SCH Library"（SCH 元件库）面板中直接单击原理图符号名称栏下面的"Add"（添加）按钮，也会弹出"New Component"（新元件）对话框。

在这里输入"LF353"，单击"OK"（确定）按钮，关闭该对话框。

❹单击"应用工具"工具栏"原理图符号绘制工具"中的放置多边形按钮，光标

变成十字形状，以编辑窗口的原点为基准，绘制一个三角形的运算放大器符号。

图 8-17　"New Component"（新器件）对话框

02 放置引脚。

❶单击"应用工具"工具栏"原理图符号绘制工具"❚中的放置引脚按钮■，光标变成十字形状，并附有一个引脚符号。

❷移动该引脚到多边形边框处，单击鼠标左键完成放置。用同样的方法，放置引脚 1、2、3、4、8 在三角形符号上，并设置好每一个引脚的属性，如图 8-18 所示。这样就完成了一个运算放大器原理图符号的绘制。

其中，引脚 1 为输出端"OUT1"，引脚 2、3 为输入端"IN1（－）"、"IN1（＋）"，引脚 8、4 为公共的电源引脚"VCC＋"和"VCC－"。对这两个电源引脚的属性可以设置为"隐藏"。单击菜单栏中的"视图"→"显示隐藏引脚"选项，可以切换进行显示查看或隐藏。

03 创建库元件的第二个子部件。

❶单击菜单栏中的"编辑"→"选择"→"区域内部"选项，或者单击"原理图库标准"工具栏中的选择区域内部的对象按钮▢，将图 8-18 中的子部件原理图符号选中。

❷单击"原理图库标准"工具栏中的拷贝按钮▣，复制选中的子部件原理图符号。

❸单击菜单栏中的"工具"→"新部件"选项，在"SCH Library"（SCH 元件库）面板上库元件"LF353"的名称前多了一个⊞符号，单击⊞符号，可以看到该元件中有两个子部件，刚才绘制的子部件原理图符号系统已经命名为"Part A"，另一个子部件"Part B"是新创建的。

❹单击"原理图库标准"工具栏中的粘贴按钮▣，将复制的子部件原理图符号粘贴在"Part B"中，并改变引脚序号：引脚 7 为输出端"OUT2"，引脚 6、5 为输入端"IN2（－）"和"IN2（＋）"，引脚 8、4 仍为公共的电源引脚"VCC＋"和"VCC－"，如图 8-19 所示。

至此，一个含有两个子部件的库元件就创建好了。使用同样的方法，可以创建含有多个子部件的库元件。

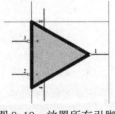

图 8-18　放置所有引脚

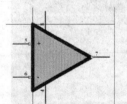

图 8-19　改变引脚序号

8.2　创建原理图元件

Altium Designer 18 中提供的原理图库编辑器可以用来创建、修改原理图元件以及管理元件库。这个编辑器与原理图编辑器类似，均使用同样的图形对象，比原理图编辑器多了引脚摆放工具。原理图元件可以由一个独立的部分或者几个同时装入一个指定 PCB 封装的部分组成，这些封装存储在 PCB 库或者集成库中。可以使用原理图库中的复制及粘贴功能在一个打开的原理图库中创建新的元件，也可以使用编辑器中的画图工具。

8.2.1 原理图库

原理图库作为重要的部分被存储于"Altium\Library"文件夹中的集成库内。要在集成库外创建原理图库，打开这个集成库，选择"YES"释放出源库，接下来就可以进行编辑。要了解更多的集成库信息，请参阅集成库指南。

8.2.2 创建新的原理图库

在开始创建新的元件前，先生成一个新的原理图库以用来存放元件。通过以下的步骤来完成建立一个新的原理图库。

01 选择"File"（文件）→"新的"→"Library"（库）→"原理图库"菜单命令。一个新的被命名为"Schlib1.SchLib"的原理图库被创建，如图 8-20 所示。一个空的图纸在设计窗口中被打开，新的元件命名为"Component_1"。可以在"SCH Library"面板中看到。

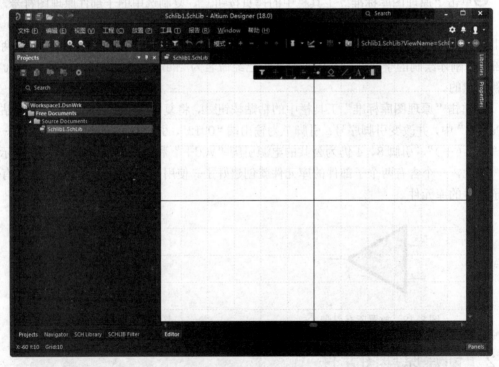

图 8-20　新建文件

02 选择"文件"→"另存为"选项，将库文件更名为"Schematic Components.SchLib"。

03 单击库编辑标签，打开原理图库面板，如图 8-21 所示。

图 8-21 原理图库面板

8.2.3 创建新的原理图元件

因为一个新的库都会带有一个空的元件图纸，要在一个打开的库中创建新的原理图元件，只需简单地将"Component_1"更名即可。

下面介绍创建一个 NPN 型晶体管的方法。

01 在原理图库面板列表中双击选中的"Component_1"，打开"Properties"（属性）面板，如图 8-22 所示。在"Design Item ID"（设计项目 ID）文本框中输入新的可以唯一确定元件的名字，如" TRANSISTOR NPN"，如图 8-23 所示。

注意 如果需要，可使用"编辑"→"跳转"→"原点"命令将图纸原点调整到设计窗口的中心，按快捷键〈J〉、〈O〉检查屏幕左下角的状态线以确定是否定位到了原点。Altium 公司提供的元件均创建于由穿过图纸中心的十字线标注的点旁。元件的参考点是在摆放元件时所抓取的点。对于一个原理图元件来说，参考点是最靠近原点的电气连接点（热点），通常就是最靠近的引脚的电气连接末端。

02 在"Properties（属性）"面板中将"Snap Grid"（捕获栅格）设置为 1，"Visible Grid"（可视栅格）设置为 10，其他采用默认设置，如图 8-24 所示。如果看不到栅格，可按下〈Page Up〉键显示栅格。

03 要画出 NPN 晶体管，先要定义它的元件实体。选择"放置"→"线"选项（快捷键〈P〉、〈L〉）或者单击"放置线"工具条按钮。按下〈Tab〉键，弹出"Properties（属性）"面板，如图 8-25 所示，在该面板中设置线属性。

图 8-22　"Properties"（属性）面板 1

图 8-23　"Properties"（属性）面板 2

图 8-24　"Properties"（属性）面板

04 在 "Vertices（顶点）" 选项组中设置从坐标（0,-1）开始到坐标（0,-19）结束，画一条垂直的线。然后画从坐标（0,-7）到（10,0）以及从（0,-13）到（10,-20）的两条线，按<Shift＋Space >组合键可以将线调整到任意角度。单击右键或者按<Esc>键退出画线模式。画完后的效果如图 8-26 所示。

05 如果要设置下端为箭头形状，则可以在画好的线上双击，弹出 "Properties"（属性）面板，在 "Start Line Shape"（开始线外形）和 "End Line Shape"（结束线外形）中设定端点处的形状。

06 保存元件（快捷键<Ctrl+S>）。

图 8-25　"Properties"（属性）面板

图 8-26　效果图

📖 8.2.4　给原理图元件添加引脚

元件引脚赋予元件电气属性并且定义元件连接点。引脚同样拥有图形属性。

在原理图编辑器中为元件摆放引脚的步骤如下：

01 选择 "放置" → "引脚" 选项（快捷键<P>、<P>）或者单击 "放置引脚" 工具条按钮。引脚出现在指针上且随指针移动，与指针相连的一端是与元件实体相接的非电气结束端。在放置的时候，按下<Space>键可以改变引脚排列的方向。

02 摆放过程中，在放置引脚前按下<Tab>键，在 "Properties"（属性）面板中编辑引脚属性，如图 8-27 所示。如果在放置引脚前定义引脚属性，则定义的设置将会成为默认值，引脚编号以及以数字方式命名的引脚名在放置下一个引脚时会自动加 1。

03 在 "Name"（引脚名）显示名字栏输入引脚的名字，在 "Designator"（标识符）栏输入唯一可以确定的引脚编号。单击 "可见" 按钮 👁，当在原理图图纸上放置元件时则名称及编号可见。

04 在 "Electrical Type"（电气类型）下拉框中选择选项来设置引脚电气连接的电气类型。当编译项目进行电气规则检查以及分析一个原理图文件检查器电气配线错误时会用到这个引脚电气类型。在本例中，所有的引脚都是 "Passive" 电气类型。

05 在"Pin Length"（引脚长度）文本框中设置引脚的长度，将这个元件中所有的引脚长度均设为 20mm。

图 8-27 "Properties"（属性）面板

06 当引脚出现在指针上时，按下空格键可以以 90° 为增量旋转调整引脚。记住，引脚上只有一端是电气连接点，必须将这一端放置在元件实体外。非电气端有一个引脚名字靠着它。

07 放置这个元件所需要的其他引脚，并确定引脚名、编号、符号及电气类型正确。

08 现在已经完成了该元件的绘制，选择"文件"→"保存"选项将其保存（快捷键<Ctrl+S>）。

注意 添加引脚注意事项：

· 要在放置引脚后设置引脚属性，只需双击这个引脚或在原理图库面板里的引脚列表中双击引脚即可。

· 在字母后加反斜杠（\）可以定义让引脚中名字的字母上面加线，如"M\C\L\R\/VPP "会显示为"$\overline{\text{MCLR/VPP}}$"

· 如果希望隐藏器件中的电源和地引脚，点开"隐藏"按钮■。当这些引脚被隐藏时，它们会被自动地连接到图中被定义的电源和接地。例如，当将元件摆放到图中时，VCC 脚会被连接到VCC 网络，如图8-28所示。

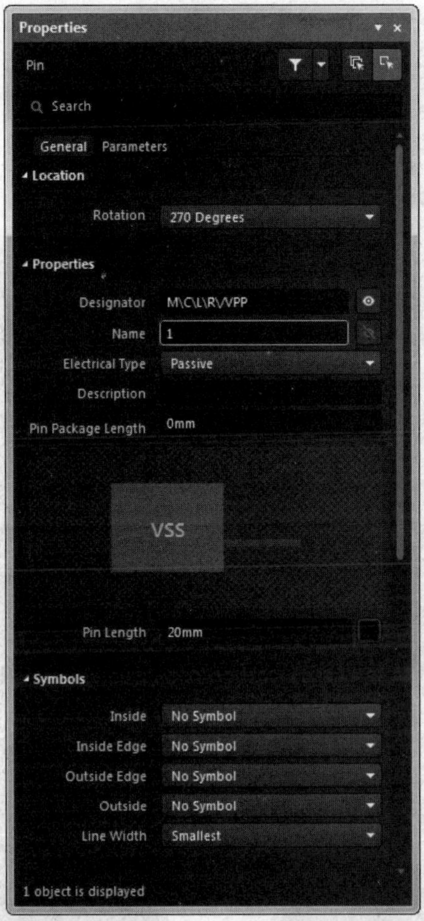

图 8-28 隐藏器件中的电源和接地引脚

要查看隐藏的引脚，可选择"视图"→"显示隐藏引脚"选项（快捷键 V,H）。所有被隐藏的引脚会在设计窗口中显示。引脚的显示名字和默认标识符也会显示。

可以在"Properties"（属性）面板中编辑引脚属性，而不用通过每一个引脚相应的属性。单击"SCH Library"（原理图库）面板中的"Edit"按钮，弹出"Properties（属性）"面板，如图 8-29 和图 8-30 所示。

对于一个多部件的元件，被选择部件相应的引脚会在元件引脚编辑对话框中以白色为背景高亮显示。其他部件相应的引脚会变灰，但仍然可以编辑这些没有选中的引脚。双击一个引脚，在弹出的"Properties"（属性）面板中可编辑其属性。

8.2.5 设置原理图元件属性

每一个元件都有相对应的属性，如默认的标识符、PCB 封装和/或其他的模型以及参数。在原理图中编辑元件属性时也可以设置不同的部件域和库域。设置元件属性的步骤如下：

01 从原理图库面板的元件列表中选择元件，然后单击"Edit"（编辑）按钮，弹出

"Properties"（属性）面板，在该面板中可编辑库元件属性。

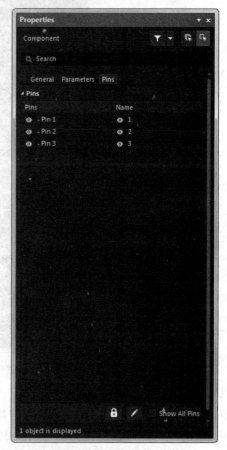

图 8-29 "Properties"（属性）面板   图 8-30 编辑元件引脚

02 在"General"（通用）选项卡中输入默认的标识符，例如：Q? 以及当元件放置到原理图时显示的注释，例如，"NPN"。问号使得元件在放置时标识符数字以自动增量改变，如"Q1"和"Q2"。单击"可见"按钮 ⊙，名称及编号可见，如图 8-31 所示。

03 在添加模型或其他参数时，其他选项栏保持默认值。

8.2.6 向原理图元件添加模型

可以向原理图元件添加任意数量的 PCB 封装，同样也可以添加用于仿真及信号完整性分析的模型。这样当在原理图中摆放元件时可以从元件属性对话框中选择合适的模型。

有几种向元件添加模型的方式。可以从网上下载一个厂家的模型文件或者从已经存在的 Altium 库中添加模型。PCB 封装模型存放在"Altium\Library\Pcb"路径里的 PCB 库文件（.pcblib files）中。电路仿真用的 SPICE 模型文件（.ckt and .mdl）存放在 Altium\Library 路径里的集成库文件中。

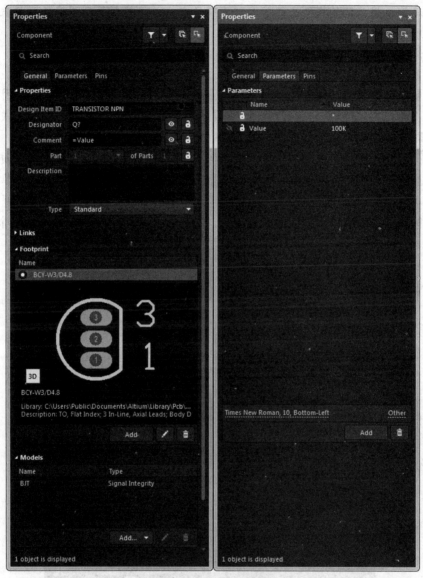

图 8-31　设置库元件属性

注意 查找定位模型文件的方法：

在原理图库编辑器中添加模型时，模型与元件的连接信息可通过下面的方法搜索定位：

1）搜索当前集成库项目中的库。

2）搜索当前已加载的库列表中可视的PCB 库（而不是集成库）。注意库列表可以定制排列顺序。

3）任何存在于项目搜索路径下的模型库都会被搜索。这个路径可以在项目选项对话框中定义（Project—Project Options）。注意这个路径下的库不会被检索以定位模型，当搜索模型时编译器会包含这些库。

在本实例中，将使用第一种将元件与模型连接的方法。也就是说，在将库项目编译成一个集成库前，将必需的模型文件加入到库项目中，并将其与原理图库关联起来。

8.2.7 向原理图元件添加 PCB 封装模型

开始要添加一个当原理图同步到 PCB 文档时用到的封装。已经设计的元件用到的封装被命名为"BCY-W3"。注意，在原理图库编辑器中，当将一个 PCB 封装模型关联到一个原理图元件时，这个模型必须存在于一个 PCB 库中，而不是一个集成库中。

01 在"Properties"（属性）面板中，单击"Footprint"（封装）列表项的"Add"（添加）按钮，弹出"PCB Model"（封装模型）对话框。如图 8-32 所示。在弹出的对话框中单击"Browse"（浏览）按钮，弹出"Browse Libraries"（浏览库）对话框，找到已经存在的模型（或者简单的写入模型的名字，稍后将在 PCB 库编辑器中创建这个模型）。

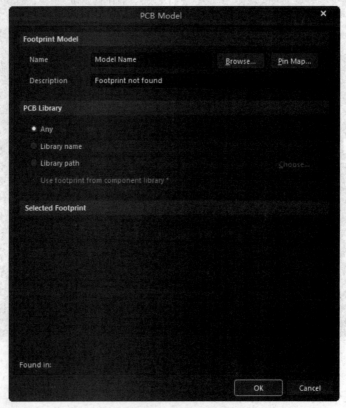

图 8-32 "PCB Model"（封装模型）对话框

02 在"Browse Libraries"（搜索库）对话框中单击"Find"（发现）按钮，弹出"Browse Libraries"（搜索库）对话框，如图 8-33 所示。

03 选择查看"Libraries on path"（搜索路径），单击"Path"（路径）栏旁的"搜索路径"按钮，定位到"\AD18\Library\Pcb"路径下，确定搜索库对话框中的"Include Subdirectories（包括于目录）"选项被选中。在名字栏输入"BCY-W3"，如图 8-34 所示。然后单击"Search（查找）"按钮。

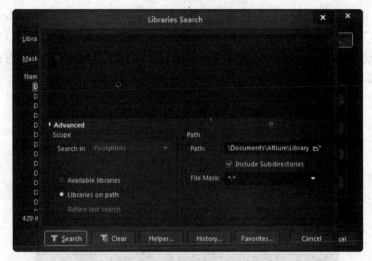

图 8-33　"Browse Libraries"（搜索库）

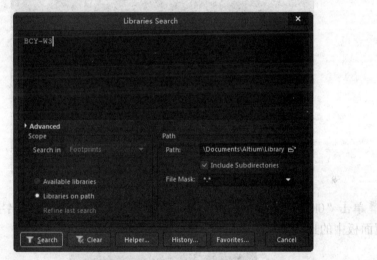

图 8-34　输入"BCY-W3"

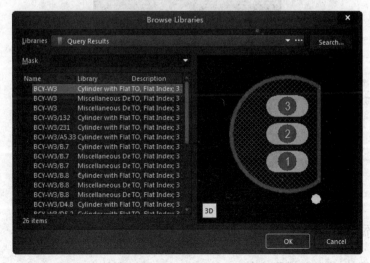

图 8-35　"Browse Libraries"（浏览库）对话框

04 可以找到对应这个封装所有的类似的库文件"Cylinder with Flat Index.PcbLib",如图 8-35 所示。如果确定找到了文件,则单击"Stop"(停止)按钮停止搜索。单击选择找到的封装文件,然后单击"OK"(确定)按钮关闭该对话框。加载这个库到 PCB 模型对话框中,如图 8-36 所示,返回 PCB 模型对话框。

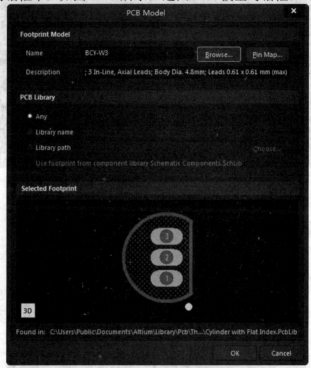

图 8-36　加载 PCB 模型

05 单击"OK"(确定) 按钮,向元件加入这个模型。模型的名字和缩略图在元件属性设置面板中的封装显示在模型列表中,如图 8-37 所示。

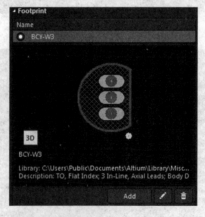

图 8-37　模型列表

📖 8.2.8　添加电路仿真模型

电路仿真用的 SPICE 模型文件(.ckt and .mdl)存放在"Altium\Library"路径里

的集成库文件中。如果在设计上进行电路仿真分析，就需要加入这些模型。

注意 如果要将这些仿真模型用到库元件中，建议打开包含了这些模型的集成库文件（执行 "文件" → "打开" 命令，然后确定希望提取的这个源库）。将所需的文件从输出文件夹（"output folder"，在打开集成库时生成）复制到包含源库的文件夹中。

01 类似于上述的添加 "Footprint" 模型，在元件属性设置面板中，单击 "Model"（模型）列表项的 "Add"（添加）按钮，如图 8-38 所示。在下拉列表中选择模型类型 "Simulation" 项，弹出 "Sim Model-General/Generic Editor"（仿真模型-通常编辑）对话框，如图 8-39 所示。

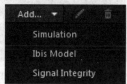

图 8-38 选择模型类型

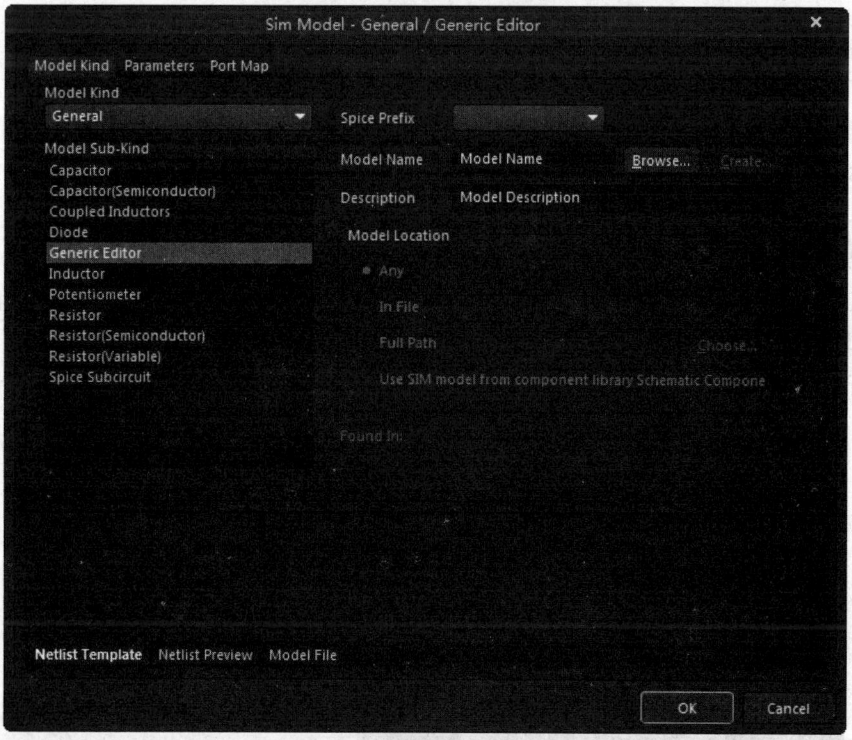

图 8-39 "Sim Model-General/Generic Editor"（仿真模型-通常编辑）对话框

02 选择 "Model Kind" 下拉列表中的 "Transistor" 选项，将弹出 "Sim Model-Transistor/BJT" 对话框，如图 8-40 所示。

03 确定 "BJT" 被选中作为模型的子类型。输入一个合法的模型名字，如 "NPN"，然后一个描述，如 "NPN BJT"。单击 "OK"（确定）按钮，回到元件属性对话框，可以看到 NPN 模型已经被加载到模型列表中。

图 8-40　"Sim Model–Transistor/BJT" 对话框

8.2.9　加入信号完整性分析模型

在信号完整性分析模型中使用引脚模型比元件模型更好。配置一个元件的信号完整性分析，可以设置用于默认引脚模型的类型和技术选项，或者导入一个 IBIS 模型。

01 加入一个信号完整性模型。在 "Properties"（属性）面板中单击 "Model"（模型）列表项的 "Add"（添加）按钮，在下拉列表中选择模型类型 "Signal Integrity" 项，弹出 "Signal Integrity Model"（信号完整性模型）对话框，如图 8-41 所示。

02 如果需要导入一个 IBIS 文件，则单击 "Import IBIS" 按钮，然后定位到所需的 .ibs 文件。在本例中，输入模型的名字和描述 "NPN"，然后选择一个 "BJT" 类型。单击 "OK"（确定）按钮，返回到元件属性对话框，可以看到模型已经被添加得到模型列表中，如图 8-42 所示。参阅第 7 章 "信号完整性分析"，可以得到关于添加及编辑信号完整性模型的

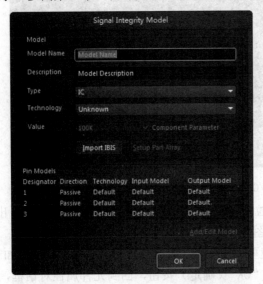

图 8-41　"Signal Integrity Model"（信号完整性模型）对话框　　　　图 8-42　模型列表

更多信息。

📖 8.2.10　添加元件参数

参数的意义在于定义更多的有关于元件的相关信息。定义元件厂商或日期的数据字符串都可以被添加到文件中。一个字符串参数也可以作为元件的值在应用时被添加,如100K的电阻。

参数被设置为在原理图上摆放一个器件时作为特殊字符串显示。可以设置其他参数作为仿真需要的值或在原理图编辑器中建立 PCB 规则。添加一个原理图元件参数的步骤如下:

01 在"Properties"(属性)面板的"Parameters"(参数)选项卡中单击"Add"(添加)按钮,添加空白行,如图8-43所示。

02 在添加的参数行中输入参数名及参数值。如果需要在原理图中放置元件时显示参数的值,需确定"可见"按钮 被激活,如图8-44所示。

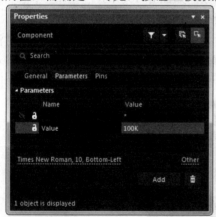

图8-43　参数列表

图8-44　设置参数可见性

📖 8.2.11　间接字符串

用间接字符串可以为元件设置一个参数项,当摆放元件时这个参数可以显示在原理图上,也可以在 Altium Designer 18 进行电路仿真时使用。所有添加的元件参数都可以作为间接字符串。当参数作为间接字符串时,参数名前面有一个"="号作为前缀。

值参数的作用是,一个值参数可以作为元件的普通信息,但是对分立式器件,如电阻和电容,将值参数用于仿真。

可以设置元件注释读取作为间接字符串加入的参数的值,注释信息会被绘制到 PCB 编辑器中。相对于两次输入这个值来说(即在参数命名中输入一次,然后在注释项中再输入一次),Altium Designer 18 支持利用间接参数用参数的值替代注释项中的内容。

01 在"Properties"(属性)面板的"Parameters"(参数)选项卡下"Parameters"(参数)列表中单击"Add"(添加)按钮,输入名字为"Value"以及参数值"100K"(当将这个器件放置在原理图中并运行原理图仿真时会用到这个值)。设置字体、颜色以及方向选项，将新的参数加入到元件列表中，如图 8-45 所示。

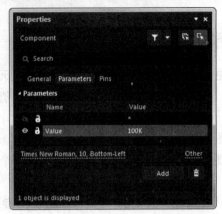

图 8-45　添加元件参数属性

02 在"Properties"（属性）面板的"General（通用）"选项卡，单击"Comment"（注释）栏，输入"＝Value"选项，关掉可视属性。如图 8-46 所示。

03 执行菜单栏中的"文件"→"保存"命令，存储元件的图纸及属性。

04 当在原理图编辑器中查看特殊字符串时，如果从原理图转换到 PCB 文档时注释不显示，需确定封装器件对话框中的注释是否没有被隐藏。

制作完成的原理图库文件另存在电子资料包"yuanwenjian\ch_08\8.2"文件夹中。

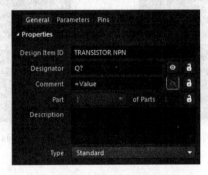

图 8-46　元件参数属性设置

8.3　创建 PCB 元件库及元件封装

📖 8.3.1　封装概述

电子元件种类繁多，其封装形式也是多种多样。所谓封装，是指安装半导体集成电路芯片用的外壳，它不仅起着安放、固定、密封、保护芯片和增强导热性能的作用，还是连接芯片内部世界与外部电路的桥梁。

芯片的封装在 PCB 上通常表现为一组焊盘、丝印层上的边框及芯片的说明文字。焊盘是封装中最重要的组成部分，用于连接芯片的引脚，并通过印制板上的导线连接到印制板上的其他焊盘，进一步连接焊盘所对应的芯片引脚实现电路功能。在封装中，每个焊盘都有唯一的标号，以区别封装中的其他焊盘。丝印层上的边框和说明文字主要起指示作用，指明焊盘组所对应的芯片，方便印制板的焊接。焊盘的形状和排列是封装的关键组成部分，确保焊盘的形状和排列正确才能正确地建立一个封装。对于安装有特殊要求的封装，边框也需要绝对正确。

Altium Designer 18 提供了强大的封装绘制功能，能够绘制各种各样的新型封装。考虑到芯片引脚的排列通常是有规则的，多种芯片可能有同一种封装形式，Altium Designer 18 提供了封装库管理功能，绘制好的封装可以方便地保存和引用。

📖 8.3.2　常用元件封装介绍

总体上讲，根据元件所采用安装技术的不同，元件安装技术可分为通孔安装技术（Through Hole Technology，简称 THT）和表面安装技术（Surface Mounted Technology，简称 SMT）。

使用通孔安装技术安装元件时，元件安置在电路板的一面，元件引脚穿过 PCB 焊接在另一面上。通孔安装元件需要占用较大的空间，并且要为所有引脚在电路板上钻孔，所以它们的引脚会占用两面的空间，而且焊点也比较大。但从另一方面来说，通孔安装元件与 PCB 连接较好，机械性能好。由于排线的插座、接口板插槽等类似接口都需要一定的耐压能力，因此通常采用 THT 安装技术。

表面安装元件的引脚焊盘与元件在电路板的同一面。表面安装元件一般比通孔元件体积小，而且不必为焊盘钻孔，甚至还能在 PCB 的两面都焊上元件，因此，与使用通孔安装元件的 PCB 比起来，使用表面安装元件的 PCB 上元件布局要密集很多，体积也小很多。此外，应用表面安装技术的封装元件也比通孔安装元件要便宜一些，所以目前的 PCB 设计广泛采用了表面安装元件。

常用元件封装分类如下：

➢ BGA（Ball Grid Array）：球栅阵列封装。因其封装材料和尺寸的不同，还可细分成不同的 BGA 封装，如陶瓷球栅阵列封装 CBGA、小型球栅阵列封装 μBGA 等。

➢ PGA（Pin Grid Array）：插针栅格阵列封装。这种技术封装的芯片内外有多个方阵形的插针，每个方阵形插针沿芯片的四周间隔一定距离排列，根据引脚数目的多少可以围成 2～5 圈。安装时，将芯片插入专门的 PGA 插座。该技术一般用于插拔操作比较频繁的场合，如计算机的 CPU。

➢ QFP（Quad Flat Package）：方形扁平封装，是当前芯片使用较多的一种封装形式。

➢ PLCC（Plastic Leaded Chip Carrier）：塑料引线芯片载体。

➢ DIP（Dual In-line Package）：双列直插封装。

➢ SIP（Single In-line Package）：单列直插封装。

➢ SOP（Small Out-line Package）：小外形封装。

➢ SOJ（Small Out-line J-Leaded Package）：J 形引脚小外形封装。

➢ CSP（Chip Scale Package）：芯片级封装，这是一种较新的封装形式，常用于内存条。在 CSP 方式中，芯片是通过一个个锡球焊接在 PCB 上，由于焊点和 PCB 的接触面积较大,所以内存芯片在运行中所产生的热量可以很容易地传导到 PCB 上并散发出去。另外,CSP 封装芯片采用中心引脚形式,有效地缩短了信号的传输距离,其衰减随之减少,芯片的抗干扰、抗噪性能也能得到大幅提升。

➤ Flip-Chip:倒装焊芯片,也称为覆晶式组装技术,是一种将 IC 与基板相互连接的先进封装技术。在封装过程中,IC 会被翻转过来,让 IC 上面的焊点与基板的接合点相互连接。由于成本与制造因素,使用 Flip-Chip 接合的产品通常根据 I/O 数多少分为两种形式,即低 I/O 数的 FCOB(Flip Chip on Board)封装和高 I/O 数的 FCIP(Flip Chip in Package)封装。Flip-Chip 技术应用的基板包括陶瓷、硅芯片、高分子基层板及玻璃等,其应用范围包括计算机、PCMCIA 卡、军事设备、个人通信产品、钟表及液晶显示器等。

➤ COB(Chip on Board):板上芯片封装,即芯片被绑定在 PCB 上。这是一种现在比较流行的生产方式。COB 模块的生产成本比 SMT 低,还可以减小封装体积。

📖 8.3.3　PCB 库编辑器

进入 PCB 库文件编辑环境的操作步骤如下:

01 单击菜单栏中的"File"(文件)→"新的"→"Library"(库)→"PCB 元件库"选项,如图 8-47 所示,打开 PCB 库编辑环境,新建一个空白 PCB 库文件"PcbLib1.PcbLib"。

图 8-47　新建一个 PCB 库文件

02 保存并更改该 PCB 库文件名称,这里改名为"NewPcbLib.PcbLib"。可以看到,在"Project"(工程)面板的 PCB 库文件管理夹中出现了所需要的 PCB 库文件,双击该文件即可进入 PCB 库编辑器,如图 8-48 所示。

PCB 库编辑器的设置和 PCB 编辑器基本相同,只是菜单栏中少了"设计"和"自动布线"选项,工具栏中也少了相应的工具按钮。另外,在这两个编辑器中,可用的控制面板也有所不同。PCB 库编辑器中独有的"PCB Library"(PCB 元件库)面板,提供了对封装库内元件封装统一编辑、管理的界面。

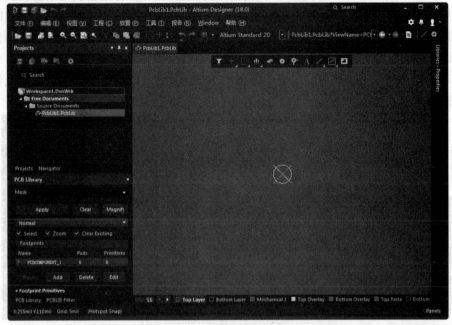

图 8-48　PCB 库编辑器

"PCB Library"（PCB 元件库）面板如图 8-49 所示，其分为"Mask（屏蔽查询栏）"、"Footprints"（封装列表）、"Footprints Primitives"（封装图元列表）和"Other"（缩略图显示框）4 个区域。

图 8-49　"PCB Library"（PCB 元件库）面板

"Mask"（屏蔽查询栏）可对该库文件内的所有元件封装进行查询，并根据屏蔽框中的内容将符合条件的元件封装列出。

"Footprints"（封装列表）列出了该库文件中所有符合屏蔽栏设定条件的元件封装名称，并注明其焊盘数、图元数等基本属性。单击元件列表中的元件封装名，工作区将显示该封装，并弹出如图 8-50 所示的"PCB Library Footprint"（PCB 元件库元件）对话框，在该对话框中可以修改元件封装的名称和高度（高度是供 PCB 3D 显示时使用的）。

在元件列表中右击，弹出的快捷菜单如图 8-51 所示。通过该菜单可以进行元件库的各种编辑操作。

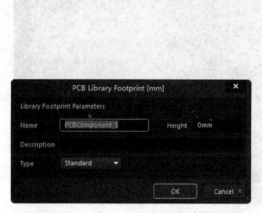

图 8-50 　"PCB Library Footprint"（PCB 元件库元件）对话框 　　　图 8-51 　快捷菜单

📖 8.3.4　PCB 库编辑器环境设置

进入 PCB 库编辑器后，需要根据要绘制的元件封装类型对编辑器环境进行相应的设置。PCB 库编辑环境设置包括器件库选项、板层和颜色、层叠管理和参数选择。

01 器件库选项设置。打开"Properties"（属性）面板，如图 8-52 所示。在此面板中对器件库选项参数进行设置。

➢ "Selection Filter"（选择过滤器）选项组：用于显示对象选择过滤器。单击"All objects"按钮，表示在原理图中选择对象时选中所有类别的对象。也可单独选择其中的选项，也可全部选中。

➢ "Snap Options"（捕获选项）选项组：用于捕捉设置。包括 3 个复选板框，"Snap To Grid"（是否显示捕捉栅格）、"Snap To Guides"（是否显示捕捉向导）、"Snap To Axes"（是否显示捕捉坐标）。激活捕捉功能可以精确定位对象的放置，精确地绘制图形。

➢ "Snap to Object Hotspots"（捕捉到对象热点）选项组：用于设置设置捕捉对象。对于捕捉对象所在层有 3 个选项"All Layer"（所有层）、"Current Layer"（当前层）、"Off"（关闭）。勾选"Snap To Board Outline"（捕捉到电路板轮廓）复选框，则添加板轮廓到捕捉对象中。同时还可设置"Snap Distance"（捕捉距离）参数值。

➢ "Grid Manager"（栅格管理器）选项组：设置图纸中显示的栅格颜色与是否显示。单击"Properties"（属性）按钮，弹出"Cartesian Grid Editor"（笛卡尔网格编辑器）对话框，在该对话框中可设置添加的栅格类型中栅格的线型、间隔等参数，如图 8-53 所示。

图 8-52　器件库选项设位置

捕捉到对象热点捕捉到电路板轮廓笛卡尔网格编辑器

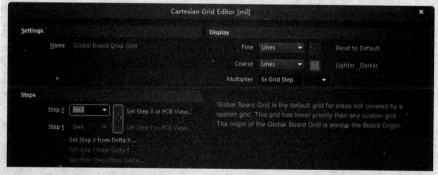

图 8-53　"Cartesian Grid Editor"（笛卡尔网格编辑器）对话框

图纸中常用的栅格包括下面 3 种：

➢ "Snap Grid"（捕获栅格）：捕获格点。该格点决定了光标捕获的格点间距，X 与 Y 的值可以不同。这里设置为 10mil。

➢ "Electrical Grid"（电气栅格）选项组：电气捕获格点。电气捕获格点的数值应小于"Snap Grid"（捕获栅格）的数值，只有这样才能较好地完成电气捕获功能。

➢ "Visible Grid"（可视栅格）选项组：可视格点。这里"Grid 1"设置为10mil，
"Grid 2"设置为100mil。

● "Guide Manager"（向导管理器）选项组：用于设置 PCB 图纸的 X、Y 坐标
和长、宽。

● "Units"（度量单位）选项组：用于设置 PCB 的单位。在"Route Tool Path"
（布线工具路径）选项中选择布线所在层，如图 8-54 所示。

图 8-54　选择布线层

02 "板层和颜色"设置。单击菜单栏中的"工具"→"优先选项"选项，或者在
工作区右击，在弹出的快捷菜单中单击"优先选项"选项，系统将弹出打开"Preferences
（参数选择）"对话框，选中"Layer Colors"（电路板层颜色）选项，如图 8-55 所示。

图 8-55　选中"Layer Colors"（电路板层颜色）选项

03 "层叠管理"设置。单击菜单栏中的"工具"→"层叠管理器"选项，系统将

弹出如图 8-56 所示的"Layer Stack Manager（层堆栈管理器）"对话框。采用系统默认设置，单击"OK"（确定）按钮，关闭该对话框。

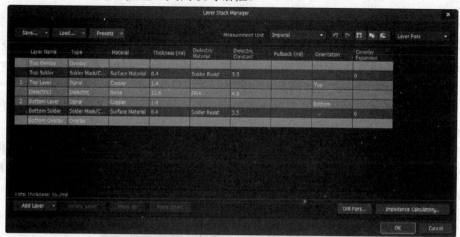

图 8-56　"Layer Stack Manager"（层堆栈管理器）对话框

04 "参数选择"设置。单击菜单栏中的"工具"→"优先选项"选项，或者在工作区右击，在弹出的快捷菜单中单击"优先选项"选项，系统将弹出如图 8-57 所示的"Preferences"（参数选择）对话框。设置完毕单击"OK"（确定）按钮，关闭该对话框。至此，PCB 库编辑器环境设置完毕。

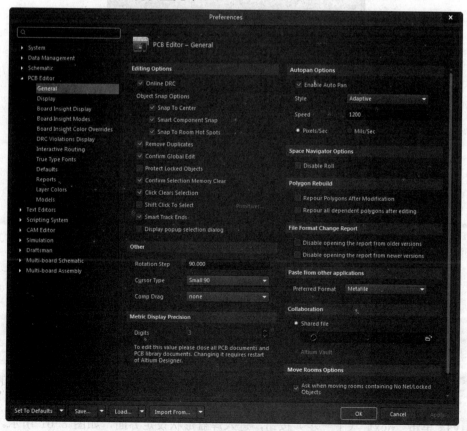

图 8-57　"Preferences"（参数选择）对话框

8.3.5 用 PCB 元件向导创建规则的 PCB 元件封装

下面用 PCB 元件向导来创建规则的 PCB 元件封装。首先在一系列对话框中输入参数，然后根据这些参数自动创建元件封装。这里要创建的封装尺寸为：外形轮廓为矩形 10mm×10mm，引脚数为 16×4，引脚宽度为 0.22mm，引脚长度为 1mm，引脚间距为 0.5mm，引脚外围轮廓为 12mm×12mm。具体的操作步骤如下：

01 单击菜单栏中的"工具"→"元器件向导"选项，系统将弹出如图 8-58 所示的"Component Wizard"（元件向导）对话框。

02 单击"Next"（下一步）按钮，进入元件封装模式选择界面。可以看到在模式类表中列出了各种封装模式，如图 8-59 所示。这里选择"Quad Packs（QUAD）"封装模式，在"Selet a unit"（选择单位）下拉列表框中选择米制单位"Metric（mm）"。

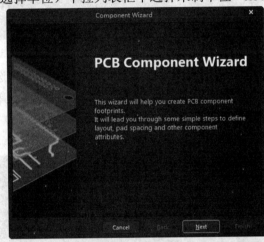

图 8-58 "Component Wizard"（元件向导）对话框

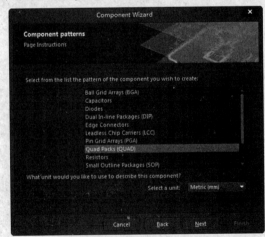

图 8-59 元件封装样式选择界面

03 单击"Next"（下一步）按钮，进入焊盘尺寸设定界面。在这里设置焊盘的长为 1mm、宽为 0.22mm，如图 8-60 所示。

04 单击"Next"（下一步）按钮，进入焊盘形状设定界面，如图 8-61 所示。在这里采用默认设置，第一脚为圆形，其余脚为方形，以便于区分。

图 8-60　焊盘尺寸设定界面

05 单击"Next"（下一步）按钮，进入轮廓宽度设置界面，如图 8-62 所示。这里采用默认设置"0.2mm"。

图 8-61　焊盘形状设定界面

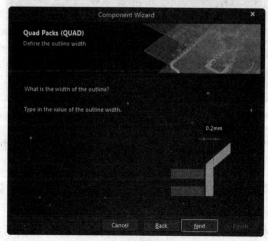

图 8-62　轮廓宽度设置界面

06 单击"Next"（下一步）按钮，进入焊盘间距设置界面。在这里将焊盘间距设置为"0.5mm"，根据计算，将行、列间距均设置为"1.75mm"，如图 8-63 所示。

07 单击"Next"（下一步）按钮，进入焊盘起始位置和命名方向设置界面，如图 8-64 所示。单击单选框可以确定焊盘起始位置，单击箭头可以改变焊盘命名方向。采用默认设置，将第一个焊盘设置在封装左上角，设置方向为逆时针方向。

08 单击"Next"（下一步）按钮，进入焊盘数目设置界面。将 X、Y 方向的焊盘数目均设置为 16，如图 8-65 所示。

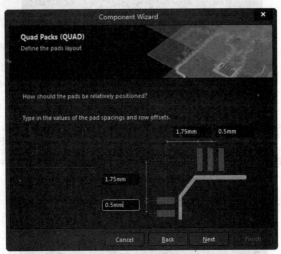

图 8-63　焊盘间距设置界面

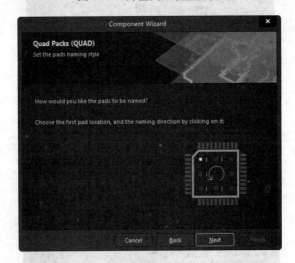

图 8-64　焊盘起始位置和命名方向设置界面

09 单击"Next"（下一步）按钮，进入封装命名界面。将封装命名为"TQFP64"，如图 8-66 所示。

10 单击"Next"（下一步）按钮，进入封装制作完成界面，如图 8-67 所示。单击"Finish"（完成）按钮，退出封装向导。

至此，TQFP64 的封装就制作完成了，工作区内显示的封装图形如图 8-68 所示。

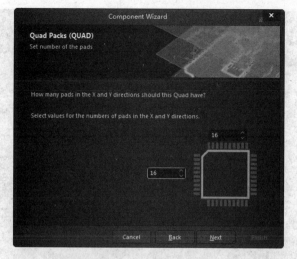

图 8-65　焊盘数目设置界面

图 8-66　封装命名界面

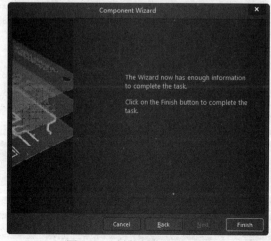

图 8-67　封装制作完成界面

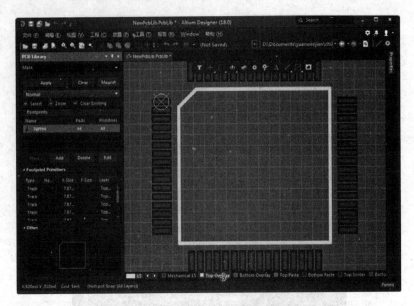

图 8-68　TQFP64 的封装图形

8.3.6　用 PCB 元件向导创建 3D 元件封装

01 单击菜单栏中的"工具"→"IPC Compliant Footprint Wizard"（IPC 兼容封装向导）选项，系统将弹出如图 8-69 所示的"IPC Compliant Footprint Wizard"（IPC 兼容封装向导）对话框。

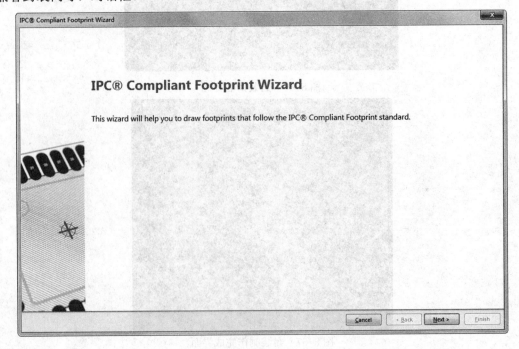

图 8-69　"IPC Compliant Footprint Wiard"（IPC 兼容封装向导）对话框

02 单击"Next"(下一步)按钮,进入元件封装类型选择界面。在类型表中列出了各种封装类型,如图 8-70 所示。这里选择"PLCC"封装模式。

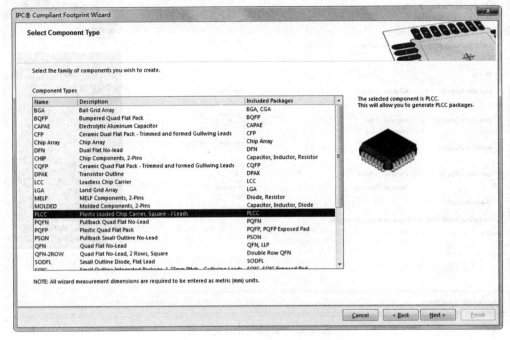

图 8-70 元件封装类型选择界面

03 单击"Next"(下一步)按钮,进入 IPC 模型外形总体尺寸设定界面。采用默认参数,如图 8-71 所示。

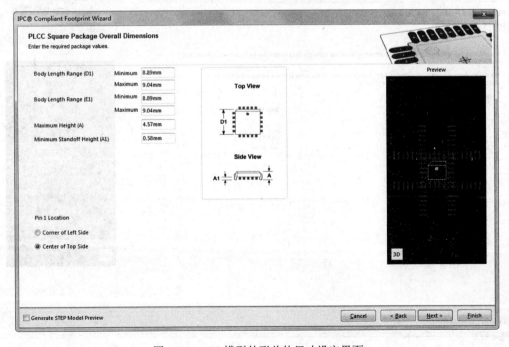

图 8-71 IPC 模型外形总体尺寸设定界面

04 单击"Next"(下一步)按钮,进入引脚尺寸设定界面,如图 8-72 所示。在这里采用默认设置。

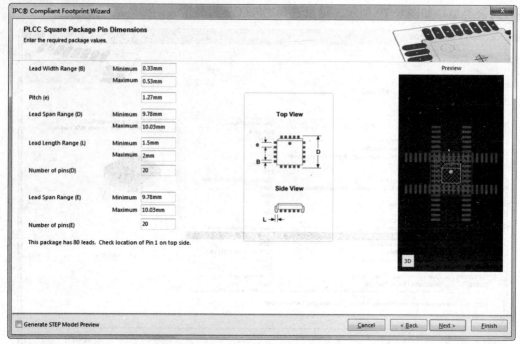

图 8-72　引脚尺寸设定界面

05 单击"Next"(下一步)按钮，进入 IPC 模型底部轮廓设置界面，如图 8-73 所示。这里采用默认设置勾选的"Use calculated values"(使用估计值)复选框。

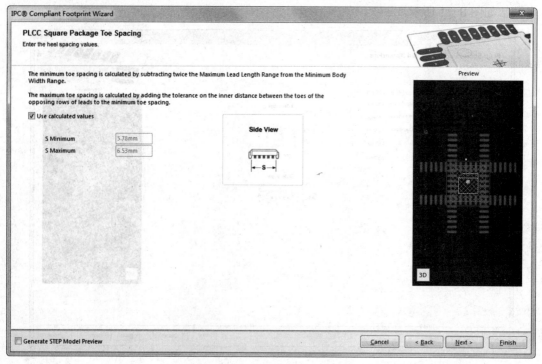

图 8-73　IPC 模型轮廓设置界面

06 单击"Next"(下一步)按钮，进入 IPC 模型焊盘片设置界面。同样适用默认值，如图 8-74 所示。

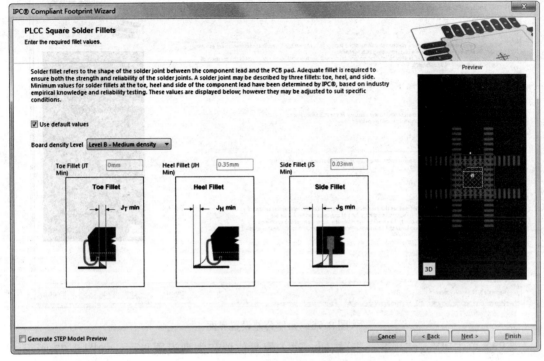

图 8-74　IPC 模型焊盘片设置界面

07 单击 "Next"（下一步）按钮，进入焊盘间距设置界面。这里焊盘间距采用默认值，如图 8-75 所示。

08 单击 "Next"（下一步）按钮，进入元件公差设置界面。这里元件公差采用默认值，如图 8-76 所示。

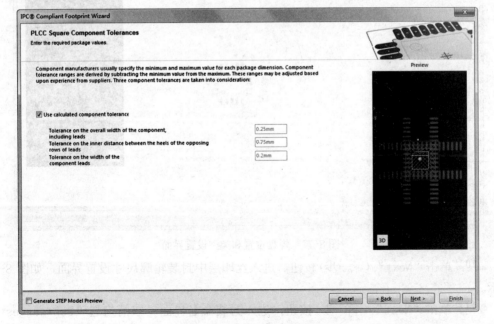

图 8-75　焊盘间距设置界面

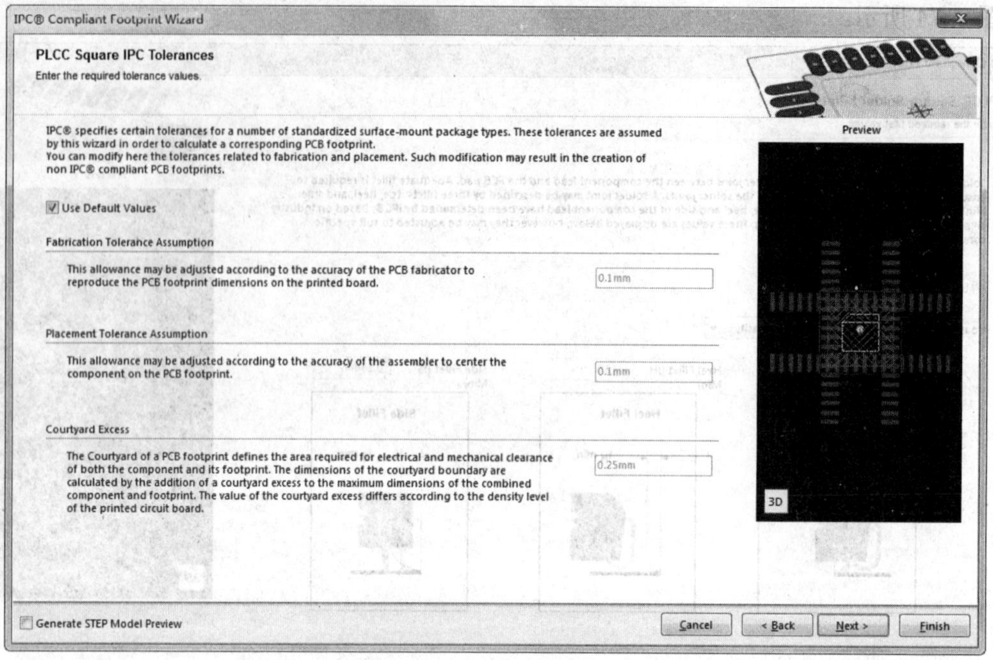

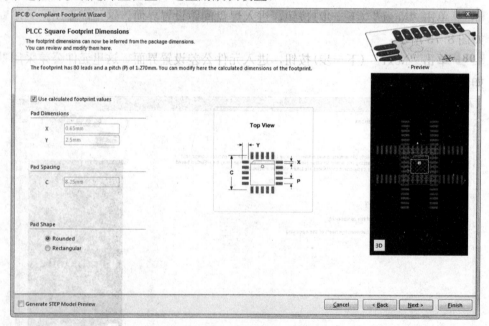

图 8-76　元件公差设置界面

09 单击"Next"(下一步)按钮，进入焊盘位置和类型设置界面，如图 8-77 所示。单击单选框可以确定焊盘位置，这里用默认设置。

图 8-77　焊盘位置和类型设置界面

10 单击"Next"(下一步)按钮，进入丝印层中封装轮廓尺寸设置界面，如图 8-78 所示。

11 单击"Next"(下一步)按钮，进入封装命名界面。取消勾选"Use suggested values"(使用建议值)复选框，则可自定义命名元件，这里采用系统默认的自定义名称

"PLCC127P990X990X457-80N", 如图 8-79 所示。

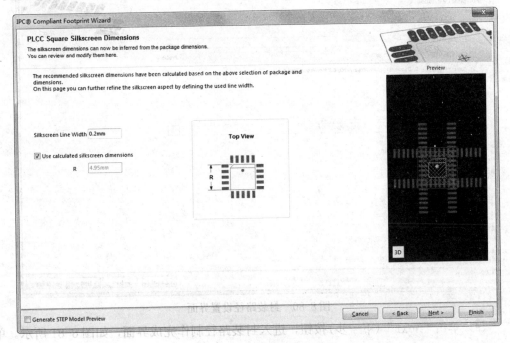

图 8-78 元件轮廓设置界面

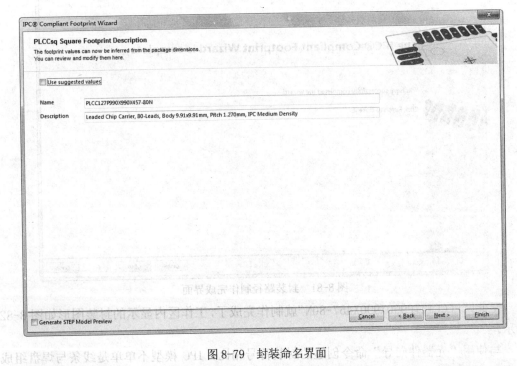

图 8-79 封装命名界面

12 单击 "Next" (下一步) 按钮, 进入封装路径设置界面, 如图 8-80 所示。

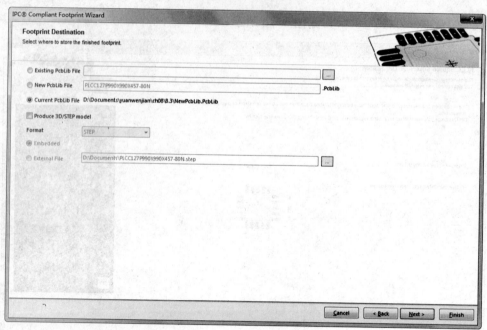

图 8-80　封装路径设置界面

13 单击"Next"（下一步）按钮，进入封装路径制作完成界面，如图 8-81 所示。单击"Finish"（完成）按钮，退出封装向导。

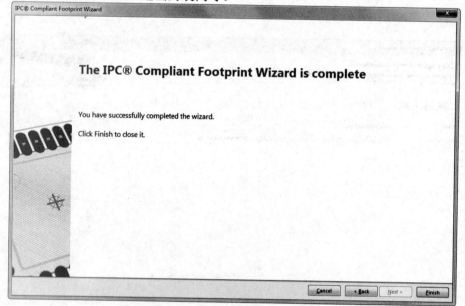

图 8-81　封装路径制作完成界面

至此，"PLCC127P990X990X457-80N"就制作完成了，工作区内显示的封装图形如图 8-82 所示。

与使用"元器件向导"命令创建的封装符号相比，IPC 模型不单单是线条与焊盘组成的平面符号，而是实体与焊盘组成的三维模型。在键盘中输入"3"，切换到三维界面，显示的 IPC 模型如图 8-83 所示。

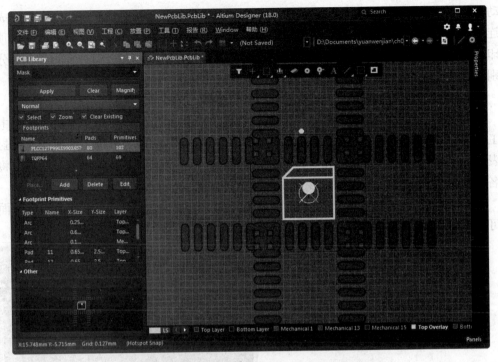

图 8-82　"PLCC127P990X990X457-80N" 的封装图形

图 8-83　显示三维 IPC 模型

8.3.7　手动创建不规则的 PCB 元件封装

由于某些电子元件的引脚非常特殊，或者设计人员使用了最新的电子元件，用 PCB 元件向导往往无法创建新的元件封装。这时，可以根据该元件的实际参数手动创建引脚封装。

手动创建元件引脚封装需要用直线或曲线来表示元件的外形轮廓，然后添加焊盘来形成引脚连接。元件封装的参数可以放置在 PCB 的任意工作层上，但元件的轮廓只能放置在顶层丝印层上，焊盘只能放在信号层上。当在 PCB 上放置元件时，元件引脚封装的各个部分将分别放置到预先定义的图层上。

下面详细介绍手动创建 PCB 元件封装的操作步骤。

01 创建新的空元件文档。打开 PCB 元件库 "NewPcbLib.PcbLib"，单击菜单栏中的"工具"→"新的空元件"选项，这时在 "PCB Library"（PCB 元件库）面板的元件封装列表中会出现一个新的 "PCBCOMPONENT_1" 空文件。双击该文件，在弹出的对话框中将元件名称改为 "New-NPN"，如图 8-84 所示。

02 设置工作环境。打开 "Properties"（属性）面板，如图 8-85 所示。在该面板中可以根据需要设置相应的参数。

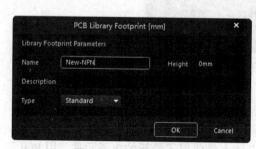

图 8-84　重新命名元件　　　　　　图 8-85　"Properties（属性）"面板

03 设置工作区颜色。颜色设置由读者自己把握，这里不再赘述。

04 设置"Preferences（参数选择）"对话框。单击菜单栏中的"工具"→"优先选项"选项，或者在工作区右击，在弹出的快捷菜单中单击"优先选项"选项，系统将弹出如图 8-86 所示的"Preferences（参数选择）"对话框，采用默认设置即可。单击"OK"（确定）按钮，关闭该对话框。

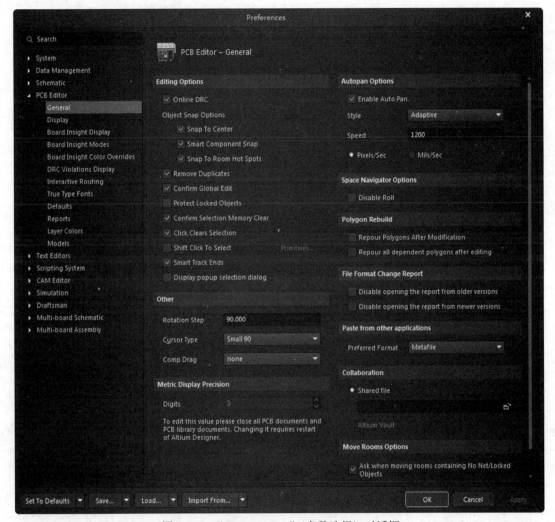

图 8-86　"Preferences"（参数选择）对话框

05 放置焊盘。在"Top-Layer"（顶层），单击菜单栏中的"放置"→"焊盘"选项，光标箭头上将悬浮一个十字光标和一个焊盘，单击确定焊盘的位置。按照同样的方法放置另外两个焊盘。

06 设置焊盘属性。双击焊盘进入焊盘属性设置面板，如图 8-87 所示。

在"Designator"（指示符）文本框中设置引脚名称分别为 b、c、e，设置完毕后的焊盘如图 8-88 所示。

07 放置 3D 体。

❶选择菜单栏中的"放置"-"3D 元件体"选项，弹出如图 8-89 所示的"3D Body"（3D 体）面板，在"3D Model Type"（3D 模型类型）选项组中选择"Generic"（通用 3D

模型）选项，在"Source"（3D 模型资源）选项组下选择"Embed Model（嵌入模型）"选项，单击"Choose"（选择）按钮，弹出"打开"对话框，选择"*.step"文件，如图 8-90 所示。单击"打开"按钮，加载该模型，在"3D Body（3D 体）"面板中显示出加载结果，如图 8-91 所示。

图 8-87　焊盘属性设置面板

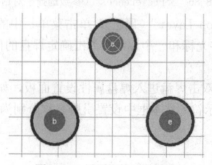

图 8-88　设置完毕后的焊盘

图 8-89　"3D Body"（3D 体）面板

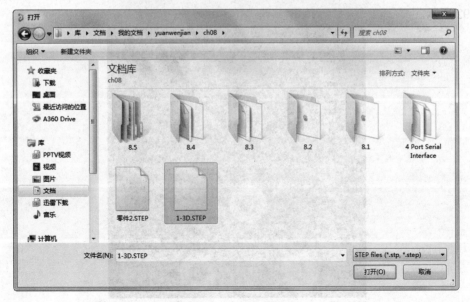

图 8-90　"打开"对话框

图 8-91　模型加载

❷按 Enter 键，光标变为十字形并附着模型符号。在编辑区单击，放置模型，结果如图 8-92 所示。

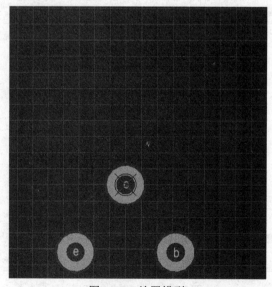

图 8-92　放置模型

❸在键盘中输入 3，切换到三维界面，按 Shift+右键，可旋转视图中的对象，将模型旋转到适当位置，显示的 3D 体模型如图 8-93 所示。

图 8-93 显示 3D 体三维模型

08 设置水平位置。

❶单击菜单栏中的"工具"→"3D 体放置"→"从顶点添加捕捉点"选项，在 3D 体上单击，捕捉基准点，如图 8-94 所示，然后添加基准线，如图 8-95 所示。

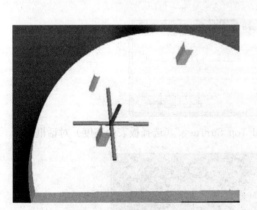

图 8-94 捕捉基准点

图 8-95 添加基准线

❷完成基准线添加后，在键盘中输入"2"，切换到二维界面，将焊盘放置到基准线中，即定位焊盘放置，如图 8-96 所示。

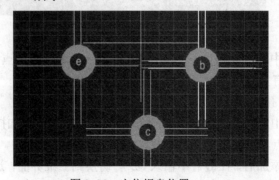

图 8-96 定位焊盘位置

❸在键盘中输入 3，切换到三维界面，显示焊盘水平位置，如图 8-97 所示。

图 8-97　显示焊盘水平位置

09 设置垂直位置。

❶单击菜单栏中的"工具"→"3D 体放置"→"设置 3D 体高度"选项，开始设置焊盘垂直位置。单击 3D 体中对应的焊盘孔，弹出"Choose Height Above Board Top Surface"（选择板表面高度）对话框，采用默认选择的"Board Surface"（板表面）选项，如图 8-98 所示，单击"OK"（确定）按钮，关闭该对话框，焊盘自动放置到焊盘孔上表面，结果如图 8-99 所示。

图 8-98　"Choose Height Above Board Top Surface"（选择板表面高度）对话框

图 8-99　设置焊盘垂直位置

❷单击菜单栏中的"工具"→"3D 体放置"→"删除捕捉点"选项，依次单击设置的捕捉点，删除所有基准线，结果如图 8-100 所示。

10 放置定位孔。

❶单击菜单栏中的"工具"→"3D 体放置"→"从顶点添加捕捉点"选项，在 3D 体上单击，捕捉基准点，添加定位孔基准线，如图 8-101 所示。

❷完成基准线添加后，在键盘中输入"2"，切换到二维界面，选择菜单栏中的"放置"→"焊盘"选项，放置定位孔。按 Tab 键，在弹出的属性设置面板中设置定位孔参数，如图 8-102 所示。

图 8-100 删除定位基准线

图 8-101 添加定位孔基准线

图 8-102 设置定位孔参数

❸单击 Enter 键,完成设置,将焊盘放置到基准线中,设置的定位孔如图 8-103 所示,若放置的定位孔捕捉到基准点,则在放置焊盘中心显示八边形图案。

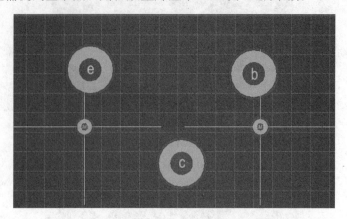

图 8-103   设置定位孔

❹在键盘中输入 3,切换到三维界面,显示定位孔放置结果,如图 8-104 所示。

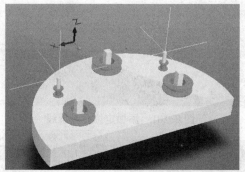

图 8-104   显示定位孔放置效果

❺单击菜单栏中的"工具"→"3D 体放置"→"删除捕捉点"选项,依次单击设置的捕捉点,删除所有基准线,结果如图 8-105 所示。

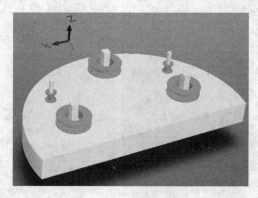

图 8-105   删除基准线

提示:

焊盘放置完毕后,需要绘制元件的轮廓线。所谓元件轮廓线,就是该元件封装在电路板上占用的空间尺寸。轮廓线的线状和大小取决于实际元件的形状和大小,通常需要测量实际元件。

11 绘制元件轮廓。单击菜单栏中的"工具"→"3D 体放置"→"从顶点添加捕捉点"选项，在 3D 体上单击，捕捉模型上关键点，如图 8-106 所示。

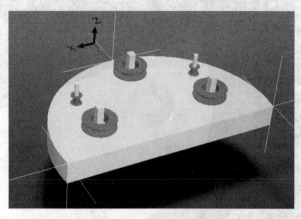

图 8-106　捕捉模型关键点

12 绘制一段直线。单击工作区窗口下方标签栏中的"Top Overlay"（顶层覆盖）选项，将活动层设置为顶层丝印层。单击菜单栏中的"放置"→"走线"选项，光标变为十字形状，单击关键点确定直线的起点，移动光标拉出一条直线，用光标将直线拉到关键点位置，单击确定直线终点。右击或者按<Esc>键退出该操作，结果如图 8-107 所示。

13 绘制一条弧线。单击菜单栏中的"放置"→"圆弧（中心）"选项，光标变为十字形状，捕捉三个关键点作为圆弧定位点，绘制一条弧线，结果如图 8-108 所示。右击或者按<Esc>键退出该操作。

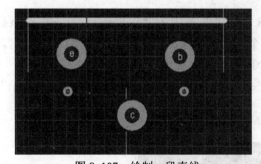

图 8-107　绘制一段直线

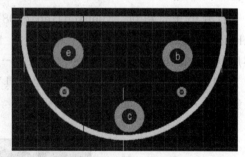

图 8-108　绘制一条弧线

14 设置元件参考点。在"编辑"菜单的"设置参考"子菜单中有 3 个选项，即"1脚""中心"和"位置"。读者可以自己选择合适的元件参考点。

❶在键盘中输入 3，切换到三维界面。单击菜单栏中的"工具"→"3D 体放置"→"删除捕捉点 "选项，依次单击设置的捕捉点，删除所有基准线。

至此，手动创建的不规则 PCB 元件封装图形就制作完成了，如图 8-109 所示。

我们看到，在"PCB Library"（PCB 元件库）面板的元件列表中多出了一个"NEW-NPN"的元件封装，而且在该面板中还列出了该元件封装的详细信息。

❷制作完成的 PCB 元件及元件封装文件另存在电子资料包"yuanwenjian\ch08\8.3"文件夹中。

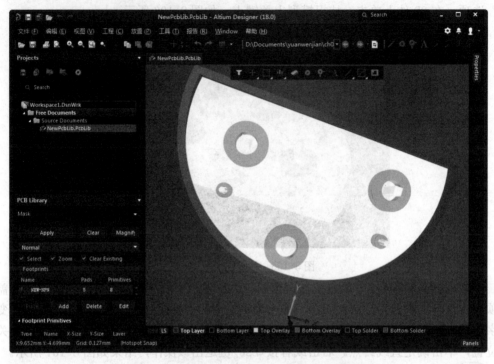

图 8-109 手动创建的不规则 PCB 元件封装图形

8.4 创建一个新的含有多个部件的原理图元件

打开电子资料包"yuanwenjian\ch08\8.4"文件夹中的"Schematic Components.SchLib"的原理图库，创建一个新的包含 4 个部件的原理图元件，命名为"74F08SJX"。然后利用一个 IEEE 标准符号为本例创建一个可替换的外观模式。

01 在原理图库编辑器中执行"工具"→"新器件"命令，弹出"New Component"（新元件）对话框。如图 8-110 所示。

图 8-110 "New Component"（新元件）对话框

02 输入新元件的名称，即"74F08SJX"。单击"OK"（确定）按钮，新的元件名称出现在原理图库面板的元件列表中，同时打开一个新的元件图纸，显示一条十字线穿过图纸原点。

03 创建元件的第一个部件，包括它的引脚。在本例中，第一个部件将会作为其他部件的基础，除非引脚编号有所变化。

8.4.1 创建元件外形

此元件的外形由多条线段和一个圆弧构成。确定元件图纸的原点在工作区的中心，并确定栅格可视。

01 画线。

❶执行"放置"→"线"命令或者单击"放置线"工具条按钮，光标变为十字形状，进入元件外形绘制模式。

❷按<Tab>键设置线属性。在"Properties"（属性）面板中设置线宽为"Small"，如图8-111所示。

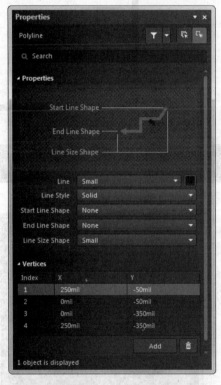

图 8-111 按<Tab>键设置线属性

❸在起点坐标（250，-50）处单击或按下<Enter>键，检查设计浏览器左下角的 X、Y 轴联合坐标状态条。移动鼠标，单击鼠标左键定义线段顶点（0，-50;0）、（-350;250）、（-350），画线结果如图 8-112 所示。

❹完成画线后，右击或按下<Esc>键。再次右击或按下<Esc>键退出走线模式。

02 画一个圆弧。画一个圆弧有 4 个步骤：设置圆弧的中心、半径、起点和终点。可以用按<Enter>键来代替鼠标单击来完成画圆弧。

❶执行"放置"→"弧"命令，之前最后一次画的圆弧出现在指针上。现在处于圆弧摆放模式。

❷按下<Tab>键，打开"Properties"（属性）对话框中的"Arc"（弧）属性面板，设置半径为 150 mil 及线宽为"Small"，如图 8-113 所示。

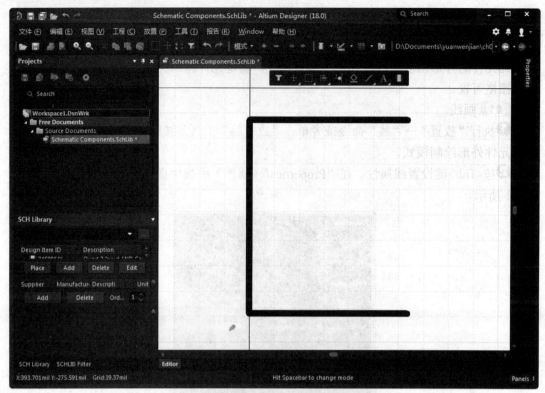

图 8-112　画线

图 8-113　"Arc（弧）"属性面板

❸移动鼠标定位到圆弧的圆心（250，-200），单击鼠标左键。指针跳转到先前已经在圆弧对话框中设置的当前默认半径上。

❹单击设置好半径。指针跳转到圆弧的起始点。

❺移动指针定位到起点，单击确定起点。指针这时跳转到圆弧终点。移动指针定位到终点，单击确定终点完成这个圆弧，如图 8-114 所示。

❻右击或者按<Esc>键，退出圆弧摆放模式。

03 添加引脚。用"8.2.4 节给原理图元件添加引脚"中的方法给第一个部件添加引脚，具体步骤这里不再赘述。引脚 1 和 2 是输入特性，引脚 3 是输出特性。电源引脚是隐藏引脚，也就是说 GND（引脚 7）和 VCC（引脚 14）是隐藏引脚。它们要支持所有的部件，所以只要将它们作为部件 0 设置一次即可。将部件 0 简单的摆放为元件中的所有部件公用的引脚，当元件放置到原理图中时该部件中的这类引脚会被加到其他部件中。在这些电源引脚属性对话框的属性标签下，确定它们在部件编号栏中被设置为部件 0，将其电气类型设置为"Power"，勾选隐藏复选框并将引脚连接到正确的网络名，如连接到 VCC（引脚 14），如图 8-115 和图 8-116 所示。

图 8-114　完成圆弧

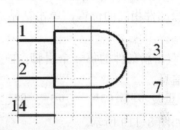

图 8-115　元件引脚标识

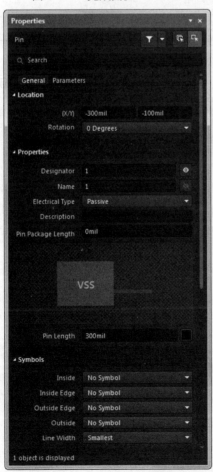

图 8-116　隐藏元件引脚

8.4.2 创建一个新的部件

01 执行菜单命令"编辑"→"选择"→"全部",将元件全部选中。

02 执行编辑复制命令,指针变成十字状。单击原点或者元件的左上角确定复制的参考点(当粘贴时指针会抓住这个点),复制选中对象到粘贴板上。

03 执行"工具"→"新部件"命令,打开一个新的空白元件图纸。如果点开原理图库面板中元件列表里元件名字旁边的"+"号可以看到,原理图库面板中的部件计数器会更新元件,使其拥有"Part A"和"Part B"两个部件。

04 执行编辑、粘贴命令,指针上出现一个部件外形。移动被复制的部件,直到它定位到和源部件相同的位置,单击粘贴这个部件,创建的"Part B"部件符号如图 8-117 所示。

05 双击新部件的每一个引脚,在引脚属性对话框中修改引脚名称和编号以更新新部件的引脚信息。

06 重复步骤 **03** ～ **05**,创建其余的两个部件,如图 8-118 所示。完成操作后的库文件如图 8-119 所示。

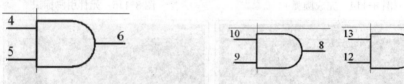

图 8-117　Part B 部件符号　　　　　　　　　图 8-118　其余的两个部件符号

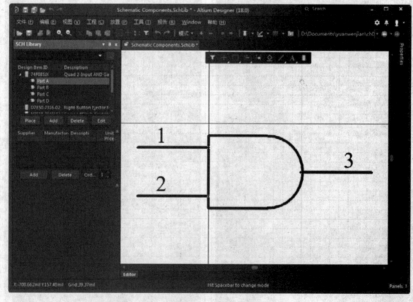

图 8-119　库文件

8.4.3 创建部件的另一个可视模型

可以同时对一个部件加入 255 种可视模型。这些可视模型可以包含任何不同的元件图形表达方式，如 DeMorgan 或 IEEE 符号。IEEE 符号库在原理图库 IEEE 工具条中。

如果添加了任何同时存在的可视模型，这些模型可以通过单击原理图库编辑器中"Mode"的下拉列表框，选择另外的外形选项来显示。当已经将这个器件放置在原理图中时，可通过元件属性对话框中图形栏的下拉列表框选择元件的可视模型。

当被编辑元件部件出现在原理图库编辑器的设计窗口时，按下面步骤可以添加新的原理图部件可视模型：

01 执行"工具"→"模式"→"添加"命令，弹出一个用于画新模型的空白图纸。

02 为已经建好的且存储的库放置一个可行的 IEEE 符号，如图 8-120 所示。

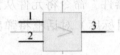

图 8-120　元件的 IEEE 符号

8.4.4　设置元件的属性

01 在"SCH Library"（原理图库）面板中元件列表里选中元件，然后单击"Edit"（编辑）按钮，设置元件属性。

02 在元件属性面板中填入定义的默认元件标识符如"U？"，元件描述如"Quad 2-Input AND Gate"，然后在模型列表中添加封装模型"DIP14"。下面将用 PCB 元件向导建立一个"DIP14"的封装，如图 8-121 所示。

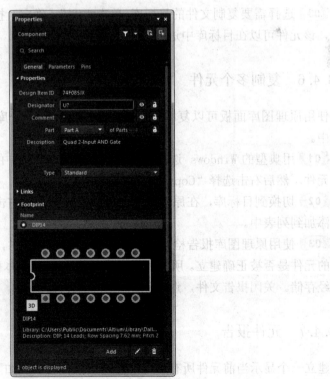

图 8-121　设置元件属性

03 存储这个元件到库中。

8.4.5 从其他库中添加元件

还可以将其他打开的原理图库中的元件加入到自己的原理图库中，然后编辑其属性。如果元件是一个集成库的一部分，需要打开这个文件（.IntLib），然后选择"Yes"（是）提出源库，再从项目面板中打开产生的库。

01 在原理图库面板中的元件列表里选择需要复制的元件，它将显示在设计窗口中。

02 执行"工具"→"复制器件"命令将元件从当前库复制到另外一个打开的库文件中。"Destination Library"（目标库）对话框将弹出并列出所有当前打开的库文件，如图 8-122 所示。

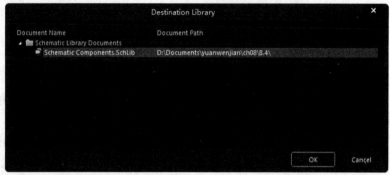

图 8-122 "Destination Library"（目标库）对话框

03 选择需要复制文件的目标库，单击"OK"（确定）按钮，一个元件将复制到目标库中，该元件可以在目标库中进行编辑。

8.4.6 复制多个元件

使用原理图库面板可以复制一个或多个库元件到一个库或者复制到其他打开的原理图库中。

01 用典型的 Windows 选择方法，在原理图库面板中的元件列表里可以选择一个或多个元件。然后右击选择"Copy"（复制）命令。

02 切换到目标库，在原理图库面板的元件列表上右击，选择"Paste"（粘贴）将元件添加到列表中。

03 使用原理图库报告检查元件。在原理图库打开时，可以产生三个报告，用以检查新的元件是否被正确建立。所有的报告均使用 ASCII 文本格式。在产生报告时确信库文件已经存储。关闭报告文件，返回到原理图库编辑器。

8.4.7 元件报告

建立一个显示当前元件所有可用信息列表报告的步骤如下：

01 执行菜单命令"报告"→"器件"。

02 在文本编辑器中显示报告文件"Schematic Components.cmp"，该报告包括元件中的部件编号以及部件相关引脚的详细信息，如图8-123所示。

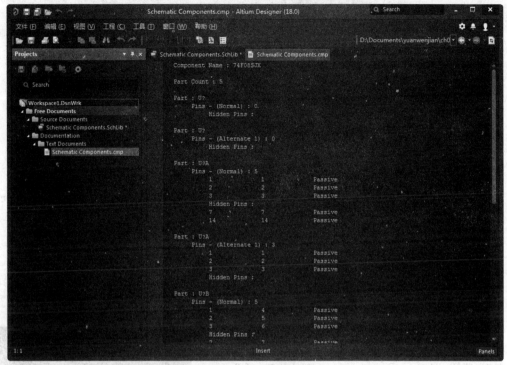

图 8-123　元件报告文件

8.4.8　库报告

建立一个显示库中器件及器件描述报告的步骤如下：

01 执行菜单命令"报告"→"库报告"，弹出如图8-124所示的对话框。

02 文本编辑器中显示出报告文件"Schematic Components.doc"，如图8-125所示。

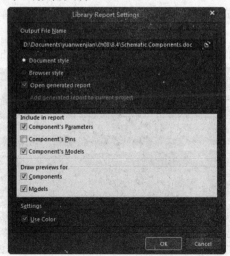

图 8-124　"Library Report Settings"（库报告设置）对话框

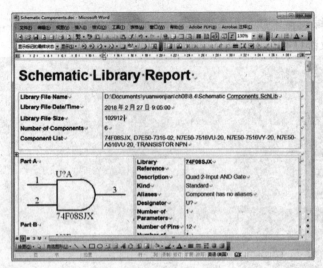

图 8-125　报告文件

📖 8.4.9　元件规则检查器

用元件规则检查器检查测试是否有重复的引脚及缺少的引脚。

01 执行菜单命令"报告"→"器件规则检查",弹出"Library Component Rule Check"(库元件规则检查)对话框,如图 8-126 所示。

02 设置需要检查的属性特征,单击"OK"(确定)按钮,在文本编辑器中显示出名为"Schematic Components.err"的文件,其中显示了所有与规则检查冲突的元件,如图 8-127 所示。

图 8-126　"Library Component Rule Check"(库元件规则检查)对话框

03 根据建议对库做必要的修改后再执行该报告。

制作完成的原理图文件另存在电子资料包"yuanwenjian\ch_08\8.4"文件夹中。

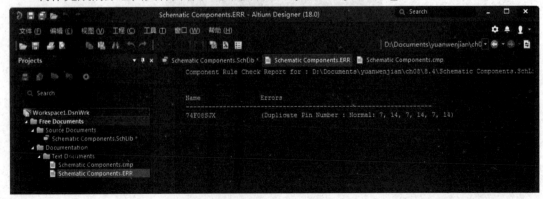

图 8-127　元件规则检查器运行结果

8.5 操作实例

8.5.1 制作 LCD 元件

本节通过制作一个 LCD 显示屏接口的原理图符号，帮助读者巩固前面所学的知识。

制作一个 LCD 元件原理图符号的具体制作步骤如下：

01 执行"File"（文件）→"新的"→"Library"（库）→"原理图库"菜单命令。创建一个新的被命名为"Schlib1.SchLib"的原理图库，在设计窗口中打开一个空的图纸，右击选择"另存为"命令，将原理图库保存在"yuanwenjian\ ch08\8.5\8.5.1"文件夹内，命名为"LCD.SchLib"，如图 8-128 所示。进入工作环境，原理图元件库内已经存在一个自动命名为"Component_1"的元件。

02 执行"工具"→"新器件"菜单命令，打开如图 8-129 所示的"New Component"（新建元件）对话框，输入新元件名称"LCD"，然后单击"OK"（确定）按钮，退出对话框。

03 此时元件库浏览器中多出了一个元件 LCD。单击选中"Component_1"元件，然后单击"Delete"（删除）按钮，将该元件删除，如图 8-130 所示。

04 绘制元件符号。所要绘制元件符号的引脚参数见表 8-1。

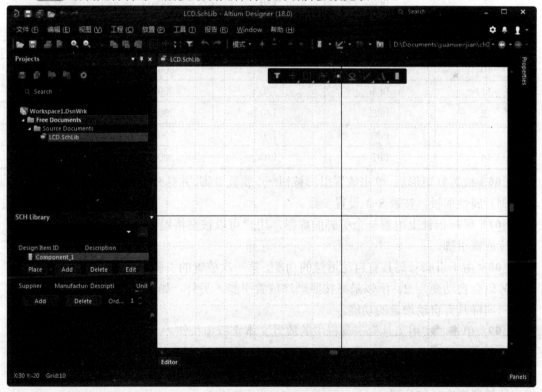

图 8-128　新建原理图库

05 确定元件符号的轮廓，即放置矩形。单击放置矩形按钮□，进入放置矩形状态，绘制矩形。

图 8-129 "New Component（新建元件）"对话框　　图 8-130　元件库浏览器

表 8-1　元件参数

引脚号码	引脚名称	信号种类	引脚长度	其他
1	VSS	Passive	300mil	显示
2	VDD	Passive	300mil	显示
3	V0	Passive	300mil	显示
4	RS	Input	300mil	显示
5	R/W	Input	300mil	显示
6	EN	Input	300mil	显示
7	DB0	I/O	300mil	显示
8	DB1	I/O	30mil	显示
9	DB2	I/O	300mil	显示
10	DB3	I/O	300mil	显示
11	DB4	I/O	300mil	显示
12	DB5	I/O	300mil	显示
13	DB6	I/O	300mil	显示
14	DB7	I/O	300mil	显示

06 放置好矩形后，单击放置引脚按钮，放置引脚，并打开如图 8-131 所示的"Pin"（引脚）属性面板，按表 8-1 设置参数。

07 鼠标指针上附着一个引脚的虚影，用户可以按空格键改变引脚的方向，然后单击鼠标放置引脚。

08 由于引脚号码具有自动增量的功能，第一次放置的引脚号码为 1，紧接着放置的引脚号码会自动变为 2，所以最好按照顺序放置引脚。另外，如果引脚名称的后面是数字的话，同样具有自动增量的功能。

09 单击"实用工具"工具栏中的放置文本字符串按钮 **A**，进入放置文字状态，并打开如图 8-132 所示的"Text"（文本）属性面板。在"Text"（文本）文本框中输入"LCD"，单击"Font"（字体）文本框右侧按钮，打开字体下拉列表，将字体大小设置为 20，然后把字体放置在合适的位置。

10 编辑元件属性。

❶从"SCH Library"（原理图库）面板的元件列表中选择元件，然后单击"Edit"（编

辑）按钮，弹出"Component"（元件）属性面板，如图8-133所示，在"Designator"（标识符）栏输入预置的元件序号前缀（此处为"U？"），在"Comment"（注释）栏输入元件名称"LCD"。

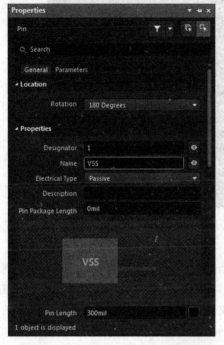

图8-131 "Pin"（引脚）属性面板

图8-132 "Text"（文本）属性面板

图8-133 设置元件属性

❷在"Pins"（引脚）选项卡中单击编辑引脚按钮，弹出"Component Pin Editor"（元件引脚编辑）对话框，如图8-134所示。

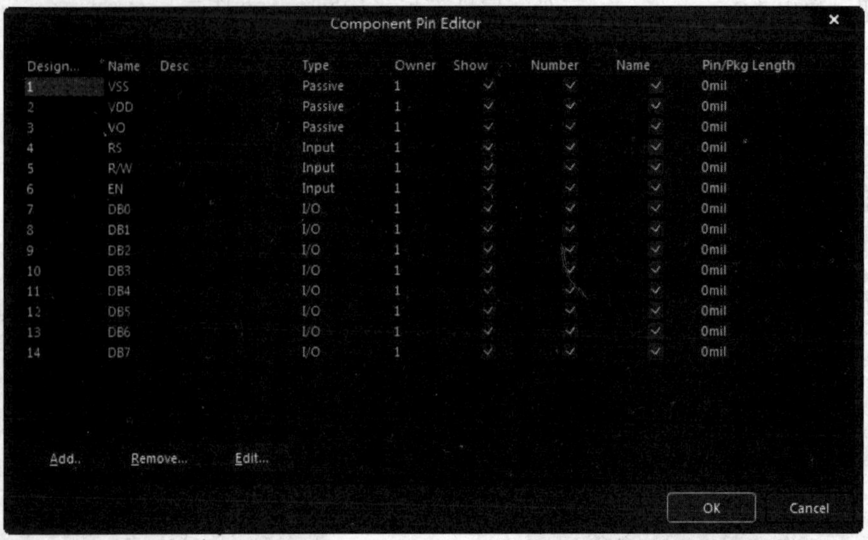

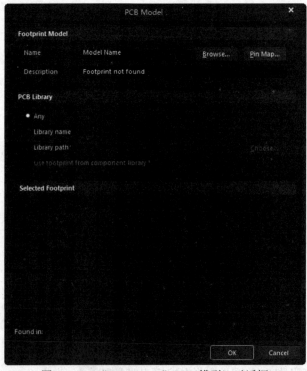

图 8-134　"Component Pin Editor"（元件引脚编辑）对话框

❸单击"OK"（确定）按钮关闭对话框。

❹在"Component（元件）"属性面板"Footprint"（封装）选项组中单击"Add"（添加）按钮，弹出"PCB Model"（PCB 模型）对话框，如图 8-135 所示。在该对话框中单击"Browse"（浏览）按钮，找到已经存在的模型（或者简单的写入模型的名字，稍后将在 PCB 库编辑器中创建这个模型），弹出"Browse Libraries"（浏览库）对话框，如图 8-136 所示。

图 8-135　"PCB Model"（PCB 模型）对话框

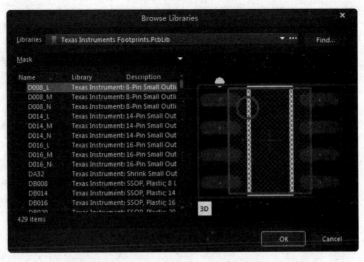

图 8-136　"Browse Libraries"（浏览库） 对话框

❺在 "Browse Libraries"（浏览库） 对话框中单击 "Find"（发现）按钮，弹出 "Libraries Search"（搜索库）对话框，如图 8-137 所示。

❻选择查看 "Libraries on path"（库文件路径），单击 "Path"（路径）栏旁的浏览文件按钮 📇，定位到 "\AD18\Library\Pcb" 路径下，然后单击 "OK"（确定）按钮，如图 8-138 所示。在 "Browse Libraries"（浏览库）对话框中勾选 "Include Subdirectories"（包括子目录）复选框。在名字栏输入 "DIP-14"，然后单击 "Search"（查找）按钮，弹出 "PCb Model"（PCB 模型）对话框，如图 8-139 所示。

❼找到对应这个封装所有的类似的库文件 "Cylinder with Flat Index.PcbLib"。如果确定找到了文件，则单击 "Stop"（停止）按钮停止搜索。单击选择找到的封装文件再单击 "OK"（确定）按钮关闭该对话框。此时已加载这个库在浏览库对话框中。回到 PCB 模型对话框。

❽单击 "OK"（确定）按钮，向元件加入这个模型。模型的名称列在元件属性对话框的模型列表中，完成元件编辑。

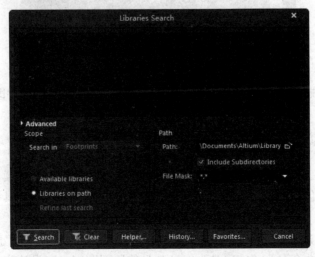

图 8-137　"Libraries Search"（搜索库） 对话框

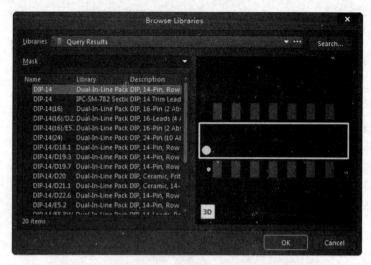

图 8-138　"Browse Libraries"（浏览库）对话框

图 8-139　"PCB Model"（PCB 模型）对话框

(11) 制作完成的 LCD 元件如图 8-140 所示。最后保存元件库文件即可。

8.5.2　制作变压器元件

本例将用绘图工具创建一个新的变压器元件。通过本例的介绍，读者将了解到在原理图元件编辑环境下创建新的元件原理图符号的方法，同时学会绘图工具条中绘图工具按钮的使用方法。

(01) 执行 "File"（文件）→ "新的" → "Library"（库）→ "原理图库" 菜单命令，创建一个新的被命名为 "Schlib1.SchLib" 的原理图库，在设计窗口中打开一个空的

图纸，如图 8-141 所示。右击选择"另存为"命令，将原理图库保存在"yuanwenjian\ch_08\
8.5\8.5.2"文件夹内，命名为"BIANYAQI.SchLib"。进入工作环境，原理图元件库内已
经存在一个自动命名为"Component_1"的元件。

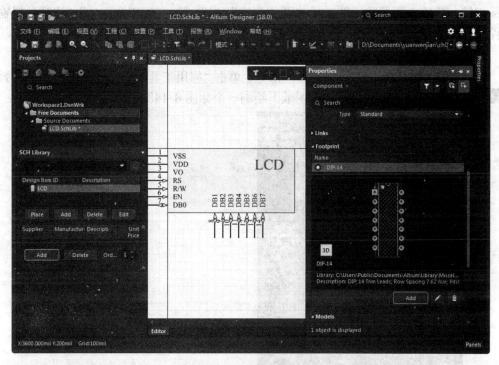

图 8-140　LCD 元件完成图

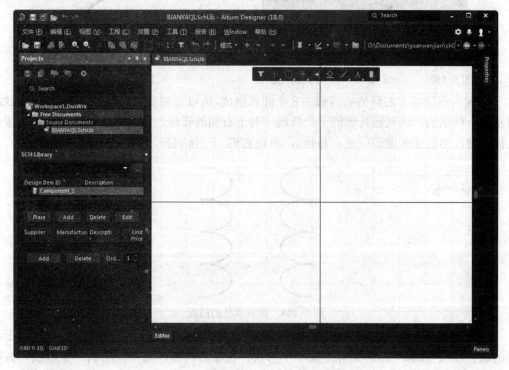

图 8-141　新建文件

02 编辑元件属性。从"SCH Library"（原理图库）面板的元件列表中选择元件，然后单击"Edit（编辑）"按钮，弹出"Component"（元件）属性面板，如图 8-142 所示。在"Design Item ID"（设计项目地址）栏输入新元件名称"BIANYAQI"，在"Designer"（标识符）栏输入预置的元件序号前缀（此处为"U？"），在"Comment"（注释）栏输入元件注释"BIANYAQI"。此时元件库浏览器中多出了一个元件 BIANYAQI。

03 绘制原理图符号。

❶ 在图纸上绘制变压器元件的弧形部分。单击"应用工具"工具栏中的放置椭圆弧按钮 ，这时光标变成十字形状。在图纸上绘制一个如图 8-143 所示的弧线。

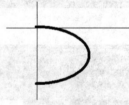

图 8-142　"Component"（元件）属性面板　　　　图 8-143　绘制弧线

❷ 因为变压器左右两侧的线圈由 8 个圆弧组成，所以还需要绘制另外 7 个类似的弧线。用复制、粘贴的方法创建其他的 7 个弧线（对于右侧的弧线，只需要在将弧线选中后按住鼠标左键，然后按 X 键即可左右翻转），再将它们一一排列好，如图 8-144 所示。

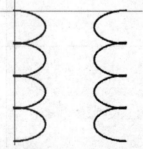

图 8-144　放置其他的圆弧

❸ 绘制变压器中间的直线。执行"放置"→"线"菜单命令，或者单击"布线"工具栏的放置线按钮 ，这时光标变成十字形状。在左右两侧线圈中间绘制一条直线，如图 8-145 所示。然后双击绘制好的直线打开"Poly line"（多段线）属性面板，将直线的"Line"

（宽度）设置为"Medium"，如图 8-146 所示。

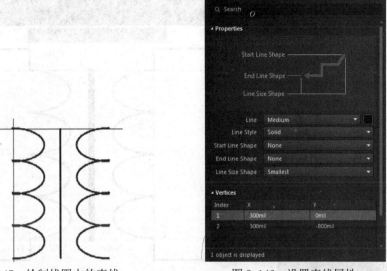

图 8-145 绘制线圈中的直线　　　　　图 8-146 设置直线属性

❹绘制线圈上的引出线。执行"放置"→"线"菜单命令，或者单击"布线"工具栏的放置线按钮，这时光标变成十字形状，在线圈上绘制出 4 条引出线。单击"常用工具"工具栏"原理图符号绘制"下拉按钮中的"放置引脚"按钮[1]，按住<Tab>键，弹出"Pin"（引脚）属性面板，在该面板中取消选中"Designator"（标识符）栏和"Name"（民诚）栏文本框后面的"不可见"按钮，表示隐藏引脚编号与名称，如图 8-147 所示。绘制 4 个引脚，如图 8-148 所示。

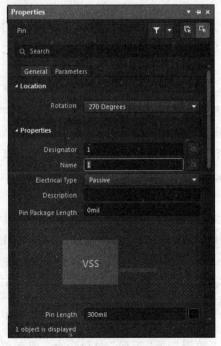

图 8-147 设置引脚属性

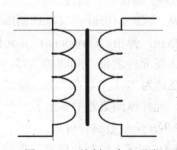

图 8-148 绘制 4 个和引脚

04 变压器元件就绘制完成了，如图 8-149 所示。

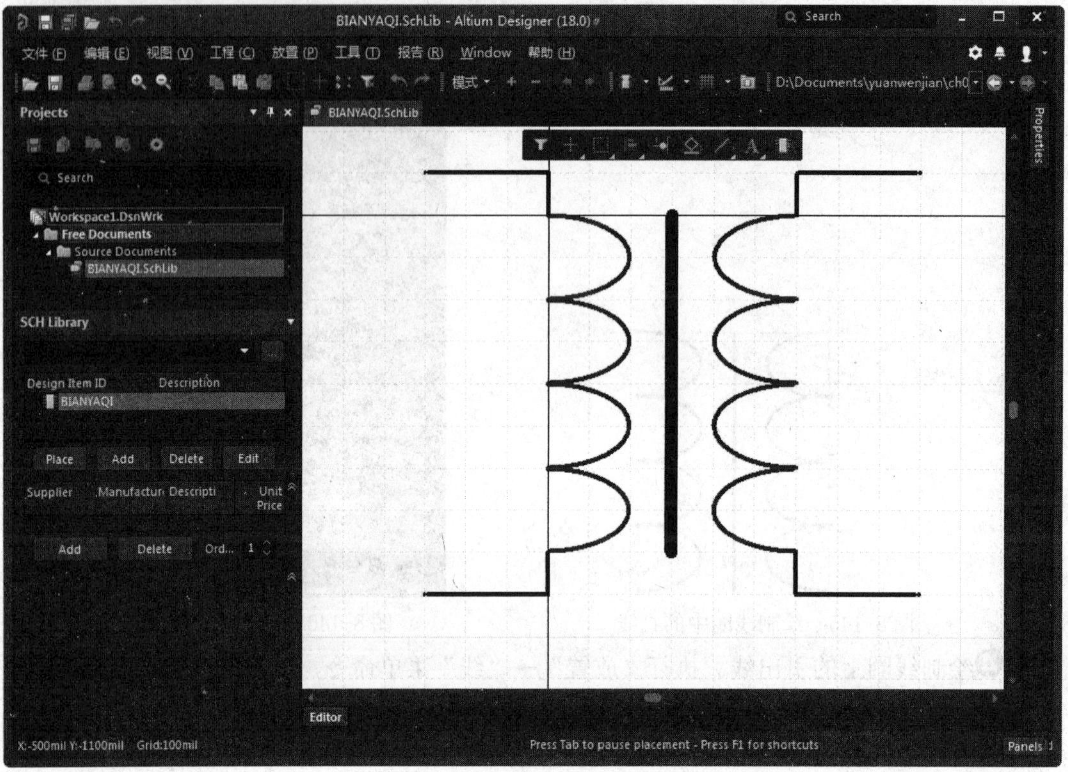

图 8-149　绘制完成的变压器元件

8.5.3　制作七段数码管元件

本例中要创建的元器件是一个七段数码管。这是一种由七段发光二极管构成的显示元器件，广泛地应用在各种仪器中。本例将介绍用绘图工具条中的按钮来创建一个七段数码管原理图符号的方法。

01 创建文件。执行"File"（文件）→"新的"→"Library"（库）→"原理图库"菜单命令，创建一个新的名为"Schlib1.SchLib"的原理图库，在设计窗口中打开一个空的图纸，右击选择"另存为"选项，将原理图库保存在"yuanwenjian\ch08\8.5\8.5.3"文件夹内，命名为"SHUMAGUAN.SchLib"，如图 8-150 所示。进入工作环境，可以看到原理图元件库内已经存在一个自动命名为"Component_1"的元件。

02 编辑元件属性。

从"SCH Library"（原理图库）面板的元件列表中选择元件，然后单击"Edit"（编辑）按钮，弹出"Component"（元件）属性面板，在"Design Item ID"（设计项目地址）栏输入新元件名称"SHUMAGUAN"，在"Designator"（标识符）栏输入预置的元件序号前缀（在此为"U？"），在"Comment"（注释）栏输入元件注释 SHUMAGUAN，如图 8-151 所示，此时，元件库浏览器中多出了一个元件"SHUMAGUAN"。

03 绘制数码管外形。

❶在图纸上绘制数码管元件的外形。执行"放置"→"矩形"菜单命令，或者单击"应

用工具"工具栏中的放置矩形按钮□，这时光标变成十字形状，并带有一个矩形图形。在图纸上绘制一个如图 8-152 所示的矩形。

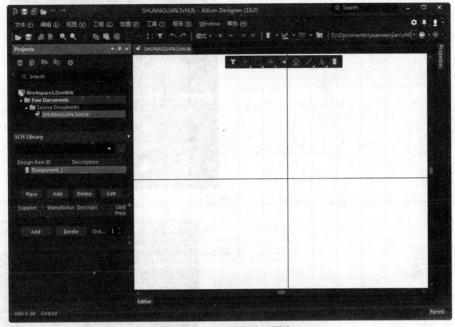

图 8-150　新建原理图库

图 8-151　重命名元件

❷双击新绘制的矩形，打开 "Rectangle"（长方形）属性面板，如图 8-153 所示。在该面板中，将矩形的边框颜色设置为黑色，勾选 "Fill Color"（填充颜色）复选框，将填充颜色设置为白色。

04 绘制七段发光二极管。

❶在图纸上绘制数码管。在原理图符号中用直线来代替发光二极管。执行"放置"→"线"菜单命令，或者单击工具条的放置线按钮╱，这时光标变成十字形状。在图纸上绘

制一个如图 8-154 所示的"日"字形数码管。

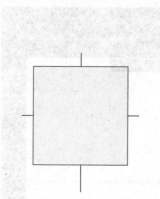

图 8-152　在图纸上绘制一个矩形　　　图 8-153　"Rectangle"（长方形）属性面板

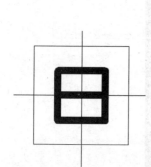

图 8-154　在图纸上绘制数码管　　　图 8-155　"Polyline"（多段线）属性面板

❷双击放置的直线，打开"Polyline"（多段线）属性面板，再在其中将直线的宽度设置为"Medium"，如图 8-155 所示。

05 绘制小数点。

❶执行"放置"→"矩形"菜单命令，或者单击工具条中的放置矩形按钮▢，这时光标变成十字形状，并带有一个矩形图形。在图纸上绘制一个如图 8-156 所示的小矩形作为小数点。

❷双击放置的直线，打开"Rectangle"（长方形）对话框，再在其中将矩形的填充色和边框都设置为黑色，如图 8-157 所示。

提示：

在放置小数点的时候，由于小数点比较小，用鼠标操作放置可能比较困难，此时可以

通过在"Rectangle"（长方形）属性面板中设置坐标的方法来微调小数点的位置。

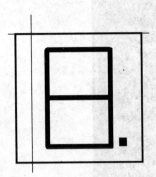

图8-156　在图纸上绘制小数点

图8-157　设置矩形属性

06 放置数码管的标注。

❶执行"放置"→"文本字符串"菜单命令，或者单击"实用工具"工具条中的放置文本字符串按钮 **A**，这时光标变成十字形状。在图纸上放置如图8-158所示的数码管标注。

❷双击放置的文字，打开"Text"（标注）属性面板，设置如图8-159所示。

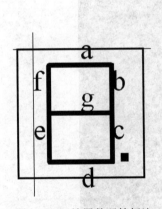

图8-158　放置数码管标注

图8-159　设置文本属性

07 放置数码管的引脚。单击原理图符号绘制工具条中的放置引脚按钮，绘制7个引脚，如图8-160所示。双击所放置的引脚，打开"Pin"（引脚）属性面板，如图8-161所示。在该面板中设置引脚的编号，然后单击"OK"（确定）按钮退出对话框。

08 单击"保存"按钮保存所做的工作，这样就完成了七段数码管原理图符号的绘制。

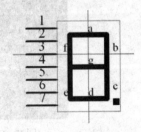

图8-160　绘制数码管管脚

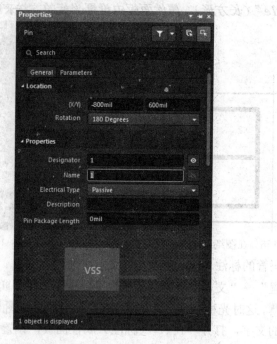

图 8-161　"Pin"（引脚）属性面板

09 编辑元件属性。

❶在属性面板"Footprint"（封装）选项组中的"Add"（添加）按钮，弹出"PCB Model"（PCB 模型）对话框，如图 8-162 所示。在该对话框中单击"Browse"（浏览） 按钮，弹出"Browse Libraries"（浏览库） 对话框，如图 8-163 所示。

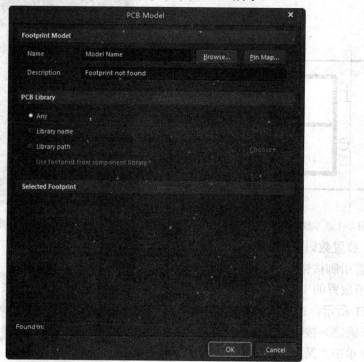

图 8-162　"PCB Model"（PCB 模型） 对话框

❷在"Browse Libraries"（浏览库） 对话框中的"Libraries"（库）下拉列表中选择用到的库，再选择所需元件封装"SW-7"，如图 8-164 所示。

❸单击"OK"（确定）按钮，回到"PCB Model"（PCB 模型） 对话框。如图 8-165 所示。

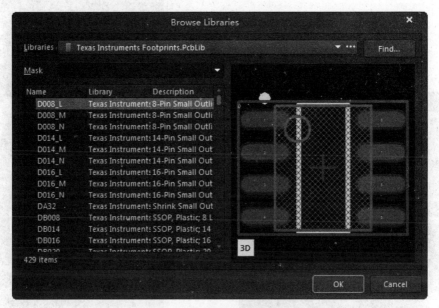

图 8-163　"Browse Libraries"（浏览库）对话框

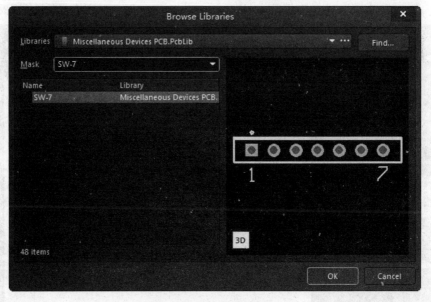

图 8-164　选择元件封装

单击"OK"（确定）按钮，退出对话框，返回库元件属性面板，如图8-166所示。单击"OK"（确定）按钮，返回编辑环境。

⑩ 七段数码管元件就创建完成了，如图 8-167 所示。

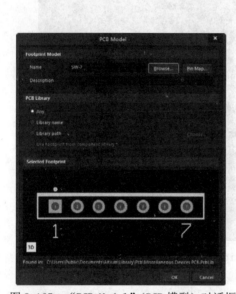

图 8-165　"PCB Model"（PCB 模型）对话框

图 8-166　库元件属性面板

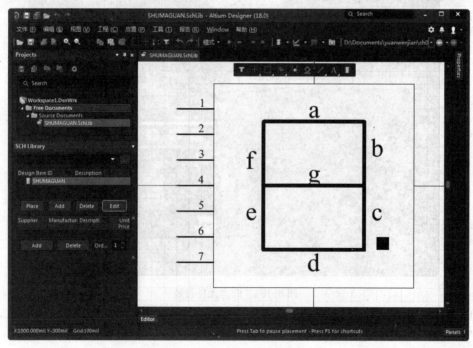

图 8-167　七段数码管绘制完成

📖 8.5.4　制作串行接口元件

本例将创建一个串行接口元件的原理图符号，介绍接绍圆和弧线的绘制方法。串行接口元件共有 9 个插针，分成两行，一行 4 根，另一行 5 根，在元件的原理图符号中，它们是用小圆圈来表示的。

01 执行 "File"（文件）→"新的"→"Library"（库）→"原理图库"菜单命令。创建一个新的名为 "Schlib1.SchLib" 的原理图库，在设计窗口中打开一个空的图纸，右击选择"另存为"选项，将原理图库保存在 "yuanwenjian\ch08\8.5\8.5.4" 文件夹内，命名为 "CHUANXINGJIEKOU.SchLib"，如图 8-168 所示。进入工作环境，可以看到原理图元件库内已经存在一个自动命名为 "Component_1" 的元件。

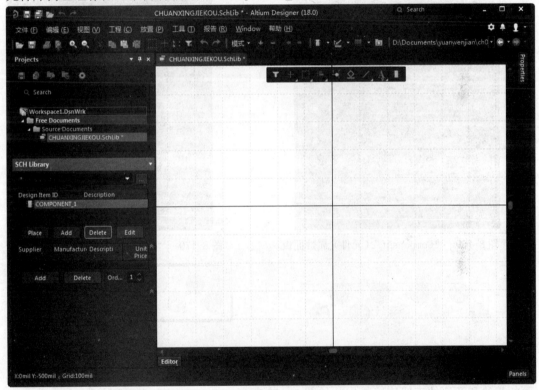

图 8-168　新建原理图文件

02 编辑元件属性。从 "SCH Library"（原理图库）面板的元件列表中选择元件，然后单击 "Edit"（编辑）按钮，弹出 "Component"（元件）属性面板，如图 8-169 所示。在 "Design Item ID"（设计项目地址）栏输入新元件名称 "CHUANXINGJIEKOU"，在 "Designator"（标识符）栏输入预置的元件序号前缀（在此为 "U？"），此时元件库浏览器中多出了一个元件 "CHUANXINGJIEKOU"。

03 绘制串行接口的插针。

❶执行"放置"→"椭圆"菜单命令，或者单击工具条的放置椭圆按钮 ⬭，这时光标变成十字形状，并带有一个椭圆图形。在原理图中绘制一个圆。

❷双击绘制好的圆，打开 "Ellipse"（椭圆形）属性面板，设置边框颜色为黑色，如

357

图 8-170 所示。

❸重复以上步骤，在图纸上绘制其他的 8 个圆，如图 8-171 所示。

04 绘制穿行接口外框。

❶执行"放置"→"线"菜单命令，或者单击工具条的放置线按钮，这时光标变成十字形状。在原理图中绘制 4 条长短不等的直线作为边框，如图 8-172 所示。

图 8-169 "Component"（元件）属性面板

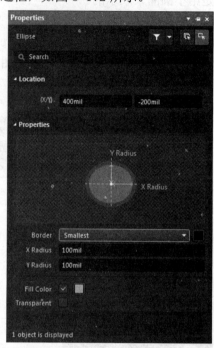

图 8-170 "Ellipse"（椭圆形）属性面板

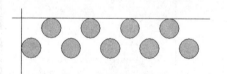

图 8-171 绘置所有圆

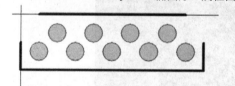

图 8-172 绘置直线边框

单击工具条的 放置椭圆弧按钮，这时光标变成十字形状。绘制两条弧线，使其将上面的直线和两侧的直线连接起来，如图 8-173 所示。

05 放置引脚。单击原理图符号绘制工具条中的"放置引脚"按钮，绘制 9 个引脚，如图 8-174 所示。

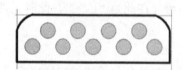

图 8-173 绘置圆弧边框

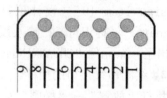

图 8-174 绘置引脚

06 编辑元件属性。

❶在"Component"（元件）属性面板的"Footprint"（封装）选项组中单击"Add"

（添加）按钮，弹出"PCB Model"（PCB 模型）对话框，如图 8-175 所示。在该对话框中单击"Browse（浏览）"按钮，弹出"Browse Libraries"（浏览库）对话框，如图 8-176所示。

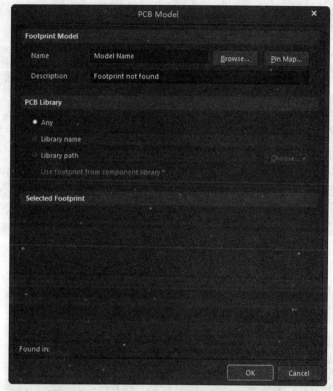

图 8-175 "PCB Model"（PCB 模型） 对话框

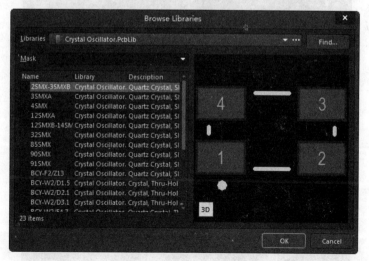

图 8-176 "Browse Libraries"（浏览库）对话框

❷在"Browse Libraries"（浏览库） 对话框中选择所需元件封装"VTUBE-9"，如图 8-177 所示。

❸单击"OK"（确定） 按钮，回到"PCB Model"（PCB 模型） 对话框，如图 8-178 所示。

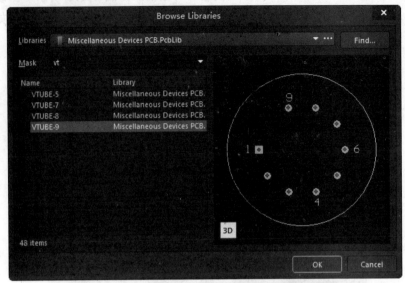

图 8-177 选择元件封装

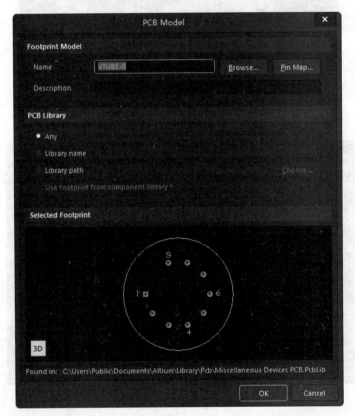

图 8-178 "PCB Model"（PCB 模型）对话框

单击"OK"（确定）按钮，退出对话框，返回库元件属性面板，如图 8-179 所示。单击"OK（确定）"按钮，返回编辑环境。

07 串行接口元件如图 8-180 所示。

图 8-179　库元件属性面板

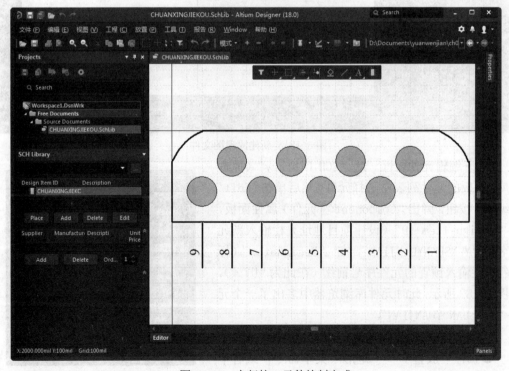

图 8-180　串行接口元件绘制完成

8.5.5　制作运算单元

本例将设计一个运算单元，介绍芯片的绘制方法。芯片原理图符号的组成比较简单，只有矩形和引脚两种元素，其中引脚属性的设置是本例学习的重点。

01 执行"File"（文件）→"新的"→"Library"（库）→"原理图库"菜单命令。创建一个新的名为"Schlib1.SchLib"的原理图库，在设计窗口中打开一个空的图纸，右击选择"另存为"命令，将原理图库保存在"yuanwenjian\ch08\8.5\8.5.5 文件夹内，命名为"YUNSUANDANYUAN. SchLib"，如图 8-181 所示。进入工作环境，可以看到原理图元件库内已经存在一个自动命名为"Component_1"的元件。

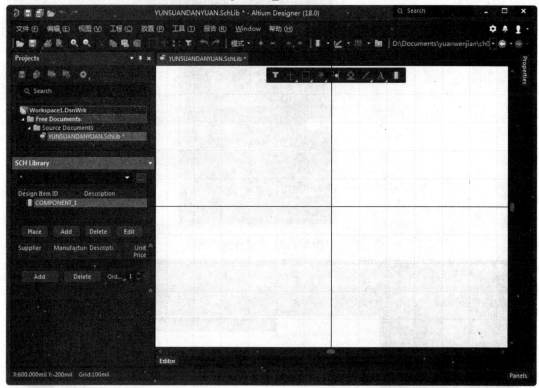

图 8-181　新建原理图文件

02 编辑元件属性。从"SCH Library"（原理图库）面板的元件列表中选择元件，然后单击"Edit"（编辑）按钮，弹出"Component"（元件）属性面板，在"Design Item ID"（设计项目地址）栏输入新元件名称"YUNSUANYUANJIAN"，在"Designator"（标识符）栏输入预置的元件序号前缀（在此为"U？"），如图 8-182 所示。此时元件库浏览器中多出了一个元件"YUNSUAN YUANJIAN"。

03 绘制元件边框。

❶执行"放置"→"矩形"菜单命令，或者单

图 8-182　编辑元件属性

击工具条中的放置矩形按钮▢，这时光标变成十字形状，并带有一个矩形图形。在图纸上绘制一个如图 8-183 所示的矩形。

❷双击绘制好的矩形，打开"Rectangle"（长方形）属性面板，然后在其中将 "Border（边框）"的宽度设置为"Smallest"，矩形的边框颜色设置为黑色，并通过设置起点和长宽的坐标来确定整个矩形的大小，如图 8-184 所示。

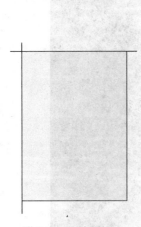

图 8-183　绘制矩形

图 8-184　设置矩形属性

04 放置引脚。单击原理图符号绘制工具条中的放置引脚按钮，放置所有引脚，放置过程中按住<Tab>键，弹出"Pin"（引脚）属性面板，如图 8-185 所示。在该面板中可以设置元件引脚的所有属性，如图 8-186 所示。

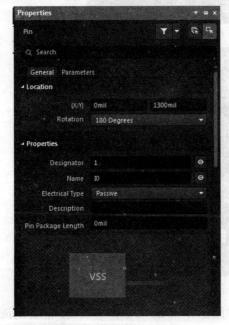

图 8-185　设置引脚属性

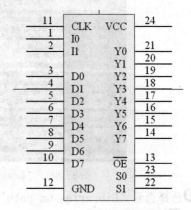

图 8-186　设置完引脚属性

05 加载元件封装。

❶在"Component"（元件）属性面板的"Footprint"（封装）选项组中单击"Add"（添加）按钮，弹出"PCB Model"（PCB 模型）对话框，如图 8-187 所示。在该对话框中

单击"Browse"（浏览）按钮，弹出"Browse Libraries"（浏览库）对话框，如图 8-188 所示。

❷在"Browse Libraries"（浏览库）对话框中单击"Find"（发现）按钮，弹出"Libraries Search"（搜索库）对话框，如图 8-189 所示。

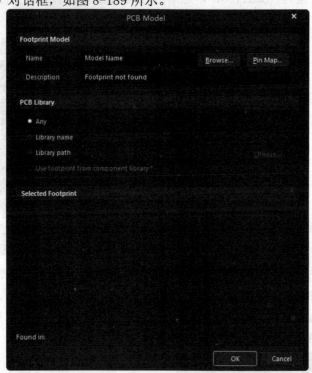

图 8-187　"PCB Model"（PCB 模型）对话框

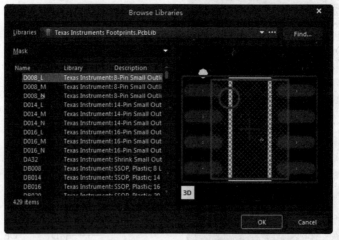

图 8-188　"Browse Libraries"（浏览库）对话框

❸选择查看"Libraries on path"（库文件路径），单击"Path"（路径）栏旁的浏览文件按钮 ，定位到"\AD18\Library"路径下，然后单击"确定"按钮，确定搜索库对话框中的"Include Subdirectories"（包括子目录）选项被选中。在名字栏，输入"DIP-24"，然后单击"Search"（查找）按钮，弹出"Browse Libraries"（浏览库）对话框，如图 8-190 所示。

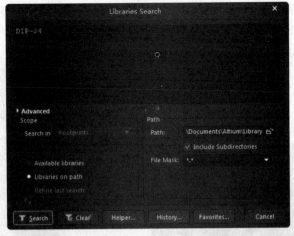

图 8-189 "Libraries Search"（搜索库）对话框

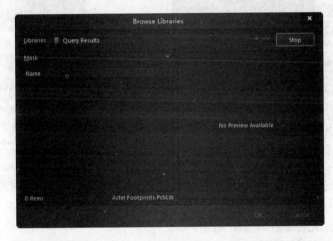

图 8-190 "Browse Libraries"（浏览库）对话框

❹如果确定找到了文件，则单击"Stop"（停止）按钮停止搜索。单击选择找到的封装文件"DIP-24/X1.5"，如图 8-191 所示，单击"OK（确定）"按钮，弹出"Confirm"对话框，如图 8-192 所示，单击"Yes"（是）按钮，加载这个库在浏览库对话框中。回到"PCB Model"（PCB 模型）对话框。如图 8-193 所示。

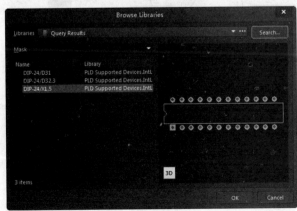

图 8-191 选择找到的封装文件"DIP-24/X1.5"

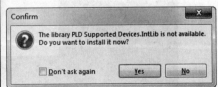

图 8-192 "Confirm"对话框

365

❺单击"OK"（确定）按钮，向元件加入这个模型。模型的名称列在元件属性面板的模型列表中。完成元件封装编辑。返回库元件属性对话框，如图8-194所示。单击"OK"（确定）按钮，返回编辑环境。

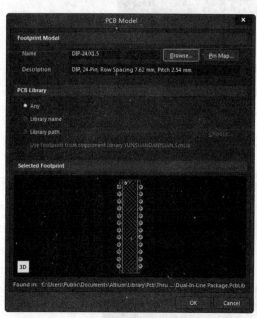

图 8-193　"PCB Model"（PCB 模型）对话框

图 8-194　库元件属性面板

06 运算单元元件如图 8-195 所示。

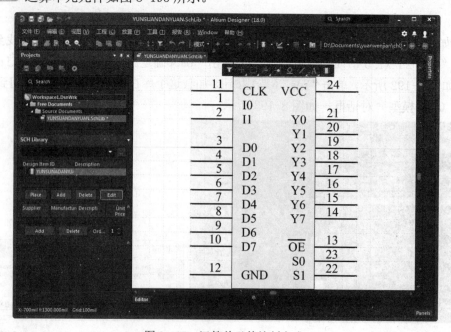

图 8-195　运算单元件绘制完成

📖 8.5.6 制作封装元件

本节将以 ATMEL 公司的 ATF750C-10JC 为例，利用封装向导创建一个封装元器件，ATF750C-10JC 为 28 引脚 PLCC 封装。

具体步骤如下：

01 执行菜单命令"File"（文件）→"新的"→"Library"（库）→"PCB 元件库"，创建一个 PCB 库文件，并命名为"ATF750C-10JC.PcbLib"，如图 8-196 所示，进入 PCB 库文件编辑环境中。

02 执行菜单命令"工具"→"元器件向导"，或者在"PCB Library"面板的元器件封装列表栏中单击鼠标右键，在弹出的快捷菜单中选择"元器件向导"选项，系统弹出"Component Wizard"（元器件封装向导）对话框，如图 8-197 所示。

03 单击对话框中的"Next"（下一步）按钮，进入元器件封装模型选择对话框，如图 8-198 所示。在此对话框中选择"Quad Packs（QUAD）"项。

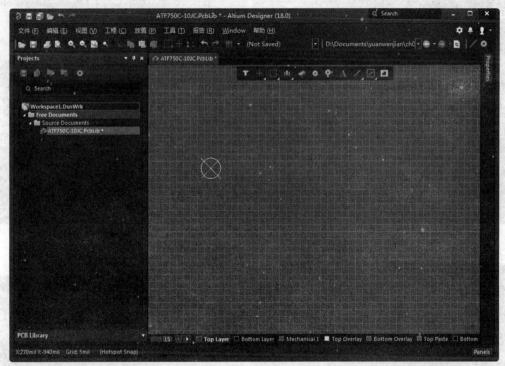

图 8-196　新建 PCB 库文件

04 单击对话框中的"Next"（下一步）按钮，进入焊盘尺寸设置对话框，如图 8-199 所示。在此对话框中可以设置焊盘的长度和宽度。

05 设置完成后，单击对话框中的"Next"（下一步）按钮，进入焊盘形状设置对话框，如图 8-200 所示。这里设置所有焊盘形状都为长方形。

06 设置完成后，单击对话框中的"Next"（下一步）按钮，进入封装轮廓线宽度设置对话框，如图 8-201 所示。这里采用系统的默认设置 10mil。

07 单击对话框中的"Next"（下一步）按钮，进入焊盘间距设置对话框，如图 8-202

所示。根据元器件的实际尺寸设置此对话框。

 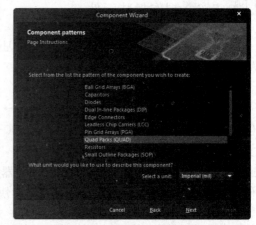

图 8-197　"Component Wizard"（元器件封装向导）对话框　图 8-198　元器件封装模型选择对话框

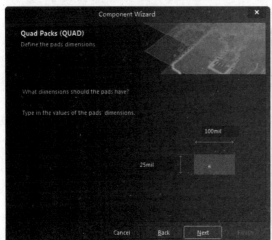 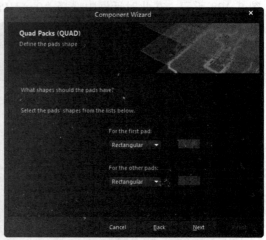

图 8-199　焊盘尺寸设置对话框　　　　　图 8-200　焊盘形状设置对话框

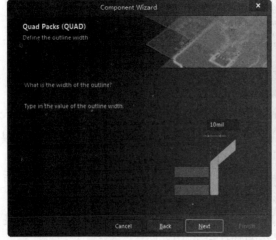 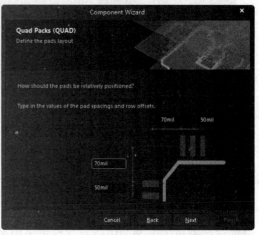

图 8-201　封装轮廓线宽度设置对话框　　　图 8-202　焊盘间距设置对话框

08 设置完成后，单击对话框中的"Next"（下一步）按钮，进入引脚顺序设置对话框，如图 8-203 所示。在此对话框中可以设置第一个引脚的位置以及引脚的排列顺序，这里选择最上面一行的中间引脚为第一引脚，引脚排列顺序为逆时针方向。

09 设置完成后，单击对话框中的"Next"（下一步） 按钮，进入元器件引脚数设置对话框，如图 8-204 所示。这里设置 X 方向上为 7 个引脚，Y 方向上也为 7 个引脚。

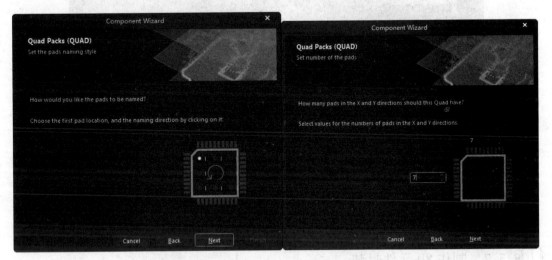

图 8-203　引脚顺序设置对话框　　　　　　图 8-204　元器件引脚数设置对话框

10 设置完成后，单击对话框中的"Next"（下一步） 按钮，进入元器件封装名设置对话框，如图 8-205 所示。在文本输入栏中输入创建的元器件封装名。

11 设置完成后，单击对话框中的"Next"（下一步） 按钮，进入封装创建完成确定对话框，如图 8-206 所示，单击对话框中的"Finish"（完成）按钮，完成封装创建。

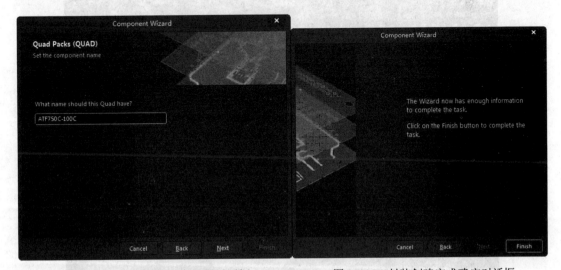

图 8-205　元器件封装名设置对话框　　　　　图 8-206　封装创建完成确定对话框

封装创建完成后，该元器件的封装名将在"PCB Library"（PCB 元件库）面板的元器件封装列表栏中显示出来，同时在库文件编辑区也将显示新设计的元器件封装，如图 8-207 所示。

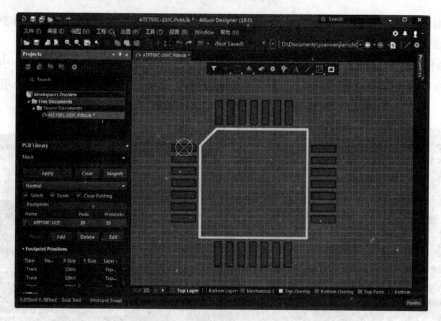

图 8-207　创建完成的元器件封装

8.5.7　制作 3D 元件封装

下面详细介绍手动创建 3D 元件封装的操作步骤。

01 创建一个 PCB 库文件。执行菜单命令"File"（文件）→"新的"→"Library"（库）→"PCB 元件库"，创建一个 PCB 文件并命名为"Diamond.PcbLib"，如图 8-208 所示。进入 PCB 库文件编辑环境中。

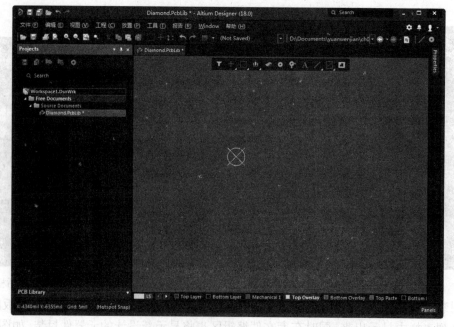

图 8-208　新建 PCB 文件

02 修改元件名称。在"PCB Library"（PCB 元件库）面板的元件封装列表中出现一个新的"PCBCOMPONENT_1"空文件。双击该文件，在弹出的对话框中将元件名称改为"MBFM-P4/R13"，如图 8-209 所示。

图 8-209　重新命名文件

03 设置工作环境。打开"Properties"（属性）面板，按图 8-210 所示设置相关参数，完成工作环境的设置。

04 放置焊盘。选择"Top-Layer"（顶层），单击菜单栏中的"放置"→"焊盘"命令，光标变成十字形状并在箭头上悬浮一个焊盘图形，单击确定焊盘的位置。按照同样的方法放置另外 5 个焊盘。

图 8-210　"Properties"（属性）面板

05 设置焊盘属性。双击焊盘进入焊盘属性设置面板，如图 8-211 所示。

图 8-211　焊盘属性设置面板

符

图 8-211　焊盘属性设置面板（续）

在"标识"文本框中的引脚名称分别为 1、2、3、4、5、6，其中焊盘 1、2、3、4 属性相同，焊盘 5、6 属性相同。设置完毕后的焊盘如图 8-212 所示。

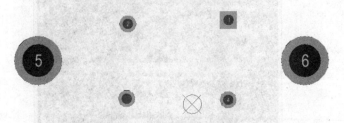

图 8-212　设置完毕后的焊盘

提示：

焊盘放置完毕后，放置三维实体模型。

06 放置 3D 体。

❶选择菜单栏中的"放置"/"3D 元件体"选项，打开"3D Body"（3D 体）面板，在"3D Model Type"（3D 模型类型）选项组中选择"Generic"（通用 3D 模型）选项，在"Source"（3D 模型资源）选项组中选择"Embed Model "（嵌入模型）选项。单击"Choose"（选择）

按钮，弹出"打开"对话框，如图 8-213 所示。选择"*.step"文件，单击"打开"按钮，加载该模型，在"3D Body"（3D 体）面板中显示出加载结果，如图 8-214 所示。

图 8-213　"打开"对话框

图 8-214　模型加载结果

❷单击< Enter>键，光标变为十字形状并附着模型符号，在编辑区单击放置 3D 体模型，结果如图 8-215 所示。

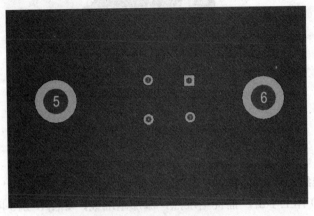

图 8-215　放置 3D 体模型

❸在键盘中输入 3，切换到三维界面，按住<Shift>+右键，旋转视图中的对象，将 3D体模型旋转到适当位置，结果如图 8-216 所示。

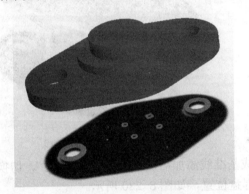

图 8-216　显示 3D 体模型

07 设置焊盘与实体位置。

❶设置垂直位置。单击菜单栏中的"工具"→"3D 体放置"→"设置 3D 体高度"选项，开始设置焊盘垂直位置。单击 3D 体中对应的焊盘孔，弹出"Choose Height Above Board Top Surface"（选择板表面高度）对话框，默认选择"Board Surface"（板表面） 选项，如图 8-217 所示，单击"OK"（确定） 按钮，关闭该对话框，焊盘自动放置到焊盘孔下表面，按住<Shift>键并单击右键可旋转模型，结果如图 8-218 所示。

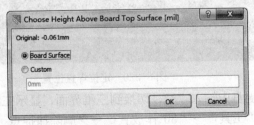

图 8-217　"Choose Height Above Board Top Surface"（选择板表面高度）对话框

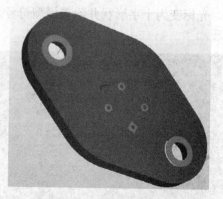

图 8-218　设置焊盘垂直位置

❷添加基准线。单击菜单栏中的"工具"→"3D 体放置"→"从顶点添加捕捉点"选项，然后在 3D 体上单击，捕捉基准点，添加基准线，如图 8-219 所示。

图 8-219　添加基准线

❸移动焊盘。完成基准线添加后，在键盘中输入"2"，切换到二维界面，将焊盘放置到基准线中，即定位焊盘位置，如图 8-220 所示。

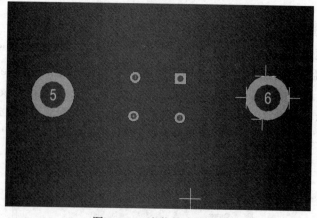

图 8-220　定位焊盘位置

❹删除基准。在键盘中输入"3"，切换到三维界面，显示三维模型中焊盘水平移动位置。单击菜单栏中的"工具"→"3D 体放置"→"删除捕捉点 "选项，再依次单击设置的捕捉点，删除所有基准线，结果如图 8-221 所示。

08 绘制元件的轮廓。

❶单击菜单栏中的"工具"→"3D 体放置"→"从顶点添加捕捉点"选项，再在 3D
体上单击，捕捉模型上关键点，如图 8-222 所示。

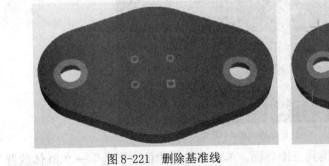

图 8-221　删除基准线

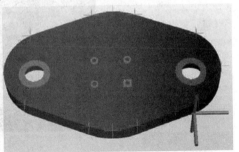

图 8-222　捕捉模型关键点

❷绘制弧线。单击工作区窗口下方标签栏中的"Top Overlay"（顶层覆盖）选项，将
活动层设置为顶层丝印层。单击菜单栏中的"放置"→"弧"选项，光标变为十字形状，
按〈Tab〉键弹出"Arc"（圆弧）属性面板，设置"Width"（宽度）为 20，如图 8-223 所示，
完成属性设置后，捕捉三个关键点作为圆弧定位点，结果如图 8-224 所示。右击或者按〈Esc〉
键退出该操作。

图 8-223　"Arc"（圆弧）属性面板

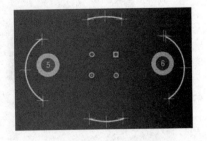

图 8-224　绘制弧线

❸绘制切线。单击菜单栏中的"放置"→"线条"选项，光标变为十字形状，单击关
键点确定直线的起点，移动光标拉出一条直线，用光标将直线拉到关键点位置，单击确定
直线终点。绘制完成后右击或者按〈Esc〉键退出该操作，结果如图 8-225 所示。

提示：

*在绘制过程中，可双击直线，弹出走线属性设置对话框，输入起点与终点坐标值，精
确对切线定位。*

09 设置元件参考点。在"编辑"菜单的"设置参考"子菜单中有 3 个命令，即"1
脚""中心"和"位置"。读者可以自己选择合适的元件参考点。

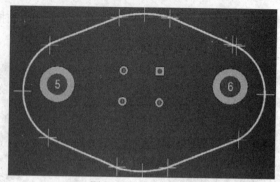

图 8-225　绘制切线

10 在键盘中输入"3"，切换到三维界面。单击菜单栏中的"工具"→"3D 体放置"→"删除捕捉点"选项，再依次单击设置的捕捉点，删除所有基准线，结果如图 8-226 所示。

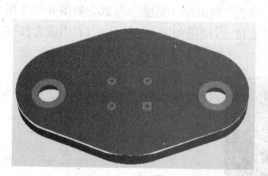 

图 8-226　"MBFM-P4/R13"的封装图形

第 **9** 章

电路仿真系统

随着电子技术的飞速发展和新型电子元器件的不断涌现，电子电路变得越来越复杂，因而在电路设计时出现缺陷和错误在所难免。为了让设计者在设计电路时就能准确地分析电路的工作状况，及时发现其中的设计缺陷，然后予以改进，Altium Designer 18提供了一个较为完善的电路仿真组件，可以根据设计的原理图进行电路仿真，并根据输出信号的状态调整电路的设计，从而极大地减少了不必要的设计失误，提高了电路设计的工作效率。

所谓电路仿真，就是用户直接利用EDA软件自身所提供的功能和环境，对所设计电路的实际运行情况进行模拟的一个过程。如果在制作PCB印制板之前，能够进行对原理图的仿真，明确把握系统的性能指标并据此对各项参数进行适当的调整，将能节省大量的人力和物力。由于整个过程是在计算机上运行的，所以操作相当简便，免去了构建实际电路系统的不便，只需要输入不同的参数，就能得到不同情况下电路系统的性能，而且仿真结果真实、直观，便于用户查看和比较。

⊚ 电路仿真的基本概念

⊚ 仿真分析的参数设置

⊚ 电路仿真的基本方法

9.1 电路仿真的基本概念

在具有仿真功能的 EDA 软件出现之前，设计者为了对自己所设计的电路进行验证，一般是使用面包板来搭建实际的电路系统，然后对一些关键的电路节点进行逐点测试，通过观察示波器上的测试波形来判断相应的电路部分是否达到了设计要求。如果没有达到，则需要对元器件进行更换，有时甚至要调整电路结构，重建电路系统，然后再进行测试，直到达到设计要求为止。整个过程冗长而烦琐，工作量非常大。

使用软件进行电路仿真，则是把上述过程全部搬到了计算机中。同样要搭建电路系统（绘制电路仿真原理图），测试电路节点（执行仿真命令），而且也同样需要查看相应节点（中间节点和输出节点）处的电压或电流波形，依此做出判断并进行调整，只不过这一切都是在软件仿真环境中进行，过程轻松，操作方便，只需要借助于一些仿真工具和仿真操作即可快速完成。

电路仿真中涉及的几个基本概念如下：

❶仿真元器件。用于进行电路仿真时使用的元器件，要求具有仿真属性。

❷仿真原理图。用于根据具体电路的设计要求，使用原理图编辑器及具有仿真属性的元器件所绘制而成的电路原理图。

❸仿真激励源。用于模拟实际电路中的激励信号。

❹节点网络标签。对一电路中要测试的多个节点，应该分别放置一个有意义的网络标签名，以便于明确查看每一节点的仿真结果（电压或电流波形）。

❺仿真方式。仿真方式有多种，不同的仿真方式相应有不同的参数设定，用户应根据具体的电路要求来选择设置仿真方式。

❻仿真结果。仿真结果一般是以波形的形式给出，不仅仅局限于电压信号，每个元件的电流及功耗波形都可以在仿真结果中观察到。

9.2 放置电源及仿真激励源

Altium Designer 18 提供了多种电源和仿真激励源，存放在"Library\Simulation\Simulation Sources.IntLib"集成库中，供用户选择，在使用时均被默认为理想的激励源，即电压源的内阻为零，而电流源的内阻为无穷大。

仿真激励源就是仿真时输入到仿真电路中的测试信号，根据观察这些测试信号通过仿真电路后的输出波形，用户可以判断仿真电路中的参数设置是否合理。

常用的电源与仿真激励源有如下几种。

📖9.2.1 直流电压源和直流电流源

直流电压源（VSRC）与直流电流源（ISRC）分别用来为仿真电路提供一个不变的电压信号或不变的电流信号，其符号如图 9-1 所示。

这两种电源通常在仿真电路上电时，或者需要为仿真电路输入一个阶跃激励信号时使用，以便用户观测电路中某一节点的瞬态响应波形。

需要设置的仿真参数是相同的，可双击新添加的仿真直流电压源，在出现的对话框中设置其属性参数。

> "Value"：直流电源值。
> "AC Magnitude"：交流小信号分析的电压值。
> "AC Phase"：交流小信号分析的相位值。

📖9.2.2 正弦信号激励源

正弦信号激励源包括正弦电压源（VSIN）与正弦电流源（ISIN），用来为仿真电路提供正弦激励信号，其符号如图9-2所示，需要设置的仿真参数是相同的。

图 9-1 直流电压源和直流电流源符号   图 9-2 正弦电压源和正弦电流源符号

> "DC Magnitude"：正弦信号的直流参数，通常设置为0。
> "AC Magnitude"：交流小信号分析的电压值，通常设置为1V，如果不进行交流小信号分析，可以设置为任意值。
> "AC Phase"：交流小信号分析的电压初始相位值，通常设置为0。
> "Offset"：正弦波信号上叠加的直流分量，即幅值偏移量。
> "Amplitude"：正弦波信号的幅值。
> "Frequency"：正弦波信号的频率。
> "Delay"：正弦波信号初始的延时时间。
> "Damping Factor"：正弦波信号的阻尼因子，影响正弦波信号幅值的变化。设置为正值时，正弦波的幅值将随时间的增长而衰减。设置为负值时，正弦波的幅值则随时间的增长而增长。若设置为0，则意味着正弦波的幅值不随时间而变化。
> "Phase Delay"：正弦波信号的初始相位设置。

📖9.2.3 周期脉激励冲源

周期脉激励冲源包括脉冲电压源（VPULSE）与脉冲电流（IPULSE），可以为仿真电路提供周期性的连续脉冲激励，其中脉冲电压激励源在电路的瞬态特性分析中用得比较多。两种激励源的符号如图9-3所示，相应要设置的仿真参数也是相同的。

"Parameters"（参数）标签页中各项参数的具体含义如下：

> "DC Magnitude"：脉冲信号的直流参数，通常设置为0。
> "AC Magnitude"：交流小信号分析的电压值，通常设置为1V，如果不进行交

小信号分析，可以设置为任意值。

➢ "AC Phase"：交流小信号分析的电压初始相位值，通常设置为 0。
➢ "Initial Value"：脉冲信号的初始电压值。
➢ "Pulsed Value"：脉冲信号的电压幅值。
➢ "Time Delay"：初始时刻的延迟时间。
➢ "Rise Time"：脉冲信号的上升时间。
➢ "Fall Time"：脉冲信号的下降时间。
➢ "Pulse Width"：脉冲信号的高电平宽度。
➢ "Period"：脉冲信号的周期。
➢ "Phase"：脉冲信号的初始相位。

9.2.4 分段线性激励源

分段线性激励源所提供的激励信号由若干条相连的直线组成，是一种不规则的信号激励源，包括分段线性电压源（VPWL）与分段线性电流源（IPWL）两种，符号如图 9-4 所示。这两种分段线性激励源的仿真参数设置是相同的。

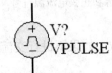 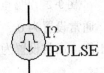

图 9-3 脉冲电压源和脉冲电流源符号　　　图 9-4 分段线性电压源和分段线性电流源符号

"Parameters"（参数）标签页中各项参数的具体含义如下：

➢ "DC Magnitude"：分段线性电压信号的直流参数，通常设置为 0。
➢ "AC Magnitude"：交流小信号分析的电压值，通常设置为 1V，如果不进行交流小信号分析，可以设置为任意值。
➢ "AC Phase"：交流小信号分析的电压初始相位值，通常设置为 0。
➢ "Time/Value Pairs"：分段线性电压信号在分段点处的时间值及电压值。其中时间为横坐标，电压为纵坐标。

9.2.5 指数激励源

指数激励源包括指数电压（VEXP）与指数电流（IEXP），用来为仿真电路提供带有指数上升沿或下降沿的脉冲激励信号，通常用于高频电路的仿真分析，其符号如图 9-5 所示。两者所产生的波形是一样的，相应的仿真参数设置也相同。

"Parameters（参数）"标签页中各项参数的具体含义如下：

➢ "DC Magnitude"：分段线性电压信号的直流参数，通常设置为 0。
➢ "AC Magnitude"：交流小信号分析的电压值，通常设置为 1V，如果不进行交流小信号分析，可以设置为任意值。

➤ "AC Phase"：交流小信号分析的电压初始相位值，通常设置为 0。

➤ "Initial Value"：指数电压信号的初始电压值。

➤ "Pulsed Value"：指数电压信号的跳变电压值。

➤ "Rise Delay Time"：指数电压信号的上升延迟时间。

➤ "Rise Time Constant"：指数电压信号的上升时间。

➤ "Fall Delay Time"：指数电压信号的下降延迟时间。

➤ "Fall Time Constant"：指数电压信号的下降时间。

📖 9.2.6 单频调频激励源

单频调频激励源用来为仿真电路提供一个单频调频的激励波形，包括单频调频电压源（VSFFM）与单频调频电流源（ISFFM）两种，符号如图 9-6 所示，需要相应设置仿真参数。

图 9-5　指数电压源和指数电流源符号　　　图 9-6　单频调频电压源和单频调频电流源符号

在"Parameters"（参数）标签页中各项参数的具体含义如下：

➤ "DC Magnitude"：分段线性电压信号的直流参数，通常设置为 0。

➤ "AC Magnitude"：交流小信号分析的电压值，通常设置为 1V，如果不进行交流小信号分析，可以设置为任意值。

➤ "AC Phase"：交流小信号分析的电压初始相位值，通常设置为 0。

➤ "Offset"：调频电压信号上叠加的直流分量，即幅值偏移量。

➤ "Amplitude"：调频电压信号的载波幅值。

➤ "Carrier Frequency"：调频电压信号的载波频率。

➤ "Modulation Index"：调频电压信号的调制系数。

➤ "Signal Frequency"：调制信号的频率。

根据以上的参数设置，输出的调频信号表达式为：

$$V(t) = V_o + V_A \times \sin[2\pi F_c t + M \sin(2\pi F_s t)]$$

式中，V_o = "Offest"，V_A = "Amplitude"，F_c = "Carrier Frequency"，F_s = "Signal Frequency"，t：运行时间，M：系数常量。

这里介绍了几种常用的仿真激励源及仿真参数的设置。此外，在 Altium Designer 18 中还有线性受控源、非线性受控源等，在此不再一一赘述，读者可以参照上面所讲述的内容，自己练习使用其他的仿真激励源并进行有关仿真参数的设置。

9.3 仿真分析的参数设置

在电路仿真中，选择合适的仿真方式并对相应的参数进行合理的设置，是仿真能够正确运行并获得良好仿真效果的关键保证。

一般来说，仿真方式的设置包含两部分，一是各种仿真方式都需要的通用参数设置，二是具体的仿真方式所需要的特定参数设置，二者缺一不可。

在原理图编辑环境中，单击菜单栏中的"设计"→"仿真"→"Mixed Sim"（混合仿真）选项，系统将弹出如图9-7所示的"Analyses Setup"（分析设置）对话框。

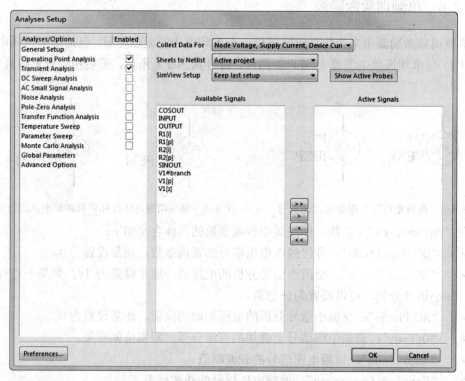

图9-7　"Analyses Setup"（分析设置）对话框

在该对话框左侧的"Analyses/Options"（分析/选项）列表框中列出了若干选项供用户选择，包括各种具体的仿真方式。而对话框的右侧则用来显示与选项相对应的具体设置内容。系统的默认选项为"General Setup"（常规设置），即仿真方式的常规参数设置，如图9-7所示。

9.3.1　常规参数的设置

01　"Collect Date For"（为了收集数据）下拉列表框：用于设置仿真程序需要计算的数据类型，有以下几种：

➢　Node Voltage（节点电压）：节点电压。

> ➤ "Supply Current"（提供电流）：电源电流。
> ➤ "Device Current"（设置电流）：流过元件的电流。
> ➤ "Device Power"（设置功率）：在元件上消耗的功率。
> ➤ "Subcircuit VARS"（支电路 VARS）：支路端电压与支路电流。
> ➤ "Active Signals/Probe"（积极信号/探针）：仅计算"积极信号"列表框中列出的信号。

由于仿真程序在计算上述这些数据时要花费很长的时间，因此在进行电路仿真时，用户应该尽可能少地设置需要计算的数据，只需要观测电路中节点的一些关键信号波形即可。

打开右侧的"Collect Data For"（为了收集数据）下拉列表框，可以看到系统提供的几种需要计算的数据组合，用户可以根据具体仿真的要求加以选择，系统默认为"Node Voltage, Supply Current, Device Current and Power"（节点电压，提供电流，设置电流和功率）。

一般来说，应设置为"积极信号"，这样一方面可以灵活选择所要观测的信号，另一方面也减少了仿真的计算量，提高了效率。

02 "Sheets to Netlist"（网表薄片）下拉列表框：用于设置仿真程序的作用范围。包括以下两个选项：

> ➤ "Active sheet"（积极的原理图）：当前的电路仿真原理图，包括以下两个选项。
> ➤ "Active project"（积极的项目）：当前的整个项目。

03 "SimView Setup"（仿真视图设置）下拉列表框：用于设置仿真结果的显示内容。

> ➤ "Keep last setup"（保持上一次设置）：按照上一次仿真操作的设置在仿真结果图中显示信号波形，忽略"积极信号"列表框中所列出的信号。
> ➤ "Show active signals（显示积极的信号）：按照"Active Signals"（积极的信号）列表框中所列出的信号，在仿真结果图中进行显示。一般选择该选项。

04 "Available Signals"（有用的信号）列表框：列出了所有可供选择的观测信号，具体内容随着"Collect Data For"（为了收集数据）列表框的设置变化而变化，即对于不同的数据组合，可以观测的信号是不同的。

05 "Active Signals"（积极的信号）列表框：列出了仿真程序运行结束后，能够立刻在仿真结果图中显示的信号。

在"有用的信号"列表框中选中某一个需要显示的信号后，如选择"IN"，单击按钮 `>`，可以将该信号加入到"Active Signals"（积极的信号）列表框中，以便在仿真结果图中显示；单击按钮 `<` 则可以将"Active Signals"（积极的信号）列表框中某个不需要显示的信号移回"Available Signals"（有用的信号）列表框；单击按钮 `>>`，直接将全部可用的信号加入到"Active Signals"（积极的信号）列表框中；单击按钮 `<<`，则将全部处于激活状态的信号移回"Available Signals"（有用的信号）列表框中。

上面讲述的是在仿真运行前需要完成的常规参数设置，而对于用户具体选用的仿真方式，还需要进行一些特定参数的设定。

📖 9.3.2　仿真方式

在 Altium Designer 18 中提供了 12 种仿真方式：

- ➤ Operating Point Analysis：工作点分析。
- ➤ Transient Analysis：瞬态特性分析。
- ➤ DC Sweep Analysis：直流扫描分析。
- ➤ AC Small Signal Analysis：交流小信号分析。
- ➤ Noise Analysis：噪声分析。
- ➤ Pole-Zero Analysis：零-极点分析。
- ➤ Transfer Function Analysis：传输函数分析。
- ➤ Temperature Sweep：温度扫描。
- ➤ Parameter Sweep：参数扫描。
- ➤ Monte Carlo Analysis：蒙特卡罗分析。
- ➤ Global Parameters：全局参数分析。
- ➤ Advanced Options：高级仿真选项设置。

读者可以进行各种仿真方式的功能特点及参数设置。

9.4　特殊仿真元器件的参数设置

在仿真过程中，有时还会用到一些专用于仿真的特殊元器件，它们存放在系统提供的"Simulation Sources.IntLib"集成库中，这里做一个简单的介绍。

📖 9.4.1　节点电压初值

节点电压初值".IC"主要用于为电路中的某一节点提供电压初始值，与电容中"Initial Voltage"（初始电压）作用类似。设置方法很简单，只要把该元件放在需要设置电压初值的节点上，通过设置该元件的仿真参数即可为相应的节点提供电压初值。放置的".IC"元件如图 9-8 所示。

图 9-8　放置的".IC"元件

需要设置的".IC"元件仿真参数只有一个，即节点的电压初始值。双击节点电压初始值元件，系统将弹出如图 9-9 所示的"Component"（元件）属性面板。

选中"Model"（模型）选项组"Type"（类型）列中的"Simulation"（仿真）选项，单击编辑按钮 ✏️，系统将弹出如图 9-10 所示的对话框。在该对话框中可设置".IC"元件的仿真参数。

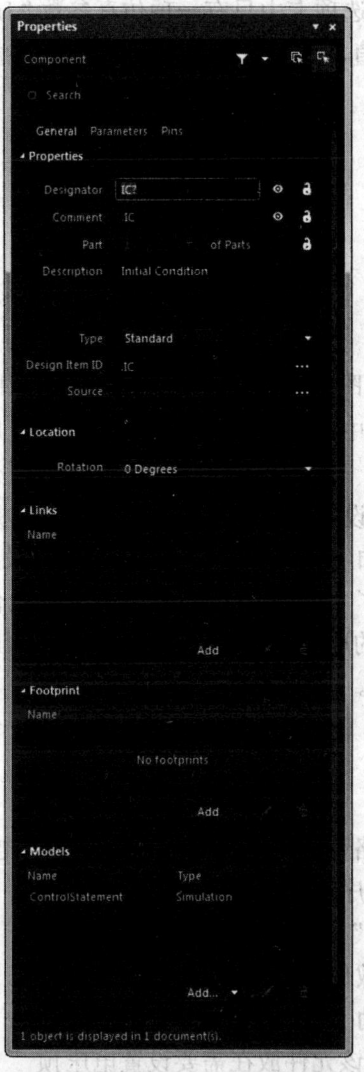

在"Parameter"（参数）选项卡中设置默认电压值"Initial Voltage"（初始电压）。
用于设置相应节点的电压和仿真时的初始电压值。"IC"元件如图 9-11
所示。

图 9-9 "Component"（元件）属性面板

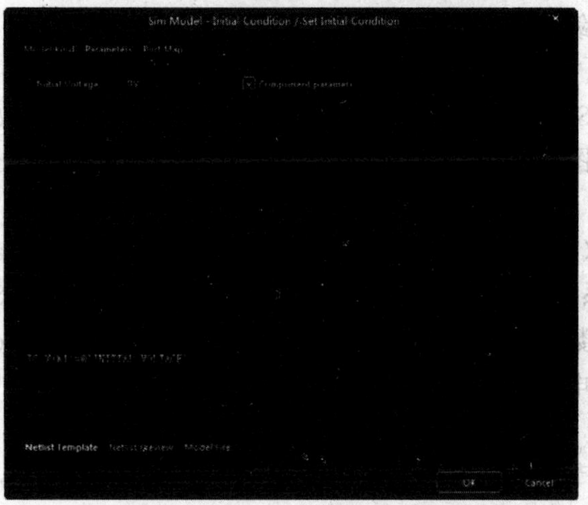

使用".IC"元件为电路中的节点明确初始值，用于不同的初始状态分析。
可具体定义，若勾选了"Use"选择框（勾选框），则必须保证初始条件
必须直接使用"IC"元件指明。

当电源中有储能元件（如电容、电感）时，且其处于初始状态时，初始时刻会产生电流（电压）的连续的变化情况。若设定初始电压状态为 0 时，在仿真开始时刻 ".IC"元件的初始值可设置，用一般电位的表达值为高于".IC"元件。

9.4.2 节点电压

在对仿真模式单独态电路中，在定义中通过".NS"用来设定某个时刻的电压初始状态，如果仿真相应的相应电压，".NS"电源
所设的电压数值。".NS"电路的".NS"可用仿真使用真正的收敛，从而可用电位收敛出真正的收敛来计算节点。当电压的一个种曲线电位设置为非常简单，只需把设定好的电压初始收敛，发设给的节点上，通过自身的设置元件的初始值，就是可仿真。".NS"元件。

需要设置的".NS"电路为要需求状态，在定义中的元件，展示和弹出设置元件的位置来设置".NS"元件的图标。

选择"Models"（C选项），选择对话框中的"Simulation"（仿真）这项，单击编辑按钮 ❏，系统将弹出相应的元件参数。
在"Parameter"（参数）选项卡中设置默认电压值"Initial Voltage"（初始电压），用于设定相应节点的电压和仿真时的".NS"元件如图 9-11
所示。

若在电路图中某一个电量初始化值设定的元件有效时，".IC"元件的设置优先级无论相比高于".NS"元件。

图 9-10 设置".IC"元件仿真参数

在 "Parameter"（参数）选项卡中只有一项仿真参数 "Initial Voltage"（初始电压），用于设定相应节点的电压初值，这里设置为 "0V"。设置参数后的 ".IC" 元件如图 9-11 所示。

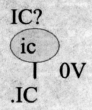

图 9-11　设置参数后的 ".IC" 元件

使用 ".IC" 元件为电路中的一些节点设置电压初始值后，用户采用瞬态特性分析的仿真方式时，若勾选了 "Use Initial Conditions"（使用初始条件）复选框，则仿真程序将直接使用 ".IC" 元件所设置的初始值作为瞬态特性分析的初始条件。

当电路中有储能元件（如电容）时，如果在电容两端设置了电压初始值，而同时在与该电容连接的导线上也放置了 ".IC" 元件，并设置了参数值，那么此时进行瞬态特性分析时，系统将使用电容两端的电压初始值，而不会使用 ".IC" 元件的设置值，即一般元件的优先级高于 ".IC" 元件。

9.4.2　节点电压

在对双稳态或单稳态电路进行瞬态特性分析时，节点电压 ".NS" 用来设定某个节点的电压预收敛值。如果仿真程序计算出该节点的电压小于预设的收敛值，则去掉 ".NS" 元件所设置的收敛值，继续计算，直到算出真正的收敛值为止。即 ".NS" 元件是求节点电压收敛值的一个辅助手段。

设置方法很简单，只要把该元件放在需要设置电压预收敛值的节点上，通过设置该元件的仿真参数即可为相应的节点设置电压预收敛值。放置的 ".NS" 元件如图 9-12 所示。

图 9-12　放置的 ".NS" 元件

需要设置的 ".NS" 元件仿真参数只有一个，即节点的电压预收敛值。双击节点电压元件，系统将弹出如图 9-13 所示的 "Component"（元件）属性面板来设置 ".NS" 元件的属性。

选中 "Models"（模型）选项组 "Type"（类型）列中的 "Simulation"（仿真）选项，单击编辑按钮 ✎，系统将弹出如图 9-14 所示的对话框来设置 ".NS" 元件的仿真参数。在 "Parameter"（参数）选项卡中，只有一项仿真参数 "Initial Voltage"（初始电压），用于设定相应节点的电压预收敛值，这里设置为 10V。设置参数后的 ".NS" 元件如图 9-15 所示。

若在电路的某一节点处同时放置了 ".IC" 元件与 ".NS" 元件，则仿真时 ".IC" 元件的设置优先级将高于 ".NS" 元件。

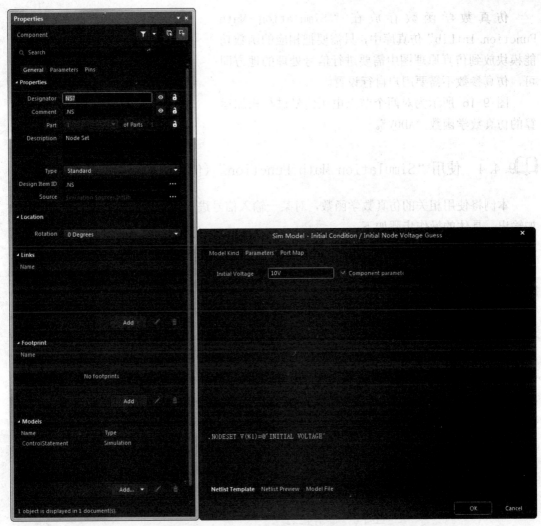

图 9-13　设置 ".NS" 元件属性　　　　　图 9-14　设置 ".NS" 元件仿真参数

图 9-15　设置参数后的 ".NS" 元件

9.4.3　仿真数学函数

在 Altium Designer 18 的仿真器中还提供了若干仿真数学函数，它们同样可以作为一种特殊的仿真元件，放置在电路仿真原理图中使用，主要用于对仿真原理图中的两个节点信号进行各种合成运算，以达到一定的仿真目的，包括节点电压的加、减、乘、除，以及支路电流的加、减、乘、除等运算，也可以用于对一个节点信号进行各种变换，如正弦变换、余弦变换、双曲线变换等。

仿真数学函数存放在"Simulation Math Function. IntLib"仿真库中，只需要把相应的函数功能模块放到仿真原理图中需要进行信号处理的地方即可，仿真参数不需要用户自行设置。

图 9-16 所示为对两个节点电压信号进行相加运算的仿真数学函数"ADDV"。

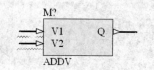

图 9-16　仿真数学函数"ADDV"

9.4.4　使用"Simulation Math Function"（仿真数学函数）实例

本例将使用相关的仿真数学函数，对某一输入信号进行正弦变换和余弦变换，然后叠加输出。具体的操作步骤如下：

01 新建一个原理图文件，另存为"Simulation Math Function. SchDoc"。

02 在系统提供的集成库中，选择"Simulation Sources. IntLib"和"Simulation Math Function. IntLib"进行加载。

03 在"Library"（库）面板中，打开集成库"Simulation Math Function. IntLib"，选择正弦变换函数（SINV）、余弦变换函数（COSV）及电压相加函数（ADDV），将其分别放置到原理图中，如图 9-17 所示。

04 在"Library"（库）面板中，打开集成库"Miscellaneous Devices. IntLib"，选择元件"Res3"，在原理图中放置两个接地电阻，并完成相应的电气连接，如图 9-18 所示。

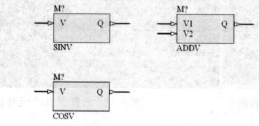

图 9-17　放置数学函数

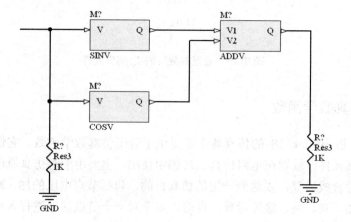

图 9-18　放置接地电阻并连接

05 双击电阻，系统弹出属性设置对话框，相应的电阻值设置为 1K。

提示：

电阻单位为 Ω，在原理图进行仿真分析贵哦城中，不识别 Ω 符号，添加该符号后进行仿真弹出错误报告，因此原理图需要进行仿真操作时沪指过程中电阻参数值不添加 Ω 符号，其余原理图添加 Ω 符号。

06 双击每一个仿真数学函数，进行参数设置，在"Component"（元件）属性面板中只需设置标识符，如图 9-19 所示。设置好的原理图如图 9-20 所示。

图 9-19　"Component"（元件）属性面板

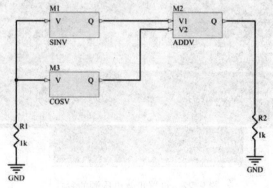

图 9-20　设置好的原理图

07 在"Library"(库)面板中打开集成库"Simulation Sources.IntLib",找到正弦电压源(VSIN),放置在仿真原理图中,并进行接地连接,如图 9-21 所示。

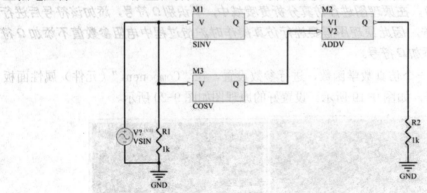

图 9-21 放置正弦电压源并连接

08 双击正弦电压源,弹出相应的属性面板,设置其基本参数及仿真参数,在标识符文本框中输入"V1",其他各项仿真参数均采用系统的默认值,如图 9-22 所示。

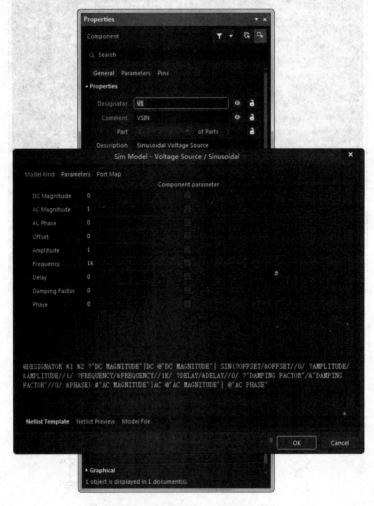

图 9-22 设置正弦电压源的参数

09 单击"OK（确定）"按钮得到的仿真原理图如图9-23所示。

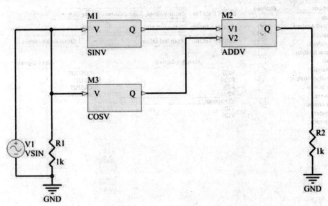

图9-23　仿真原理图

10 在原理图中需要观测信号的位置添加网络标签。在这里，需要观测的信号有4个，即输入信号、经过正弦变换后的信号、经过余弦变换后的信号及叠加后输出的信号，因此在相应的位置处放置4个网络标签，即"INPUT""SINOUT""COSOUT""OUTPUT"，如图9-24所示。

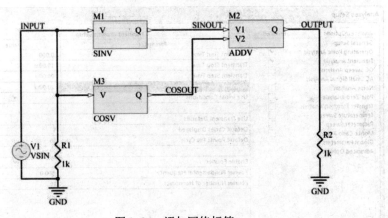

图9-24　添加网络标签

11 单击菜单栏中的"设计"→"仿真"→"Mixed Sim"（混合仿真）选项，在系统弹出的"Analyses Setup"（分析设置）对话框中设置常规参数，详细设置如图9-25所示。

12 完成常规参数的设置后，在"Analyses/Options"（分析/选项）列表框中勾选"Operating Point Analysis"（工作点分析）和"Transient Analysis"（瞬态特性分析）复选框。"Transient Analysis"（瞬态特性分析）选项中各项参数的设置如图9-26所示。

13 设置完毕后，单击"OK"（确定）按钮，系统进行电路仿真。工作点分析、瞬态仿真分析和傅里叶分析的仿真结果分别如图9-27～图9-29所示。

在图9-28和图9-29中分别显示了所要观测的4个信号的时域波形及频谱组成。在给出波形的同时，系统还为所观测的节点生成了傅里叶分析的相关数据，保存在扩展名为".sim"的文件中。图9-30所示为该文件中与输出信号"OUTPUT"有关的数据。

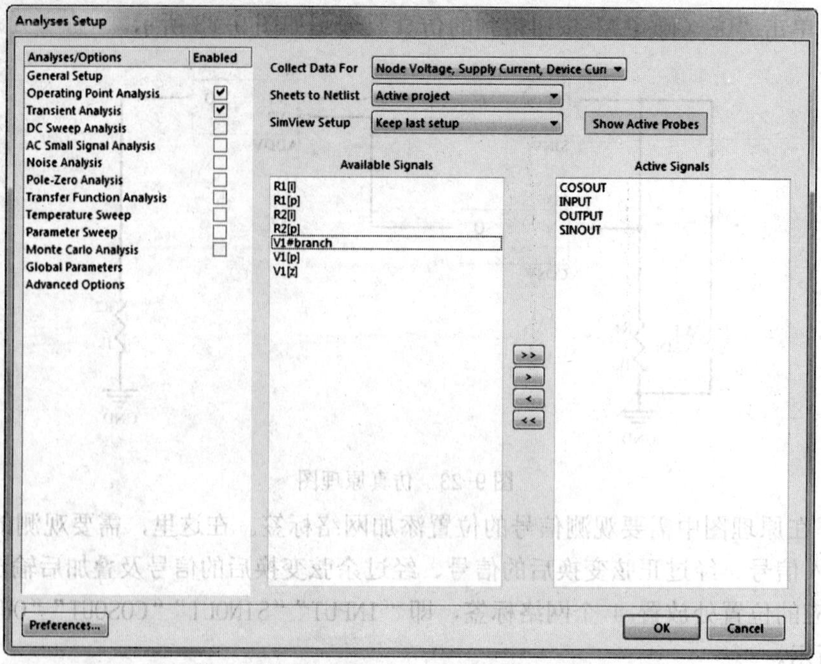

图 9-25　"Analyses Setup（分析设置）"对话框

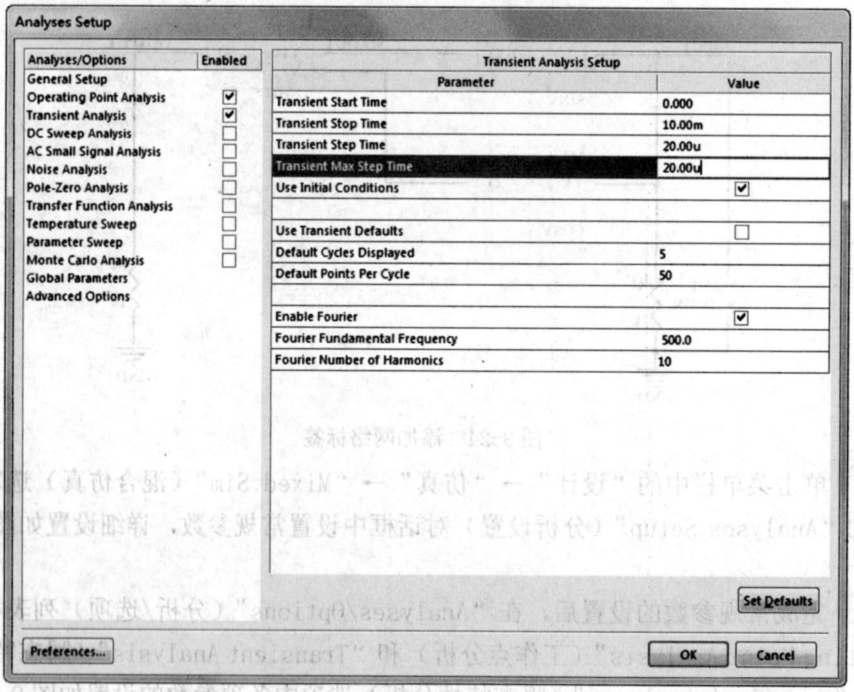

图 9-26　"Transient Analysis"（瞬态特性分析）选项中的参数设置

cosout	1.000 V
input	0.000 V
output	1.000 V
sinout	0.000 V

图 9-27　工作点分析

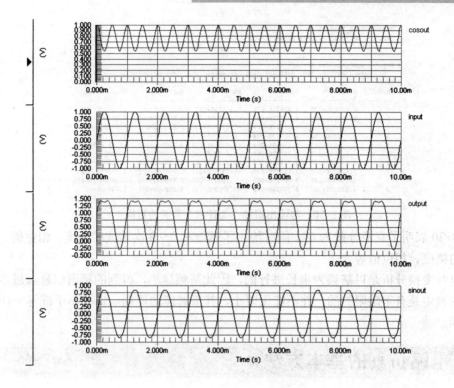

图 9-28　瞬态仿真分析的仿真结果

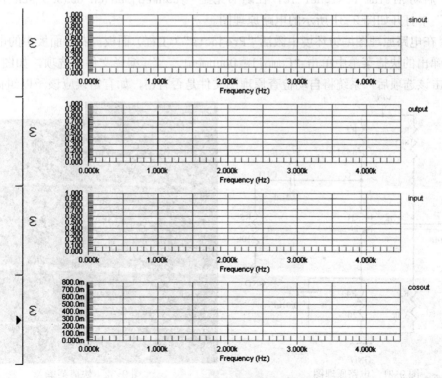

图 9-29　傅里叶分析的仿真结果

```
Circuit: PCB_Project_1
Date:    周一月11 8:39:19 2016

Fourier analysis for @v1[p]:
  No. Harmonics: 10, THD: 5.12059E006 %, Gridsize: 200, Interpolation Degree: 1

Harmonic  Frequency    Magnitude    Phase         Norm. Mag     Norm. Phase
--------  ---------    ---------    -----         ---------     -----------
0         0.00000E+000 4.99995E-004 0.00000E+000  0.00000E+000  0.00000E+000
1         5.00000E+002 9.70727E-009 -8.82000E+001 1.00000E+000  0.00000E+000
2         1.00000E+003 9.70727E-009 -8.64000E+001 1.00000E+000  1.80000E+000
3         1.50000E+003 9.70727E-009 -8.46000E+001 1.00000E+000  3.60000E+000
4         2.00000E+003 4.97070E-004 -9.00004E+001 5.12059E+004  -1.80042E+000
5         2.50000E+003 9.70727E-009 -8.10000E+001 1.00000E+000  7.20000E+000
6         3.00000E+003 9.70727E-009 -7.92000E+001 1.00000E+000  9.00000E+000
7         3.50000E+003 9.70727E-009 -7.74000E+001 1.00000E+000  1.08000E+001
8         4.00000E+003 9.70727E-009 -7.56000E+001 1.00000E+000  1.26000E+001
9         4.50000E+003 9.70727E-009 -7.38000E+001 1.00000E+000  1.44000E+001
```

图 9-30　与输出信号"OUTPUT"有关的数据

图 9-30 表明了直流分量为 0V，同时给出了基波和 2～9 次谐波的幅度、相位值，以及归一化的幅度、相位值等。

傅里叶变换分析是以基频为步长进行的，因此基频越小，得到的频谱信息就越多。但是基频的设定是有下限限制的，并不能无限小，其所对应的周期一定要小于或等于仿真的终止时间。

9.5　电路仿真的基本方法

下面结合一个实例介绍电路仿真的基本方法和操作步骤。

01 启动 Altium Designer 18，在随书光盘"yuanwenjian\ch_09\9.5\sch\仿真示例电路图"中打开如图 9-31 所示的电路原理图。

02 在电路原理图编辑环境中激活"Projects"（工程）面板，右击面板中的电路原理图，在弹出的快捷菜单中单击"Compile Document..."（编译文件）选项，如图 9-32 所示。单击该选项后，系统将自动检查原理图文件是否有错，如有错误应该予以纠正。

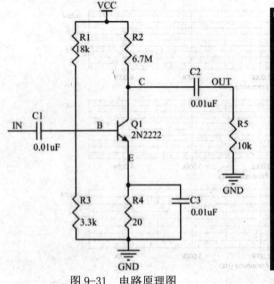

图 9-31　电路原理图

图 9-32　快捷菜单

03 激活"Library（库）"面板，单击其中的"Libraries（库）"按钮，系统将弹出"Available Libraries"（可用库）对话框。

04 单击"Add Library"（添加库）按钮，在弹出的"打开"对话框中选择Altium Designer 18安装目录"Library/Simulation"中所有的仿真库，如图9-33所示。

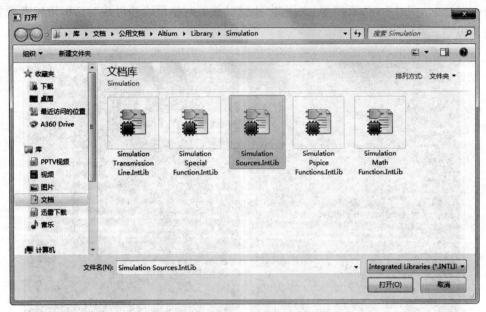

图9-33　选择仿真库

05 单击"打开"按钮，完成仿真库的添加。

06 在"Library"（库）面板中选择"Simulation Sources.IntLib"集成库，该仿真库包含了各种仿真电源和激励源。选择名为"VSIN"的激励源，然后将其拖到原理图编辑区中，如图9-34所示。选择放置导线工具，将激励源和电路连接起来，并接上电源和接地，如图9-35所示。

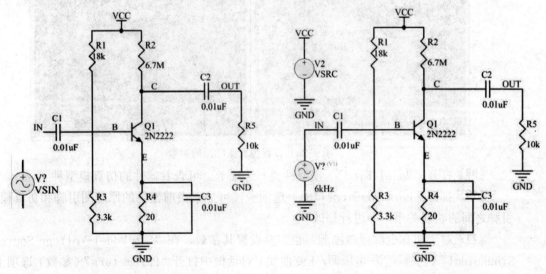

图9-34　添加仿真激励源　　　　　　图9-35　连接激励源并接地

07 双击新添加的仿真激励源，在弹出的"Component"（元件）属性面板中设置其属性参数，如图 9-36 所示。

08 在"General"（通用）选项卡中，双击"Models"（模型）选项组"Type"（类型）列下的"Simulation"（仿真）选项，弹出如图 9-37 所示的"Sim Model-Voltage Source/Sinusoidal"（仿真模型-电压源/正弦曲线）对话框，通过该对话框可以查看并修改仿真模型。

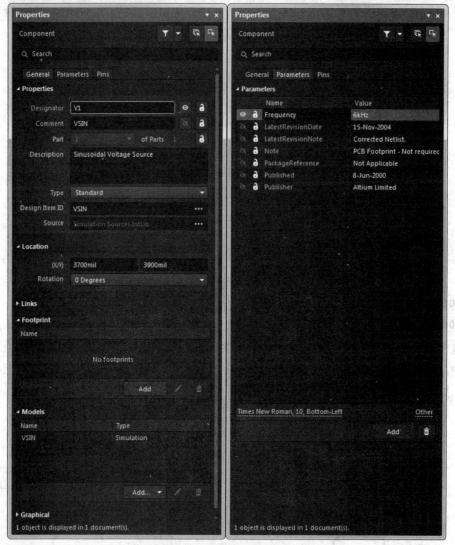

图 9-36　设置仿真激励源的参数

09 打开"Model Kind"（模型种类）选项卡，可查看器件的仿真模型种类。

10 打开"Port Map"（端口图）选项卡，可显示当前器件的原理图引脚和仿真模型引脚之间的映射关系，并进行修改。

11 对于仿真电源或激励源，也需要设置其参数。在"Sim Model-Voltage Source/Sinusoidal"（仿真模型-电压源/正弦曲线）对话框中打开"Parameters"（参数）选项卡，如图 9-38 所示，按照电路的实际需求设置相差参数。

12 设置完毕后，单击"OK"（确定）按钮，返回到电路原理图编辑环境。

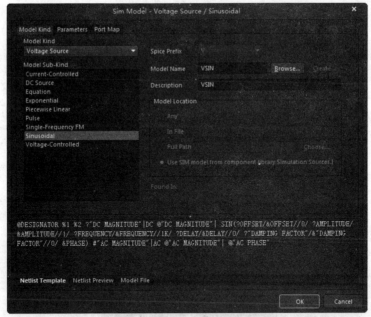

图 9-37 "Sim Model-Voltage Source/Sinusoidal"（仿真模型-电压源/正弦曲线）对话框

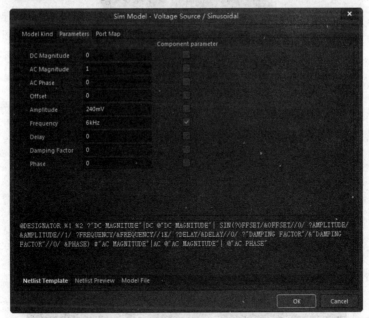

图 9-38 "Parameters"（参数）选项卡

13 采用相同的方法，再添加一个仿真电源，如图 9-39 所示。

14 双击已添加的仿真电源，在弹出的"Component"（元件）属性面板中设置其属性参数。在窗口中双击"Model for V2"（V2 模型）栏"Type"（类型）列下的"Simulation（仿真）"选项，在弹出的"Sim Model-Voltage Source/DC Source"（仿真模型-电压源/直流电源）对话框中设置仿真模型参数，如图 9-40 所示。

15 设置完毕后，单击"OK"（确定）按钮，返回到原理图编辑环境。

16 单击菜单栏中的"工程"→"Compile Document... "（编译文件）选项，编译

当前的原理图，编译无误后分别保存原理图文件和项目文件。

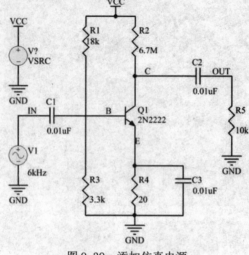

图 9-39　添加仿真电源

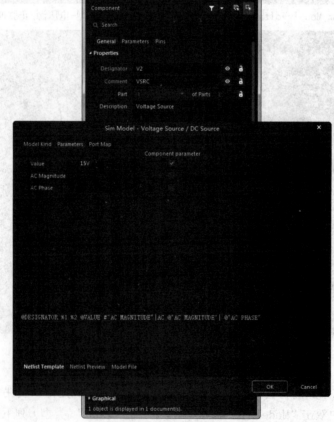

图 9-40　设置仿真模型参数

17 单击菜单栏中的"设计"→"仿真"→"Mixed Sim"（混合仿真）选项，系统将弹出"Analyses Setup"（分析设置）对话框。在左侧的列表框中选择"General Setup"（常规设置）选项，在右侧设置需要观察的节点，即要获得的仿真波形，如图 9-41 所示。

18 选择合适的分析方法并设置相应的参数，如图 9-42 所示设置"Transient Analysis"（瞬态特性分析）选项。

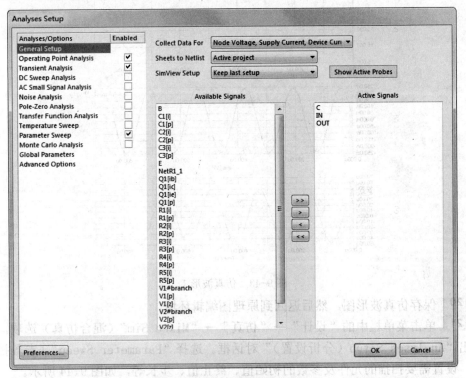

图 9-41 设置需要观察的节点

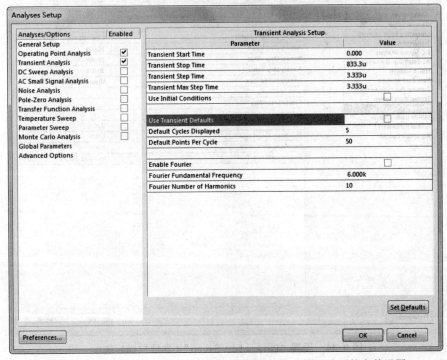

图 9-42 "Transient Analysis"（瞬态特性分析）选项的参数设置

19 设置完毕后，单击"OK"（确定）按钮，得到如图 9-43 所示的仿真波形。

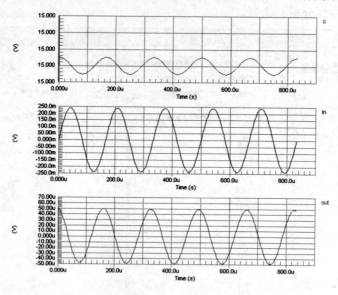

图 9-43　仿真波形 1

20 保存仿真波形图，然后返回到原理图编辑环境。

21 单击菜单栏中的"设计"→"仿真"→"Mixed Sim"（混合仿真）选项，系统将弹出"Analyses Setup（分析设置）"对话框。选择"Parameter Sweep"（参数扫描）选项，设置需要扫描的元件及参数的初始值、终止值、步长等，如图 9-44 所示。

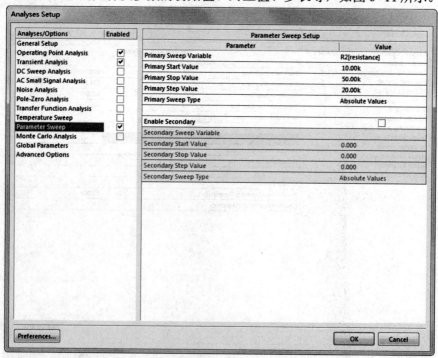

图 9-44　设置"Parameter Sweep"（参数扫描）选项

22 设置完毕后，单击"OK"（确定）按钮，得到如图 9-45 所示的仿真波形。

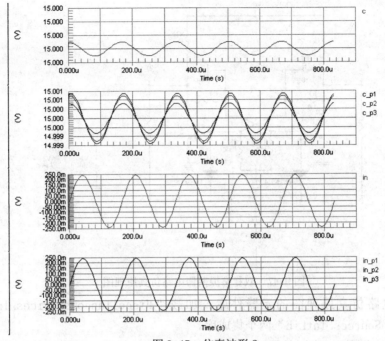

图 9-45　仿真波形 2

23 选中"OUT"波形所在的图表，在"Sim Data"（仿真数据）面板的"Source Data"（数据源）中双击"out_p1""out_p2""out_p3"，将其导入到 OUT 图表中，如图 9-46 所示。

24 还可以修改仿真模型参数，保存后再次进行仿真。

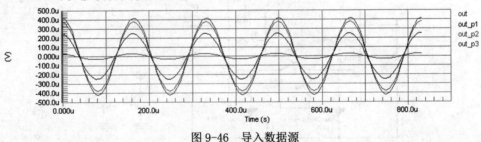

图 9-46　导入数据源

9.6　操作实例

9.6.1　双稳态振荡器电路仿真

双稳态振荡器电路仿真原理图如图 9-47 所示。

01 绘制电路的仿真原理图。

❶ 创建新项目文件和电路原理图文件。执行菜单命令"File"（文件）→"新的"→"项目"→"PCB 工程"，创建一个新项目文件，并保存更名为"Bistable Multivibrator.PRJPCB"。执行菜单命令"File"（文件）→"新的"→"原理图"，创建原理图文件，并保存更名为"Bistable Multivibrator.schdoc"，进入到原理图编辑环境中。

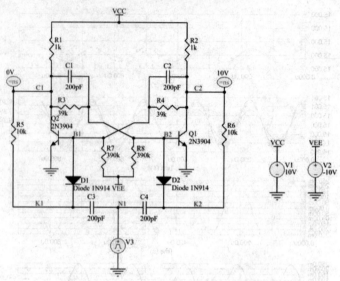

图 9-47　双稳态振荡器电路仿真原理图

❷加载电路仿真原理图的元器件库。加载"MiscellaneousDevices.IntLib"和"Simulation Sources.IntLib"两个集成库。

❸绘制电路仿真原理图。按照第 2 章中介绍的绘制一般原理图的方法绘制出电路仿真原理图，如图 9-48 所示。

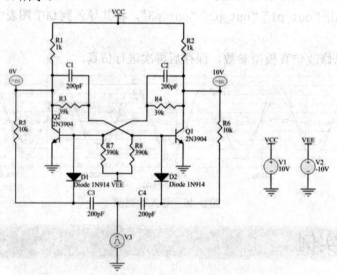

图 9-48　绘制完成的双稳态振荡器电路原理图

❹添加仿真测试点。在仿真原理图中添加仿真测试点，N1 表示输入信号，K1、K2 表示通过电容滤波后的激励信号，B1、B2 是两个晶体管基极观测信号，C1、C2 是两个晶体管集电极观测信号。

02 设置元器件的仿真参数。

❶设置电阻元器件的仿真参数。在电路仿真原理图中，双击某一电阻，弹出该电阻的属性设置面板，在"Models"（模型）栏中，双击"Simulation"（仿真）属性，弹出仿真属性对话框，如图 9-49 所示。在该对话框的"Value"（值）文本栏中输入电阻的阻值即

可。

采用同样的方法为其他电阻设置仿真参数。

❷设置电容元器件的仿真参数。设置方法与电阻相同。

晶体管 2N3904 和二极管 1N914 在本例中不需要设置仿真参数。

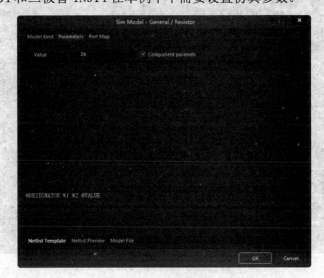

图 9-49　仿真属性对话框

03 设置仿真激励源。

❶设置电源。将 "V1" 设置为 10V，它为 "VCC" 提供电源，"V2" 设置为-10V，它为 "VEE" 提供电源。打开电源的仿真属性对话框，如图 9-50 所示，设置 "值" 的值。由于 "V1""V2" 只是供电电源，在交流小信号分析时不提供信号，因此它们的 "AC Magnitude" 和 "AC Phase" 可以不设置。

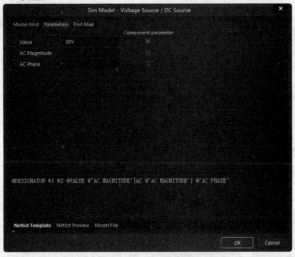

图 9-50　仿真属性对话框

❷设置仿真激励源。在电路仿真原理图中，周期性脉冲信号源为双稳态振荡器电路提供激励信号，在其仿真属性对话框中设置的仿真参数如图 9-51 所示。

04 设置仿真模式。执行菜单命令 "设计" → "仿真" → "Mixed Sim"（混合仿真），弹出分析设置对话框。在本例中需要设置"General Setup"（常规设置）选项卡和"Transient Analysis"（传输特性分析）选项卡。

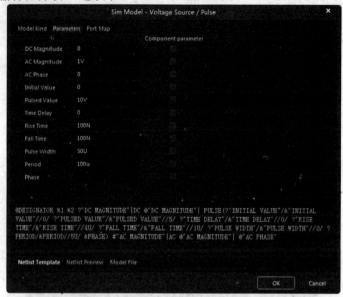

图 9-51　周期性脉冲信号源参数设置

❶通用参数设置。通用参数的设置如图 9-52 所示。

❷瞬态分析仿真参数设置。瞬态分析仿真参数的设置如图 9-53 所示。

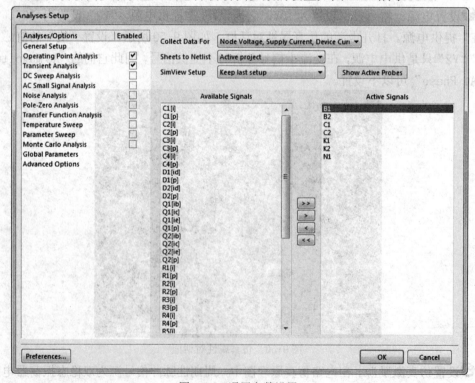

图 9-52　通用参数设置

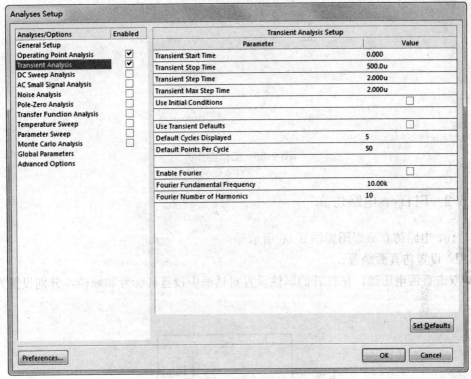

图 9-53　瞬态分析仿真参数设置

05 执行仿真。参数设置完成后，单击"OK"（确定）按钮，系统开始进行电路仿真，瞬态分析的仿真结果和工作点分析如图 9-54、图 9-55 所示。

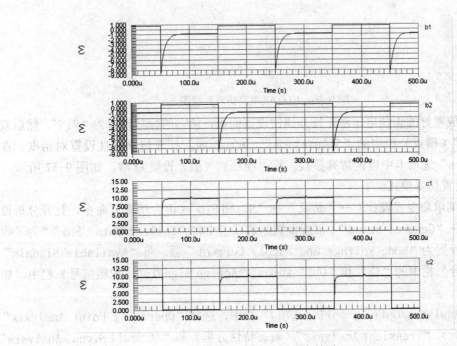

图 9-54　瞬态分析仿真结果

b1	716.7mV
b2	-818.9mV
c1	99.26mV
c2	9.768 V
k1	232.6mV
k2	9.768 V
n1	0.000 V

图 9-55　工作点分析

9.6.2　Filter 电路仿真

Filter 电路仿真原理图如图 9-56 所示。

01 设置仿真激励源。

❶双击直流电压源，在打开的属性设置对话框中设置其标号和幅值，分别设置为+5V 和-5V。

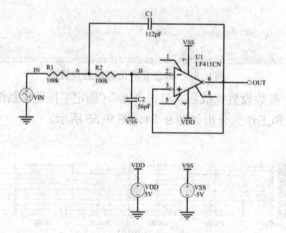

图 9-56　Filter 电路仿真原理图

❷双击放置好的正弦电压源，打开属性设置面板，将它的标号设置为"VIN"，然后双击"Models"（模式）栏中的"Simulation"（仿真）项，打开仿真属性设置对话框，在"Parameters"选项卡中设置仿真参数，将"Value"（值）设置为5V，如图 9-57 所示。

02 设置仿真模式。

❶执行菜单命令"设计"→"仿真"→"Mixed Sim"（混合仿真）命令，打开分析设置对话框。在"General Setup"（常规设置）选项卡中将"Collect Data For""为了收集数据"栏设置为"Node Voltage and Supply Current"项，将"Available Signals"（有用的信号）栏中的"IN"和"OUT"添加到"Active Signals"（积极信号）栏中，如图 9-58 所示。

❷在"Analyses/Options（分析/选项）"栏中，选择"Operating Point Analysis"（工作点分析）、"Transient Analysis"（瞬态特性分析）和"AC Small Signal Analysis"（交流小信号分析）三项，并对其进行参数设置。将"Transient Analysis（"瞬态特性

分析）选项卡中的"Use Transient Defaults"（使用瞬态特性默认值）项设置为无效，并设置每个具体的参数，如图 9-59 所示。

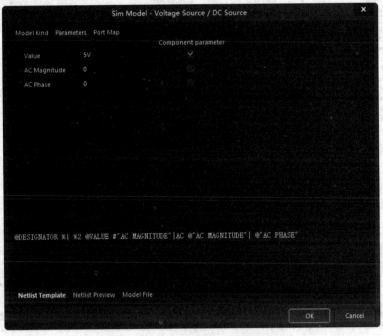

图 9-57　正弦电压源仿真参数设置

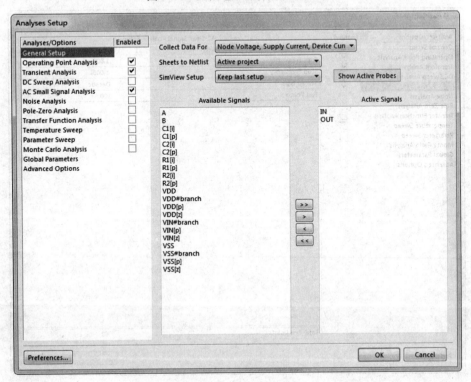

图 9-58　通用参数设置

将交流小信号分析的终止频率设置为 1kHz，如图 9-60 所示。

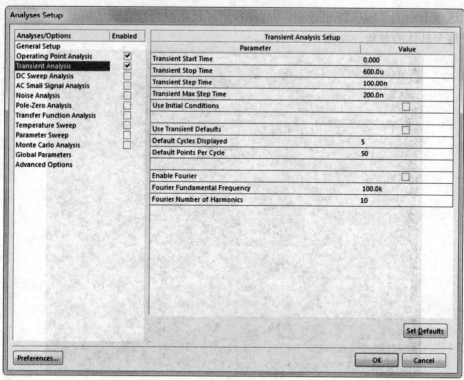

图 9-59 瞬态分析仿真参数设置

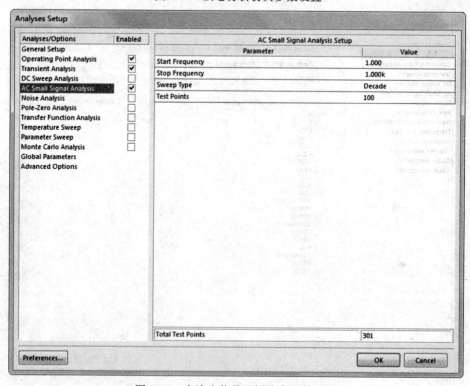

图 9-60 交流小信号分析仿真参数设置

03 进行仿真。

❶参数设置完成后，单击"OK"（确定）按钮，进行电路仿真。仿真结束后，输出的波形瞬态分析如图 9-61 所示。

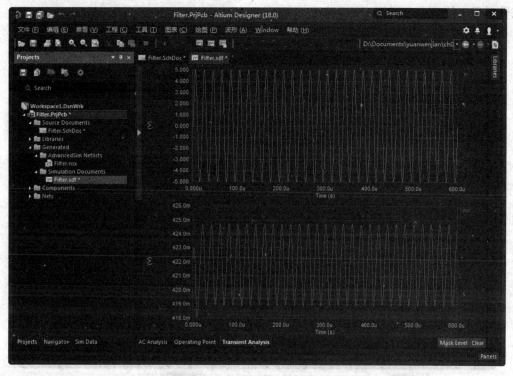

图 9-61　瞬态分析波形

❷单击波形分析器窗口左下方的"AC Analysis"（交流分析）标签，可以切换到交流小信号分析输出波形，如图 9-62 所示。

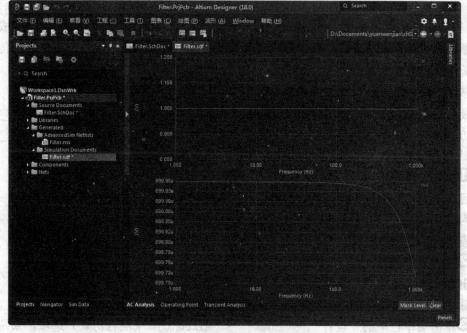

图 9-62　交流小信号分析输出波形

❸单击波形分析器窗口左下方的"Operating Point Analysis"（工作点分析）标签，可以切换到静态工作点分析结果输出窗口，如图 9-63 所示。在该窗口中列出了静态工作点分析得出的节点电压值。

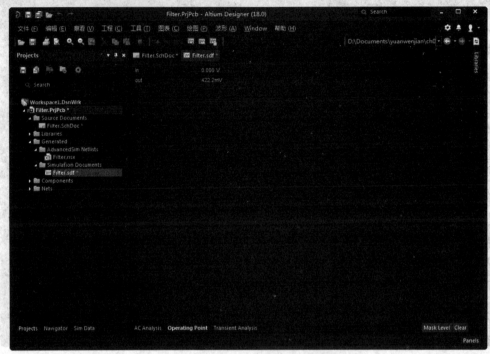

图 9-63　静态工作点分析结果

📖9.6.3　带通滤波器仿真

01 设计要求。本例将完成如图 9-64 所示的仿真电路原理图的绘制，同时完成脉冲仿真激励源的设置及仿真方式的设置，实现瞬态特性、直流工作点、交流小信号及传输函数分析，最终将波形结果输出。通过这个实例，可使读者掌握交流小信号分析及传输函数分析等功能，从而方便在电路的频率特性和阻抗匹配应用中完成相应的仿真分析。

02 操作步骤。

❶执行菜单命令"File"（文件）→"新的"→"项目"→"PCB 工程"，建立一个新项目，并保存更名为"Bandpass Filters.PRJPCB"。为新项目添加仿真模型库，完成电路原理图的设计。

❷设置元件的参数。双击原理图中的元件，系统将弹出元件属性面板，按照设计要求设置元件参数。设置脉冲信号源"VPULSE"的周期为 1m，其他参数如图 9-65 所示。

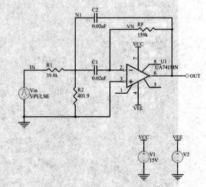

图 9-64　仿真电路原理图

❸单击菜单栏中的"设计"→"仿真"→"Mixed Sim"（混合仿真）选项，系统将弹

出"Analyses Setup"（分析设置）对话框，选择直流工作点分析、瞬态特性分析和交流小信号分析，并选择观察信号"IN"和"OUT"，如图 9-66 所示。

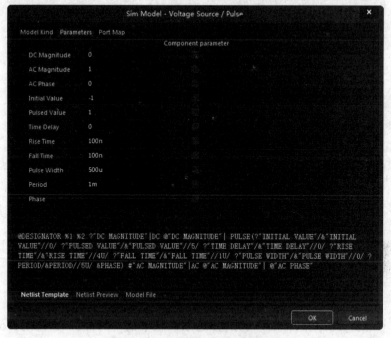

图 9-65　设置脉冲信号源的参数

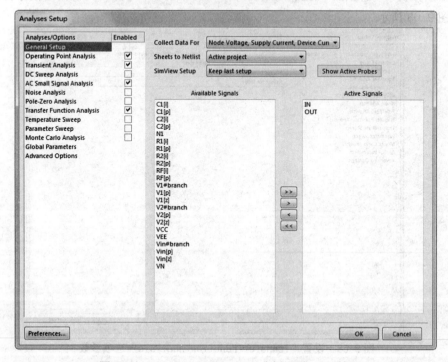

图 9-66　"Analyses Setup"（分析设置）对话框

❹勾选"Analyses/Options"（分析/选项）栏中的"AC Small Signal Analysis"（交流小信号分析）复选框，设置"AC Small Signal Analysis"（交流小信号分析）选项参

数如图 9-67 所示。

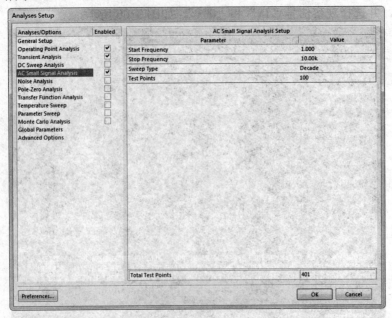

图 9-67 设置 "AC Small Signal Analysis" 选项参数

❺勾选 "Analyses/Options"（分析/选项）栏中的 "Transfer Function Analysis（传输函数分析）" 复选框，设置 "Transfer Function Analysis"（传输函数分析）选项参数如图 9-68 所示。

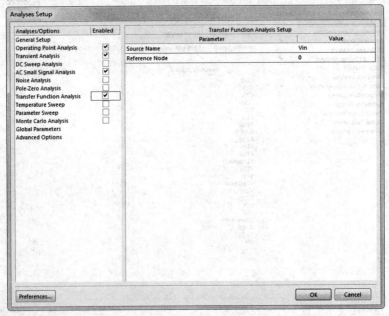

图 9-68 设置 "Transfer Function Analysis" 选项参数

❻设置完毕后，单击 "OK"（确定）按钮进行仿真。系统先后进行直流工作点分析、瞬态特性分析、交流小信号分析、传输函数分析，其结果分别如图 9-69～图 9-72 所示。

从图 9-71 中可以看出，信号频率为 1kHz 时，输出达到最大值，之后及之前随着频率的升高或减小，系统的输出逐渐减小。

从图 9-72 中可以看出，经过传输函数分析后，系统计算的输入/输出阻抗值以文字的形式显示，如"Output"端的输出阻抗为 1.606m。

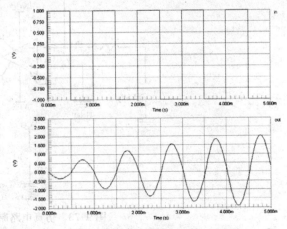

in　　　　　　　　　　　0.000 V

out　　　　　　　　　　12.69mV

图 9-69　直流工作点分析结果　　　　　图 9-70　瞬态特性分析结果

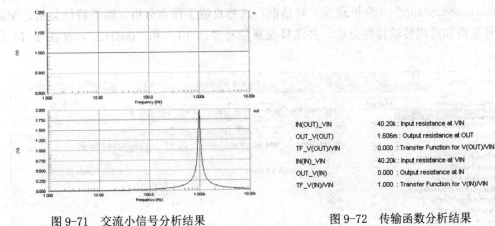

IN(OUT)_VIN	40.20k : Input resistance at VIN
OUT_V(OUT)	1.606m : Output resistance at OUT
TF_V(OUT)/VIN	0.000 : Transfer Function for V(OUT)/VIN
IN(IN)_VIN	40.20k : Input resistance at VIN
OUT_V(IN)	0.000 : Output resistance at IN
TF_V(IN)/VIN	1.000 : Transfer Function for V(IN)/VIN

图 9-71　交流小信号分析结果　　　　　图 9-72　传输函数分析结果

9.6.4　模拟放大电路仿真

01 设计要求。本例将完成如图 9-73 所示的仿真电路原理图的绘制，同时完成正弦仿真激励源的设置及仿真方式的设置，实现瞬态特性、直流工作点、交流小信号、直流传输特性分析及噪声分析，最终将波形结果输出。通过这个实例，可使读者掌握直流传输特性分析，确定输入信号的最大范围，正确理解噪声分析的作用和功能，掌握噪声分析适用的场合和操作步骤，尤其是理解进行噪声分析时所设置参数的物理意义。

02 操作步骤。

❶执行菜单命令"File（文件）"→"新的"→"项目"→"PCB 工程"，建立一个新项目，并保存更名为"Imitation Amplifier.PRJPCB"。为新项目添加仿真模型库，完成电路原理图的设计。

❷设置元件的参数。双击原理图中的元件，系统将弹出元件属性面板，按照设计要求

设置元件参数。放置正弦信号源"VSIN"。

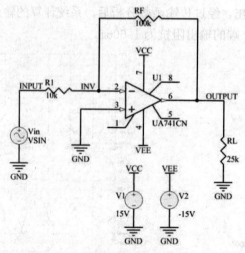

图 9-73　仿真电路原理图

❸单击菜单栏中的"设计"→"仿真"→"Mixed Sim"（混合仿真）选项，系统将弹出"Analyses Setup"（分析设置）对话框，选择直流工作点分析、瞬态特性分析、交流小信号分析和直流传输特性分析，并选择观察信号"INPUT"和"OUTPUT"，如图 9-74 所示。

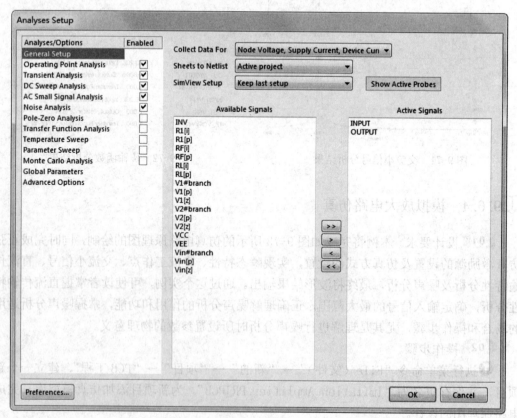

图 9-74　"Analyses Setup"（分析设置）对话框

❹勾选"Analyses/Options"（分析/选项）栏中的"DC Sweep Analysis"（直流扫描分析）复选框，设置"DC Sweep Analysis"（直流扫描分析）选项参数如图 9-75 所示。

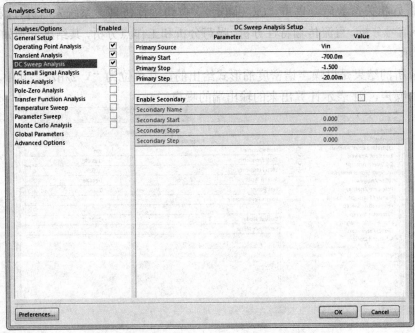

图 9-75 设置"DC Sweep Analysis"选项参数

❺勾选"Analyses/Options"（分析/选项）列表框中的"AC Small Signal Analysis"（交流扫描分析）复选框，设置"AC Small Signal Analysis"（交流小信号分析）选项参数如图 9-76 所示。

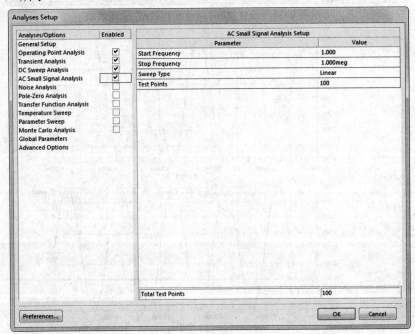

图 9-76 设置"AC Small Signal Analysis"选项参数

❻勾选"Analyses/Options"（分析/选项）栏中的"Noise Analysis"（噪声分析）复选框，设置"Noise Analysis"（噪声分析）选项参数如图 9-77 所示。

❼设置好相关参数后，单击"OK（确定）"按钮进行仿真。系统先后进行瞬态特性分析、交流小信号分析、直流传输特性分析、噪声分析和工作点分析，其结果分别如图 9-78～图 9-82 所示。

噪声分析的结果是以噪声谱密度的形式给出的，其单位为"V 2/Hz"。其中，NO 表示在输出端的噪声，NI 表示计算出来的输出端的噪声。

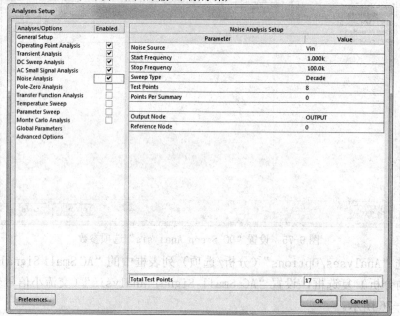

图 9-77　设置"Noise Analysis"选项参数

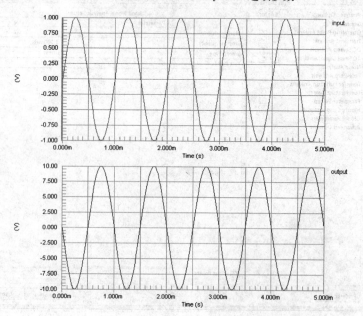

图 9-78　瞬态特性分析结果

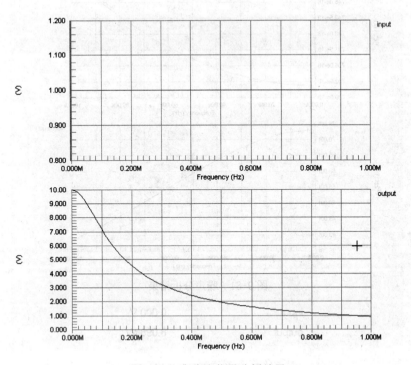

图 9-79 交流小信号分析结果

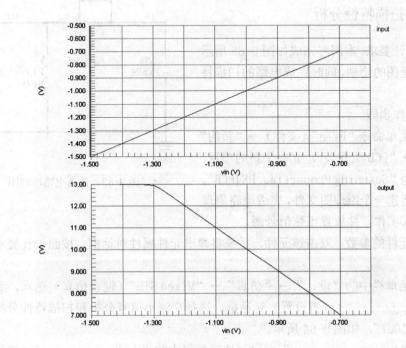

图 9-80 直流传输特性分析结果

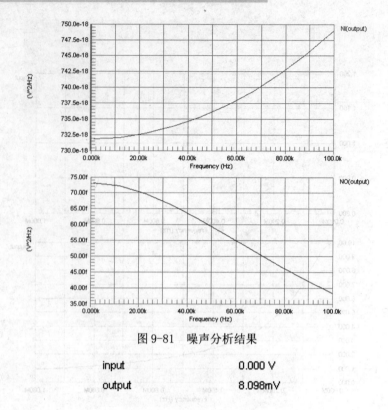

图 9-81　噪声分析结果

input	0.000 V
output	8.098mV

图 9-82　工作点分析

📖 9.6.5　扫描特性分析

01 设计要求。本例将完成如图 9-83 所示仿真电路原理图的绘制，同时完成电路的扫描特性分析。

02 操作步骤。

❶执行菜单命令"File"（文件）→"新的"→"项目"→"PCB 工程"，建立一个新的项目，并保存更名为"Scanning Properties. PRJPCB"。在该项目中新建一个原理图文件，完成电路原理图的设计输入工作，并放置正弦信号源。

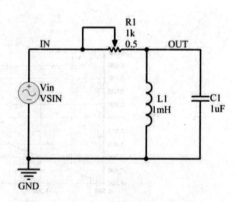

图 9-83　仿真电路原理图

❷设置元件的参数。双击该元件，系统将弹出元件属性对话框，按照设计要求设置元件参数。

❸单击菜单栏中的"设计"→"仿真"→"Mixed Sim"（混合仿真）选项，系统将弹出"Analyses Setup"（分析设置）对话框。选择交流小信号分析和扫描特性分析，并选择观察信号"OUT"，如图 9-84 所示。

❹勾选"Analyses/Options"（分析/选项）栏中的"Parameter Sweep"（扫描特性参数）复选框，设置"Parameter Sweep"（扫描特性）选项参数如图 9-85 所示。

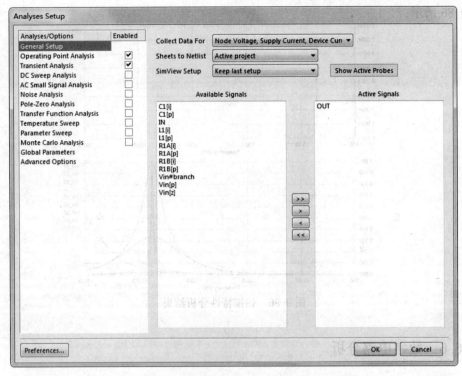

图 9-84 "Analysis Setup"（分析设置）对话框

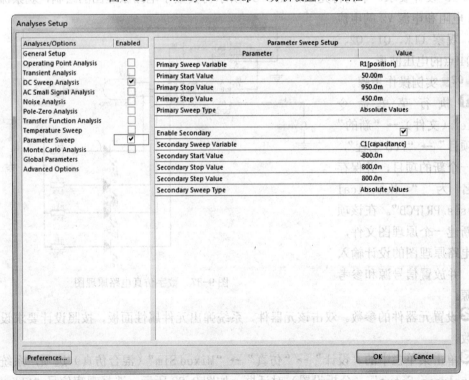

图 9-85 设置 "Parameter Sweep"（扫描特性）选项参数

❺设置完毕后，单击"OK"（确定）按钮进行仿真。系统进行扫描特性分析，其结果

如图 9-86 所示。

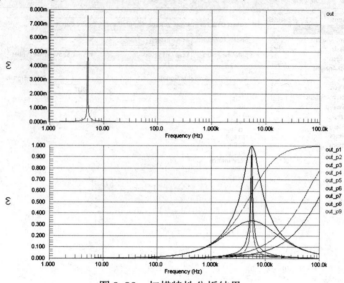

图 9-86　扫描特性分析结果

9.6.6　数字电路分析

01 设计要求。本例将完成如图 9-87 所示仿真数字电路原理图的绘制，观察流过二极管、电阻和电源 V2 的电流波形，观察 CLK、Q1、Q2、Q3、Q4 点的电压波形。

02 实例操作步骤。

❶ 执行菜单命令"File"（文件）→"新的"→"项目"→"PCB 工程"，建立一个新的项目，并保存更名为"Numerical Analysis.PRJPCB"。在该项目中新建一个原理图文件，完成电路原理图的设计输入工作，并放置信号源和参考电压源。

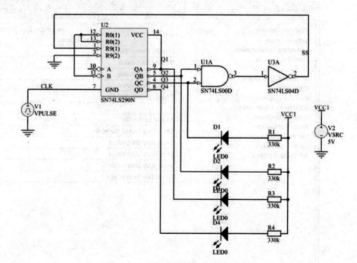

图 9-87　数字仿真电路原理图

❷ 设置元器件的参数。双击该元器件，系统弹出元件属性面板，按照设计要求设置元件参数。

❸ 单击菜单栏中的"设计"→"仿真"→"Mixed Sim"（混合仿真）选项，系统将弹出"Analyses Setup"（分析设置）对话框。如图 9-88 所示，选择观察信号"CLK、Q1、Q2、Q3、Q4"点。

❹ 在"Analyses/Options"（分析/选项）栏中，选择"Operating Point Analysis"

（工作点分析）、"Transient Analysis"（瞬态特性分析）项，并对其进行参数设置。将"Transient Analysis"（瞬态特性分析）选项卡中的"Use Transient Defaults"（使用瞬态特性默认值）项设置为无效，并默认其他参数设置，如图9-89所示。

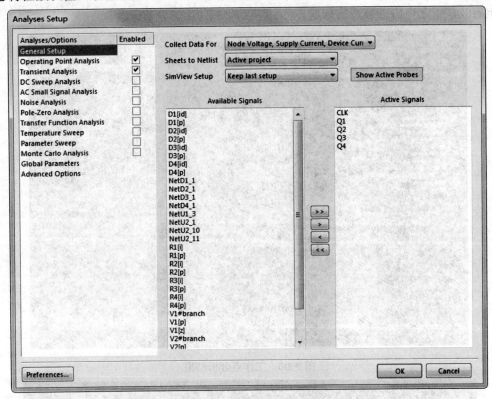

图9-88　"Analyses Setup"（分析设置）对话框

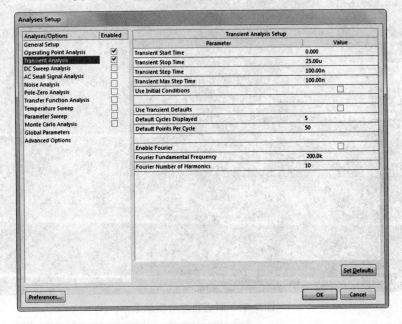

图9-89　瞬态分析仿真参数设置

❺设置完毕后，单击"OK（确定）"按钮进行仿真，结果如图 9-90 和图 9-91 所示。从流过电源 V2、二极管和电阻的电流波形可以看出很多尖峰，由于实际电源具有内阻，所以这些电流尖峰会引起尖峰电压，尖峰电压会干扰弱电信号，当频率很高时，还会向外发射电磁波，引起电磁兼容性的问题。

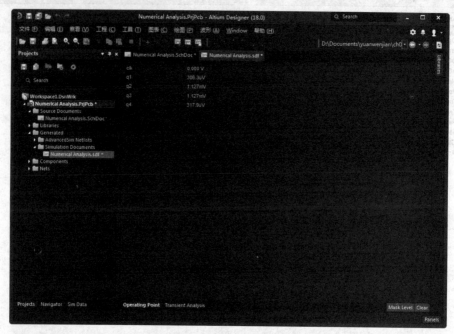

图 9-90　工作点分析结果

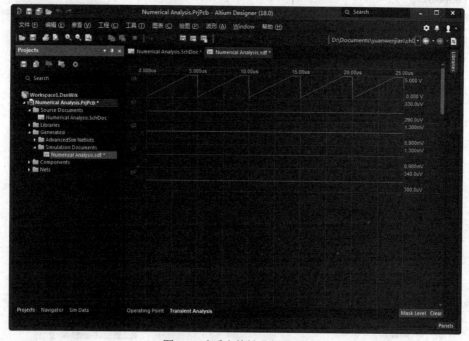

图 9-91　瞬态特性分析结果

第 ⑩ 章

A/D 转换电路图设计综合实例

本章将通过一个简单的A/D转换电路图完整设计过程的介绍，帮助读者建立对SCH和PCB较为系统的认识。

- ◎ 电路板设计流程
- ◎ A/D 转换电路图设计实例

10.1 电路板设计流程

电路板设计作为本书的重点实例，在进行具体操作之前，再强调一下设计流程，希望读者可以严格遵守，从而达到事半功倍的效果。

10.1.1 电路板设计的一般步骤

❶设计电路原理图，即利用 Altium Designer 18 的原理图设计系统（Advanced Schematic）绘制一张电路原理图。

❷生成网络表。网络表是电路原理图设计与印制电路板设计之间的一座桥梁。网络表可以从电路原理图中获得，也可以从印制电路板中提取。

❸设计印制电路板。在这个过程中，要借助 Altium Designer 18 提供的强大功能完成电路板的版面设计和高难度的布线工作。

10.1.2 电路原理图设计的一般步骤

电路原理图是整个电路设计的基础，它决定了后续工作是否能够顺利进展。一般而言，电路原理图的设计包括以下步骤：

❶设计电路图图纸大小及其版面。

❷在图纸上放置需要设计的元器件。

❸对所放置的元件进行布局布线。

❹对布局布线后的元器件进行调整。

❺保存文档并打印输出。

10.1.3 印制电路板设计的一般步骤

❶规划电路板。在绘制印制电路板之前，用户要对电路板有一个初步的规划，这是一项极其重要的工作，目的是为了确定电路板设计的框架。

❷设置电路板参数。包括元器件的布置参数、层参数和布线参数等。一般来说，这些参数用其默认值即可，有些参数在设置过一次后几乎无需修改。

❸导入网络表及元器件封装。网络表是电路板自动布线的灵魂，也是电路原理图设计系统与印制电路板设计系统的接口。只有导入网络表之后，才可能完成电路板的自动布线。

❹元件布局。规划好电路板并导入网络表之后，用户可以让程序自动装入元器件，并自动将它们布置在电路板边框内。Altium Designer 18 也支持手工布局。只有合理布局元器件，才能进行下一步的布线工作。

❺自动布线。Altium Designer 18 采用的是世界上最先进的无网络、基于形状的对角自动布线技术，只要相关参数设置得当，且具有合理的元器件布局，自动布线的成功率几乎是 100%。

❻手工调整。自动布线结束后，往往存在令人不满意的地方，这时就需要进行手工调

整。

❼保存及输出文件。完成电路板的布线后，需要保存电路线路图文件，然后利用各种图形输出设备（如打印机或绘图仪）等输出电路板的布线图。

10.2 A/D 转换电路图设计实例

A/D 转换器是一种把模拟信号转换成数字信号的数据转换接口，其常用的转换方法有逐次逼近式和双斜率积分式两种。本章介绍了如何设计一个 A/D 转换电路，涉及的知识点有原理图元件的制作、封装形式选择等。绘制完原理图后，要对原理图进行编译，以对原理图进行查错、修改等。

📖10.2.1 设计准备

01 设计说明。视频信号需要进行数字处理，在电路设计时一般采用8位分辨率、频率为20MHz左右的HI1175模拟转换器。

图 10-1 所示为视频用 20MHz 8 位 A/D 转换电路原理图，复位信号输入到箝位放大器 U1，用以除掉同步脉冲。放大器 A1 使箝位信号处在 A/D 转换器的输入范围之内，并进行放大驱动。A/D 转换器的输入电压范围为 0.6~2.6 V，使数字信号经总线驱动缓冲器 U4 输出。

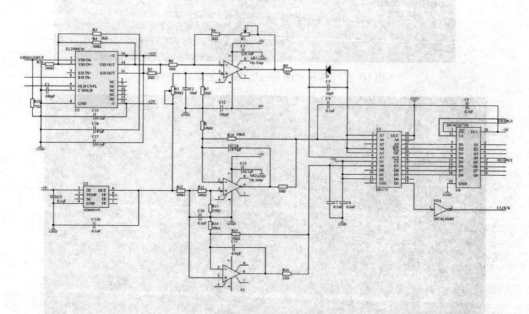

图 10-1　A/D 转换电路原理图

02 创建工程文件。

❶执行菜单命令"File"（文件）→"新的"→"项目"→"Project"（工程），弹出"New Project（新建工程）"对话框。该对话框中显示了工程文件类型。

默认选择"PCB Project"选项及"Default"（默认）选项，系统提供的默认名为"PCB_Project1. PrjPcb"，在"Name（名称）"文本框中输入文件名称"AD"，在"Location"

（路径）文本框中选择文件路径"yuanwenjian\ch11"。

取消勾选"Create Project Folder"（创建项目文件）复选框，单击按钮 OK ，关闭该对话框，打开"Project"（工程）面板。在面板中出现了新建的工程类型，如图 10-2 所示。

❷单击"File"（文件）→"新的"→"原理图"选项，新建一个原理图文件。

❸单击"文件"→"另存为"选项，将新建的原理图文件保存到目录文件夹下，并命名为"AD.SchDoc"。创建的工程文件如图 10-3 所示。

图 10-2 "New Project"（新建工程）对话框

图 10-3 创建的工程文件

📖10.2.2　原理图输入

原理图输入是电路设计的第一步。从本章开始的电路图都是比较复杂的电路图，读者在输入的时候要细心检查。只有输入了正确的原理图，才能保证后面的步骤顺利进行。

01 加载元件库。该电路包含 "EL2090CM" "HI1175" "SN74LS373N" "AD680AN" 和 "SN74LS04N" 等元件，需要逐一查找这些元件。

查得 "EL2090CM" 的元件库为 "Elantec Video Amplifier.IntLib"，"SN74LS373N" 的元件库为 "TI Logic Latch.IntLib"，"AD680AN" 的元件库为 "AD PowerMgt Voltage Reference.IntLib"，"SN74LS04N" 的元件库为 "TI LogicGate2.IntLib"，其他的电阻、电容元件在 "Miscellaneous Devices.IntLib" 元件库中可以找到。

在 "Library"（库）面板单击 "Library"（库）按钮，弹出 "Availiable Libraries"（可用库）对话框。单击 "**Add Libraries**"（添加库）按钮，加载本例中需要加载的元件库，结果如图 10-4 所示。

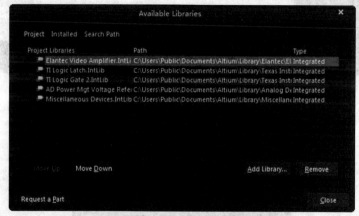

图 10-4　加载需要的元件库

02 编辑库元件。由于在系统其他元件库中找不到 "HI1175"，需要对该元件进行编辑。

❶单击 "文件" → "新的" → "Library"（库）→ "原理图库" 选项，新建库文件。单击 "文件" → "另存为" 选项，保存新建库文件到目录文件夹下，并命名为 "AD.SchLib"。

❷打开库文件 "AD.SchLib"，进入原理图元件库编辑界面。原理图元件库编辑界面与原理图编辑界面有很大不同，如图 10-5 所示。

❸在原理图元件库编辑界面上右下角单击按钮 Panels ，弹出快捷菜单，选择 "Properties"（属性）选项，打开 "Properties"（属性）面板，并自动固定在右侧边界上，打开 "Component"（元件）属性面板，在 "Designator"（标识符）文本框输入 U?，将 "Commen" t（默认注释）和 "Design Item ID"（设计项目地址）文本框设置为 "HI1175"，如图 10-6 所示。

❹设置好元件属性后，开始编辑元件。

（1）绘制元件体。单击 "原理图符号绘制工具" 中的放置矩形按钮□，进入放置矩形状态，绘制矩形。

（2）添加管脚。单击 "原理图符号绘制工具" 中的放置引脚按钮，放置管脚。

编辑好的元件如图 10-7 所示。

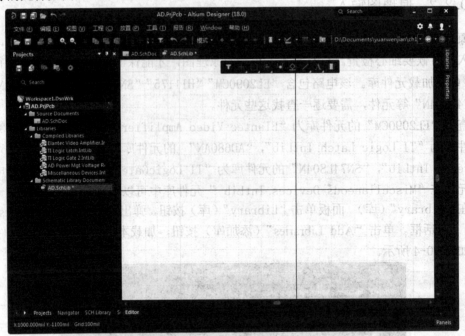

图 10-5　原理图元件库编辑界面

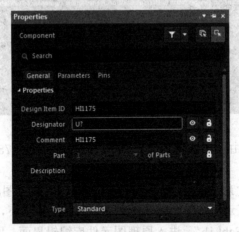

图 10-6　设置元件属性

（3）添加元件封装。单击绘图区下方"Footprint"（封装）列表项的"Add"（添加）按钮，在弹出的对话框中单击"Find"（查找）按钮，找到已经存在的模型。如图 10-8 所示。

❺ 将编辑好的元件放入原理图中。放置元件后的原理图如图 10-9 所示。

03 手工布局。放置元件后进行手工布局，将全部元器件合理地布置到原理图上，如图10-10所示。

04 连接线路。由于电路比较大，可采用分部连接方法。单击"放置线"按钮 ，完成连线。各部分连线如下：

❶ 去除同步脉冲放大电路如图 10-11 所示。

❷A1 放大器电路如图 10-12 所示。

❸A2 放大器电路如图 10-13 所示。A3 放大器电路如图 10-14 所示。

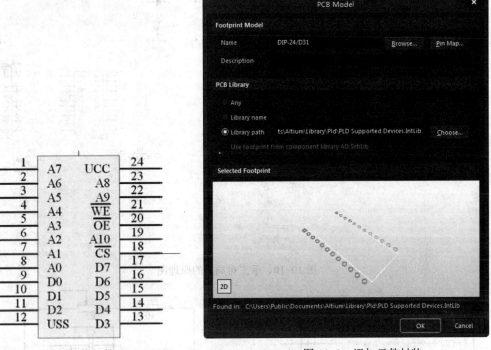

图 10-7　绘制好的元件"HI1175"

图 10-8　添加元件封装

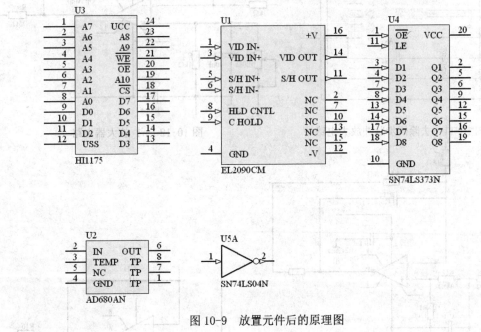

图 10-9　放置元件后的原理图

❹电源电路如图 10-15 所示。

❺A/D 转换电路如图 10-16 所示。

❻把各部分电路组合起来，得到完整的 A/D 转换原理图，如图 10-17 所示。设置完后。单击保存按钮，保存连接好的原理图文件。

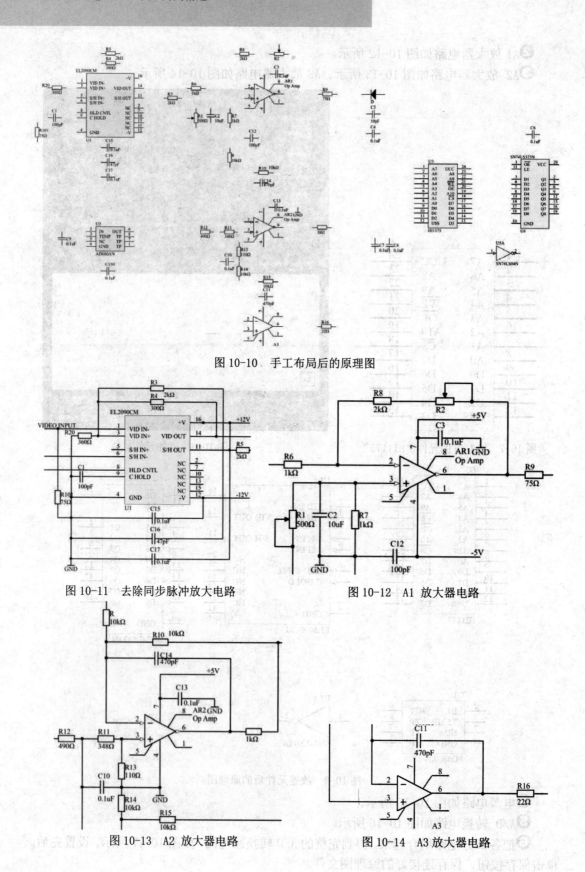

图 10-10 手工布局后的原理图

图 10-11 去除同步脉冲放大电路

图 10-12 A1 放大器电路

图 10-13 A2 放大器电路

图 10-14 A3 放大器电路

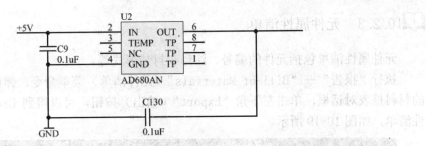

图 10-15　电源电路

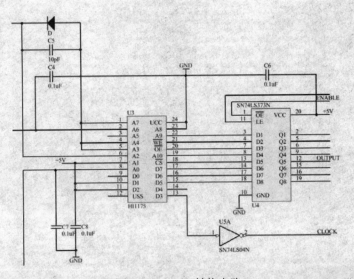

图 10-16　A/D 转换电路

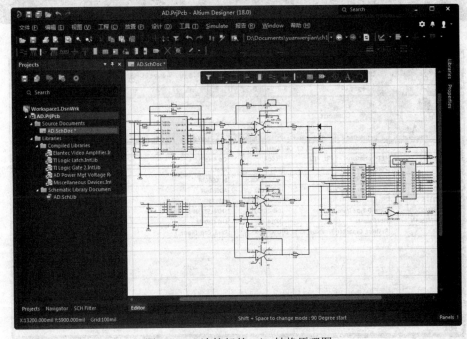

图 10-17　连接好的 A/D 转换原理图

📖10.2.3　元件属性清单

元件属性清单包括元件的编号、注释和封装形式等。

执行"报告"→"Bill of Materials"(元件清单)菜单命令，弹出如图 10-18 所示的材料报表对话框，单击左下角"Export"(输出)按钮，可以得到 Excel 格式的元件属性清单，如图 10-19 所示。

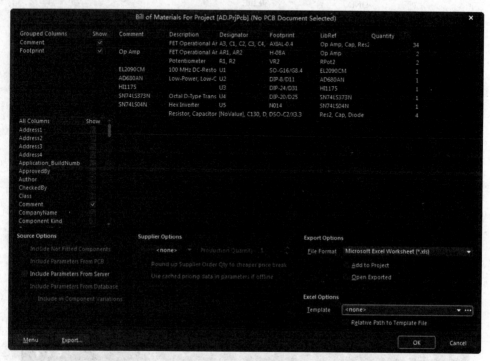

图 10-18　材料报表对话框

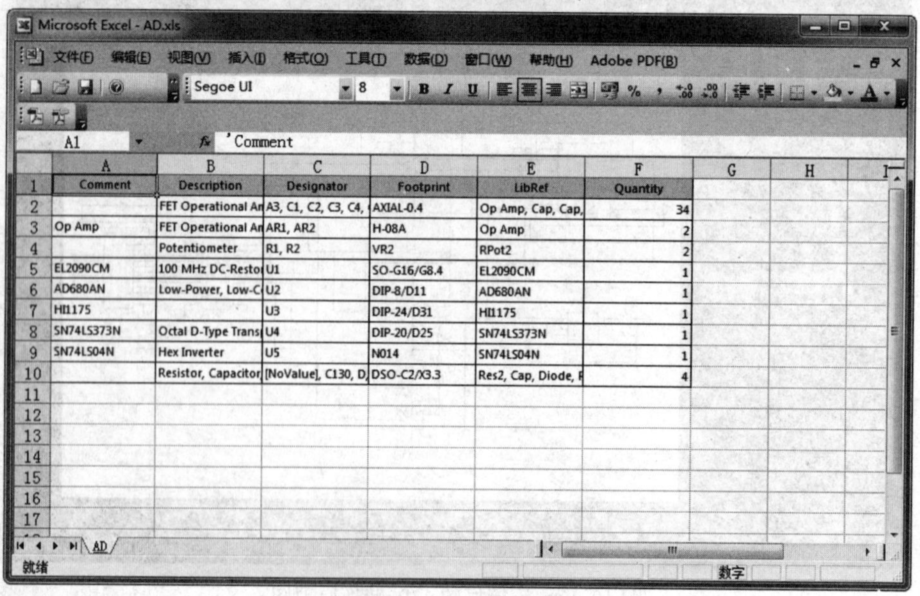

图 10-19　元件属性清单

📖10.2.4　编译工程及查错

编译工程之前需要对系统进行编译设置。编译时，系统将根据用户的设置检查整个工程。编译结束后，系统会提供网络构成、原理图层次、设计错误类型等报告信息。

01 编译参数设置。

❶单击"工程"→"工程选项"选项，弹出工程属性对话框，如图 10-20 所示。在"Error Reporting"（错误报告）选项卡的"Violation Type Description"（违反类型描述）列表中罗列了网络构成、原理图层次、设计错误类型等报告错误。错误报告类型有 "No Report"（不报告）、"Warning"（警告）、"Error"（错误）和"Fatal Error"（致命错误）4 种。

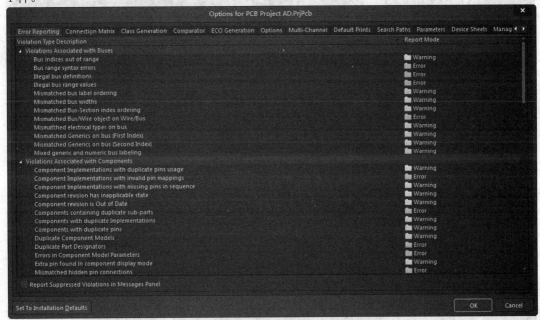

图 10-20　工程属性对话框——"Error Reporting"选项卡

❷单击"Connection Matrix"（电气连接矩阵）选项，显示"Connection Matrix"（电气连接矩阵）选项卡，如图 10-21 所示。矩阵的上部和右部所对应的元件引脚或端口等交叉点为元素，元素所对应的颜色表示连接错误类型。其中，绿色表示不报告，黄色表示警告，橙色表示错误，红色表示严重错误。当光标移动到这些颜色元素中时，光标将变为小手形，连续单击该元素，可以设置错误报告类型。

❸单击"Comparator"（比较器）选项，显示"Comparator"（比较器）选项卡，如图 10-22 所示。在"Comparison Type Description"（比较类型描述）列表中设置元件连接、网络连接和参数连接的差别比较类型。比较类型描述有"Ignore Differences"（忽略不同)和"Find Difference"（查找不同）两种。本例选用默认参数。

02 完成编译。

❶在原理图工作界面的标签栏中单击标签 Panels ，在弹出的菜单中选择"Navigator"（导航），弹出的"Navigator"（导航）面板如图 10-23 所示。在上半部分的"Documents for PCB_xxx.PrjPcb"中选择一个文件，然后单击鼠标右键，选择"Compile All"（全部

编译），即可对工程进行编译，并弹出如图 10-24 所示的"Message"（信息）提示框。选中具体的错误提示，自动显示具体错误提示信息。

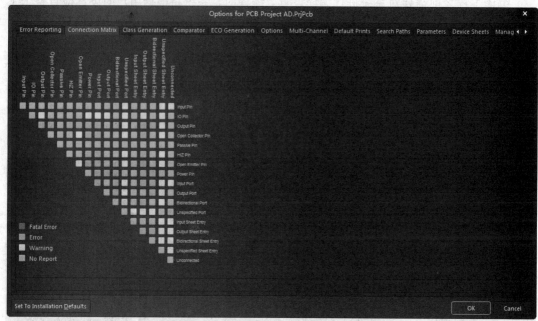

图 10-21　工程属性对话框——"Connection Matrix" 选项卡

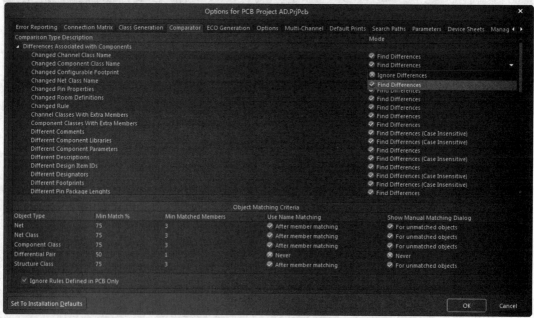

图 10-22　工程属性对话框——"Comparator"（比较）选项卡

❷在"Navigator"（导航）面板中选择"工程"中的单个文件，然后选择右键快捷菜单中的"Analyse"（分析）选项。也可以弹出如图 10-25 所示的单个文件分析信息对话框，不过其分析的是单个文件而已。

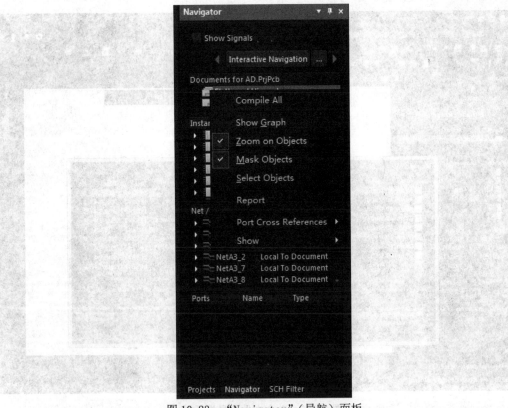

图 10-23　"Navigator"（导航）面板

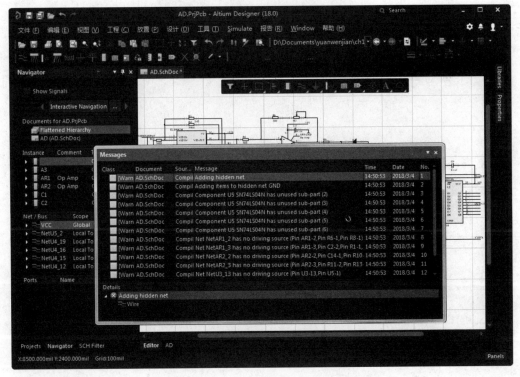

图 10-24　"Message"（信息）提示框

根据错误报告信息进行原理图的修改，然后重新编译，直到正确为止。

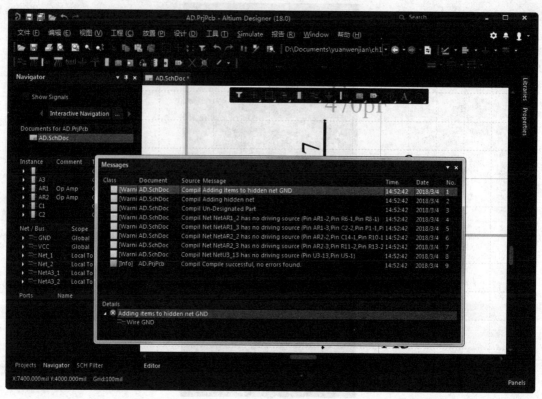

图 10-25　单个文件信息提示框

第 **11** 章

单片机试验板电路图设计综合实例

在很多 EDA 软件中都会介绍单片机开发板的设计步骤，因为其实用而且典型。单片机是为控制应用设计的，但由于其软硬件资源的限制，单片机系统本身不能实现自我开发，必须使用专门的单片机开发系统来进行系统开发设计。本章将主要介绍单片机电路板的原理图与 PCB 板的设计。

通过学习本章，读者将能够了解如何修改元件的引脚，如何直接修改元件库中的封装，如何从原理图转换到PCB 设计。

- ◉ 装入元器件
- ◉ 原理图输入
- ◉ PCB 设计
- ◉ 生成报表文件

11.1 实例简介

单片机实验板是学习单片机必备的工具之一，本章介绍一个单片机实验板电路供读者自行制作，如图 11-1 所示。

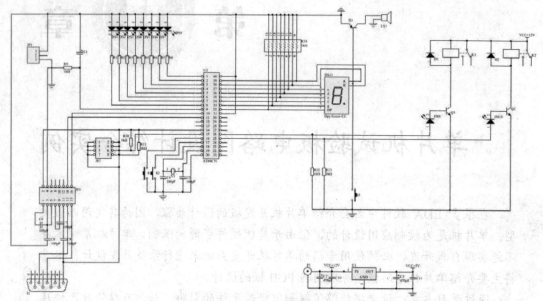

图 11-1 单片机实验板电路

单片机的功能就是利用程序控制单片机引脚端的高、低电压值，并以引脚端的电压值来控制外围设备的工作状态。本例设计的单片机实验板是通过单片机串行端口控制各个外设，用它可以完成包括串口通信、跑马灯实验、单片机音乐播放、LED 显示以及继电器控制等实验。

11.2 新建工程

单击"File"（文件）→"新的"→"项目"→"Project"（工程）选项，弹出"New Project"（新建工程）对话框，如图 11-2 所示。选择"PCB Project"选项及"Default"（默认）选项，系统提供的默认名为"PCB_Project1.PrjPcb"，在"Name"（名称）文本框中输入文件名称"SCMBoard"，在"Location"（路径）文本框中选择文件路径"yuanwenjian\ch12"。

取消勾选"Create Project Folder"（创建项目文件）复选框，单击按钮 OK，关闭该对话框，打开"Project"（工程）面板。在该面板中出现了新建的工程文件，如图 11-3 所示。

单击"File"（文件）→"新的"命令，如图 11-4 所示，新建原理图文件，并命名其为"SCMBoard.SchDOC"，最后完成的效果图如图 11-5 所示。

图 11-2 "New Project"（新建工程）对话框

图 11-3 新建的工程文件

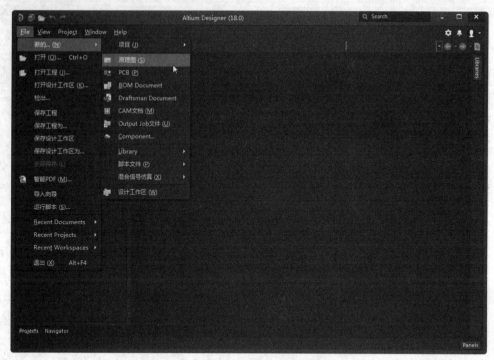

图 11-4　新建原理图文件

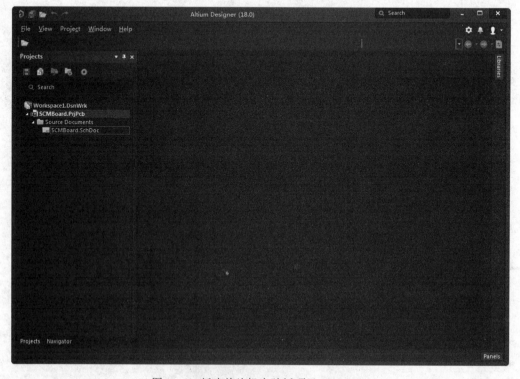

图 11-5　新建单片机实验板项目 SCMBoard

11.3 装入元器件

由于原理图上的元件要从添加的元件库中选定，因此先要添加元件库。系统默认的已经装入了两个常用库，分别是常用插接件杂项库（Miscellaneous Connectors.IntLib）和常用电气元件杂项库（Miscellaneous Devices.IntLib）。如果还需要用到其他元件库，则需要提前装入。

01 在通用元件库"Miscellaneous Devices.IntLib"中选择发光二极管 LED3、电阻 Res2、排阻 Res Pack3、晶振 XTAL、电解电容 Cap Pol3、无极性电容 Cap，以及 PNP 和 NPN 晶体管、多路开关 SW-PB、蜂鸣器 Speaker、继电器 Relay-SPDT 和按键 SW-PB，如图 11-6 所示。

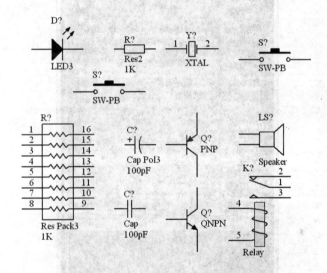

图 11-6　放置常用电气元件

注意 *放置元件的时候按住空格键可以快速旋转元件放置的位置。*

02 在"Miscellaneous Connectors.IntLib"元件库中选择"Header3"接头、"BNC"接头、"Header8*2" 8 针双排接头、"Header 4*2" 4 针双排接头和"D Connect 9"串口接头，如图 11-7 所示。

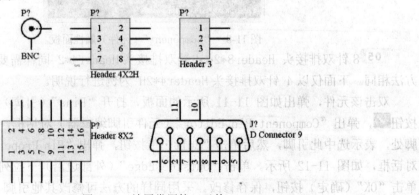

图 11-7　放置常用接口元件

03 选择的串口接头为 11 针，而本例中只需要 9 针，需要稍加修改。双击串口接头，弹出如图 11-8 所示的 "Component"（元件）属性面板。

04 打开 "Pins"（引脚）选项卡，单击编辑按钮 ，弹出 "Component Pin Editor"（元件引脚编辑器）对话框，如 12-9 所示。取消选中第 10 和第 11 引脚的 "Show"（展示）属性复选框，单击 "OK"（确定）按钮，修改好后的串口如图 11-10 所示。

图 11-8　"Component"（元件）属性面板

05 8 针双排接头 Header8*2、4 针双排接头 Header4*2 同样需要修改。二者的修改方法相同。下面仅以 4 针双排接头 Header4*2H 为例进行说明。

双击该元件，弹出如图 11-11 所示的面板，打开 "Pins"（引脚）选项卡，单击编辑按钮 ，弹出 "Component Pin Editor"（元件引脚编辑器）对话框，将光标停在第一引脚处，表示选中此引脚，然后单击 "Edit…" 按钮，弹出 "Pin Properties"（引脚属性）对话框，如图 11-12 所示。单击 "Outside Edge"（外部边沿）下拉列表，选择 "Dot"，单击 "OK"（确定）按钮，保存修改。采用同样的方法可修改其他引脚。

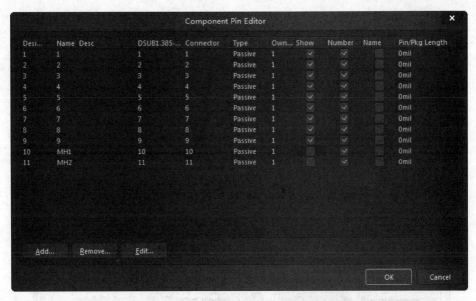

图 11-9 "Component Pin Editor"（元件引脚编辑器）对话框

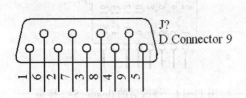

图 11-10 修改后的串口　　　　图 11-11 4 针双排接头 Header4*2H 的元件属性面板

图 11-12 "Pin Properties"（引脚属性）对话框

修改后的 Header4*2 和 Header8*2 如图 11-13 和图 11-14 所示。

06 AT89C51 在已有的库中没有，需要用户自己设计。在 Miscellaneous Connectors.IntLib 元件库中选择 MHDR2*20，如图 11-15 所示。其封装形式与 AT89C51 相同，通过属性编辑，可以设计成所需要的 AT89C51 芯片。下面具体介绍其修改方法。

双击 MHDR2*20，出现"Component"（元件）属性面板，单击"Edit Pins（编辑引脚）"按钮，弹出"Component Pin Editor"（元件引脚编辑）对话框，单击每个引脚的"Name"（名称）属性，把引脚顺序改成与 AT89C51 一致，并且将引脚"Outside Edge"（外部边沿）设置为"Dot"。修改后的 AT89C51 如图 11-16 所示。

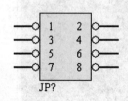

图 11-13 修改后的 Header4*2H 接头

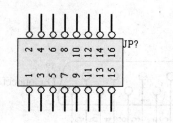

图 11-14 修改后的 Header8*2 接头

446

07 通过网络表生成 PCB 图，需要设置引脚属性中的 "Electrical Type" 属性。一般的双向 "I/O" 引脚要选择 "I/O" 类型，电源引脚要选择 "Power" 类型，其他的电平输入引脚要选择 "Input" 类型。

本章只设计原理图，不用考虑这些情况。在涉及 PCB 板时，要考虑元件封装，不能只考虑引脚个数是否匹配。

08 在 "Miscellaneous Devices.IntLib" 元件库中选择 7 段数码管，选择 "Dpy Green-CC"，对于本原理图，数码管上的 "GND" 和 "NC" 引脚不必显示出来，双击元件，在 "引脚属性" 窗口中取消第 9 和第 10 引脚的 "展示" 属性的选择。修改前后的数码管如图 11-17 所示。修改后把数码管放置到原理图中。

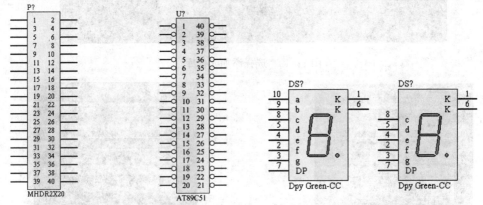

图 11-15 MHDR2*20　　　图 11-16 修改后的 AT89C51　　　图 11-17 修改前后的数码管

09 放置电源器件。电源器件不在通用元件库中，在向原理图添加电源器件前要把含有电源器件的库装载进该项目的 "Library"。在 "Library"（库）面板上单击 "Library"（库）按钮，打开 "Available Libraries"（可用库）对话框，如图 11-18 所示。单击下方的 "Add Library（添加库）" 按钮，打开如图 11-19 所示的对话框，在元件库 "ST Microelectronics" 目录中将 "ST Power Mgt Voltage Regulator.IntLib" 选中并单击打开。添加元件库后的库面板如图 11-20 所示。

在刚添加的元件库 "ST Power Mgt Voltage Regulator.IntLib" 中选择电源器件 "L7805CV"，如图 11-21 所示。单击右上角的 "Place L7805CV" 将其放置到原理图中。

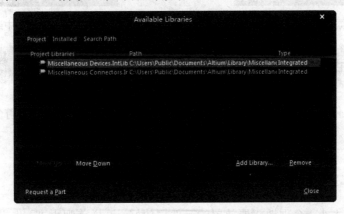

图 11-18 "Available Libraries"（可用库）对话框

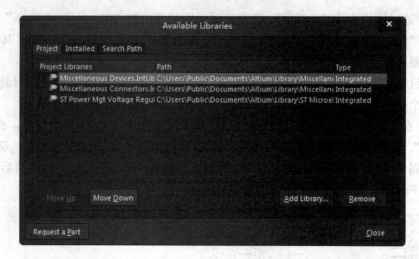

图 11-19　选择添加元件库

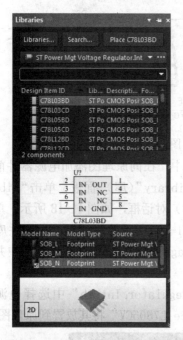

图 11-20　添加元件库后的库面板

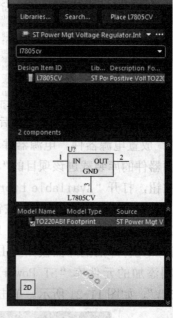

图 11-21　在新添加的库中选择电源器件

11.4　原理图输入

将所需的元件库装入工程后还需进行原理图的输入。原理图的输入首先要进行元件的放置和元件布局。

11.4.1　元件布局

根据原理图大小，合理地将要放置的元件摆放好，这样美观大方，也方便后面的布线。

然后按要求设置元件的属性，包括元件标号、元件值等。

11.4.2　元件手工布线

下面采用分块的方法完成手工布线操作。

01 单击放置线按钮 ≈ 或单击"放置"→"线"选项，进行布线操作。连接完成的电源电路如图 11-22 所示。

02 连接发光二极管部分的电路，如图 11-23 所示。

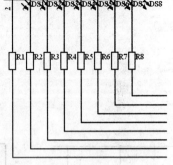

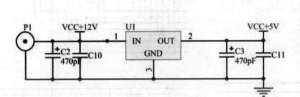

图 11-22　电源电路模块　　　　　　　　　图 11-23　发光二极管部分的电路

03 连接发光二极管部分相邻的串口部分电路，如图 11-24 所示。

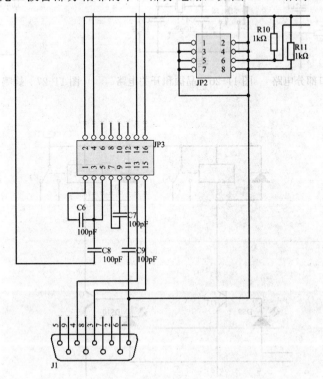

图 11-24　发光二极管部分相邻的串口部分电路

04 连接与串口和发光二极管都有电气连接关系的红外接口部分电路，如图 11-25 所示。

05 连接晶振和开关电路，如图 11-26 所示。

06 连接蜂鸣器和数码管部分电路，如图 11-27 所示。

07 连接继电器部分电路，如图 11-28 所示。

08 完成继电器上拉电阻部分电路。把各分部分电路按照要求组合起来，单片机实验板的原理图就设计好了，效果如图 11-29 所示。

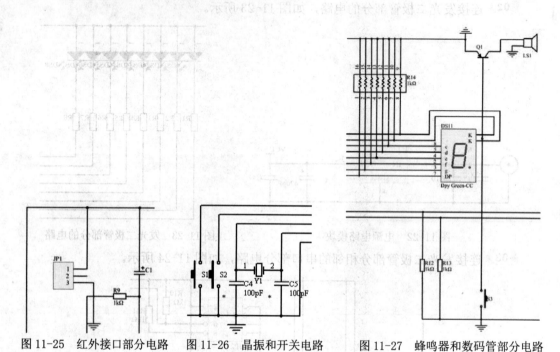

图 11-25　红外接口部分电路　　图 11-26　晶振和开关电路　　图 11-27　蜂鸣器和数码管部分电路

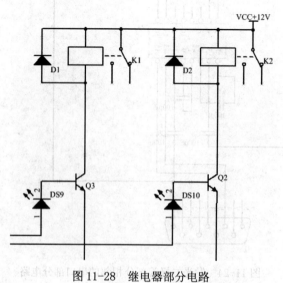

图 11-28　继电器部分电路

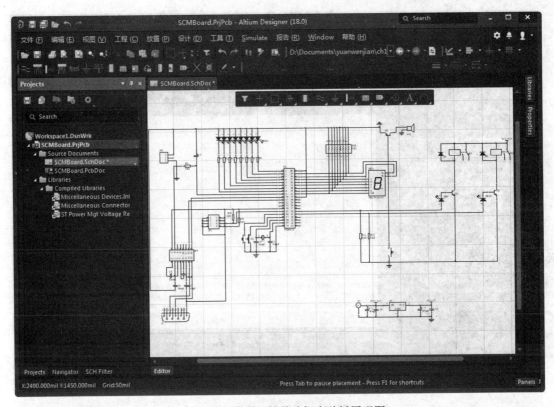

图 11-29 绘制好的单片机实验板原理图

11.5 PCB 设计

11.5.1 准备工作

01 切换到"Projects"（工程）面板，指向其中的项目，右击弹出快捷菜单，选取"添加新的到工程"→"PCB"（PCB 文件）选项，即可在"Projects"（工程）面板里产生一个新的电路板（PCB1.PcbDoc），同时进入电路板编辑环境，在编辑区里也出现一个空白的电路板。

02 单击按钮 ，在随机出现的对话框里指定所要保存的文件名"SCMBoard"，再单击按钮 保存(S) 关闭对话框。

03 绘制一个简单的板框，指向编辑区下方板层卷标栏的"Keep Out Layer"（禁止布线层）卷标，单击鼠标左键切换到禁止板层。按 P、L 键进入画线状态，指向第一个角落，单击鼠标左键；移到第二个角落双击；再移到第三个角落双击；再移到第四个角落双击；移回第一个角落（不一定要很准），按鼠标左键，再双击右键，即可画出板框（板框呈桃红色），如图 11-30 所示。

提示：

由于这里的边框使用的是默认边界，因此还可单击菜单栏中的"设计"→"板子形状"→"根据板子外形生成线条"选项来绘制边框，则直接以电路板边界为边框线。

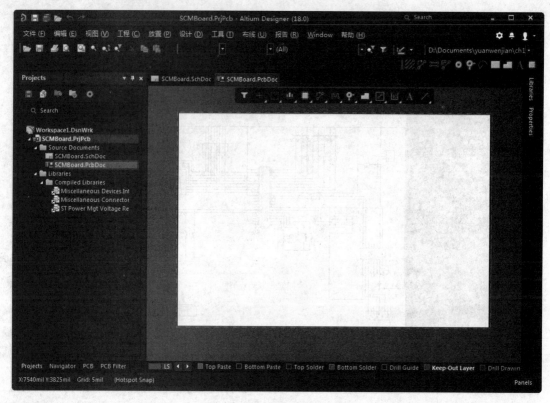

图 11-30　绘制完成的板框

11.5.2　资料转移

01 完成板框绘制后，即可将电路图数据转移到这个电路板编辑区中。单击"设计"菜单中的"Import Changes From SCMBoard. PRJPCB"，出现如图 11-31 所示的"Engineering Change Order"（工程更改操作顺序）对话框。

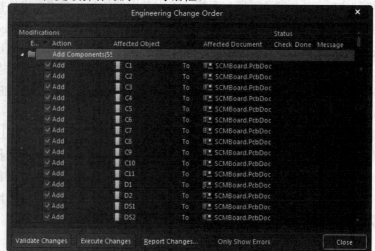

图 11-31　"Engineering Change Order"（工程更改操作顺序）对话框

02 单击"Validate Changes"（确认更改）按钮，程序将验证结果显示在对话框中，如图 11-32 所示。

03 如果所有数据都顺利转移，没有错误产生，则单击"Execute Changes"（执行更改）按钮，进行实际操作，如图 11-33 所示。如果有错误，则按照提示退回电路图修改。单击"Close"（关闭）按钮，关闭此对话框。

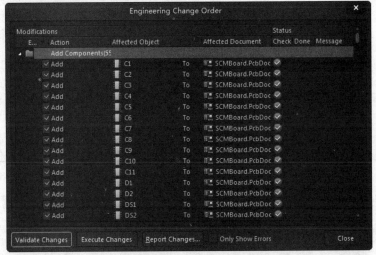

图 11-32　验证结果

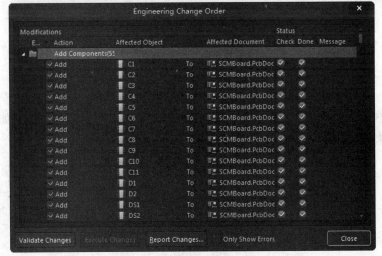

图 11-33　数据转移到电路板

📖11.5.3　零件布置

01 用程序所提供的自动零件区域布置功能将零件装入。将光标指向"SCMBoard"零件摆置区域的空白处，按住鼠标左键将它拉到板框中。再次将光标指向"SCMBoard"零件摆置区域内的空白处，单击鼠标左键，该区域出现 8 个控点，再次将光标指向右边的控点，按住鼠标左键，移动鼠标级可以改变其大小，将它放大（使"SCMBoard"零件摆置区域与板框差不多大），如图 11-34 所示。

02 单击"设计"菜单下的"规则"选项，将光标指向这个零件摆置区域，单击鼠标左键将零件装入这个区域内。最后单击鼠标右键，如图 11-35 所示。

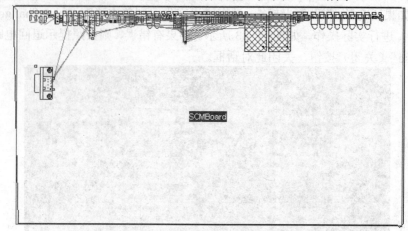

图 11-34　扩大零件摆置区域

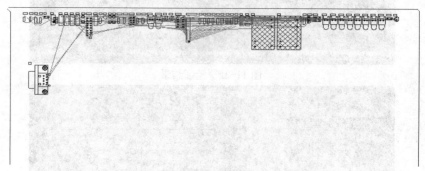

图 11-35　零件在摆置区域内自动排列

03 按<Delete>键删除这个零件摆置区域，接下来以手工排列，结果如图 11-36 所示。

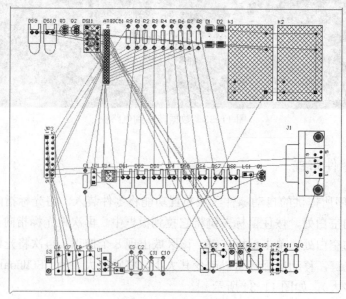

图 11-36　完成零件排列

📖11.5.4 网络分类

下面对电路板里的网络做一个简单的分类，将最常用的电源线（VCC 及 GND）归为一类。

01 单击"设计"菜单下的"类"选项，弹出如图 11-37 所示的对话框。

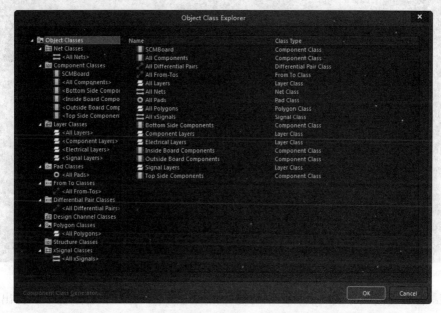

图 11-37 "Object Class Explorer"（对象类浏览器）对话框

02 在"Net Classes"类里只有"All Nets"一项，表示目前没有任何网络分类。将光标指向"Net Classes"项，单击鼠标右键，弹出快捷菜单，如图 11-38 所示。

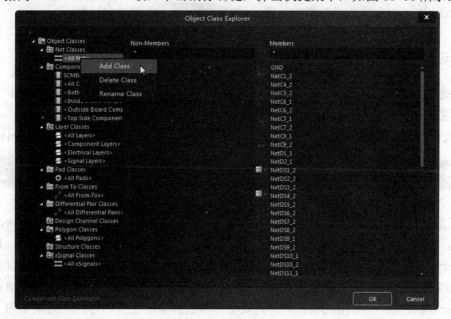

图 11-38 快捷菜单

03 选取 "Add Class"（添加类）选项，则在此类里将新增一项分类（New Class），同时打开其属性对话框，如图 11-39 所示。

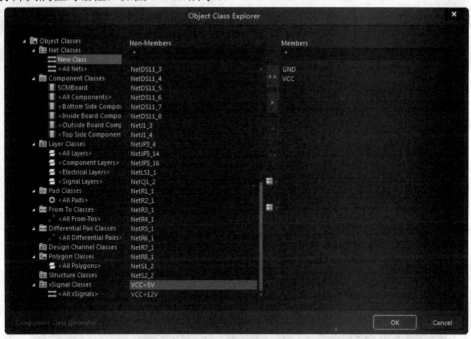

图 11-39　新增网络分类属性对话框

04 若要更改此分类的名称，则将光标指向这一项，单击鼠标右键，在弹出的快捷菜单里选取 "Rename Class"（重命名类）选项，即可输入新的分类名称。接着在左边 "Non-Members"（非成员）栏中选取 "GND" 项，再单击按钮，将它移到右边 "Members"（成员）栏中。同样，在左边 "Non-Members" 栏中选取 "VCC" 项，再单击按钮，将它移到右边 "Members"（成员）栏中，单击 按钮，关闭该对话框。

11.5.5　布线

完成设计规则的设置后便可进行布线。单击 "布线" → "自动布线" → "全部" 选项，弹出如图 11-40 所示的对话框。

保持程序预置状态，单击按钮，程序即进行全面自动布线，结果如图 11-41 所示。

11.6　生成报表文件

在原理图工作窗口中单击 "报告" → "Bill of Material"（元件清单）选项，弹出如图 11-42 所示的 "Bill of Material For Project"（工程材料清单）对话框，其中列出了整个原理图中用到的所有元器件。像很多 EDA 软件一样，这种报表文件可以导出为 OFFICE 文件以便于进一步的处理。单击 "Export"（输出）按钮，可以导出元件清单。在 "Export Options"（导出选项）下拉列表中可以选择导出文件的格式，结果如图 11-43 所示。还可以勾选 "Add to Project"（添加到工程）和 "Open Exported"（打开导出的）

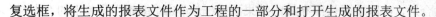

复选框，将生成的报表文件作为工程的一部分和打开生成的报表文件。

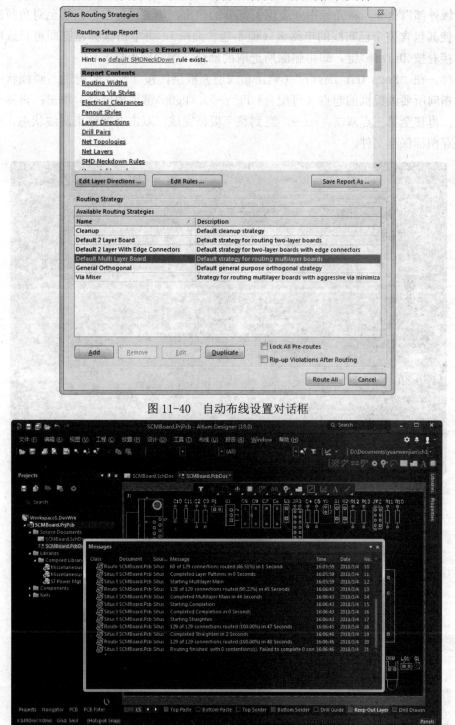

图 11-40 自动布线设置对话框

图 11-41 完成自动布线

　　只需很短的时间就可以完成布线。单击按钮⊠关闭此对话框。电路板布线完成后，单击按钮🖫，保存文件。

如果板框不太合适，可以重新按照布线的结果画板框。单击"编辑"菜单下的"选中"→"区域外部"命令，将光标指向要保留部分的一角，单击鼠标左键，移至对角拉出一个区域，使其包含整个已布线的电路板（但不包含边框），再单击鼠标左键即可只选取整个板框。接着按<Delete>键，即可删除所选取的部分（删除旧板框）。

同样，在"Keep Out Layer"（禁止布线层）板层，按<P>、<L>键进入画线状态，再将光标指向所要画板框的起点（可配合< PgUp >、<PgDn>键缩放屏幕）单击；再移至第二点双击，再移至第三点双击，……，直到整个板框完成，双击右键结束画线状态，然后单击，保存图标保存文件。

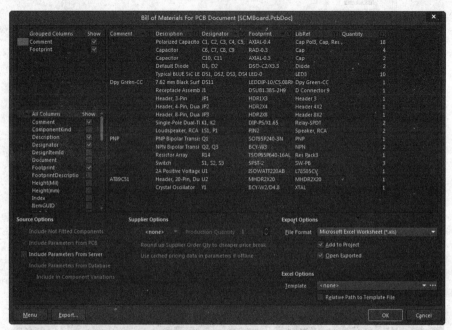

图 11-42   输出元件清单

图 11-43   元件清单

第 **12** 章

U 盘电路设计综合实例

U 盘是应用广泛的便携式存储器件，其原理简单，所用芯片数量少，价格便宜，使用方便，可以直接插入计算机的 USB 接口。

本实例将针对一种 U 盘电路，介绍其电路原理图和 PCB 图的绘制过程。首先通过制作元件 "K9F080UOB" "IC1114" 和电源芯片 "AT1201"，给出元件编辑制作和添加封装的详细过程，然后利用制作的元件，设计制作一个 U 盘电路，绘制U 盘的电路原理图。

- ◎ 制作元件
- ◎ 绘制原理图
- ◎ 设计 PCB 板

12.1 电路工作原理说明

U 盘电路的原理图如图 12-1 所示，其中包括两个主要的芯片，即 Flash 存储器 "K9F080U0B" 和 "USB" 桥接芯片 "IC1114"。

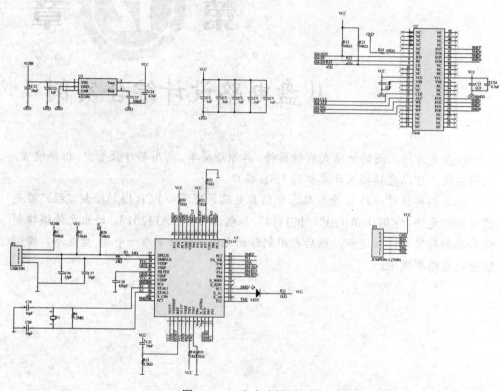

图 12-1 U 盘电路的原理图

12.2 创建工程文件

01 执行菜单命令 "File"（文件）→ "新的" → "项目" → "PCB 工程"，创建默认名为 "PCB_Project1.PrjPcb" 的工程文件。

单击菜单栏中的 "文件" → "保存工程为" 选项，将新建的工程文件保存为 "usb.PrjPcb"。打开 "Project"（工程）面板，在面板中出现了新建的工程类型，如图 12-2 所示。

02 单击菜单栏中的 "File"（文件）→ "新的" → "原理图" 选项，新建一个原理图文件。然后单击菜单栏中的 "文件" → "另存为" 选项，将新建的原理图文件保存在源文件文件夹中，并命名为 "USB.SchDoc"，"Projects"（工程）面板如图 12-3 所示。

图 12-2　"Projects"（工程）面板 1　　　图 12-3　"Projects"（工程）面板 2

12.3　制作元件

下面制作 Flash 存储器"K9F080U0B"、USB 桥接芯片"IC1114"和电源芯片"AT1201"。

📖12.3.1　制作"K9F080U0B"器件

01 单击菜单栏中的"文件"→"新的"→"Library"（库）→"原理图库"选项，新建器件库文件，命名为"Schlib1.SchLib"。

02 编辑元件属性。从"SCH Library"（原理图库）面板的元件列表中选择元件，然后单击"Edit（编辑）"按钮，弹出"Component"（元件）属性面板，在"Design Item ID"（设计项目地址）栏输入新元件名称"Flash"，在"Designator"（标识符）栏输入预置的元件序号前缀（在此为"U?"），在"Comment"（注释）栏输入元件注释 Flash，此时元件库浏览器中多出了一个元件"Flash"，如图 12-4 所示。

03 单击菜单栏中的"放置"→"矩形"选项，放置矩形，随后会出现一个新的矩形虚框，可以连续放置。右击或者按<Esc>键退出该操作。

04 单击菜单栏中的"放置"→"引脚"选项，放置引脚。"K9F080U0B"一共有 48 个引脚，在放置引脚的过程中，按下<Tab>键会弹出如图 12-5 所示的"Pin"（引脚）属性面板。在该面板中可以设置引脚标识符的起始编号及显示文字等。放置的引脚如图 12-6 所示。

由于该器件引脚较多，若分别修改则很麻烦，此时可以在引脚编辑器中修改引脚的属性，这样比较方便直观。

在"SCH Library"（SCH 库）面板中选定刚刚创建的"Flash "器件，然后单击右下角的"Edit"（编辑）按钮，弹出如图 12-7 所示的"Component"（元件）属性面板。单击其中的"Pins"（引脚）选项卡，弹出"Component Pin Editor"（元件引脚编辑器）对话框。在该对话框中，可以同时修改器件引脚的各种属性，包括"Designator"（标识符）、"Name"（名称）、"Type"（类型）等。修改后的"Component Pin Editor"（元件引脚编辑）对话框如图 12-8 所示。修改引脚属性后的器件如图 12-9 所示。

图 12-4 编辑元件属性

图 12-5 "Pin"（引脚）属性面板

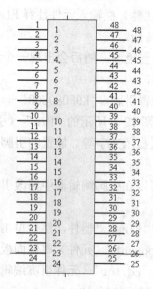

图 12-6 放置引脚

图 12-7 "Component"（元件）属性面板

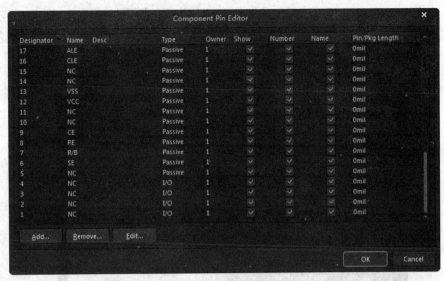

图 12-8　修改后的"Component Pin Editor"（元件引脚编辑）对话框

05 单击"Component"（元件）属性面板"Footprint"（封装）栏中的"Add"（添加）按钮，系统将弹出如图 12-10 所示的"PCB Model"（PCB 模型）对话框，在该对话框中为"Flash"添加封装"DIP-48"。

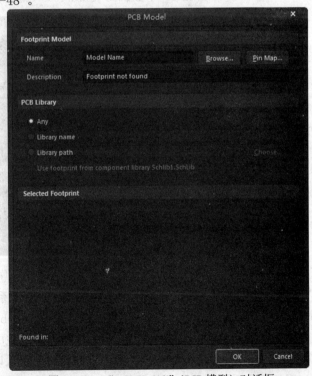

图 12-9　修改引脚属性后的器件　　　图 12-10　"PCB Model"（PCB 模型）对话框

06 单击 按钮 Browse... ，系统将弹出如图 12-11 所示的"Browse Libraries"（浏览库）对话框。

07 单击"Find"（发现） 按钮，在弹出的"Libraries Search"（搜索库） 对话框中输入"DIP-48"或者查询字符串，然后单击左下角的"Search"（查找） 按钮开始查找，如图 12-12 所示。一段漫长的等待之后，会跳出搜寻结果页面，如果已经搜索到需要的结果，则可单击"Stop"（停止）按钮，停止搜索。在搜索出来的封装类型中选择"DIP-48"，如图 12-13 所示。

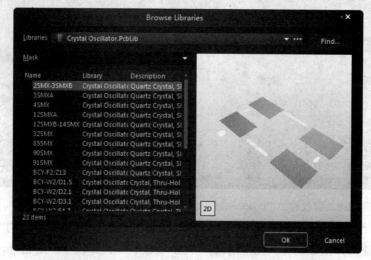

图 12-11　"Browse Libraries"（浏览库）对话框

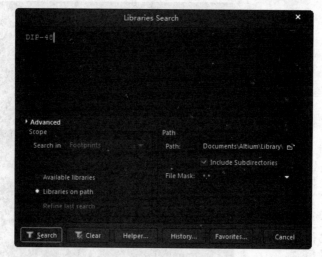

图 12-12　"Libraries Search"（搜索库）对话框

08 单击"OK"（确定）按钮，关闭该对话框，系统将弹出如图 12-14 所示的"Confirm"（确认）对话框，提示是否加载所需的 PcbLib 库（若需加载的器件库已加载了，则不显示对话框），单击"Yes"（是）按钮，可以完成器件库的加载。

09 单击"Yes"（是）按钮，把选定的封装库装入以后，会在"PCB Model"（PCB 模型）对话框中看到被选定的封装的示意图，如图 12-15 所示。

10 单击"OK"（确定）按钮，关闭该对话框。然后单击"保存"按钮，保存库器件。在"SCH Library"（SCH 库）面板中，单击选项栏中的　按钮 Place ，将其放置到原理图中。

U盘电路设计综合实例 第12章

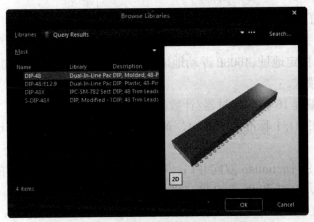

图 12-13 在搜索结果中选择"DIP-48"

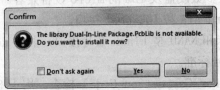

图 12-14 "Confirm"（确认）对话框

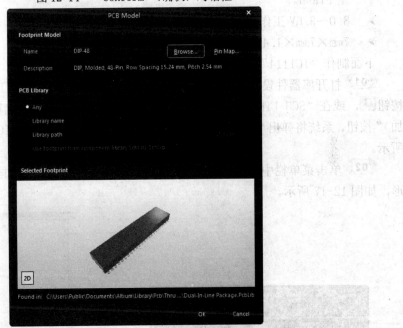

图 12-15 "PCB Model"（PCB 模型）对话框

12.3.2 制作"IC1114"器件

"IC1114"是"ICSI IC11XX"系列带有 USB 接口的微控制器之一，主要用于 Flash Disk 的控制器，具有以下特点：

➢ 采用 8 位高速单片机实现，每 4 个时钟周期为一个机器周期。

➢ 工作频率为 12MHz。

➢ 兼容 Intel MCS-51 系列单片机的指令集。

➢ 内嵌 32KB Flash 程序空间，并且可通过 USB、PCMCIA、I2C 在线编程（ISP）。

➢ 内建 256B 固定地址、4608B 浮动地址的数据 RAM 和额外 1KB CPU 数据 RAM 空间。

➢ 多种节电模式。

➢ 有 3 个可编程 16 位的定时器/计数器和看门狗定时器。

➢ 满足全速 USB1.1 标准的 USB 口，速度可达 12Mbit/s，有一个设备地址和 4 个端点。

➢ 内建 ICSI 的 in-house 双向并口，在主从设备之间可实现快速的数据传送。

➢ 主/从 IIC、UART 和 RS-232 接口供外部通信。

➢ 有 Compact Flash 卡和 IDE 总线接口。Compact Flash 符合 Rev 1.4 "True IDE Mode" 标准，和大多数硬盘及 IBM 的 micro 设备兼容。

➢ 支持标准的 PC Card ATA 和 IDE host 接口。

➢ 有 Smart Media 卡和 NAND 型 Flash 芯片接口，兼容 Rev.1.1 的 Smart Media 卡特性标准和 ID 号标准。

➢ 内建硬件 ECC（Error Correction Code）检查，用于 Smart Media 卡或 NAND 型 Flash。

➢ 3.0～3.6V 工作电压。

➢ 7mm×7mm×1.4mm 48LQFP 封装。

下面制作 "IC1114" 器件，其操作步骤如下：

01 打开库器件设计文档 "Schlib1.SchLib"，单击 "实用" 工具栏中的产生器件按钮，或在 "SCH Library（SCH 库）" 面板中，单击 "器件" 选项栏中的 "Add（添加）" 按钮，系统将弹出 "New Component"（新器件）对话框，输入 "IC1114"，如图 12-16 所示。

02 单击菜单栏中的 "放置" → "矩形" 选项，绘制器件边框，器件边框为正方形，如图 12-17 所示。

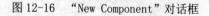

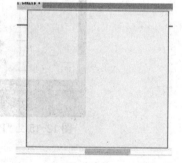

图 12-16　"New Component" 对话框　　　　图 12-17　绘制器件边框

03 单击菜单栏中的 "放置" → "引脚" 选项，添加引脚。在放置引脚的过程中，按下 <Tab> 键会弹出 "Pin"（引脚）属性面板，在该面板中可以设置引脚的起始编号以及显示文字等。"IC1114" 共有 48 个引脚，引脚放置完毕后的器件图如图 12-18 所示。

04 在 "SCH Library"（SCH 库）面板的 "器件" 栏中选中 "IC1114"，单击 "Edit"

（编辑）按钮，系统将弹出如图 12-7 所示的"Component"（元件）属性面板。单击"Pins"（引脚）选项卡，单击编辑按钮 ✎ ，弹出"Component Pin Editor"（元件管脚编辑器）对话框，修改引脚属性。修改后的"IC1114"器件如图 12-19 所示。

注意 在制作引脚较多的器件时，可以使用复制和粘贴的方法来提高工作效率。在粘贴过程中，应注意引脚的方向，可按空格键来进行旋转。

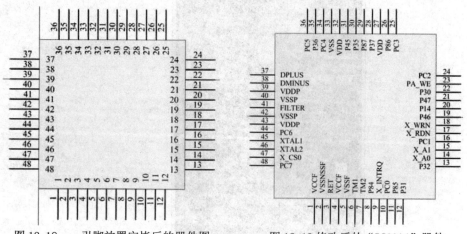

图 12-18　引脚放置完毕后的器件图　　　　图 12-19 修改后的"IC1114"器件

05 单击"Component"（元件）属性面板"Footprint"（封装）栏中的"Add"（添加）按钮，为"IC1114"添加封装。此处，选择的封装为"SQFP7X7-48"，单击"Find"（发现）和"Search"（查找）按钮查找该封装，添加完成后的"PCB Model"（PCB 模型）对话框如图 12-20 所示。

图 12-20　添加完成后的"PCB Model"（PCB 模型）对话框

在"Component"（元件）属性面板中，还可修改器件的各种属性，如图 12-21 所示。

图 12-21　"Component"（元件）属性面板

06 单击"保存"按钮，保存库器件。单击 Place 按钮，将其放置到原理图中。

📖 12.3.3　制作 AT1201 器件

电源芯片"AT1201"为 U 盘提供标准工作电压。其制作步骤如下：

01 打开库器件设计文档"Schlib1.SchLib"，单击"实用"工具栏中的产生器件按钮，或在"SCH Library"（SCH 库）面板中单击"器件"选项栏中的"Add"（添加）按钮，系统将弹出"New Components"（新器件）对话框，输入器件名称"AT1201"。

02 单击菜单栏中的"放置"→"矩形"选项，绘制器件边框。

03 单击菜单栏中的"放置"→"引脚"选项，添加引脚。在放置引脚的过程中，按下 <Tab> 键会弹出引脚属性面板，在该面板中可以设置引脚的起始号码以及显示文字等。"AT1201"共有 5 个引脚，制作好的"AT1201"器件如图 12-22 所示。

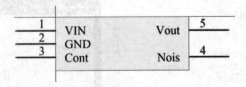

图 12-22　制作好的"AT1201"器件

在"SCH Library"（SCH 库）面板中，单击"器件"选项组中的"Edit"（编辑）按钮，弹出如图 12-23 所示的"Component"（元件）属性面板，在该面板中可以同时修改器件的各种属性，如图 12-23 所示。

04 单击"Component"（元件）属性面板"Footprint"（封装）栏中的"Add（添加）"按钮，为 AT1201 添加封装。此处，选择的封装为"SOT353-5RN"，"PCB Model"（PCB 模型） 对话框设置如图 12-24 所示。

05 单击"保存"按钮，保存库器件。单击 按钮 Place ，将其放置到原理图中。

图 12-23　"Component"（元件）属性面板

图 12-24　"PCB Model（PCB 模型）"对话框

12.4　绘制原理图

为了更清晰地说明原理图的绘制过程，下面采用模块法绘制电路原理图。

12.4.1　U 盘接口电路模块设计

打开"USB.SchDoc"文件，选择"库"面板，在自建库中选择"IC1114"器件，将其放置在原理图中；再找出电容器件、电阻器件并放置好；在"Miscellaneous Devices.IntLib"库中选择晶体振荡器、发光二极管 LED、连接器 Header4 等放入原理图中。接着对器件进行属性设置，然后进行布局。电路组成器件的布局如图 12-25 所示。

单击"布线"工具栏中的放置线按钮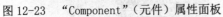，将器件连接起来。单击"布线"工具栏中的放置网络标号按钮 Net，在信号线上标注电气网络标号。连线后的电路原理图如图 12-26 所示。

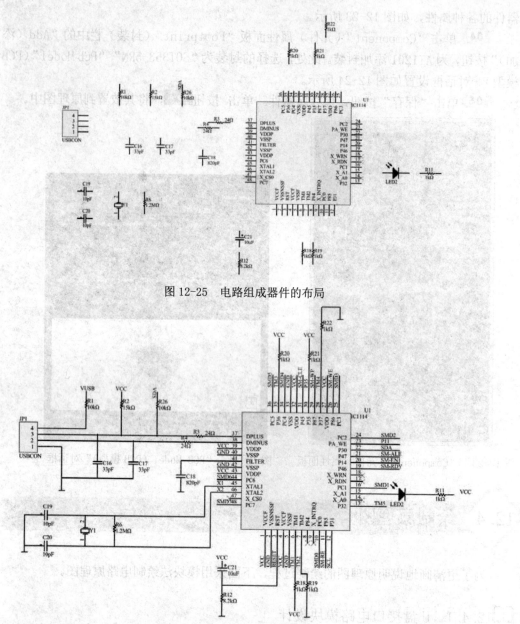

图 12-25　电路组成器件的布局

图 12-26　连线后的电路原理图

📖 12.4.2　滤波电容电路模块设计

01 在"Miscellaneous Devices.IntLib"库中选择一个电容，修改为 1uF，放置到原理图中。

02 选中该电容，单击"原理图标准"工具栏中的复制按钮 ，选好放置器件的位置，然后单击菜单栏中的"编辑"→"智能粘贴"选项，弹出"智能粘贴"对话框。勾选右侧的"Enable Paste Array"（使能粘贴阵列）复选框，然后在下面的文本框中设置粘贴个数为 5、水平间距为 30、垂直间距为 0，如图 12-27 所示，单击"OK"（确定）

按钮关闭对话框。

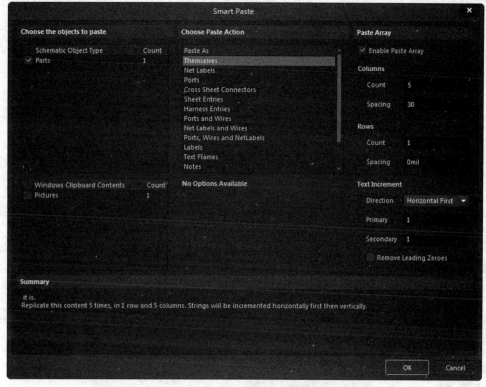

图 12-27 "Smart Paste"（智能粘贴）对话框

03 选择粘贴的起点为距第一个电容右侧 30 的地方，单击完成 5 个电容的放置。

04 单击"布线"工具栏中的放置线按钮 ≈|，进行连线操作，接上电源和接地，完成滤波电容电路模块的绘制，如图 12-28 所示。

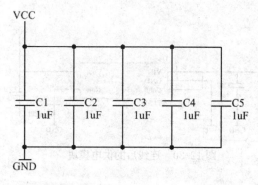

图 12-28 绘制完成的滤波电容电路模块

12.4.3 Flash 电路模块设计

01 放置好电容器件、电阻器件，并对器件进行属性设置，然后进行布局。

02 单击"布线"工具栏中的放置线按钮 ≈|，进行连线。单击"布线"工具栏中

的放置网络标号按钮 ^{Net)}，标注电气网络标号。至此，Flash 电路模块设计完成，其电路原理图如图 12-29 所示。

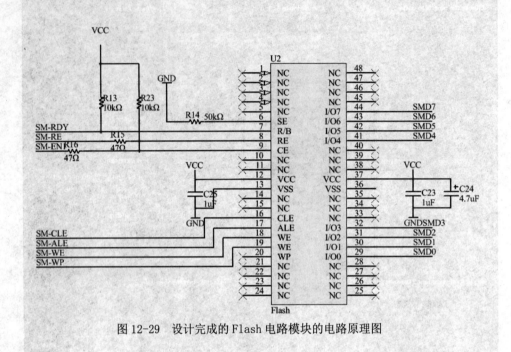

图 12-29 设计完成的 Flash 电路模块的电路原理图

📖12.4.4 供电模块设计

选择"Library"（库）面板，在自建库中选择电源芯片"AT1201"，在"Miscellaneous Devices. IntLib"库中选择电容，放置到原理图中，然后单击"布线"工具栏中的放置线按钮 ≋，进行连线。连线后的供电模块如图 12-30 所示。

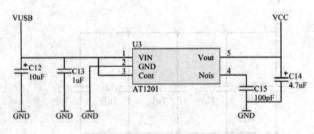

图 12-30 连线后的供电模块

📖12.4.5 连接器及开关设计

在"Miscellaneous Connectors. IntLib"库中选择连接器"Header6"，并完成其电路连接，如图 12-31 所示。

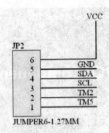

图 12-31　连接器"Header6"的电路连接

12.5　设计 PCB

📖12.5.1　创建 PCB 文件

01 在"Project"（工程）面板中的任意位置右击，在弹出的快捷菜单中单击"添加新的到工程"→"PCB"（印制电路板）选项，新建一个 PCB 文档，重新保存为"USBDISK.PcbDoc"。

02 单击菜单栏中的"放置"→"线条"选项，绘制适当大小的矩形，创建新的 PCB 板的尺寸边界。

03 选中边界矩形，单击菜单栏中的"设计"→"板子形状"→"按照选择对象定义"选项，重新定义 PCB 的尺寸。

📖12.5.2　编辑器件封装

虽然前面已经为制作的器件指定了 PCB 封装形式，但对于一些特殊的器件，还可以自定义封装形式，这会给设计带来更大的灵活性。下面以"IC1114"为例制作 PCB 的封装形式，其操作步骤如下：

01 单击菜单栏中的"文件"→"新的"→"Library"（库）→"PCB 元件库"选项，建立一个新的封装文件，命名为"IC 1113.PcbLib"。

02 单击菜单栏中的"工具"→"元器件向导"选项，系统将弹出如图 12-32 所示的"Component Wizard"（器件向导）对话框。

03 单击"Next"（下一步）按钮，在弹出的选择封装类型界面中选择用户需要的封装类型，如"DIP"或"BGA"封装。在本例中，采用"Quad Packs（QUAD）"封装，如图 13-33 所示，然后单击"Next"（下一步）按钮。接下来的操作步骤均采用系统默认设置。

04 在系统弹出的如图 12-34 所示的对话框中设置每条边的引脚数为 12。单击"Next"（下一步）按钮，在系统弹出的命名封装界面中为器件命名，如图 12-35 所示。单击"Finish"（完成）按钮，完成"IC1114"封装形式的设计。结果显示在布局区域，如图 12-36 所示。

图 12-32 "Component Wizard"（器件向导）对话框

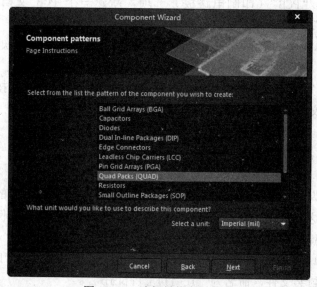

图 12-33 选择封装类型界面

05 返回 PCB 编辑环境，在"Library"（库）面板选择"Library"（库）选项，弹出"Available Libraries"（可用库）对话框。单击"Add Libraries"（添加库）按钮，将设计的库文件添加到工程库中，如图 12-37 所示。单击 按钮 Close ，关闭该对话框。

06 返回原理图编辑环境，双击"IC1114"器件，系统将弹出"Component"（元件）属性面板。单击"Footprint"（封装）栏中的"Add"（添加）按钮，按步骤把绘制的"IC1114"封装形式导入。其步骤与连接系统自带的封装形式的导入步骤相同，具体见前面的介绍，在此不再赘述。

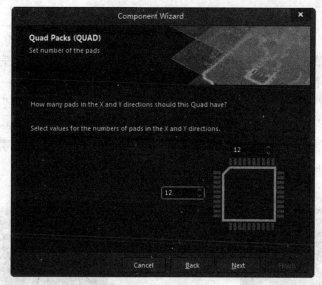

图 12-34　设置引脚数

图 12-35　命名封装界面

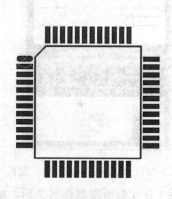

图 12-36　设计完成的 IC 114 器件封装

图 12-37　将设计的库文件添加到工程库中

📖12.5.3 绘制 PCB

对于一些特殊情况，如缺少电路原理图时，绘制 PCB 需要全部手动完成。由于器件比较少，这里将采用手动方式完成 PCB 的绘制，其操作步骤如下：

01 手动放置器件。在 PCB 编辑环境中，单击菜单栏中的"放置"→"器件"选项，或单击"布线"工具栏中放置器件按钮，系统将弹出"Libraries"（库）面板，如图 12-38 所示，然后单击按钮，在元件库下拉列表中查找封装库（类似于在原理图中查找器件的方法），如图 12-39 所示。

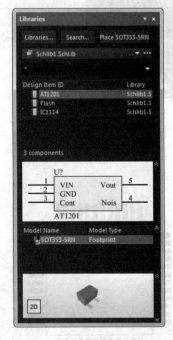

图 12-38 "Libraries"（库）面板

图 12-39 查找元件封装

02 查找到所需器件封装后，单击 按钮 Place IC1114，把器件封装放入到 PCB 中。放置器件封装后的 PCB 如图 12-40 所示。

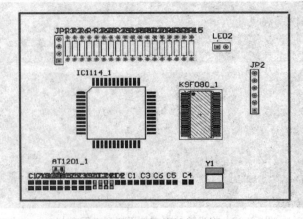

图 12-40 放置器件封装后的 PCB

03 根据 PCB 的结构，手动调整器件封装的放置位置。手动布局后的 PCB 如图 12-41

所示。

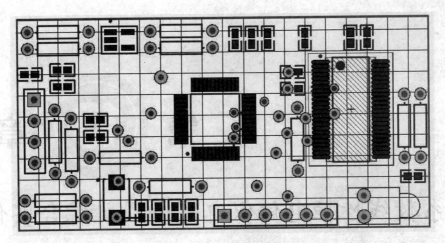

图 12-41　手动布局后的 PCB

04 单击"布线"工具栏中的按钮 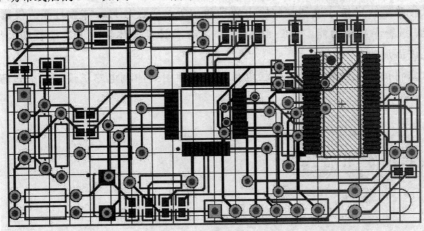，根据原理图手动完成
PCB 导线连接。在连接导线前，需要设置好布线规则，一旦出现错误，系统会提示出错
信息。手动布线后的 PCB 如图 12-42 所示。至此，U 盘的 PCB 就绘制完成了。

图 12-42　手动布线后的 PCB

第 **13** 章

低纹波系数线性恒电位仪电路图设计综合实例

低纹波系数线性恒电位仪功率输出采用达林顿复合管，控制单元采用集成电路和晶体管分离元件，具有纹波系数高、功率大的特点。它可以自动调节电流的大小，是一种能使被保护对象处在最佳电位的自动电源。整机不采用脉冲触发环节，仅靠改变给定信号达到控制输出的目的，所以一致性好、可靠性强。仪器设有限流、报警和显示功能。可在-40~50℃，不含腐蚀性气体环境中连续长期运行，最高允许温度为85℃。

本章将讲述低纹波系数线性恒电位仪从原理图到印刷电路板设计的全过程。

◎ 电路工作原理说明

◎ 低纹波系数线性恒电位仪设计

13.1 电路工作原理说明

系统总的原理框图如图 13-1 所示。框图说明如下：

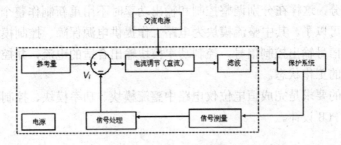

图 13-1 系统原理框图

❶参考量可人工设定，在-2～2V 之间连续可调，恒电位仪在可调范围内连续调整。

❷系统为闭环稳定系统，自动调节功能使 △V 保持稳定不便，接近常值。

由图 13-1 可知，低纹波系数线性恒电位仪为一个闭环控制系统，仪器的初始输出电流是由给定电位和被保护对象的自然电位之差决定的。在电流调节环节，这个差值在比较放大器中产生并放大，再经过推动级继续放大，以足够的功率去驱动功率放大器并满足被保护对象所需的足够电流。随着电流不断输出，被保护对象的电位将逐渐向负方向极化，参比电极连续将被保护对象的瞬间电位馈送到比较放大器，此时自然电位之差将逐渐减小，经过放大后，功率级输出的电流也随之减小，即被保护对象的电位逐渐逼近给定电位。

如果由于某种原因致使输出电流增加，使阴极极化过高，则参比电极测得的电位可能超过给定电位值，由于放大器的反相作用，使得整个系统停止输出，因此可以达到自动调整的目的。

用同样的道理可以推知被保护对象电位降低时的情况。

按照图 13-1 所示的系统原理框图，可选用串联调整线性电源方案实现恒电位仪。恒电位仪的设计原理框图如图 13-2 所示。

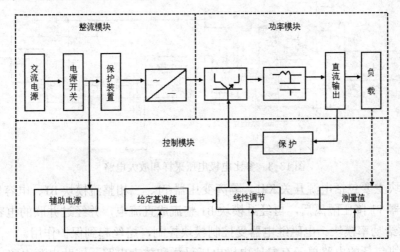

图 13-2 恒电位仪的设计原理框图

13.2 低纹波系数线性恒电位仪设计

为了调试和维修方便,将恒电位仪电路主要分为整流模块、功率模块、控制模块、风扇工作电路几部分,这样在分别调整控制和输出功率时不用重新制作整个电路板,只按需要重做该部分就可以了。其中整流模块为电路工作提供电源保障,控制模块通过比较测量信号和给定基准信号输出控制信号,控制功率模块输出合适的电流,并控制风扇工作电路和报警工作电路的工作状态。

本项目设计的要求是完成恒电位仪电路中整流模块、功率模块、控制模块和风扇工作电路的原理图及 PCB 设计。

📖 13.2.1 原理图设计

01 执行"开始"→"所有程序"→"Altium"→"Altium Designer"菜单命令,或者双击桌面上的快捷方式图标,启动 Altium Designer 18 程序。

执行菜单命令"File"(文件)→"新的"→"项目"→"PCB 工程",在"Project"(工程)面板中出现了新建的工程文件,系统提供的默认名为 PCB Project1.PrjPCB。

然后执行菜单命令"File"(文件)→"保存工程为",在弹出的保存文件对话框中输入"恒电位仪.PrjPCB.PrjPcb"文件名。

02 在项目文件"恒电位仪.PrjPCB"上单击鼠标右键,在右键快捷菜单中选择"添加新的到工程"→"Schematic"(原理图)命令项。在该项目文件中新建一个电路原理图文件,另存为"控制电路.SchDoc",并完成图纸相关参数的设置。

03 在"控制电路.SchDoc"中绘制整流模块及控制模块电路原理图,并将该图分为5 个部分,如图 13-3~图 13-7 所示。

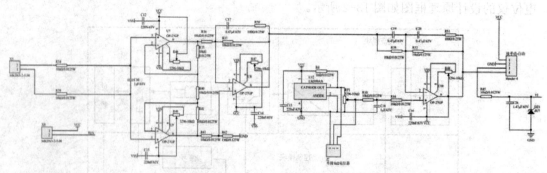

图 13-3 参比电极电压采样和放大电路

整流模块主要包括电源开关 KM1、隔离变压器 T1、三相整流模块 B1、电容器 C1~C3。电能经变压器 T1 降压隔离后,再经过模块 B1 整流成直流电,并经过并联的电容 C1、C2、C3 滤波后供给功率模块。电磁继电器受控制模块控制,熔丝起到保护作用。

控制模块包括的电路单元有参比电极电压采样和放大电路、辅助电源电路、市电检验及报警电路。

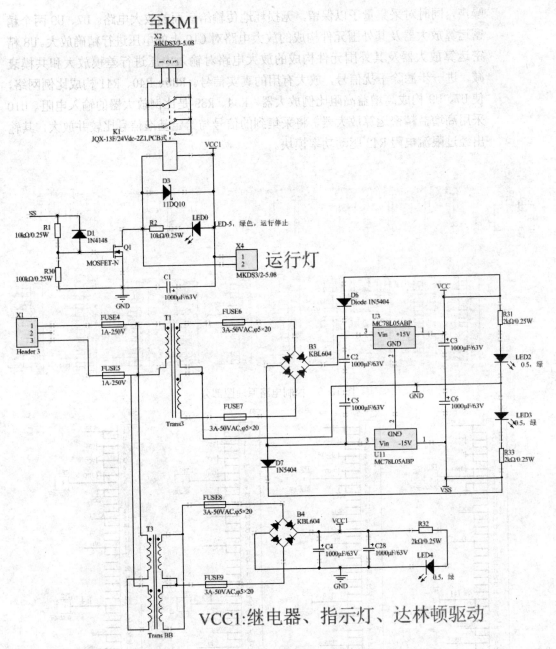

图 13-4 辅助电源电路

➢ 辅助电源电路。如图 13-4 所示，单相电一路经过隔离变压器 T1 和整流桥 B3 把交流电变为直流电，再经过集成电路 U3、U11 得到 15V 和－15V 电源，给信号控制电路供电。另一路经过隔离变压器 T3 和整流桥 B4 把交流电变为直流电，再经过电容 C4、C28 滤波得到 24V 的电源 VCC1，给电路中的继电器、达林顿管、指示灯和风扇供电。

➢ 参比电极电压采样和放大电路。如图 13-3 所示，参比电压的采样电压从 X5 引入。电阻 R34、R39 和电容 C7、C8、C9、C10 构成干扰信号滤波器，滤除差模、共模噪声，同时对采集量予以保留，无损耗地传输给后面的放大电路。U7、U9 两个精密运算放大器及其外围元件构成的放大电路对 C10 上的电压进行精确放大。U8 精密运算放大器及其外围元件构成的放大电路对输入电压进行差模放大和共模衰减，进一步滤除干扰信号，放大有用的真实信号。R35、R40、R41 构成比例网络，使 U7、U9 构成高增益高阻比例放大器。R34、R39 是比例放大器的输入电阻。U10 采用高增益精密运算放大器，将采集到的信号与给定基准信号比较并放大，其输出经过限流电阻 R42 驱动功率模块。

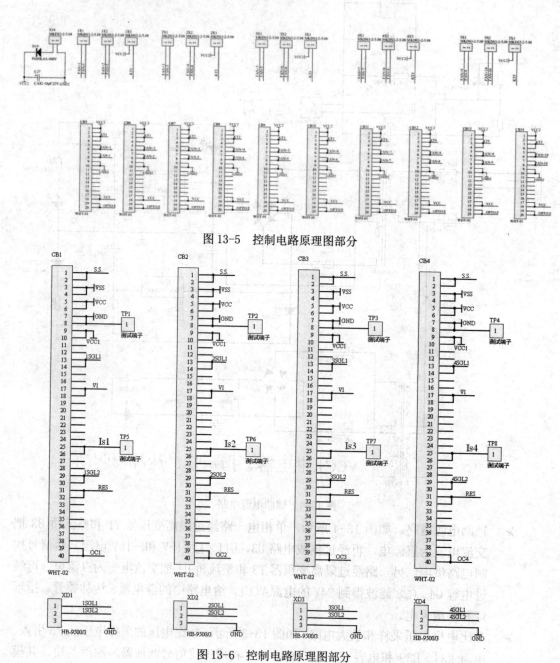

图 13-5　控制电路原理图部分

图 13-6　控制电路原理图部分

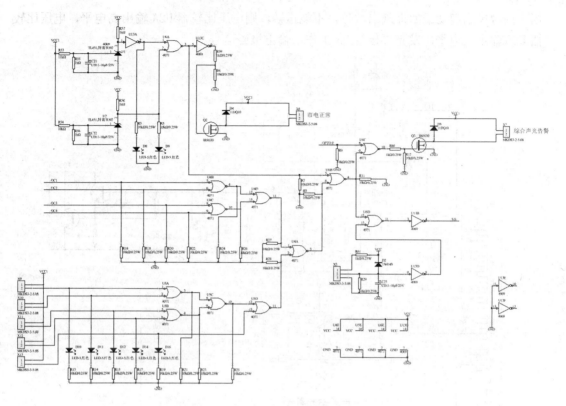

图 13-7 市电检验及报警电路

> 检验及报警电路。如图 13-7 所示，把 VCC1 作为检验对象，如果 VCC1 电压正常，
> 则通过 X6 端子输出正常信号，驱动面板正常指示灯工作。否则输出报警信号，
> 通过 X7 端子输出报警信号。另外，当电路有故障或散热片温度高于 85℃时，报
> 警电路也会输出报警信号。

04 在项目文件"恒电位仪.PrjPCB"上右击，在弹出的快捷菜单中选择"添加新的
到工程"→"Schematic"（原理图）选项。在该项目文件中新建一个电路原理图文件，另
存为"功率模块.SchDoc"，并完成图纸相关参数的设置。

05 绘制的功率模块电路原理图如图 13-8 所示。

功率模块由 4 块功率板组成，每块功率板均对应外部的一块达林顿复合管。

功率板从控制模块得到控制信号，经过 U2 精密运算放大器及其外围元件构成的放大
电路放大，通过限流电阻 R15、R16 驱动晶体管 V1、V2，V1、V2 输出大电流驱动外部达林
顿复合管，从而达到控制电压稳定的目的。

功率板中含有过流检测电路，一旦检测到电路中电流过大，超过设置的最高上限，将
输出过流警告信号给控制模块。

06 在项目文件"恒电位仪.PrjPCB"上右击，在弹出的快捷菜单中选择"添加新的
到工程"→"Schematic"（原理图）选项。在该项目文件中新建一个电路原理图文件，另
存为"风扇.SchDoc"，并完成图纸相关参数的设置。

07 绘制的风扇工作电路原理图如图 13-9 所示。当温度高于 45℃时，温度传感器的
常开开关将闭合，稳压器 7812 输入端得到电压 VCC2，并输出一个稳定电压供检测电路使

用，同时风扇起动。如果风扇故障，不能运转，则电压比较器 U2A 输出高电平，电压比较器 U2B 输出低电平，发光二极管 U3 工作，输出报警信号。

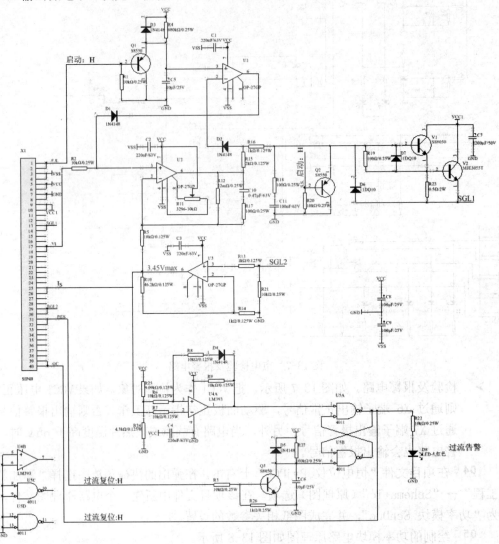

图 13-8　功率模块电路原理图

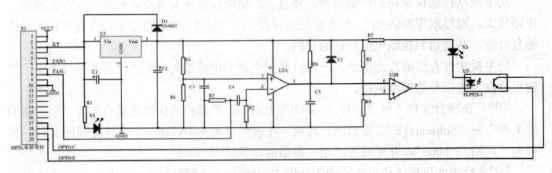

图 13-9　风扇工作电路原理图

08 恒电位仪滤波器的设计。

> 滤波器的基本构成及工作原理。滤波器主要由滤波电抗器和电容构成。由于前面的恒电位仪系统具有输出电压低、输出电流大的特点，故采用电感和电容组合起来构成的 LC 滤波器（又称为倒 Γ 型滤波器）滤波。这种滤波器能扼制整流管的浪涌电流，适用于负载变化大而且负载电流大的场合，负载电流大时，负载能力好，效果比单个的电感或电容滤波好。这种滤波器利用电感电流和电容电压不能突变的原理，使输出波形的脉动成分大大减小。在滤波器开始工作时，电容上没有电压，经过一瞬间充电就可达到一个新的平衡状态。随着整流管之间的环流，电容反复地充放电，电容的容量愈大，放电愈慢，输出电压愈稳定。电容的容量与纹波因数成反比，C1 的容量越大，纹波因数越小。滤波电抗器 L 又称为直流电抗器，由于电感具有阻止电流变化的特点，根据电磁感应原理，当电感元件通过一个变化的电流时，电感元件两端间产生一个反电动势阻止电流变化。当电流增加时，反电动势会抑制电流增加，同时将一部分能量储存在磁场中，使电流缓慢增加，反之，当电流减小时，电感元件上的反电动势阻止电流减小并释放出储存的能量，使电流减小过程缓慢。同时，电感元件对直流电是短路的，没有直流压降，而随着频率的增大，其感抗 WL 也增大，串接上电感元件后使整流后的交流成分在电抗器上分压掉。因此，利用电感元件可减小输出中的脉动成分，从而获得比较平滑的直流电。

> 滤波器的电路原理图。按照前述步骤设计的滤波器电路原理图如图 13-10 所示。

图中的 X1、X2 分别为滤波器的输入、输出，L 为滤波电抗器，C1～C5 为滤波电容。电流表和电压表分别指示实际的输出电流和输出电压。分流器 FL2 用来取样进行电流检测。

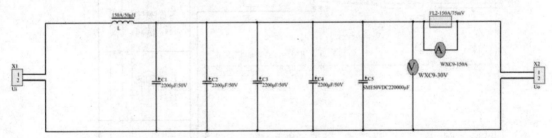

图 13-10　滤波器的电路原理图

恒电位仪与滤波器的连接如图 13-11 所示，恒电位仪输出的阳极和阴极接滤波器的输入，阳极（＋）接 X1 的 1 脚，阴极（－）接 X1 的 2 脚，参比电极的控制信号反馈回来后仍然接恒电位仪。滤波器的输出 X2 接负载。

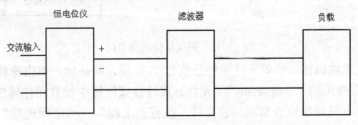

图 13-11　恒电位仪与滤波器的连接

> ➤ 电抗器和电容的参数计算。

❶电容参数：为保证滤波效果，通常可按照经验公式计算，即：

$$C(\mu F)=(2000\sim3000)\ I_L$$

式中，C 为电容参数(μF)；I_L 为负载直流电流(A)。

❷计算临界电感：

$$L_a = \frac{q_0 R_L}{4.44mf} = \frac{0.057 \times 0.24}{4.44 \times 6 \times 50}\mu H = 10.2\mu H$$

式中，q_0 为整流后的纹波系数；R_L 为负载电阻；m 为整流相数；f 为电源频率。

❸计算电感：为使电感的直流电流波形接近于理想情况，通常使 $L > 2L_a = 20.4\mu H$，一般以 50 μH 为宜。

恒电位仪直流输出电压最大为 24V，直流输出电流最大为 100A。在恒电流工作状态下，负载变化时，恒流控制误差小于等于 1A，能够满足恒流控制要求。在恒电位工作状态下，给定电位在 $-2\sim2$V 之间连续可调，负载变化时，被保护部分电位变化极小，电位控制误差小于等于 0.02V，能够满足恒电位控制要求，且在两种状态下，纹波系数均小于 0.1%，具有较高的纹波性能，能够满足各种性能要求。

09 设计完各部分电路图之后，按要求连线，得到如图 13-12 所示的恒电位仪电路总图。

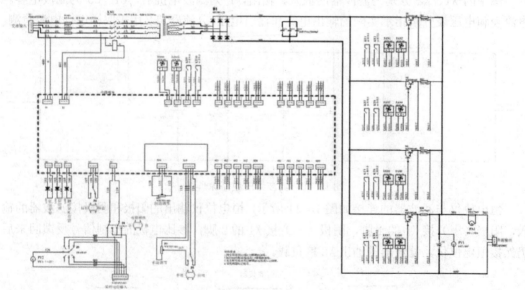

图 13-12 恒电位仪电路总图

10 设置元件属性。设置元件属性是执行 PCB 设计的基础，双击原理图电路中需要设置的元件，在弹出的"Component"（元件）属性设置面板中设置元件属性。

11 生成电气规则检查和网络表文件。执行"工程"→"工程选项"菜单命令，系统弹出如图 13-13 所示的对话框，可以设置有关选项。

12 编译项目文件。执行"工程"→"Comile PCB Project 恒电位仪.PrjPCB"菜单命令，在"Message"（信息）窗口显示结果，本项目设计的编译结果如图 13-14 所示。

从编译结果看，有许多警告信息，一般来说它们不影响网络表的产生。当然，也可以适当修改使得编译结果更为理想。

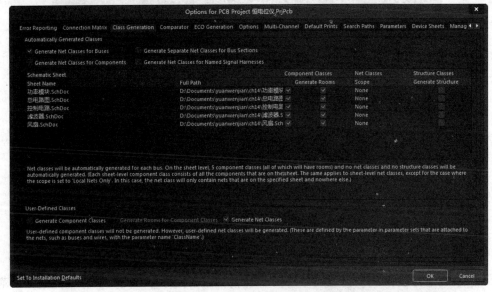

图 13-13　工程参数设置对话框

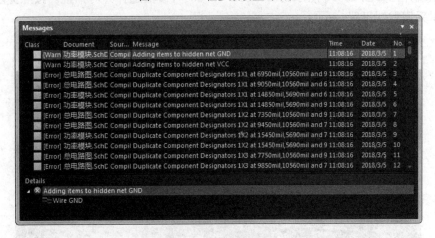

图 13-14　编译结果

13 产生网络表。执行"设计"→"工程的网络表"→"Protel"（生成工程网络表）菜单命令，产生网络表文件，其部分内容如图 13-15 所示。采用同样的方法生成其他原理图文件的网络表。

14 保存所有文件。至此，电路原理图文件设置完毕。

13.2.2　印制电路板设计

01 新建 PCB 文件。在项目文件"恒电位仪.PrjPCB"上右击，在弹出的快捷菜单中选择"添加新的到工程"→"PCB（印制电路板）"选项。在该项目文件中新建一个 PCB 文件，另存为"控制电路.PcbDoc"。

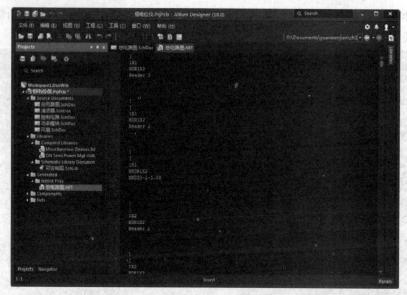

图 13-15　网络表文件内容

02 确定位置和 PCB 物理尺寸。在 PCB 编辑器中执行"工具"→"优先选项"菜单命令，系统弹出如图 13-16 所示的"Preferences"（参数选择）对话框。按照提示设置选项，这里采用默认设置。

图 13-16　"Preferences"（参数选择）对话框

03 设计电路板尺寸。根据实际需要的电路板物理尺寸（电路板物理尺寸为 400mm ×300mm），设计电路板禁止布线层和其他机械层。

04 单击按钮 Panels ，弹出快捷菜单，选择"Properties"（属性）选项，打开"Properties"（属性）对话框，其中各项设置如图 3-17 所示。为了方便使用，这里采用米制单位（mm）。

图 13-17 "Properties"（属性）对话框

05 绘制 PCB 物理边界和电气边界。单击编辑区左下方板层标签的"Mechanical1"（机械层 1）标签，将其设置为当前层，如图 3-18 所示。然后，执行菜单命令"放置"→"线条"，光标将变成十字形，沿 PCB 边绘制一个闭合区域，即可设定 PCB 的物理边界。

单击编辑区左下方板层标签的"Keep out Layer"（禁止布线层）标签，将其设置为当前层。然后，执行菜单命令"放置"→"Keepout"（禁止布线）→"线径"，光标变成十字形，在 PCB 图上绘制出一个封闭的多边形，即设定电气边界。完成边界设置的 PCB 图如图 13-19 所示。

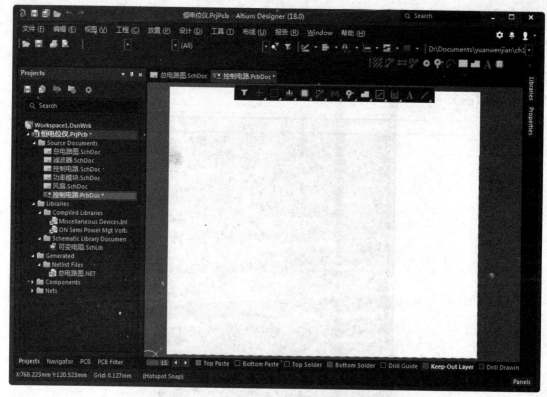

图 13-18　设计电路板禁止布线层和其他机械层

图 13-19　完成边界设置的 PCB 图

选中该边界，执行菜单命令"设计"→"板子形状"→"按照选择对象定义"，重新设定 PCB 形状。

06 加载网络表并布局。在原理图编辑环境中执行"设计"→"Update PCB Document 控制电路.PcbDoc"菜单命令，系统弹出"Engineering Change Order"（工程更新操作顺序）对话框，如图 13-20 所示。

该对话框内显示了本次更新设计的对象和内容。单击红色文件夹前面的符号日将所有子项收起，可以看到全部受影响的对象可以分为 4 类，如图 13-21 所示。

在"Engineering Change Order"（工程更新操作顺序）对话框内显示的各个对象是否执行所有对 PCB 的更新是可以配置的。在"Done"（状态）栏内单击符号☑将其取消，则此项变化将不被执行。对于初次更新的 PCB 图，使用默认设置更新所有的对象即可。

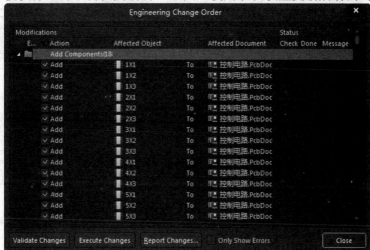

图 13-20　"Engineering Change Order"（工程更新操作顺序）对话框

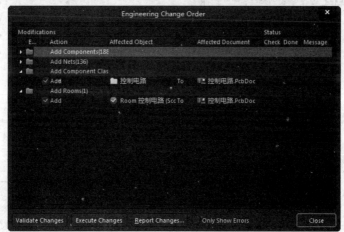

图 13-21　更新的 4 类对象

单击 "Validate Changes"（确认更改）按钮，系统将自动检查各项变化是否正确有效，但不执行到 PCB 图中，所有正确的更新对象在 "Check"（检查）栏内显示符号 "√"，否则显示符号 "×"。

单击 "Execute Changes"（执行更改）按钮，系统会将所有的更新执行到 PCB 图中，元件封装、网络表和 Room 空间即可在 PCB 图中载入和生成。

元件封装和网络表载入后，下一步的工作就是 PCB 的元件布局和布线了。一般这两步工作我们都可以采用自动和手动相结合的方式来进行。

首先采用系统自动布局，然后再手动调整元件布局。手动布局的原则是将中心处理元件放在中间，外围电路元件就近放置。由于元件过多，自动布局结果不甚理想，本例采用手动布局。布局完成后的控制电路 PCB 图如图 13-22 所示。

采用同样的方法，功率模块 PCB 布局图如图 13-23 所示，风扇电路 PCB 布局图如图 13-24 所示。

07 PCB 布线。和布局步骤相似，在布局完成后，可以先采用自动布线，最后再手动调整布线。控制电路的 PCB 布线图如图 13-25 所示。

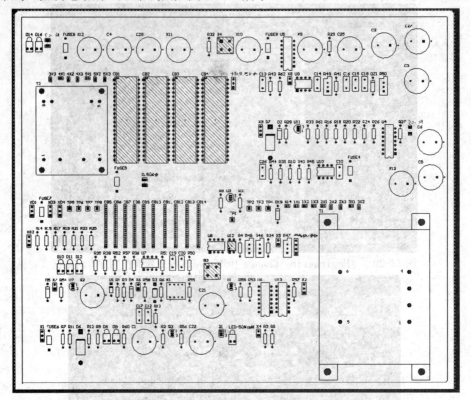

图 13-22　控制电路 PCB 布局图

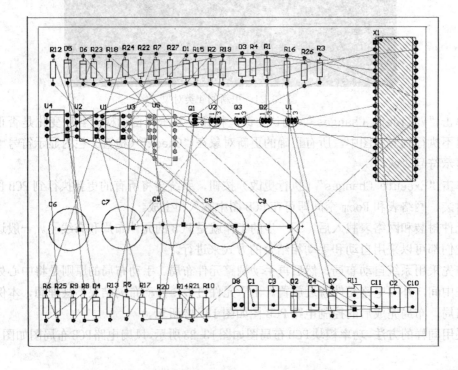

图 13-23　功率模块 PCB 布局图

采用同样的方法，功率模块的 PCB 布线图如图 13-26 所示，风扇工作电路的布线图如图 13-27 所示。

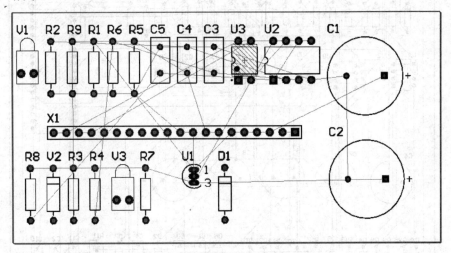

图 13-24　风扇电路 PCB 布局图

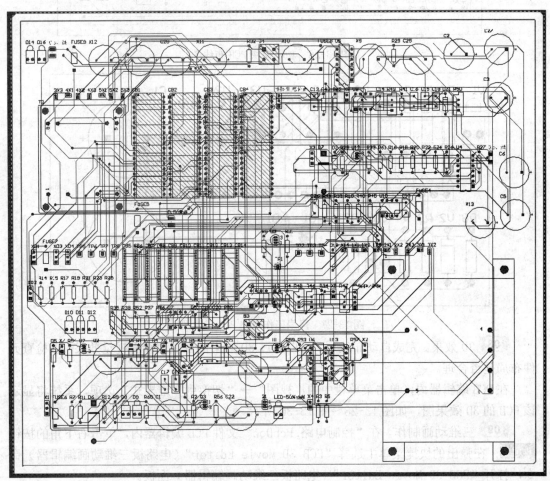

图 13-25　控制电路 PCB 布线图

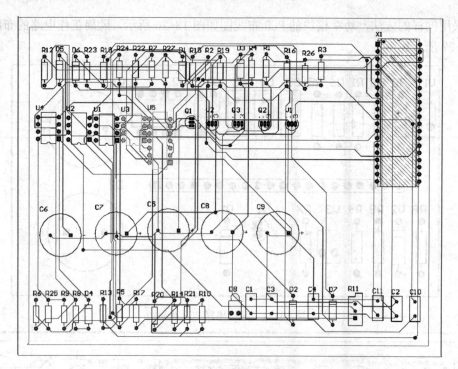

图 13-26　功率模块 PCB 布线图

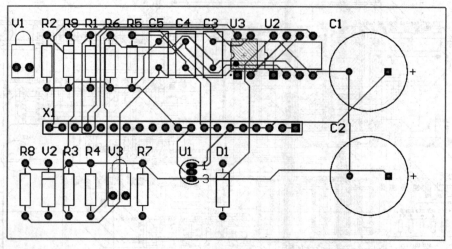

图 13-27　风扇工作电路 PCB 布线图

08 3D 效果。完成自动布线后，可以通过 3D 效果图直观地查看视觉效果，以检查元件布局是否合理。

在 PCB 编辑器内，单击菜单栏中的"视图"→"切换到 3 维模式"选项，系统将显示该 PCB 的 3D 效果图，如图 13-28～图 13-30 所示。

09 三维动画制作。在"控制电路.PcbDoc"文件 PCB 编辑器内，单击右下角的按钮 Panels，在弹出的快捷菜单中选择"PCB 3D Movie Editor"（电路板三维动画编辑器）命令，打开"PCB 3D Movie Editor"（电路板三维动画编辑器）面板。

在"Movie Title"（动画标题）区域"3D Movie"（三维动画）按钮下选择"New（新

建)"选项或单击"New"(新建)按钮,在该区域创建 PCB 文件的三维模型动画,默认动画名称为"PCB 3D Video"。

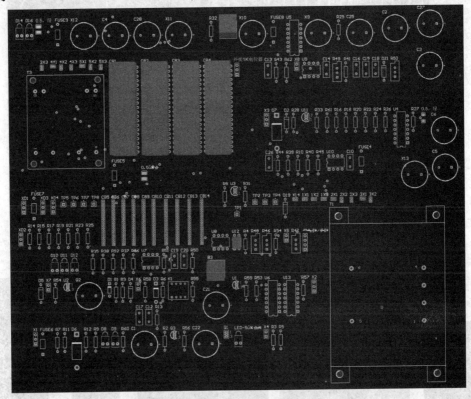

图 13-28　控制电路 PCB 3D 效果图

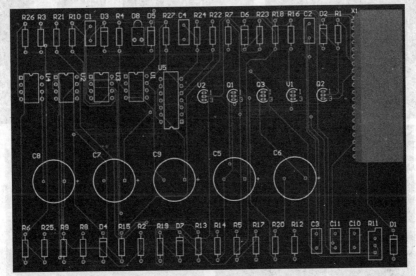

图 13-29　功率模块 PCB 3D 效果图

❶在"PCB 3D Video"区域创建动画关键帧。在"Key Frame(关键帧)"按钮下选择"New"(新建)→"Add"(添加)选项或单击"New"(新建)→"Add"(添加)按钮,创建 6 个关键帧,"控制电路"PCB 3D 电路板图如图 13-31 所示。

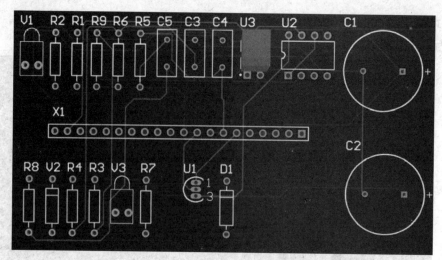

图 13-30　风扇工作电路 3D 效果图

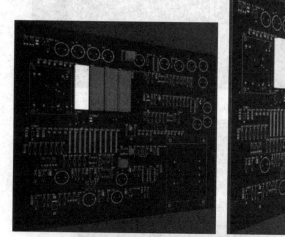

图 13-31　"控制电路" PCB 3D 电路板图

❷动画参数设置如图 13-32 所示。单击工具栏上的按钮▷，依次显示关键帧组成的动画。

图 13-32　动画参数设置

在"功率模块.PcbDoc"文件 PCB 编辑器内创建 4 个关键帧，"功率模块"PCB 3D 电路板图如图 13-33 所示。

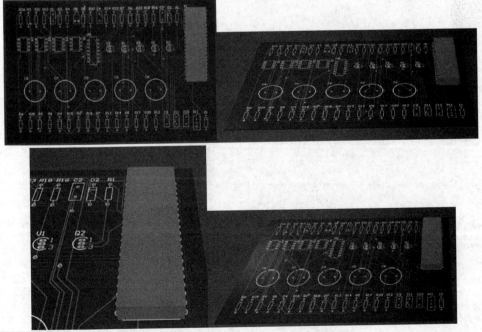

图 13-33　"功率模块"PCB 3D 电路板图

在"功率模块.PcbDoc"文件 PCB 编辑器内，创建 2 个键帧，电路板图如图 13-34 所示。

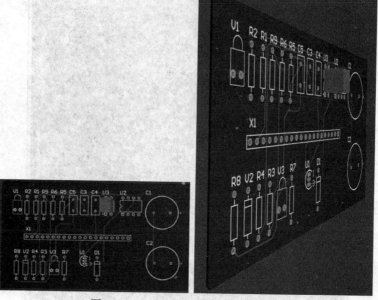

图 13-34 "风扇"PCB 3D 电路板图